U0269968

BIM 技能培训教材

BIM 钢筋混凝土结构 深化设计培训教程

主审 吴 飞
主编 金 睿 汪能亮

中国建筑工业出版社

图书在版编目（CIP）数据

BIM 钢筋混凝土结构深化设计培训教程/金睿，汪
能亮主编. —北京：中国建筑工业出版社，2019.5
BIM 技能培训教材
ISBN 978-7-112-23552-0

Ⅰ.①B… Ⅱ.①金…②汪… Ⅲ.①钢筋混凝
土结构-结构设计-计算机辅助设计-应用软件-技术培
训-教材 Ⅳ.①TU201.4

中国版本图书馆 CIP 数据核字（2019）第 058260 号

本书主要由"基础知识"、"钢筋构造三维解读"和"钢筋混凝土结构深化设计实例"三篇（共12章）组成，内容包含钢筋深化设计中的 BIM 应用价值与工程识图、钢筋混凝土结构受力原理与抗震构造措施、钢筋基础知识、独立基础、柱钢筋构造三维解读、墙钢筋构造三维解读、梁钢筋构造三维解读、板钢筋构造三维解读、柱深化设计、剪力墙深化设计、梁深化设计、板深化设计、BIM 结构深化设计软件运用等，内容难易程度从基础入门到融会贯通，再到案例实操，本着科学、实用、适用的原则，内容深入浅出，语言通俗易懂，形式图文并茂，系统性、可操作性强。

本书主要用于专业 BIM 钢筋混凝土结构深化设计人员的专业技能培训与学习，也可供工程项目管理人员、工程技术人员、钢筋工长、建设工程监理人员等学习使用。

责任编辑：王华月 张 磊
责任校对：芦欣甜

BIM 技能培训教材

BIM 钢筋混凝土结构深化设计培训教程

主审 吴 飞

主编 金 睿 汪能亮

*

中国建筑工业出版社出版、发行（北京海淀三里河路 9 号）

各地新华书店、建筑书店经销

霸州市顺浩图文科技发展有限公司制版

北京缤索印刷有限公司印刷

*

开本：787×1092 毫米 1/16 印张：25 字数：622 千字

2019 年 7 月第一版 2019 年 7 月第一次印刷

定价：**98.00** 元

ISBN 978-7-112-23552-0

（33842）

版权所有 翻印必究

如有印装质量问题，可寄本社退换

（邮政编码 100037）

本书编委会

主任：陈光锋

委员：朱国锋　施永斌　廉　俊　金　睿

主审：吴　飞

主编：金　睿　汪能亮

编委：徐拥建　常　波　陈　飞　梅献忠　施建标　郑　立

欧宝平　韦忠智　陈　鹏　楼熙捷　李宗平　涂　扬

宣震宏　尹继刚　张　益　王　超　刘　宁　刘丽航

莫国军

前　言

　　本书所涉及的钢筋混凝土结构深化设计是指利用 BIM 技术及软件工具，创建和深化混凝土结构模型，对钢筋进行拆分、调整、优化、统计，形成钢筋深化排布图、钢筋配料单、钢筋料牌、钢筋用量统计表等作业指导文件，用于指导施工现场钢筋进料、加工、安装、结算等作业过程的实施工作（简称"钢筋深化设计"）。为了将本教程与常规软件操作教程予以区分，本书第 8~11 章以讲解钢筋深化下料计算原理为主，并未介绍基于 BIM 相关软件的钢筋深化操作过程（BIM 相关软件的操作可由专业的软件操作教程指导完成，而非本书目的之所在）。

　　本书编写的初衷在于帮助钢筋深化设计人员了解做好钢筋深化设计工作所必须掌握的理论基础，并希望读者通过本书的学习，在钢筋深化设计工作方面做到图纸信息表达完整、简洁、专业，钢筋配料规范、精准、高效，在领会设计意图和指导施工过程中做到准确、科学、合理。除此之外，希望本书能对施工现场工程技术人员、施工员、质检员等在专业技能提升方面有一定的帮助。基于以上目的，作者对本书的内容进行了精心设计和合理安排，希望通过对书本内容的设计和安排，能使读者的学习逻辑更加合理、学习过程更加轻松、学习效率更加高效。

　　本书内容共分为 3 篇，第 1 篇内容是进行钢筋深化设计工作所需要掌握的基础知识，包含了 BIM 技术在钢筋深化设计中的应用价值、工程识图、结构受力原理与抗震构造措施、钢筋弯曲与计算；第 2 篇内容是钢筋构造三维解读，此部分内容以 16G101 系列图集为基础，将图集中的二维钢筋构造节点与三维钢筋模型一一对应，并配以文字解读的方式对常规的基础、柱、墙、梁、板等构件的钢筋构造进行详细解读；第 3 篇内容是常规构件的深化设计实例及常规深化设计软件的运用，此部分内容的实例来源于实际工程，并经适当处理加工，以达到尽可能在同一个实例中体现较多的钢筋构造和深化处理情况的目的。以上 3 篇内容从理论基础到构造，再从构造到实例运用，循序渐进、不断深入。

　　在本书编写过程中，非常感谢中国建筑标准设计研究院《钢筋深化详图统一标准》主编张志宏老师、浙江大学建筑设计研究院总工程师肖志斌老师、浙江省建筑业技术创新协会副会长兼秘书长朱国锋老师给予的悉心和专业的指导！

　　限于作者水平，书中难免存在疏忽或不妥之处，请读者指正。

2019 年 1 月

目 录

第3篇 钢筋混凝土结构深化设计实例

1

第1篇　基础知识

第1章

钢筋深化设计中的BIM应用价值与工程识图

1.1 BIM 技术在钢筋深化设计中的应用价值

1.1.1 BIM 概念

BIM 是建筑信息模型（Building Information Modeling）首字母的缩略词，建筑信息模型是一个建筑设施物理和功能特征的数字表达，是工程项目各参与单位的共享信息资源，为建筑项目全生命周期的过程决策提供数据支持。建筑信息模型的价值主要体现在工程数据信息的应用和管理两个方面。

建筑信息模型的应用是创建和利用项目数据信息在其全生命周期内进行设计、施工和运营等业务过程，工程项目各参与单位通过数据信息的应用可以让不同技术平台之间在同一时间利用相同的数据信息。

建筑信息模型的管理是利用数据支持项目全生命周期数据共享业务的组织和控制过程。建筑信息模型管理的效益包括集中化和可视化的沟通、方案比选、可持续分析、高效的设计、多专业协同、现场管理和过程资料记录等。

BIM 的其中一个前提是项目全生命期内不同阶段各参与单位的合作与协同，包括在BIM 中载入、获取、更新和修改数据信息。不能将 BIM 简单地理解为软件，准确地说软件是实现 BIM 技术应用的工具，而 BIM 应该定义为一种工作协作、信息交互利用的方法。

工程管理人员和技术人员可通过应用工具来提高工作效率和工作质量，而 BIM 作为一个信息工具也可起到相同的作用。在工程行业信息工具发展可分为三个阶段，即硬件技术阶段、软件技术阶段和 BIM 技术阶段。其中，硬件和软件是 BIM 的重要组成部分。利用 BIM 可让软件高效获取并利用所需的数据信息，同时将该数据信息放入 BIM 模型中，软件则可成为具有操作互动性能的软件。BIM 整合了软件、硬件和数据信息，从而间接提高人的工作效率和质量。

1.1.2 BIM 技术特点

1. 可视化

可视化即可以直观地看到建筑三维模型，BIM 让人们将以往的线条式、平面式的构件形成一种三维立体实物图形展示在人们面前。传统的二维图纸构件之间缺乏互动性和反馈性，而 BIM 建筑信息模型可让整个过程可视化并具有反馈性。所有可视化的结果不仅可用来三维效果展示和报表输出，还可使得工程项目在设计、建造、运营过程中的沟通、讨论、决策都可以在建筑三维可视化状态下进行。

2. 协调性

BIM的协调性体现在建筑信息模型可在建筑物建造前期对各专业进行检查碰撞，发现问题并协调处理，提供碰撞数据信息（如：管线碰撞，结构净高与其他设计碰撞等问题）。可让各专业提前采取措施进行协调处理，提前解决工程问题。

3. 模拟性

BIM技术可模拟在真实世界中无法操作的过程。在设计阶段，BIM可对节能、紧急疏散、日照、热能传导等方面的设计进行模拟实验；在招投标阶段可通过4D模拟（三维模型加项目发展时间）来确定合理的施工方案并指导施工。同时也可通过5D模拟（基于3D模型的造价控制）实现成本管理与控制；运营阶段可通过模拟遇见突发事件的应急处理措施，如模拟地震发生时，人员逃生路线设计等。

4. 优化性

基于BIM模型中包含的建筑物几何信息、物理信息、规则信息，可在工程的设计、施工、运营阶段对各业务流程进行综合全面的优化。基于BIM可对项目的方案进行优化，将项目设计和投资回报分析结合，设计变更对工程投资回报的影响可以实时反映出来，方便业主进行设计方案的比选，以最大化实现建筑的价值。也可基于BIM对特殊项目进行优化设计。如异型幕墙、屋顶、大空间以及场馆等设计，这些复杂的异型建筑通常施工难度较大，可通过BIM进行设计方案优化和施工方案优化，以使后期建筑的价值发挥到最大，同时也使得项目的建造成本更加科学合理。

5. 可出图性

基于BIM模型进行各专业的综合优化设计后，可将设计过程中产生的不合理之处及时规避，同时将最优的三维设计方案转化为可指导现场施工的二维施工图。

6. 一体化性

基于BIM技术可进行从设计到施工，以及到后期建筑维护运营阶段全生命周期的一体化数据反应与综合管理。BIM技术价值的核心是形成了一个附着于建筑三维模型的三维数据库，该数据库不仅包含了建筑的设计信息，还容纳了从建筑设计到建成使用以及后期运营维护的全过程数据信息，供建筑全生命周期一体化协调优化与管理。

7. 参数化

建筑信息模型通过参数化实体造型技术使计算机可以表达真实建筑所具有的信息。参数化建模指的是通过参数族库建立和分析模型，简单的调用族库修改构件图元参数就能建立新的模型，方便、快捷提升建模效率。

1.1.3　BIM技术在钢筋深化设计中的应用价值

1. 复杂钢筋节点深化设计与技术交底

利用BIM技术，除了进行常规的二维设计图纸翻模审查外，还可对二维设计图纸中的复杂钢筋节点进行三维建模深化设计，提高现场施工效率。

对于现浇钢筋混凝土结构，传统下料方式很难将复杂节点中各构件间复杂的钢筋避让关系考虑周全，现场施工常出现钢筋碰撞难以施工、并筋严重等现象。而混凝土结构中混凝土必须对钢筋产生一定的握裹力才能发挥钢筋与混凝土共同受力的作用，即钢筋间有一定的净距要求。因此，基于BIM技术可对复杂节点进行钢筋排布优化，合理确定各构件间钢筋层次关系，确保混凝土对钢筋产生足够的握裹力，提高节点混凝土浇筑质量和结构整体性。

对于型钢柱节点，可利用BIM技术对型钢和梁柱钢筋之间的空间位置关系进行深化设计，避免梁纵筋在型钢柱内锚固不足、钢筋与型钢相撞等问题出现。

在深化设计的基础上，可利用深化模型对施工班组进行技术交底，提高交底的直观性和效率。也可提高被交底人的接受度，不容易受到被交底人因空间思维能力、专业能力不足而无法理解的限制，提高现场施工准确率和施工效率。

2. 钢筋下料长度优化

基于BIM技术进行钢筋下料优化，比传统手工下料优化更加合理、效率更高、尺寸更精准、失误率更低，在提高钢筋原材料利用率方面效益明显，对于工程项目钢筋废料率控制、节约人工成本能起到较大作用。且能满足现阶段大体量、工期短的工程项目的实际施工需求。

3. 加工组合优化

加工组合优化体现了较强的钢筋精细化管理思路。通过对各部位、各构件、各施工段甚至各项目间的钢筋配料单进行汇总，对不同长度的钢筋进行排列组合、优化搭配，使组合后的钢筋长度最大限度接近或等于钢筋原材料长度，从而达到废料率最小化的要求。

钢筋下料长度优化可在一定程度上提高钢筋原材料利用率。但若未对各料单上非原材模数的钢筋进行整体优化组合，则下料长度为非原材模数的这一部分钢筋无法实现原材料利用率最大化，会出现超长废料的现象。因此，对料单中钢筋进行整体优化组合的过程对减少废料就显得尤为重要。而基于BIM技术，使得钢筋加工组合优化的过程更加科学、合理、高效，在提高钢筋原材料利用率方面效益更加明显。

4. 基于BIM技术进行钢筋数控加工

基于BIM钢筋深化设计成果（优化下料和加工组合优化后的料单），可以把二维码、移动硬盘等作为数据载体和信息传输媒介，将钢筋电子料单和数控加工设备进行相结合，从而实现BIM钢筋深化设计到钢筋数控加工的高效设计和高效加工出料一体化流程。

从BIM钢筋深化设计到数控加工，体现了较高程度的自动化、信息化作业方式。可通过此方式，提高钢筋加工效率、钢筋加工尺寸精度，从而达到节约人工成本、时间成本和材料成本的目的，对于工程施工的成本控制、施工质量管控方面能发挥较大作用。

本书编写的根本目的在于帮助读者掌握最根本的钢筋深化原理，而非BIM相关软件操作方法。所以本书第8章～第11章所涉及的钢筋深化设计实例以讲解钢筋深化下料计算原理为主，未讲解基于BIM相关软件的钢筋深化操作（BIM相关软件的操作可由专业的软件操作教程指导完成，而非本书目的之所在）。

1.2　制图标准基本内容

本节主要介绍《房屋建筑制图统一标准》GB/T 50001—2017中关于工程制图的相关内容，内容主要为图幅、线型、字体、比例、符号、定位轴线、常用建筑图例、图样画法、尺寸标注等。为了做到工程图样的统一，便于技术交流，满足设计、施工、管理等要求，工程制图必须遵守制图国家标准。

在建筑工程目前的发展阶段，钢筋下料工作主要由钢筋班组的翻样人员完成，由于大部分翻样人员未经过系统化、专业化的学习和培训，所以绘制的用于指导现场施工的钢筋排布图、节点详图等经常出现信息表达方式不一且不专业、信息标注不完整或不准确等问题。因此，钢筋深化设计人员根据制图标准绘制钢筋工程施工所需的钢筋排布图、节点详图等指导性文件（或图纸），可帮助钢筋深化设计人员避免制图不规范或制图错误，确保图纸信息表达的完整性，提高制图专业性。也可帮助现场钢筋工长、质检员、钢筋班组长提高识图效率和准确率，避免返工。

1.2.1 图纸幅面

1. 图幅、图框

图幅是指制图所用图纸的幅面，图框是指在图纸上绘图范围的界线。图纸幅面及图框尺寸应符合表 1-2-1 的规定及图 1-2-1、图 1-2-2 的格式。

幅面及图框尺寸（mm）　　　　　　　　　表 1-2-1

尺寸代号 ＼ 幅面代号	A0	A1	A2	A3	A4
$b \times l$	841×1189	594×841	420×594	297×420	210×297
c	10			5	
a	25				

注：表中 b 为幅面短边尺寸，l 为幅面长边尺寸，c 为图框线与幅面线间宽度，a 为图框线与装订边间宽度。

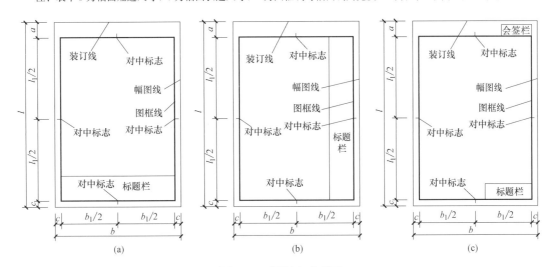

图 1-2-1　图纸立式副画

（a）A0～A4 立式副画（一）；（b）A0～A4 立式副画（二）；（c）A0～A2 立式副画（三）

幅面的长边与短边的比 $l:b=\sqrt{2}$。A0 号图纸的长边为 1189mm，短边为 841mm。A1 号图纸幅面是 A0 号图纸幅面的对开，A2 图纸副面是 A1 号图纸幅面的对开，以此类推。

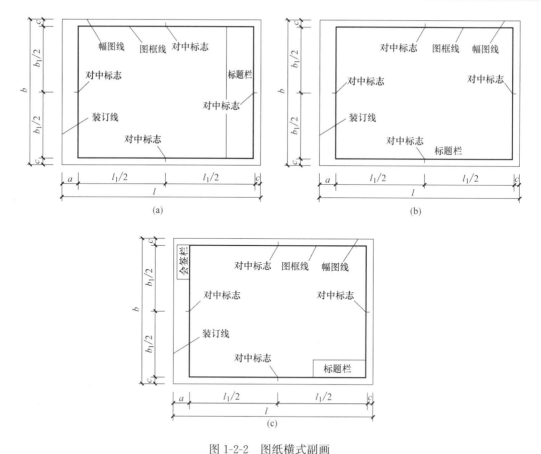

图 1-2-2　图纸横式副画

(a) A0～A3 横式副画（一）；(b) A0～A3 横式副画（二）；(c) A0～A1 横式副画（三）

如图 1-2-1、图 1-2-2，图纸通常有横式和立式两种形式，以短边为水平边的为立式，以长边为水平边的为横式。A0～A3 图纸宜采用横式；必要时也可采用立式。绘图时可根据需要，按规定加长图纸的长边（短边不得加长）。

一个工程设计中，每个专业所使用的图纸，不宜多于两种幅面，不含目录及表格所采用的 A4 幅面。画图时必须要在图幅内画上图框，图框线与图幅线的间隔 a 和 c（图 1-2-1、图 1-2-2）应符合表 1-2-1 的规定。

2. 图标与会签栏

如图 1-2-3 所示，工程图纸的图名、图号、比例、设计人姓名、日期等要集中制成一个表栏放在图纸的右下方，此栏称为标题栏，也称图标。工程应根据实际需要选择特定尺寸的标题栏、会签栏。

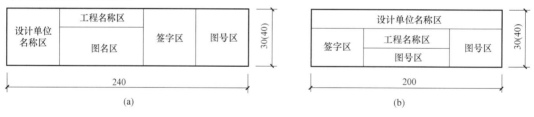

图 1-2-3　标题栏示例

图纸的图框线、图标的外框线以及分格线的线宽应符合表1-2-2的规定。

图框、图标线的宽度（mm） 表1-2-2

图幅代号	图框线	图标	
		外框线	分格线
A0、A1	1.4	0.7	0.35
A2、A3、A4	1.0	0.7	0.35

如图1-2-4所示，会签栏是各专业负责人审核签字的区域。需要会签的图纸，应在图纸的规定位置画出会签栏。

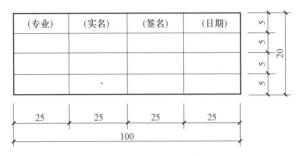

图1-2-4　会签栏示例

1.2.2　比例

图样的比例，应为图形与实物相对应的线性尺寸之比。比例的大小是指比值的大小，比例符号为"："，比例应以阿拉伯数字表示，如1：50、1：100等。比例宜注写在图名的右侧，与字的基准线齐平，比例的字高应比图名的字高小一号或两号，如图1-2-5所示。

××平面图 1：100　　　①1：50

图1-2-5　比例的注写

绘图所用的比例，应根据图样的用途和被绘制对象的复杂程度，从表1-2-3中选用，并优先选用表中的常用比例。

绘图常用比例（mm） 表1-2-3

常用比例	1：1	1：2	1：5	1：10	1：20	1：50
	1：100	1：150	1：200	1：500	1：1000	1：2000
可用比例	1：3	1：4	1：6	1：15	1：40	1：60
	1：80	1：250	1：300	1：400	1：600	1：5000
	1：10000	1：20000	1：50000	1：100000	1：200000	

一般情况下，一个图样应选用一种比例，并将比例注写在图名右下方。特殊情况下也可自选比例，此时除应注出绘图比例外，还必须在适当位置绘制出相应的比例尺。需要缩放的图纸应绘制比例尺。

1.2.3　图线

在工程制图中，应根据图样的内容，选用不同的线型和不同粗细的图线。土建图样的图线线型有实线、虚线、点画线、双点画线、折断线、波浪线等。除了折断线和波浪线外，其他每种线型又都有粗、中、细三种不同的线宽，见表1-2-4。

图线的种类和用途   表 1-2-4

名称		线型	线宽	一般用途
实线	粗		b	主要可见轮廓线
	中粗		$0.7b$	可见轮廓线、变更云线
	中		$0.5b$	可见轮廓线、尺寸线
	细		$0.25b$	图例填充线、家居线
虚线	粗		b	见各有关专业制图标准
	中粗		$0.7b$	不可见轮廓线
	中		$0.5b$	不可见轮廓线、图例线
	细		$0.25b$	图例填充线、家居线
单点长画线	粗		b	见各有关专业制图标准
	中		$0.5b$	见各有关专业制图标准
	细		$0.25b$	中心线、对称线、轴线等
双点长画线	粗		b	见各有关专业制图标准
	中		$0.5b$	见各有关专业制图标准
	细		$0.25b$	假想轮廓线、成型前原始轮廓线
折断线	细		$0.25b$	断开界线
波浪线	细		$0.25b$	断开界线

线宽组（mm）   表 1-2-5

线宽比	线宽组			
b	1.4	1.0	0.7	0.5
$0.7b$	1.0	0.7	0.5	0.35
$0.5b$	0.7	0.5	0.35	0.25
$0.25b$	0.35	0.25	0.18	0.13

绘图时应根据所绘图样的繁简程度及比例大小，先确定粗线线宽 b，线宽 b 的数值可从表1-2-5第一行中选取。粗线线宽确定以后，和它成比例的中粗线线宽以及细线线宽即随之确定。

1.2.4 字体

在工程图纸上，图形必须画得正确、标准，同时文字也必须写得清楚、规范。制图中常用的字有汉字、阿拉伯数字和拉丁字母，有时也会出现罗马数字、希腊字母等。制图国家标准规定：图纸上需要书写的文字、数字或符号等，均应笔画清晰、字体端正、排列整齐，标点符号清楚正确。

1. 汉字

图样中的汉字采用国家公布的简化汉字，并采用长仿宋字体。在图纸上书写汉字时，应先画好字格，然后从左向右、从上向下横行水平书写，见图 1-2-6。

中华人民共和国房屋建筑制图统一
标准幅面规格编排顺序结构给水供
热通风道路桥梁材料机械自动化字
体线型比例符号定位尺寸标注名词

图 1-2-6　长仿宋字体

汉字的字高用字号来表示，如高为 5mm 的字就是 5 号字。常用的字号有 2.5、3.5、5、7、10、14、20 等。如需书写更大的字，则字高应以 $\sqrt{2}$ 的比值递增。汉字字高应不小于 3.5mm。长仿宋字应写成直体字，其字高与字宽应符合表 1-2-6 的规定。

长仿宋体字高关系（mm）　　　　　　　　　　　表 1-2-6

字高	20	14	10	7	5	3.5	2.5
字宽	14	10	7	5	3.5	2.5	1.8

书写长仿宋字时，应注意高宽足格、注意起落、横平竖直、结构匀称、笔画清楚、字体端正、间隔均匀、排列整齐。书写时特别要注意起笔、落笔、转折和收笔，务必做到干净利落，笔画不可有歪曲、重叠和脱节等现象。同时要根据整体结构的类型和特点，灵活地调整笔画间隔，以增强整字的匀称和美观。要写好长仿宋字，平时应该多看、多摹、多写，并且持之以恒。

2. 拉丁字母、阿拉伯数字和罗马数字

图样及说明中的拉丁字母、阿拉伯数字与罗马数字，宜采用单线简体或 ROMAN 字体。拉丁字母、阿拉伯数字与罗马数字的书写规则，应符合表 1-2-7 的规定。

长仿宋体字高关系　　　　　　　　　　　表 1-2-7

书写格式	字　体	窄　字　体
大写字母高度	h	h
小写字母高度（上下均无延伸）	$7/10h$	$10/14h$
小写字母伸出的头部或尾部	$3/10h$	$4/14h$
笔画宽度	$1/10h$	$1/14h$
字母间距	$2/10h$	$2/14h$
上下行基准线的最小间距	$15/10h$	$21/14h$
词间距	$6/10h$	$6/14h$

拉丁字母、阿拉伯数字和罗马数字都可以根据需要写成直体或斜体。斜体的倾斜度应是从底线向右倾斜 75°，其宽度和高度与相应的直体等同。数字和字母按其笔画宽度又分为一般字体和窄字体两种。书写示例见图 1-2-7。

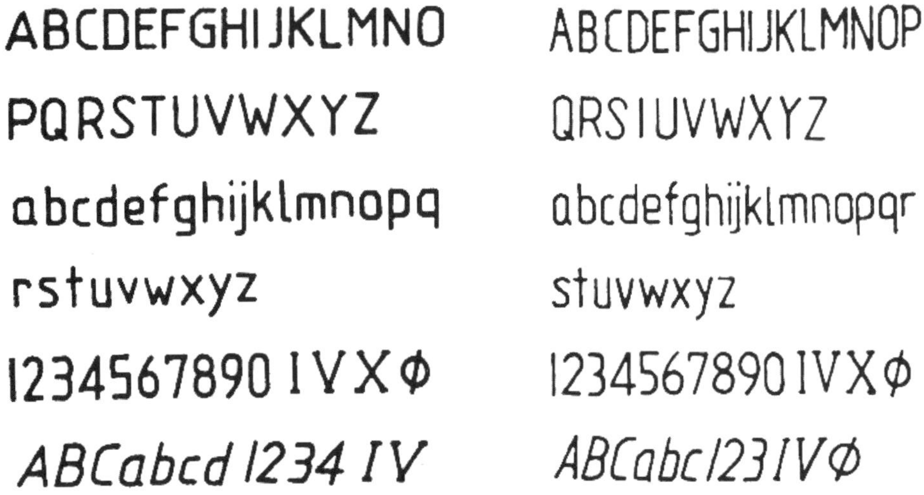

ABCDEFGHIJKLMNO
PQRSTUVWXYZ
abcdefghijklmnopq
rstuvwxyz
1234567890 I V X Φ
ABCabcd 1234 IV
ABCDEFGHIJKLMNOP
QRSIUVWXYZ
abcdefghijklmnopqr
stuvwxyz
1234567890 IVXΦ
ABCabc123IVΦ

(a) (b)

图 1-2-7 拉丁字母、阿拉伯数字、罗马数字字例

（a）字母及数字的一般字体（笔画宽度=1/10 字高）；（b）字母及数字的窄体字（笔画宽度=1/14 字高）

1.2.5 尺寸标注

图样只能表示形体的形状，不能表示形体的大小和位置关系，形体的大小和位置需通过尺寸标注进行解决。下面介绍制图标准中常用尺寸的标注方法。

1. 尺寸界线、尺寸线及尺寸起止符号

如图 1-2-8 所示，标注图样尺寸包括四个要素，即尺寸界线、尺寸线、尺寸起止符号和尺寸数字。

尺寸起止符号
尺寸数字
尺寸界线
6000
尺寸线

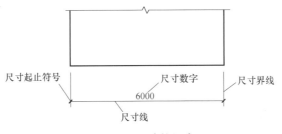

图 1-2-8 尺寸的组成

（1）尺寸界线

如图 1-2-9 所示，尺寸界线应用细实线绘制，一般应与被标注的长度垂直，其一端应离开图样轮廓线不小于 2mm，另一端宜超出尺寸线 2～3mm。图样轮廓线有时也可用作尺寸界线。

（2）尺寸线

尺寸线应用细实线绘制，并与被标注的长度平行。两端宜以尺寸界线为边界，也可以超出尺寸界线 2～3mm。图样本身的任何图线均不得用作尺寸线。

（3）尺寸起止符号

尺寸起止符号一般用中粗斜短线绘制，其倾斜方向应与尺寸界线成顺时针 45°角，长

度宜为 2～3mm。半径、直径、角度与弧长的尺寸起止符号，宜用箭头表示，如图 1-2-10 所示。

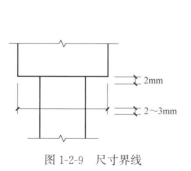

图 1-2-9 尺寸界线

图 1-2-10 箭头尺寸起止符号

2. 尺寸数字

尺寸数字一律用阿拉伯数字书写，长度单位为毫米（即 mm，可省略不写）。尺寸数字应表示物体的实际数字，与画图比例无关。尺寸数字一般书写在尺寸线的中部。水平方向的尺寸，尺寸数字要写在尺寸线的上面，字头朝上；竖直方向的尺寸，尺寸数字要写在尺寸线的左侧，字头朝左；倾斜方向的尺寸，尺寸数字的方向应按图 1-2-11（a）的规定书写，尺寸数字在图中所示 30°影线范围内时可按图 1-2-11（b）的形式书写。

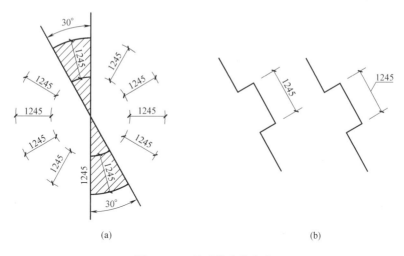

(a)   (b)

图 1-2-11 尺寸数字的方向

如图 1-2-12 所示，当尺寸数字的注写位置不够时，两边的尺寸可以注写在尺寸界线的外侧，中间相邻的尺寸可以错开注写。

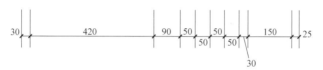

图 1-2-12 小尺寸数字的注写位置

3. 尺寸的排列与布置

如图 1-2-13 所示，尺寸宜标注在图样轮廓以外，不宜与图线、文字及符号等相交。

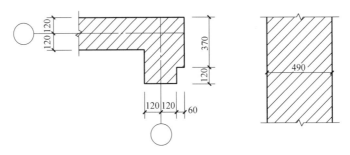

图 1-2-13　尺寸数字的注写

　　互相平行的尺寸线，应从被注写的图样轮廓线由近向远整齐排列，较小尺寸应离轮廓线较近，较大尺寸应离轮廓线较远。图样轮廓线以外的尺寸界线，距图样最外轮廓之间的距离不宜小于10mm。平行排列的尺寸线的间距，宜为7～10mm，并应保持一致。总尺寸的尺寸界线应靠近所指部位，中间的分尺寸的尺寸界线可稍短，但其长度应相等，如图1-2-14所示。

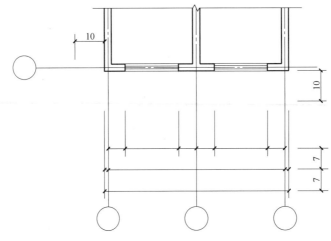

图 1-2-14　尺寸的排列

4. 尺寸标注的其他规定

尺寸标注的其他规定，可参考表1-2-8所示的尺寸标注示例。

尺寸标注示例　　　　　　　　　　　　　　　　　　　　　　　　　表 1-2-8

注写的内容	注写方法示例	说明
半径		半圆或小于半圆的圆弧，应标注半径。如左下方的例图所示，标注半径的尺寸线，应一端从圆心开始，另一端画箭头指向圆弧，半径数值前应加注符号"R"。 较大圆弧的半径，可按上方两个例图的形式标注；较小圆弧的半径，可按右下方四个例图的形式标注

注写的内容	注写方法示例	说明
直径	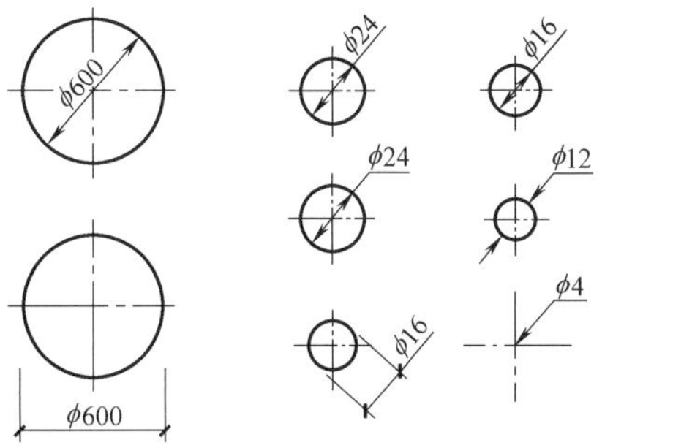	圆及大于半圆的圆弧,应标注直径,如左侧两个例图所示,应在直径数值前加注符号"ϕ"。在圆内标注的直径尺寸线应通过圆心,两端画箭头指至圆弧。 较小圆的直径尺寸,可标注在圆外,如右侧六个例图所示
角度、弧长与弦长	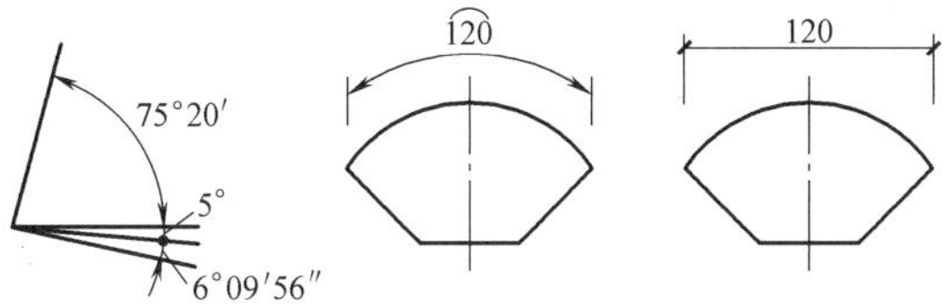	如左方的例图所示,角度的尺寸线是圆弧,圆心是角顶,角边是尺寸界线。尺寸起止符号用箭头;如没有足够的位置画箭头,可用圆点代替。角度的数字应水平方向注写。 如中间例图所示,标注弧长时,尺寸线是同心圆弧,尺寸界线垂直于该圆弧的弦,起止符号用箭头,弧长数字上方加圆弧符号。 如右方的例图所示,圆弧的弦长的尺寸线应平行于弦,尺寸界线垂直于弦
薄板厚、正方形	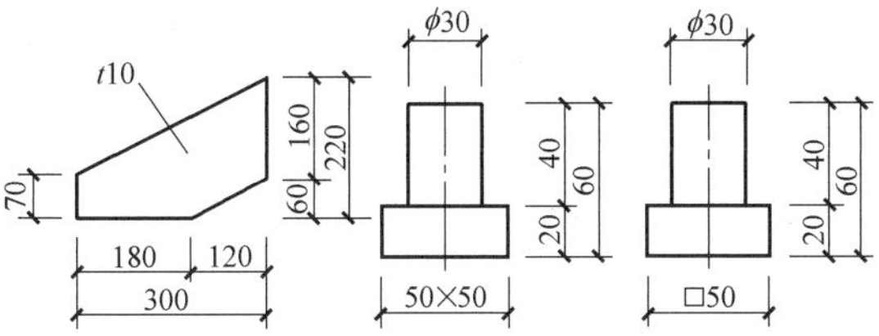	在表示厚度数字前应加注符号"t"。 在正方形的侧面标注该正方形的尺寸,可用"边长× 边长"标注,也可在边长数字前加正方形符号"□"
坡度	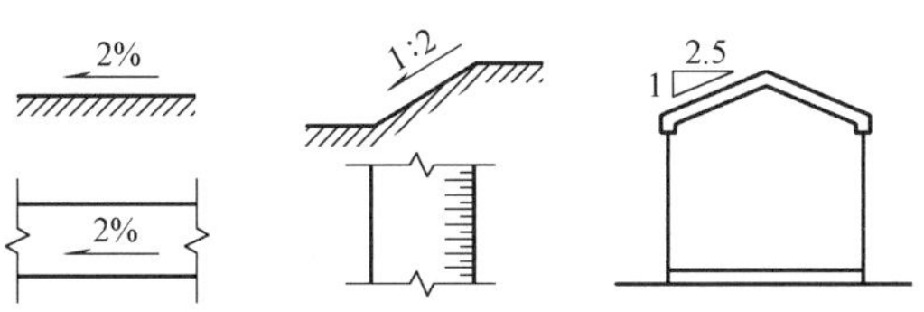	标注坡度时,在坡度数字下,应加注坡度符号,坡度符号为单面箭头,一般指向下坡方向。 坡度也可用直角三角形形式标注,如右侧的例图所示。 图中在坡面高的一侧水平边上所画的垂直于水平边的长短相间的等距细实线,称为示坡线,也可用它来表示坡面
连续排列的等长尺寸	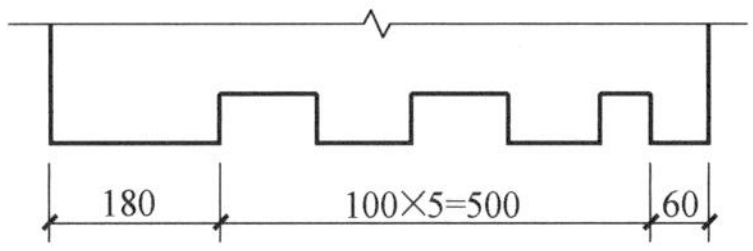	可用"等长尺寸×个数＝总长"的形式标注

注写的内容	注写方法示例	说明
相同要素	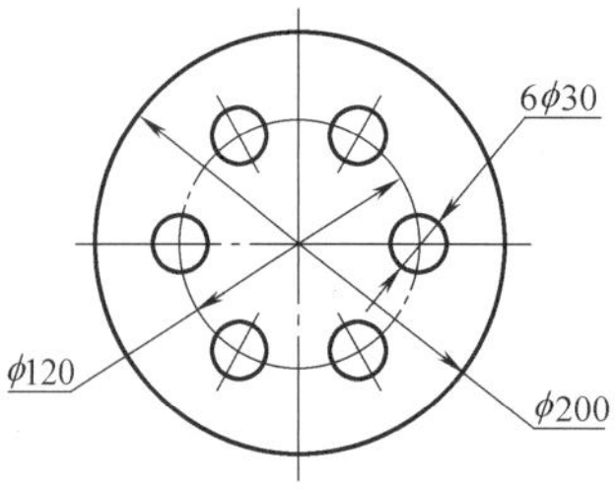	当构配件内的构造要素（如孔、槽等）相同时，可仅标注其中一个要素的尺寸，并在尺寸前标注个数

1.3　施工图识图

钢筋深化设计人员作为设计师和现场施工人员之间的"翻译官"，准确领会设计师的设计意图是钢筋深化设计人员应该掌握的基本能力。所以，虽然钢筋深化设计人员的工作成果是用于指导现场结构施工的钢筋料单、排布图、节点详图等结构相关内容，但钢筋深化设计人员必须基于建筑施工图，对项目的设计意图有了准确的理解和领会后，才能明白结构设计的用意之所在，才能确保钢筋深化设计成果的准确无误、科学合理，所以钢筋深化设计人员应在施工图的识读方面打好扎实的理论基础。

一套完整的施工图，一般包括建筑施工图、结构施工图、设备施工图等专业图纸。本章节只介绍建筑施工图和结构施工图的相关识图内容。

1.3.1　建筑施工图

建筑施工图是表示建筑物的总体布局、外部造型、内部布置、细部构造、内外装饰、固定设施和施工要求的图样。一般包括图纸目录、建筑总平面图、施工总说明、门窗表、建筑平面图、建筑立面图、建筑剖面图和建筑详图等。

1. 图纸目录、建筑总平面图和施工总说明

（1）图纸目录的内容

图纸目录又称标题页或首页图，说明该套图纸有几类，各类图纸分别有几张，每张图纸的图号、图名、图幅大小；如采用标准图，应写出所使用标准图的名称、所在的标准图集和图号或页次。编制图纸目录的目的是为了便于查找图纸。

（2）建筑总平面图的内容

如图 1-3-1 所示，建筑总平面图是表示建筑物场地总体平面布局的图纸。它以平面图的形式表明建筑区域的地形、地物、道路、拟建房屋的位置、朝向以及与周围建筑物的关系等情形。由于总平面图所表示的区域一般比较大，因此，在实际绘图时常采用较小的比例绘制，如 1：500、1：1000、1：2000 等。另外，采用图例的形式来表明新建、原有、拟建的建筑物，附近的地物环境、交通和绿化布置。

《总图制图标准》GB/T 50103—2010 分别列出了总平面图例、道路图例、管线与绿化图例，表 1-3-1 摘录了其中的一部分。当表 1-3-1 中的图例不够应用时，可查阅该标准。若标准中图例仍不足以表达明确，必须另行设定图例时，则应在总平面图上专门另行画出

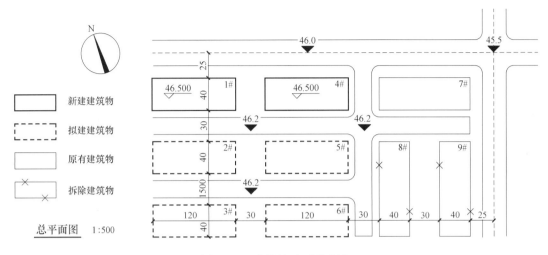

图 1-3-1　建筑总平面图示例

自定的图例，并注明其名称。

总平面图常用图例　　　　　　　　　　　　　　　　　　　　表 1-3-1

名称	图例	备注	名称	图例	备注
新建建筑物		新建建筑物以粗实线表示与室外地坪相接处±0.00 外墙定位轮廓线	原有建筑物		用细实线表示
			计划扩建的预留地或建筑物		用中粗虚线表示
			拆除建筑物		用细实线表示
新建道路		"R=6.00"表示道路转弯半径;"107.50"为道路中心线交叉点设计标高,两种表示方式均可,"100.00"为变坡点之间距离,"0.30%"表示道路坡度,箭头表示坡向	人行道		—
			原有道路		—
			计划扩建道路		—
台阶及无障碍坡道		表示台阶(级数仅为示意)	室内地坪标高		数字平行于建筑物书写
		表示无障碍坡道	室外地坪标高		室外标高也可采用等高线
指北针		—	地下车库入口		机动车停车场

名称	图例	备注	名称	图例	备注
自然水体	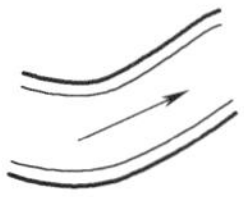	表示河流 箭头表示水流方向	填坡坡度	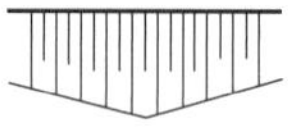	边坡较长时,可在一段或两端局部表示,下边线为虚线时,表示填方
植物		—	护坡	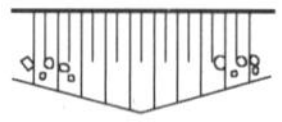	

2. 施工总说明的内容

根据住房和城乡建设部印发《建筑工程设计文件编制深度规定》（2016 年版）的规定，建筑施工图设计说明应包括以下内容：

（1）本子项工程施工图设计的依据性文件、批文和相关规范。

（2）项目概况：

内容一般应包括建筑名称、建设地点、建设单位、建筑面积、建筑基底面积、建筑工程等级、设计使用年限、建筑层数和建筑高度、防火设计建筑分类和耐火等级、人防工程防护等级、屋面防水等级、地下室防水等级等，以及能反映建筑规模的主要技术经济指标，如住宅的套型和套数、旅馆的客房间数和床位数、医院的门诊人次和住院部的床位数、车库的停车泊位数等。

（3）设计标高。

（4）用料说明和室内外装修：

1）墙体、墙身防潮层、地下室防水、屋面、外墙面、勒脚、散水、台阶、坡道、油漆、涂料等的材料和做法，可用文字说明或部分文字说明，部分直接在图上引注或加注索引号；

2）室内装修部分除用文字说明以外亦可用表格形式表达，在表上填写相应的做法或代号；较复杂或较高级的民用建筑应另行委托室内装修设计；凡属二次装修的部分，可不列装修做法表和进行室内施工图设计，但对原建筑设计、结构和设备设计有较大改动时，应征得原设计单位和设计人员的同意。

（5）对采用新技术、新材料的做法说明及对特殊建筑造型和必要的建筑构造的说明。

（6）门窗表及门窗性能、用料、颜色、玻璃、五金件等的设计要求。

（7）幕墙工程及特殊的屋面工程的性能及制作要求，平面图、预埋件安装图等以及防火、安全、隔声构造。

（8）电梯选择及性能说明。

（9）墙体及楼板预留孔洞需封堵时的封堵方式说明。

（10）其他需要说明的问题。

3. 建筑平面图

（1）平面图的形成

如图 1-3-2 所示，建筑平面图是房屋的水平剖面图，是用一个假想的水平面，在窗台之上剖开整幢房屋，移除剖切平面上方的房屋，将留下的部分按俯视方向在水平投影面上作正投影所得到的图样。建筑平面图主要用来表示房屋的平面布置情况，在施工过程中，是进行放线、砌墙和安装门窗等工作的依据。建筑平面图应包括被剖切到的断面、可见的建筑构造和必要的尺寸、标高等内容。

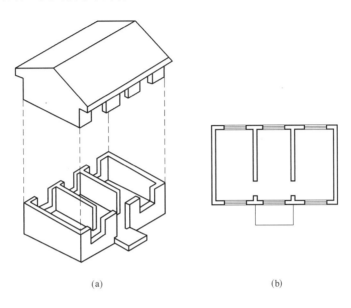

(a)　　　　　　　　　　　　　　(b)

图 1-3-2　建筑平面图

建筑平面图一般包括以下内容：

1）底层平面图：底层平面图又称为首层平面图或一层平面图，该图是表示第一层各房间的布置，建筑物入口、门厅、楼梯的布置，以及室外台阶、散水等情况的平面图。

2）标准层平面图：标准层平面图是表示房屋中间几层的布置情况，包括房间数量、大小，以及雨篷、阳台等布置情况。

3）屋顶平面图：是由屋顶的上方向下作屋顶外形的水平投影而得到的平面图，用该图来表示屋顶布置的情况。图中应表达屋面排水的方向、坡度、雨水管的位置及屋顶的构造等内容。

图 1-3-3～图 1-3-5 分别表示"某住宅楼项目"的底层平面图、标准层平面图、屋顶平面图。

（2）平面图的图示内容

建筑平面图主要反映房屋的平面形状、大小和房间的相互关系、内部布置、墙的位置、厚度和材料、门窗的位置以及其他建筑构配件的位置和大小等。建筑平面图主要图示内容如下：

1）反映建筑物某一平面形状，房间的位置、形状、大小、用途及相互关系。

2）墙、柱的位置、尺寸、材料、形式，各房间门、窗的位置和开启形式等。

3）门厅、走道、楼梯、电梯等交通联系设施的位置、形式、走向等（一层）。

4）其他的设施、构造，如阳台、雨篷、室内台阶卫生器具、水池等（中间层）。

5）属于本层但又位于剖切平面以上的建筑构造及设施，如高窗、隔板、吊柜等用虚线表示。

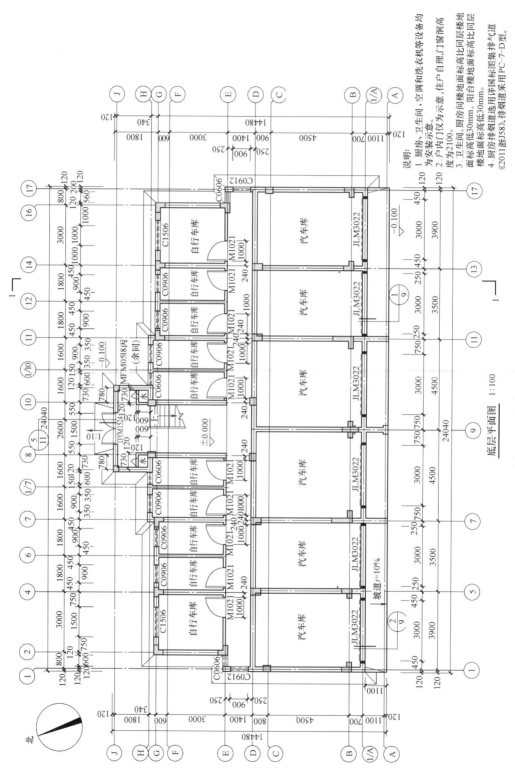

说明：
1 厨房、卫生间、空调和洗衣机等设备均为安装示意。
2 户内门仅为示意，住户自理。门窗洞高度为2100。
3 卫生间、厨房同楼地面标高比楼地面标高低30mm，阳台楼地面标高比同层楼地面标高低30mm。
4 厨房排烟道选用浙国标图集排气道《2011浙J58》排烟道采用PC-7-D型。

底层平面图 1:100

图1-3-3 某住宅楼底层平面图

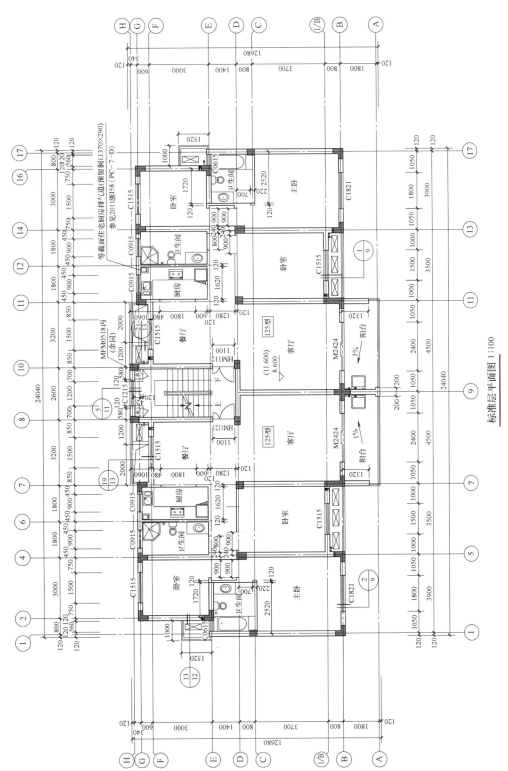

标准层平面图 1:100

图 1-3-4 某住宅楼标准层平面图

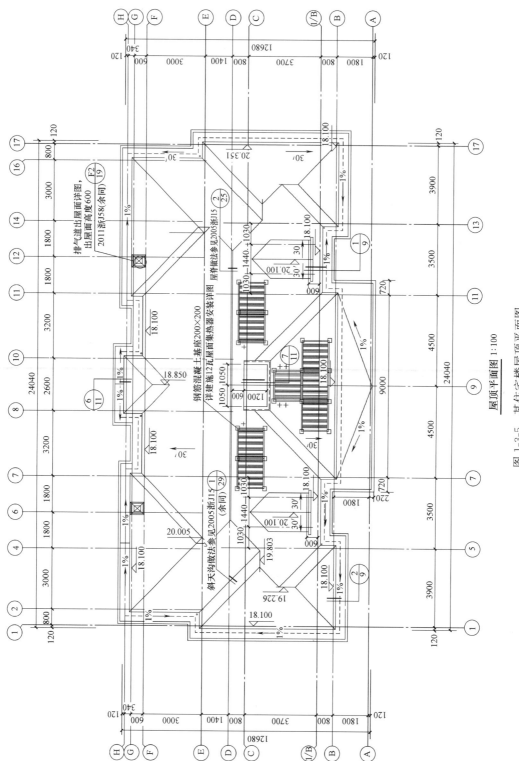

屋顶平面图 1:100

图 1-3-5 某住宅楼屋顶平面图

6）一层平面图应注明剖面图的剖切位置、投影方向及编号，确定建筑物朝向的指北针，以及散水、入口台阶、花坛等。

7）标明主要楼、地面及其他主要台面的标高，注明建筑平面的各道尺寸。

8）屋顶平面图主要表明屋面形状、屋面坡度、排水方式、雨水口位置，挑檐、女儿墙、烟囱、上人孔及电梯间等构造和设施，由于屋顶平面图比较简单，常用小比例尺绘制。

9）在另有详图的部位，应注明详图索引符号。

10）注明图名和绘图比例以及必要的文字说明。图名应注明是哪一层平面图，在图名处加中实线作下划线，绘图比例在图名右侧。

以上所列内容，可以根据具体建筑物的实际情况进行取舍。

4. 建筑立面图

建筑立面图是在与房屋立面相平行的投影面上所作的正投影。它主要用来表示房屋的体型和外貌、外墙装修、门窗的位置与形式，以及遮阳板、窗台、窗套、屋顶水箱、檐口、阳台、雨篷、雨水管、水斗、引条线、勒脚、平台、台阶、花坛等构造和配件各部位的标高和必要的尺寸。建筑立面图在施工过程中，主要用于室外装修。

（1）立面图的名称

当房屋前后、左右的立面形状不同时，应当画出每个方向的立面图。此时，立面图的名称可称为正立面图、背立面图、左立面图和右立面图。有时也可按房屋的朝向称为南立面图、北立面图、东立面图和西立面图，或以房屋两端的定位轴线编号命名。

（2）立面图的规定画法

1）比例

绘制立面图所采用的比例应与平面图相同，其常用比例见表1-3-2。

<table>
<tr><td colspan="2" align="center">建筑施工图常用比例</td><td align="right">表 1-3-2</td></tr>
<tr><td align="center">图名</td><td colspan="2" align="center">比例</td></tr>
<tr><td align="center">建筑物或构筑物的平面图、立面图、剖面图</td><td colspan="2" align="center">1：50，1：100，1：200</td></tr>
<tr><td align="center">建筑物或构筑物的局部放大图</td><td colspan="2" align="center">1：10，1：20，1：50</td></tr>
<tr><td align="center">配件及构造详图</td><td colspan="2" align="center">1：1，1：2，1：5，1：10，1：20，1：50</td></tr>
</table>

2）定位轴线

如图1-3-6所示，在立面图中，一般只画两端的定位轴线及其编号，以便与平面图对照确定立面图的方向。

3）图线

为了使立面图中的主次轮廓线层次分明，增强图面效果，应采用不同的线型。具体要求如下：

室外地面线用特粗线表示；立面外包轮廓线用粗实线绘制；门窗洞口、台阶、花台、阳台、雨篷、檐口、烟道、通风道等均用中实线画出；某些细部轮廓线，如门窗格子、阳台栏杆、装饰线脚墙面分格线、雨水管和文字说明引出线等均用细实线画出。

4）图例及省略画法

外墙面的装饰材料除可画出部分图例外，还应用文字加以说明。图中相同的门窗、阳台、外檐装饰、构造做法等可在局部重点表示，绘出其完整图形，其余可只画轮廓线。

（3）尺寸标注

立面图中应注出外墙各主要部位的标高及高度方向的尺寸，如室外地面、台阶、窗台、门窗上口、阳台、雨篷、檐口、屋顶、烟道、通风道等处的标高。对于外墙预留洞除注出标高外，还应注明其定量尺寸和定位尺寸。

（4）看图示例

图1-3-6为某住宅项目的南立面图，现以该图为例说明立面图的内容及阅读方法。看到立面图，首先应从以下几个方面进行识读：

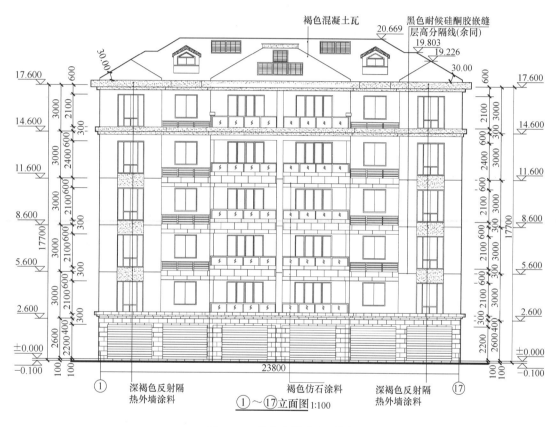

图1-3-6　某住宅楼南立面图

1）查找轴线编号。立面图两端通常标注有定位轴线编号，此编号与平面图的轴线编号是一致的，将两者联系起来对照阅读，便能够确定该立面图是表示房屋的南向立面图。

2）了解房屋的外形。从立面图上可以看出，房屋的外形、房屋的高度变化，以及门窗、阳台、屋顶和老虎窗等细部的形式和位置。图中表示出一层为车库，二～六层为住宅层等。

3）了解房屋各部位的标高。从图中所标注的标高能够看出房屋室内外地面高差为0.10m，房屋最高处标高为20.669m，其他各部位标高和高度方向尺寸如图1-3-6所示。

4）了解墙面装饰材料及做法。从图中引出的文字说明中，可知房屋外墙面装饰材料为褐色涂料，屋顶为褐色混凝土瓦等。

5. 建筑剖面图

建筑剖面图主要表示房屋的内部结构、分层情况、各层高度、楼面和地面的构造以及各配件在垂直方向上的相互关系等内容。图1-3-7所示为本章实例"某住宅楼项目"的1-1剖面图。

（1）建筑剖面图的形成及特点

假想用正平面或侧平面作为剖切平面剖切房屋，所得到的垂直剖面图称为建筑剖面图，简称剖面图。剖面图的剖切位置应选在房屋的主要部位或建筑构造较为典型的部位，如剖切平面通过门窗洞口和楼梯间。当一个剖切平面不能同时剖到这些部位时，可采用若干个平行的剖切平面。剖面图的数量应根据房屋复杂程度而定。剖切平面一般取侧平面，所得到的剖面图为横向剖面图；必要时也可取正平面，所得剖面图为纵向剖面图。

（2）规定画法

1）定位轴线

在剖面图中，凡是被剖到的承重墙、柱都要画出定位轴线，并注写与平面图相同的编号。

2）剖切符号

剖切位置线和剖视方向线必须在底层平面图中画出并注写编号，在剖面图的下方标注与其相同的图名。

3）图线

在剖面图中，被剖到的室外地面线用特粗线表示，其他被剖到的部位，如散水、墙身、地面、楼梯、圈梁、过梁、雨篷、阳台、顶棚等均用粗实线或图例表示。在比例小于1：50的剖面图中，钢筋混凝土构件断面允许用涂黑表示。其他未剖到但能看见的建筑构造则按投影关系用中实线画出。

由于地面以下的基础部分是属于结构施工图的内容，因此，在画建筑剖面图时，室内地面只画一条粗实线。抹灰层及材料图例的画法与平面图中的规定相同。

（3）尺寸标注

1）轴线尺寸

注出承重墙或柱定位轴线间的距离尺寸。

2）标高

注出室内外地面、各层楼面、阳台楼梯、平台檐口、顶棚、门窗、台阶、烟道和通风道等处的标高（需注意外墙、烟道和通风道的标高应与立面图中的标高一致，且标注在剖面图的最外侧）。

3）高度尺寸

外部尺寸应注出墙身垂直方向的分段尺寸，如门窗洞口、勒脚、窗间墙的高度尺寸，房屋主体的高度尺寸。内部尺寸应注出室内门窗及墙裙的高度尺寸。

（4）看图示例

如图1-3-7所示，现以"某住宅楼1-1剖面图"为例，说明剖面图的图示内容及阅读方法。

把图名和轴线编号与底层平面图上的剖切位置和轴线编号相对照，可知1-1剖面图是一个剖切平面通过东边套客厅，剖切后向左进行投影的横剖面图。

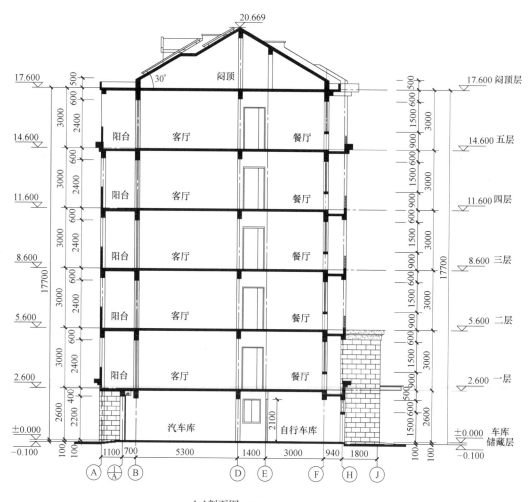

1-1剖面图 1:100

图 1-3-7　某住宅楼 1-1 剖面图

从剖面图中可以看出房屋的内部构造、结构形式和所用建筑材料等内容，如梁、板的铺设方向，梁、板与墙体的连接关系。墙体是用砖砌筑的，而梁、板等构件的构成材料为钢筋混凝土。

从图中所注标高可以了解房屋各部位在高度方向的变化情况，如楼面、顶棚、平台、窗洞上下皮、室外地面等处距离室内地面（±0.000）的相对尺寸。

从定位轴线间的尺寸能反映出房屋的宽度，外墙分段尺寸则表示窗高、层高和房屋总体高度，如窗高为 1.50m，层高为 3.00m，房屋总高为 17.60m。

6. 建筑详图

因为建筑平面图、立面图和剖面图一般采用较小的比例，在这些图上难以表示清楚建筑物某些部位的详细构造。根据施工需要，必须另外绘制比例较大的图样，将某些建筑配件（如门、窗、楼梯、阳台、雨水管等）及一些构造节点（如檐口、窗台、勒脚、明沟等）的形状、尺寸、材料、做法详细表达出来。由此可见，建筑详图是把房屋的细部或构配件的形状、大小、材料和做法等，按正投影的原理，用较大的比例绘制出来的图样。

（1）建筑详图的主要内容

1）图名或详图符号、比例。通过该部分内容了解详图的内容和图样与实物之间的比例关系，图名可以在标题栏中查到，在建筑详图中常用的比例是 1：5，1：10，1：20，1：30，1：50，其中 1：20 使用最多。

2）建筑构配件（如门窗、楼梯、阳台等）的详细构造及连接关系。

3）建筑物细部及剖面节点（如檐口、窗台、明沟、楼梯扶手、踏步、楼层地面、屋顶层等）的形式、做法、用料、规格及详细尺寸。

4）表明有关施工要求及制作方法、说明等。

建筑详图主要有外墙详图、门窗详图、楼梯详图、阳台详图等。详图数量的选择与房屋的复杂程度及平面图、立面图、剖面图的内容及比例有关。现以外墙身、楼梯及门窗等详图分别作介绍。

（2）外墙详图

1）外墙详图的内容

外墙详图实际上是建筑剖面图的局部放大图。如图 1-3-8 所示，该图表达了该住宅楼的屋面、楼层、地面和檐口构造做法，以及楼板与墙的连接、门窗顶、窗台和勒脚、散水等构造情况，是施工的重要依据。

多层房屋中，若除了底层和顶层，中间各层情况一样时，可只绘制底层、中间标准层和顶层的外墙详图。绘制外墙详图时，往往在窗洞中间处断开，成为几个节点详图的组合图，有时也可不绘制整个墙身的详图，而是把各个节点的详图分别单独绘制。详图的线型要求与剖面图一样。

详图的线性与剖面图一样，因详图采用较大的比例（1：20）绘制，所以剖切到的断面上应绘制出规定的材料图例，墙身应用细实线绘制出粉刷层。

2）外墙详图的识读

如图 1-3-8 所示，现以"某住宅楼墙身构造详图"为例，说明阅读外墙详图的方法。看到墙身构造详图可从以下几个方面识读：

① 了解外墙在建筑物的具体部位。

根据外墙详图剖切平面的编号，在平面图、剖面图或立面图上查找出相应的剖切平面的位置，以了解外墙在建筑物中的具体部位。

② 了解各部位的详细构造、尺寸、做法等。

看图时应按照从下到上或由上到下的顺序，一个节点、一个节点地阅读，了解各部位的详细构造、尺寸、做法，并与材料做法表相对照，检查是否一致。

③ 底层外墙详图。

从图中可以看出，散水、底层地面做法、室内外高差 100mm 等内容。

④ 中间层外墙详图。

从图中可以看出楼面的做法、窗台高 300mm、安全防护栏杆高 900mm、栏杆预埋件预埋在窗台压顶梁内、楼层层高为 3.00m 等内容。

⑤ 顶层外墙详图。

顶层外墙详图的重点是表明檐口做法，从图中可知，该楼房为坡屋顶，雨水通过檐沟

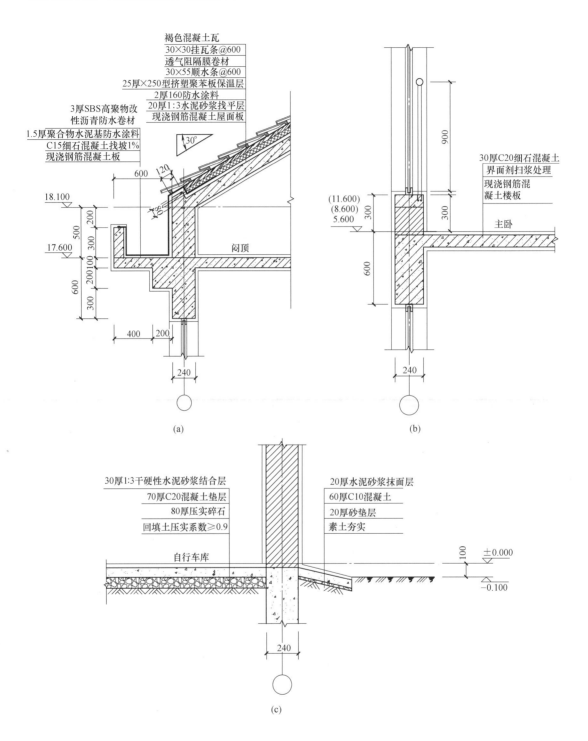

图 1-3-8 某住宅楼墙身构造详图

（a）顶层；（b）中间层；（c）底层

收集。屋面层做法包括檐沟、瓦屋面等。

（3）楼梯详图

　　楼梯是多层房屋上下交通的主要设施，楼梯除了应满足上下方便和人流疏散畅通外，还应有足够的坚固耐久性，目前多采用现浇钢筋混凝土楼梯。楼梯是由楼梯段（简称梯段，包括踏步和斜梁）、平台（包括平台板和梁）和栏板（或栏杆）等组成，如图 1-3-9 所示。楼梯的构造一般较复杂，需要单独绘制详图表示。楼梯详图主要表示楼梯的类型、结构形式、各部位的尺寸及装修做法等，是楼梯施工放样的主要依据。楼梯详图一般包括平面图、剖面图及踏步、栏板详图等，并尽可能绘制在同张图纸内。平面图、剖面图比例应一致，以便对照阅读；踏步、栏板详图比例要大一些，以便表达清楚该部分的构造情况。楼梯详图一般分建筑详图与结构详图，并分别绘制，分别编入"建施"和"结施"中，但对一些构造和装修较简单的现浇钢筋混凝土楼梯，其建筑详图和结构详图可合并绘制，编入"建施"或"结施"均可。

　　1）楼梯平面图

　　一般每一层楼都要绘制一张楼梯平面图。三层以上的房屋，若中间各层的楼梯位置以及梯段数、踏步数和大小均相同时，通常只绘制出首层、中间层和顶层三个平面图就可以了。当层高、进深或其他原因导致楼梯发生变化的，应每层一一绘制平面图，如图 1-3-9 所示。

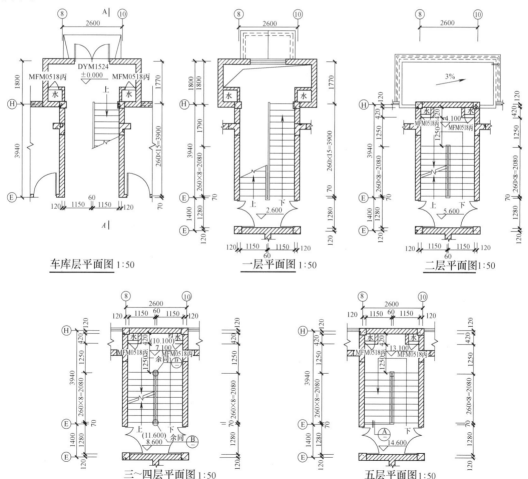

图 1-3-9　某住宅楼梯平面图

楼梯平面图中，除标注出楼梯间的开间和进深尺寸、楼地面和平台面的标高外，还需标注出各细部的详细尺寸。通常把楼梯长度尺寸与踏面数、踏面宽的尺寸合并写在一起。如底层平面图中的 $8 \times 260 = 2080$，表示该梯段有 8 个踏面，每一踏面宽为 260mm，梯段长为 2080mm。通常，多个平面图绘制在同一张图纸内，并互相对齐，这样既便于阅读，又可以省略标注一些重复尺寸。

2）楼梯剖面图

假想用一铅垂剖面通过各层的梯段和门窗洞，将楼梯剖开，向另一未剖到的梯段方向投射所得的剖面图，即为楼梯剖面图。楼梯剖面图应能完整、清晰地表示出各梯段、平台、栏板等的构造及这些部位的相互关系。通常情况下，若楼梯间的层面没有特殊之处，一般可以不用绘制。在多层房屋中，若中间各层的楼梯构造相同，楼梯剖面图可以只绘制出首层、中间层和顶层剖面，中间用折断线分开（与外墙身详图处理方法相同）。

楼梯剖面图应表达出房屋的层数、楼梯梯段数、步级数以及楼梯的类型及其结构形式。楼梯剖面图中应注明地面、平台面、楼面等部位的标高和梯段、栏板的高度尺寸。梯段高度尺寸标注法与楼梯平面图中梯段长度标注法相同，在高度尺寸中标注的是步级数，而不是踏面数。栏杆高度尺寸是从踏面中间算到扶手顶面，一般为 900mm，扶手坡度应与梯段坡度一致，如图 1-3-10 所示。

3）楼梯踏步、扶手、栏板（栏杆）详图

楼梯踏步由水平踏步和垂直踢面组成。踏步详图表明踏步截面形状、尺寸、材料与面层做法。踏面边沿磨损较大，易滑跌，常在踏步平面边沿部位设置一条或两条防滑条。

楼梯栏杆与扶手是为上、下行人安全而设置的，靠楼梯段和平台悬空一侧设置栏杆或栏板，上面做扶手，扶手形式与大小及所用材料应满足一般手握适度弯曲的情况。

（4）门窗详图

由于现代很多建筑都有单独的装修设计，所以一般工程较少需要绘制门窗详图。一般工程的门窗可直接采用标准图集，填写门窗表即可。而外门窗有建筑立面艺术构图需要，需绘制出门窗立面和编号，门窗立面应反映出其分格形式、开启方式、玻璃种类、附纱与否等，并填入门窗表中。

1）门窗表的编制方法

方法 1：门窗表随门窗立面列出在其之前或后，是常用的绘制方法。

方法 2：见表 1-3-3。

2）门窗立面的画法

画门窗立面均按由外向内的视图方向画，开启线为虚线时表示内开，实线表示外开。

3）门窗设计号编号法

① 常用门窗类别编号

门：木门-M、防火门-FM 甲（乙、丙）、防火卷帘门-FJM 等；

窗：木窗-MC、铝合金窗-LC、防火窗-FC 甲（乙、丙）等；

幕墙-MQ；

玻璃隔断-GD。

② 编号方法

方法 1：按类别代号＋顺序号编写，例如：LC-1、LC-2……，M1、M2……。洞口的

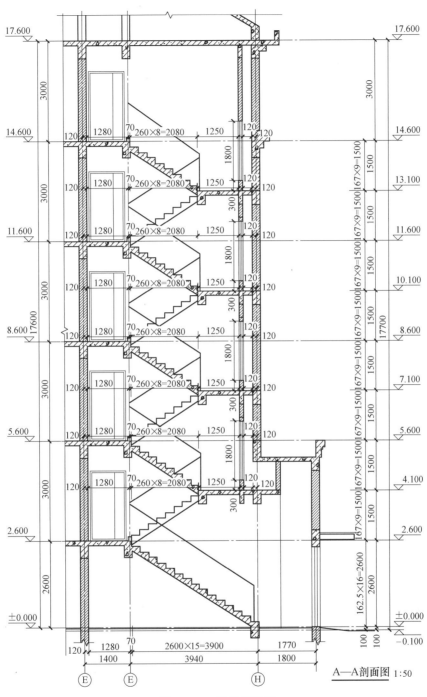

图 1-3-10　楼梯剖面图

尺寸、采用的标准图及型号、功能等信息在门窗表中注明。此法在详图中表达较为清楚，但当其标注在平面图上，因不方便查看门窗洞口尺寸，所以平面识图较为不便。如图 1-3-11（a）所示。

　　方法 2：按类别代号＋洞口宽度＋洞口高度编写，例如：GC1215、GC1215A、

GM1021、GM1021B……。此法数字较多，但在平面图中可看出洞口尺寸，平面识图较方便。如图1-3-11（b）所示。

门窗表   表1-3-3

类别 （门窗名称）	设计编号	洞口尺寸 （mm） 宽×高	各层樘数 1	各层樘数 2	各层樘数 3-12	各层樘数 13	总樘数	采用标准图集及编号 图集代号	采用标准图集及编号 编号	备注
铝合金外门										
实木平开门										
甲级防火门										
……										
塑料平开窗										
塑料百叶窗										
……										

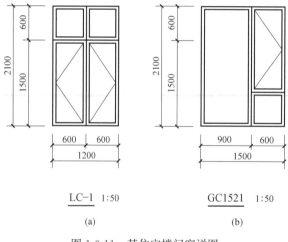

LC-1   1:50

(a)

GC1521   1:50

(b)

图1-3-11　某住宅楼门窗详图

1.3.2　结构施工图

结构施工图是表达房屋承重构件（如基础、柱、墙、梁、板及其他构件）的布置、形状、大小、材料、构造及其相互关系的图样，主要用来作为施工放线、开挖基槽、支模板、绑扎钢筋、设置预埋件、浇捣混凝土和安装梁、板、柱等构件及编制预算和施工组织设计等的依据。结构施工图应包含结构设计总说明、结构平面布置图以及构造详图等内容。

结构设计总说明是带全局性的文字说明，它包括设计依据、工程概况、建筑结构安全等级及设计使用年限、荷载取值、钢筋混凝土结构构造要求、选用材料的类型、规格、强度等级、地基情况、施工注意事项、选用标准图集、特殊构造等内容。结构平面布置图是表示房屋中各承重构件总体平面布置的图样，按构件类别可分为墙柱平面布置图、梁平面布置图、楼板平面布置图等；构造详图包括基础结构详图、楼梯结构详图、墙身大样图以及其他详图，如天窗、雨篷、过梁等。

结构施工图的中基础、柱、墙、梁、板、楼梯等构件平面布置图的制图规则、内容、设计信息的注写方式等可参照《混凝土结构施工图平面整体表示方法制图规则和构造详图》16G101-1、16G101-2、16G101-3中的相关内容，此处不再叙述。

为了体现建筑物的美观和特点，设计通常会在建筑物外部设计装饰线条、特殊形状构造等，亦或是为了增强建筑物的使用安全性和适用性，设计通常会在建筑物外围或洞口边缘设计一定高度翻边或坎台等。所以，除了基础、柱、墙、梁、板等常规构件外，结构上通常会有与建筑节点详图对应的结构节点详图（图1-3-12）。

从图1-3-12的结构配筋详图中可看出以下信息：

（1）标高

详图中标注了女儿墙底部楼层标高和墙顶标高。

（2）尺寸

与楼层标高和墙顶标高配合，节点详图详尽地表达了女儿墙高度和厚度、线条高度、线条宽度和厚度、飘窗下挂板厚度和悬挑长度以及女儿墙的定位尺寸（从轴线的偏移尺寸）等信息。

（3）配筋

在结构尺寸的基础上，节点详图中完整表达了女儿墙、装饰线条、飘窗下挂板的纵横向钢筋配筋信息。

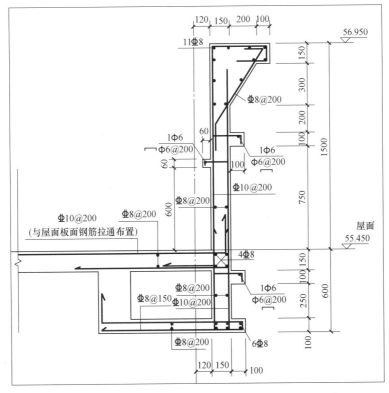

图1-3-12 某住宅项目屋面女儿墙和装饰线条结构配筋详图

钢筋深化设计人员在绘制用于指导现场施工的节点详图时，应对上图所示的节点详图进行细化处理。经过细化处理的详图应能完整表达每一根钢筋的形状、编号（编号应与料单中的钢筋编号一致）、布置间距等信息（节点详图的绘制方法及下料可参考本书第11章相关内容）。

本 章 习 题

1. 工程中常见的图纸幅面代号有 A0、A1、A2、A3、A4，其中 A1 的图框尺寸为（　　）。

A. 841×1189　　　　B. 594×841　　　　C. 420×594　　　　D. 297×420

2. 建筑平面图中的中心线、对称线、轴线，一般用什么线表示（　　）。

A. 细实线　　　　B. 细虚线　　　　C. 细单点长画线　　　　D. 细双点长画线

3. 下列间距不符合平行排列的尺寸线间距的是（　　）。

A. 8.0mm　　　　B. 9.0mm　　　　C. 10.0mm　　　　D. 11.0mm

4. 图例 ┌─────┐ 表示的内容是（　　）。

A. 新建建筑物　　　　　　　　B. 原有建筑物

C. 计划扩建的预留地或建筑物　　　　D. 拆除建筑物

5. 下列立面图的图名错误的是（　　）。

A. 房屋立面图　　　　　　　　B. 东立面图

C. A～H 轴立面图　　　　　　　D. ④～① 轴立面图

6. 不属于楼梯剖面图表达的内容是（　　）。

A. 房屋的层数　　　　　　　　B. 楼梯梯段数、步级数

C. 楼梯踏步宽度　　　　　　　D. 楼梯的类型及其结构形式

7. 在门窗表中，高 1500 宽 1200 的铝合金窗，类别编号表示正确的是（　　）。

A. LC1512　　　　B. LC1215　　　　C. MC1512　　　　D. MC1215

8. 梁结构施工图中，KL6（5）的某跨下部原位标注 6ϕ25 2 (-2)/4，则下列表述错误的是（　　）。

A. KL6 在该跨位置底部纵筋为 6 根ϕ25 钢筋

B. KL6 在该跨位置底部纵筋分为两排

C. （-2)/4 表示底部纵筋下一排为 4 根ϕ25，上一排为 2 根ϕ25，不伸入支座

D. （-2) 表示该跨梁底部需扣除 2 根纵筋，配置 4ϕ25 即可

9. 某跨梁支座位置标注 6ϕ20 4/2，已知该梁贯通筋为 2ϕ20，则下列表述正确的是（　　）。

A. 支座位置纵筋根数为 8 根

B. 第一排支座非贯通筋两边从支座边缘伸出长度分别取支座两边梁净跨的 1/3

C. 第二排支座非贯通筋两边从支座边缘伸出长度同第一排支座非贯通筋

D. A、B、C 均不对

10. 结构施工图中，节点详图不包含（　　）。

A. 标高　　　　B. 结构尺寸　　　　C. 配筋信息　　　　D. 地坪做法

第2章

钢筋混凝土结构受力原理与抗震构造措施

2.1 钢筋混凝土结构工作原理

2.1.1 钢筋与混凝土的粘结作用

钢筋混凝土结构由钢筋和混凝土两种材料组成。在梁板等构件的受拉区域配置钢筋，使混凝土和钢筋形成一个整体并共同受力，在构件中混凝土主要受压，钢筋主要受拉，它们发挥各自的特长。这两种物理与力学性能不同的材料之所以能有效的结合在一起并共同工作，表面上看是由于钢筋与其周围的混凝土之间产生了粘结应力，但更重要的原因是由于钢筋和混凝土两种材料的温度线膨胀系数非常相近（钢 $1.2 \times 10^{-5}/℃$；混凝土 $1.0 \times 10^{-5} \sim 1.5 \times 10^{-5}/℃$），当温度变化时钢筋与混凝土之间不会产生较大的相对变形而破坏钢筋与混凝土之间的粘结，为满足两种材料共同受力的要求创造了条件。

如图 2-1-1，根据受力性质不同，钢筋与混凝土间的粘结应力可分为裂缝间的局部粘结应力和钢筋端部的锚固粘结应力两种。裂缝间的局部粘结应力是在相邻两个开裂截面间产生的，它使得相邻两条裂缝之间的混凝土参与受拉，造成裂缝间的钢筋应变不均匀，局部粘结应力的丧失会造成构件的刚度降低和裂缝的开展。钢筋伸进支座或在连续梁中承担负弯矩的支座上部钢筋在跨中截断时，需要伸出一段长度，即锚固长度。要使钢筋承受所需的拉力，就要求受拉钢筋有足够的锚固长度以积累足够的粘结力，否则，将发生锚固破坏。同时，常用钢筋端部加弯钩、弯折，或在锚固区设置锚头、锚板等方式来提高锚固能力。

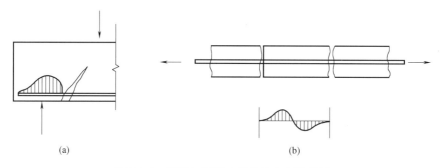

图 2-1-1　钢筋与混凝土间粘结应力示意图
（a）锚固粘结应力；（b）裂缝间的局部粘结应力

光圆钢筋与混凝土的粘结作用主要由钢筋与混凝土接触面上的胶结力、混凝土收缩握裹钢筋产生的摩阻力和钢筋表面凹凸不平与混凝土之间产生的机械咬合力三部分组成。钢筋与混凝土接触面上的胶结力来自水泥浆体对钢筋表面氧化层的渗透以及水化过程中水泥晶体的生长和硬化。这种胶结力一般很小，仅在受力阶段的局部无滑移区域起作用，当接触面发生相对滑移时即消失。对于混凝土收缩握裹钢筋产生的摩阻力，混凝土收缩时，对钢筋产生垂直于摩擦面的压应力，这种压应力越大，接触面的粗糙程度越大，摩阻力就越大。对于钢筋表面凹凸不平与混凝土之间产生的机械咬合力，光圆钢筋这种咬合力主要来自钢筋表面的粗糙不平。

对于变形钢筋（如带肋钢筋），与混凝土间虽然也存在胶结力和摩擦力，但变形钢筋的粘结力主要来自钢筋表面凸出的肋与混凝土的机械咬合作用，由变形钢筋肋间嵌入混凝土而产生，其机械咬合力非常大。变形钢筋与混凝土间的这种机械咬合作用改变了钢筋与混凝土间相互作用的方式，显著提高了粘结强度。图 2-1-2 所示为变形钢筋对周围混凝土斜向挤压从而使钢筋周围的混凝土产生内裂缝。

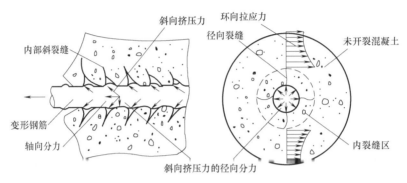

图 2-1-2　变形钢筋周围混凝土内裂缝

2.1.2　结构构件的内力传递路径

常规建筑结构内力传递路线：楼面荷载→板→次梁→主梁→柱（墙）→基础→地基。各类构件除承受上一级传递的荷载作用外，还承受结构自重等自身附加荷载，在做构件受力分析计算时不得遗漏荷载，并按照《建筑结构荷载规范》（GB 50009—2012）中各类荷载组合相关规定进行组合计算。不同建筑构件在内力传递过程中，各自的受力状态不同，构件计算时，在满足承载能力极限状态的基础上，需对可能影响建筑正常使用功能的各类受力状态进行设计验算，并应符合相关规范的规定。

2.2　框架结构

2.2.1　框架结构受力性能简介

如图 2-2-1 所示，框架结构是由梁和柱为主要构件组成的承受竖向和水平荷载的结构。框架结构体系的优点是建筑平面布置灵活，可形成较大的空间，也可以用隔断墙分隔空间，以适应不同使用功能的要求。框架结构的缺点是侧向刚度较小，当房屋层数较多时，侧向易产生过大的位移，引起非结构构件如隔墙、装饰部件等的破坏，因此地震区高层建筑不宜采用钢筋混凝土框架结构体系。但是通过合理的设计框架结构也可以成为耗能能力强、变形能力大的延性结构体系。钢筋混凝土框架结构一般在 10 层以下，多数为 4～6层。框架架构主要适用于商场、教学楼、办公楼等房屋建筑。

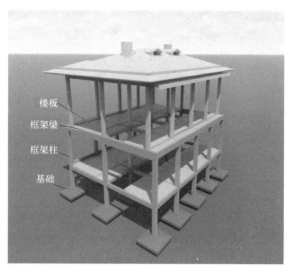

图 2-2-1　钢筋混凝土框架结构

框架只在其自身的平面内抵抗水平方向的作用力，因此必须在两个正交的主轴方向设置框架以抵抗两个方向的水平力。当框架结构抗震设计时，其梁柱节点不允许采用铰接，而必须采用能传递弯矩的刚接，从而使得结构具有良好的整体性和较大的刚度。框架结构在水平力作用下产生以水平位移为主的变形，其水平位移主要由梁柱的弯曲变形引起的水平位移和柱的轴向变形引起的水平位移两部分组成。梁柱弯曲变形引起的水平位移自下而上层间位移值变小。柱轴向变形引起的水平位移自下而上层间位移值增大。框架结构在水平力作用下以梁柱弯曲变形引起的水平位移为主。

梁柱都是线形杆状构件，截面惯性矩小，因此框架结构侧向刚度相比于其他结构较小。当建筑高度较高时，梁柱截面尺寸设置较大，以满足框架结构的弹性侧向刚度需求，所以框架结构不宜用于高层建筑。为了增加框架结构侧向刚度，可在框架内设置少量剪力墙或钢支撑。当小震发生时，剪力墙或钢支撑可承担一部分侧向变形，并使水平位移在限值范围内，同时承担一部分的水平地震力。当大震发生时，框架中的剪力墙或钢支撑先耗能破坏，能起到保护框架的作用。

框架结构中梁柱为承重构件，结构中用于分隔空间的隔断墙属于非承重部件。非承重的隔墙宜采用轻质材料，以减轻对结构抗震的不利影响。当框架结构采用混凝土小型空心砌块、加气混凝土砌块等作为隔墙材料时，材料自重和刚度大，增加了结构自重和整体刚度，同时此类材料强度低，在水平地震力作用下易破坏。因此，当抗震框架结构采用类似于此类刚性和自重大的隔墙材料时，在建筑平面内和建筑高度范围内应特别注意墙体的布置方式，避免其对框架抗震产生不利影响。在建筑平面内，砌体隔墙尽可能对称布置，避免在水平地震力作用下因墙体不对称布置造成结构扭转。在建筑高度范围内，砌体隔墙尽可能连续布置，避免上下层刚度发生突变，尤其需注意避免首层隔墙很少甚至没有，而上层墙体布置很多，这种情况下，当受到水平地震力的作用时，首层成为薄弱层，极易发生破坏。同时应避免与柱相邻墙体在层高范围内未布置到顶，使柱成为短柱。建筑结构不应采用框架和砌体墙同时承重的混合承重形式，因两种材料在受到水平地震力作用时无法协调变形，易产生震害。

地震发生时楼梯是重要逃生通道，所以钢筋混凝土结构框架的楼梯宜采用现浇楼梯。现浇楼梯与框架主体现浇成整体，增加了框架刚度，有利于结构抗震。但因楼梯的刚度较大，地震发生时会吸收更多的地震能量，所以楼梯若未按抗震设计，在受到地震力作用时可能比主体结构先破坏，反而对逃生造成影响。此外，若楼梯在建筑平面内的布置增大了结构的偏心，地震中结构会发生扭转更易引起结构破坏。因此，在建筑平面设计时，应尽量避免楼梯对结构造成的偏心影响。在抗震设计时，应考虑楼梯对主体结构地震效应的影响，并对楼梯进行抗震验算，避免地震发生时楼梯先破坏。钢筋混凝土框架结构也可采用预制楼梯，楼梯一端设为固定端，一端设为滑动支座，以减少抗震时楼梯对主体框架的影响。采用预制楼梯且一端为滑动支座时，滑动端和主体应有足够的搭接长度，避免受到水平地震力时滑落。

2.2.2　抗震框架的延性设计概念

钢筋混凝土结构抗震设计时，除了需满足承载力、变形能力的强度和刚度要求外，还应具有良好的延性和耗能能力。延性越好，耗能能力越强，则对抗震越有利，结构越安全。通过国内外专家对地震震害、结构试验和结构理论的分析和研究，关于钢筋混凝土框架结构的抗震性能可得出以下结论：

（1）梁铰机制（整体机制）优于柱铰机制（局部机制）。如图 2-2-2（a）所示，梁铰机制指塑性铰位于梁端，除柱嵌固部位以外柱端无塑性铰。如图 2-2-2（b）所示，柱铰机制指塑性铰位于某一层内柱上下端。梁铰之所以优于柱铰，首先，是因为梁铰分散在各层（即塑性变形分散在各层），不易导致结构倒塌，而柱铰集中在某层（即塑性变形集中在某层），该层的层间位移增大，甚至导致结构不能满足竖向承载力要求而破坏。其次，若结构中梁铰数量多于柱铰，则在同样的塑性变形和耗能能力要求下，对梁铰的塑性变形能力要求较低，而对柱铰的塑性变形能力要求会更高。另外，梁属于受弯构件，容易实现较好的延性和耗能能力，柱是压弯构件，尤其是轴压比大的柱，不易实现较好延性和耗能能力。当然，实际工程中很难有纯粹的梁铰，通常都是如图 2-2-2（c）所示的梁铰和柱铰相混合状态，所以结构抗震设计时应根据"强柱弱梁"的原则使塑性铰出现在梁端，尽量减少柱铰或者使结构受到水平地震作用时柱铰延后出现。同时，抗震设计时应加大柱嵌固部位的截面承载力，使柱铰延后出现。

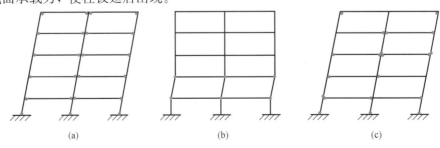

(a)　　　　　　　　(b)　　　　　　　　(c)

图 2-2-2　框架结构屈服机制

（a）梁铰机制；（b）柱铰机制；（c）混合铰机制

（2）弯曲破坏（压弯）优于剪切破坏。构件的弯曲破坏属于延性破坏，耗能能力较大。剪切破坏属于脆性破坏，延性小，耗能能力小。因此，结构抗震设计时，梁和柱应按"强剪弱弯"的原则设计，使构件破坏时属于弯曲或压弯破坏，而非剪切破坏。

（3）大偏心受压破坏优于小偏心受压破坏。因柱小偏心受压破坏时柱的截面相对受压区高度大，其延性和耗能能力降低，而大偏心受压破坏则相反，所以，钢筋混凝土结构柱大偏心受压破坏的延性和耗能能力远高于小偏心受压破坏。因此，抗震设计时应限制框架柱的轴压比，并采取配置箍筋等措施以获得较大的延性和耗能能力。

（4）避免梁柱节点核心区破坏、梁纵筋在核心区锚固段的粘结破坏。核心区是连接梁和柱，并使两者成为整体的重要部位。在水平地震力的往复作用下，核心区易发生剪切破坏，并导致结构破坏。同时，在水平地震力的往复作用下，伸入节点核心区锚固的梁纵筋与混凝土之间易发生粘结破坏，导致梁端转角增大，相应的层间位移也增大。因此，框架结构抗震设计时应避免梁柱节点核心区破坏和梁纵筋在核心区锚固段的粘结破坏。

针对以上结论，为使钢筋混凝土框架成为延性好，耗能能力强的框架结构，可采用以下抗震设计措施：

1）强柱弱梁。强柱弱梁指同一梁柱节点的上下端柱截面在轴压力作用下顺时针或逆时针方向的实际受弯承载能力之和大于节点左右两边梁端截面逆时针或顺时针方向实际受弯承载能力之和。通过先行调整梁柱之间受弯承载力的相对大小，使塑性铰出现在梁端，即梁端先屈服。但由于地震的复杂性、楼板增加了梁的实际受弯承载力以及钢筋屈服强度实际超过规范规定的屈服强度等原因，塑性铰也有可能出现在柱端，形成"强梁弱柱"。

2）强剪弱弯。强剪弱弯指梁和柱的实际受剪承载力分别大于其实际受弯时相应受到的剪力。通过调整梁和柱截面受剪承载力和受弯承载力之间的相对大小，使框架结构发生延性弯曲破坏而非剪切脆性破坏。

3）强核心区、强锚固。强核心区是指节点核心区的实际受剪承载能力大于节点左右梁端截面顺时针或逆时针方向实际受弯承载力之和对应的核心区剪力，在梁端出现塑性铰时，避免核心区先破坏。强锚固是指伸入核心区的梁纵筋在核心区内应有足够的锚固长度，避免因粘结破坏导致层间位移增大。

钢筋深化设计人员及施工现场质检员应注意理解强核心区强锚固的概念。施工现场常见梁纵筋在支座锚固长度不足、梁柱节点核心区箍筋受到施工困难的影响而未加密的情况发生，此两种质量缺陷均会对结构的受力以及整体性造成重大影响，在深化下料以及质检工作中应重点关注。若梁柱节点核心区的加密箍筋施工困难（节点部位钢筋较多，箍筋难布置），可与设计沟通，采用两个 U 字箍相对向卡入柱子，勾住柱子纵筋。

4）局部加强。提高和加强框架柱嵌固部位、角柱、框支柱等受力不利部位的承载力和抗震构造措施，使结构的延性和耗能能力增强。所以规范要求柱子嵌固部位以及地下室顶板部位（嵌固部位不在地下室顶板时）柱子箍筋加密区长度大于其他部位。

5）限制框架柱轴压比，加强柱箍筋对混凝土的约束。虽然框架柱按强柱弱梁设计，但因为地震的复杂性、楼板增加了梁的实际受弯承载力以及钢筋屈服强度实际超过规范规定的屈服强度等原因，塑性铰也有可能出现在柱端。所以为了使框架柱有足够大的延性和耗能能力，应限制柱的轴压比，同时在柱的底部和顶部设置足够多的箍筋，使可能出现塑性铰的柱端混凝土成为受约束的混凝土。

2.2.3 框架梁的破坏形态与延性设计

框架梁是钢筋混凝土框架的主要延性耗能构件。影响梁延性和耗能的主要因素有破坏形态、梁截面混凝土相对受压区高度、塑性铰区混凝土受约束程度三个方面。

(1)框架梁的破坏形态与延性。框架梁的破坏形态有剪切破坏和弯曲破坏两种。剪切破坏属于延性较小、耗能能力差的破坏形态。所以通过强剪弱弯设计,可使框架梁实现弯曲破坏,避免剪切破坏。框架梁的弯曲破坏包含少筋破坏、适筋破坏、超筋破坏。当框架梁少筋时,梁纵筋屈服后其变形很快超过钢筋极限拉应变而被拉断发生断裂破坏;当框架梁超筋时,梁受拉纵筋屈服前,梁受压区混凝土先行被压碎而发生破坏。少筋梁未充分发挥混凝土的受压变形能力,超筋梁未充分发挥钢筋的受拉变形能力,此两种梁的破坏都属于脆性破坏,延性小,耗能能力较差。适筋梁纵筋屈服后,塑性变形继续增大,同时,混凝土相对受压区高度降低,在梁端形成塑性铰,并产生塑性转角,直至受压区混凝土压碎。适筋梁充分发挥了混凝土的受压变形能力和钢筋的受拉变形能力,属于延性破坏。

所以现场施工时,质检员应加强质检工作,避免梁中纵筋少放漏放。同时也应避免因纵筋接头设置不合理、锚固长度不足或其他钢筋施工质量缺陷导致随意在梁内放置加强钢筋引起的超筋。

图 2-2-3 为少筋梁、适筋梁和超筋梁在弯曲破坏时的截面弯矩与曲率关系图。

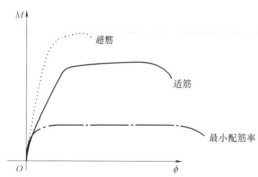

图 2-2-3 不同破坏形态的梁截面弯矩-曲率关系图

(2)框架梁的抗弯延性设计(梁截面混凝土相对受压区高度)。钢筋混凝土框架梁应按适筋梁设计。当框架梁为适筋梁时,梁的相对受压区高度大小也会对梁的延性和耗能能力产生影响。梁的相对受压区高度越大,延性和耗能能力越差;梁的相对受压区高度越小,延性和耗能能力越好。当增加框架梁的受拉钢筋配筋率时,梁相对受压区高度增大;当增加框架梁的受压钢筋配筋率时,梁相对受压区高度减小。

所以,抗震设计时为了使塑性铰出现在梁端,以提高钢筋混凝土框架梁的延性和耗能能力,限制梁端上部受拉区钢筋的配筋率不大于 2.5%,同时应在梁端底部配置一定量的受压钢筋,以减小框架梁端塑性铰区截面的相对受压区高度。

(3)框架梁的抗剪延性设计(塑性铰区混凝土受约束程度)。根据专家对地震震害和结构实验的研究,框架梁端的破坏主要集中在 1~2 倍梁高的梁端塑性铰范围。在水平地震力的往复作用下,此区域混凝土的破坏不仅有贯通的竖向裂缝,还有交叉的斜裂缝,同时该范围的混凝土骨料咬合作用逐渐减弱直至丧失,并靠箍筋和纵筋的销键作用传递剪力(图 2-2-4)。为了使框架梁端部的塑性铰区域具有良好的延性和耗能能力,同时避免梁端混凝土在压碎前受压钢筋过早屈服,在框架梁的梁端塑性铰区域应设置箍筋加密区(箍筋加密区,一级抗震为 2 倍梁高,二、三、四级抗震为 1.5 倍梁高)。加密区配置的箍筋应不少于按强剪弱弯确定的抗剪所需要的箍筋,同时应不少于抗震构造措施要求配置的箍筋用量。

2.2.4 框架梁配筋构造要求

1. 框架梁纵筋

钢筋混凝土梁中受拉钢筋配筋率越高，梁延性越低，但当受压钢筋面积不少于受拉钢筋50%时，梁的延性与正常配筋的较低配筋率的梁相当。所以，抗震设计的框架梁，一方面要求梁端纵向受拉钢筋配筋率不大于2.5%，同时还要求框架梁端底部配置一定面积的受压钢筋。梁端底部受压钢筋面积除了按结构计算确定以外，还应

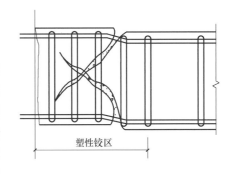

图 2-2-4 框架梁塑性铰区裂缝

注意一级抗震的框架梁其底部受压钢筋与顶部受拉钢筋配筋面积的比值不小于0.5，二、三级抗震的框架不小于0.3。

（1）框架梁纵筋配筋率

关于框架梁纵向受拉钢筋的最小配筋百分率 ρ_{min}（%），非抗震设计时，ρ_{min} 不应小于0.2和 $45f_t/f_y$ 二者的较大值；抗震设计时，ρ_{min} 不应小于表2-2-1规定的数值。

梁纵向受拉钢筋最小配筋百分率 ρ_{min}（%）　　　　　　　表 2-2-1

抗震等级	位置	
	支座（取较大值）	跨中（取较大值）
一级	0.40 和 $80f_t/f_y$	0.30 和 $65f_t/f_y$
二级	0.30 和 $65f_t/f_y$	0.25 和 $55f_t/f_y$
三级、四级	0.25 和 $55f_t/f_y$	0.20 和 $45f_t/f_y$

（2）框架梁纵筋其他构造要求

梁的纵筋沿梁全长布置时，梁顶部和底部纵筋，一、二级不少于2根直径14mm的钢筋，且分别不少于梁两端顶部和底部纵向钢筋中较大截面面积的1/4；三、四级抗震设计和非抗震设计不少于2根直径12mm的钢筋。为防止在地震力水平往复作用下伸入支座的梁纵筋发生粘结破坏甚至滑移，一、二、三级框架梁内贯通中柱的每根纵筋直径，对矩形截面柱，不大于柱在该方向尺寸的1/20，对圆形截面柱，不大于纵筋所在位置柱圆形截面弦长的1/20。

框架梁的纵向钢筋不应与箍筋、拉筋及预埋件等焊接。框架梁上开洞时，洞口位置宜位于梁跨中1/3区段，洞口高度不应大于梁高的40%，开洞较大时应进行承载力验算。梁上洞口周边应配置附加纵向钢筋和箍筋，并应符合计算及构造要求。

2. 框架梁箍筋

（1）梁端箍筋加密区

梁端加密区箍筋的配置除了要满足受剪承载力的要求外，抗震设计时，还应满足梁端箍筋的加密区长度、箍筋最大间距和最小直径的要求，具体要求见表2-2-2。当梁端纵向钢筋配筋率大于2%时，表中箍筋最小直径应增大2mm。框架梁非加密区箍筋最大间距不应大于加密区箍筋间距的2倍。

梁端箍筋加密区长度、箍筋最大间距和最小直径要求　　　表 2-2-2

抗震等级	加密区长度(mm) (取较大值)	箍筋最大间距(mm) (取最小值)	箍筋最小直径 (mm)
一	$2.0h_b$,500	$h_b/4,6d$,100	10
二	$1.5h_b$,500	$h_b/4,8d$,100	8
三	$1.5h_b$,500	$h_b/4,8d$,150	8
四	$1.5h_b$,500	$h_b/4,8d$,150	6

注：1. d 为纵向钢筋直径，h_b 为梁截面高度；

　　2. 一、二级抗震等级框架梁，当箍筋直径大于 12mm，肢数不少于 4 肢且肢距不大于 150mm 时，箍筋加密区最大间距应允许适当放松，但不应大于 150mm。

（2）箍筋构造

1）抗震设计时，框架梁的箍筋尚应符合下列构造要求：

① 沿梁全长箍筋的面积配筋率应符合下列规定：

$$一级　　　　\rho_{sv} \geq 0.30 f_t/f_{yv}$$

$$二级　　　　\rho_{sv} \geq 0.28 f_t/f_{yv}$$

$$三、四级　　\rho_{sv} \geq 0.26 f_t/f_{yv}$$

式中：ρ_{sv}——框架梁沿梁全长箍筋的面积配筋率。

② 在箍筋加密区范围内的箍筋肢距：一级不宜大于 200mm 和 20 倍箍筋直径的较大值，二、三级不宜大于 250mm 和 20 倍箍筋直径的较大值，四级不宜大于 300mm。

③ 箍筋应设 135°弯钩，弯钩平直段长度不小于 10 倍的箍筋直径和 75mm 的较大值。

④ 纵向钢筋搭接长度范围内的箍筋间距，钢筋受拉时不应大于搭接钢筋较小直径的 5 倍，且不应大于 100mm；钢筋受压时不应大于搭接钢筋较小直径的 10 倍，且不应大于 200mm。

2）非抗震设计时，框架梁箍筋配筋构造应符合下列规定：

① 应沿梁全长设置箍筋，第一个箍筋应设置在距支座边缘 50mm 处。

② 截面高度大于 800mm 的梁，其箍筋直径不宜小于 8mm；其余截面高度的梁不应小于 6mm。在受力钢筋搭接长度范围内，箍筋直径不应小于搭接钢筋最大直径的 1/4。

③ 箍筋间距不应大于表 2-2-3 的要求。在纵向受拉钢筋的搭接长度范围内，箍筋间距不应大于搭接钢筋较小直径的 5 倍，且不应大于 100mm；在纵向受压钢筋的搭接长度范围内，箍筋间距不应大于搭接钢筋较小直径的 10 倍，且不应大于 200mm。

非抗震设计梁箍筋最大间距（mm）　　　表 2-2-3

h_b(mm)	$V > 0.7 f_t b h_0$	$V \leq 0.7 f_t b h_0$
$h_b \leq 300$	120	200
$300 < h_b \leq 500$	200	300
$500 < h_b \leq 800$	250	350
$h_b > 800$	300	400

④ 承受弯矩和剪力的梁，当梁的剪力设计值大于 $0.7 f_t b h_0$ 时，其箍筋的面积配筋率

应符合下式规定：

$$\rho_{sv} \geq 0.24 f_t / f_{yv}$$

⑤ 承受弯矩、剪力和扭矩的梁，其箍筋面积配筋率和受扭纵向钢筋的面积配筋率应分别符合以下公式的规定：

$$\rho_{sv} \geq 0.28 f_t / f_{yv}$$

$$\rho_{tl} \geq 0.6 \sqrt{\frac{T}{Vb}} f_t / f_y$$

当 $T/(Vb)$ 大于 2.0 时，取 2.0。

式中：T、V——分别为扭矩、剪力设计值；

ρ_{tl}、b——分别为受扭纵向钢筋的面积配筋率、梁宽。

⑥ 当梁中配有计算需要的纵向受压钢筋时，其箍筋配置尚应符合以下规定：箍筋直径不应小于纵向受压钢筋最大直径的 1/4；箍筋应做成封闭式；箍筋间距不应大于 15d 且不应大于 400mm；当一层内的受压钢筋多于 5 根且直径大于 18mm 时，箍筋间距不应大于 10d（d 为纵向受压钢筋的最小直径）；当梁截面宽度大于 400mm 且一层内的纵向受压钢筋多于 3 根时，或当梁截面宽度不大于 400mm 但一层内的纵向受压钢筋多于 4 根时，应设置复合箍筋。

2.2.5 框架柱的破坏形态与延性设计

1. 框架柱的破坏形态

框架柱属于竖向构件，地震时柱受到破坏比梁受到破坏更容易引起框架倒塌。在地震发生时，钢筋混凝土框架柱的破坏主要存在以下几种情况：第一种情况是柱两端混凝土被压碎、箍筋拉断、纵筋被压屈呈灯笼状；第二种情况是柱全高范围混凝土破碎，纵筋被压屈；第三种情况是短柱呈剪切破坏，并出现 X 形斜裂缝；第四种情况是角柱破坏较多，并且比中柱破坏更加严重。在地震力的水平往复作用下，当配置的箍筋直径较小且间距较大时，箍筋对混凝土不能形成理想的约束作用，也不能防止纵向钢筋压屈破坏，所以此类柱子更容易被破坏。

在竖向荷载和地震力的水平往复作用下，钢筋混凝土框架柱的破坏形态大致可分为压弯破坏或弯曲破坏、剪切受压破坏、剪切受拉破坏、剪切斜拉破坏和粘结开裂破坏五种形式。中间三种破坏形态（剪切破坏）柱的延性和耗能能力均较差，大偏心受压柱的压弯破坏或弯曲破坏其延性和耗能能力均较好，所以，柱的抗震设计应尽可能实现大偏心受压破坏。

虽然框架结构抗震设计采用了"强柱弱梁"的设计概念，但采用此概念进行设计并不能保证柱端一定不出现塑性铰。所以，抗震框架柱在设计时也应保证具有足够好的延性和耗能能力。由于柱承受轴压力，而轴压力对结构构件的延性和耗能不利，因此，框架柱的抗震构造措施比梁的要求高。

2. 框架柱的延性设计

影响框架柱的延性和耗能能力的因素主要有混凝土强度等级、纵向钢筋配筋率、框架柱剪跨比、轴压比和箍筋配置情况等，而后三者则为主要影响因素。

（1）关于剪跨比。剪跨比反映了柱端截面承受的弯矩和剪力的相对大小。当剪跨比大于2时，柱则为长柱，其弯矩相对较大，在外荷载作用下较容易实现压弯破坏。当剪跨比大于1.5但不大于2时，柱则为短柱，短柱在外荷载作用下易发生剪切破坏。若短柱配置足够多的箍筋，也可能达到延性较好的剪切受压破坏效果。所以规范要求短柱箍筋要在柱的全高范围进行加密。当剪跨比不大于1.5时，柱则为极短柱，极短柱在外荷载作用下易发生剪切斜拉破坏，工程中应尽量避免出现极短柱。

（2）关于轴压比。柱轴压比为柱组合轴向压力设计值与柱全截面面积和混凝土轴心抗压强度设计值乘积的比值。柱的破坏形态与柱相对受压区高度有关，而柱对称配筋时混凝土相对受压区高度与柱轴压比有关，因此柱的破坏形态与轴压比有关。当轴压比增大时，柱的相对受压区高度就越大。对于长柱，当相对受压区高度增大并超过界限值时，柱就变成了小偏心受压柱，延性和耗能能力减弱；对于短柱，当增大相对受压区高度，柱破坏形态可能由剪切受压破坏变成剪切受拉破坏，延性和耗能能力也减弱。因此，轴压比较大的柱在外荷载作用下屈服后其变形能力小，耗能能力差。为了实现大偏心受压破坏，使柱具有良好的延性和耗能能力，柱的相对受压区高度应小于界限值，控制相对受压区高度可采取的措施之一就是限制柱的轴压比（芯柱就是为了限制柱的轴压比才采取的特殊配筋构造。关于芯柱的相关内容详见第4章"4.3.8芯柱XZ配筋构造"）。

（3）关于柱的箍筋配置。框架柱的箍筋可起到抵抗剪力、对混凝土提供约束、防止纵筋压屈的作用。箍筋对混凝土的约束程度是影响柱延性和耗能能力的主要因素之一，而箍筋对混凝土的约束程度与箍筋的抗拉强度、肢距、间距等因素有关。柱子配置箍筋时，当轴向压应力接近峰值，柱核心部位混凝土迅速膨胀，横向变形增加，而箍筋刚好限制了核心混凝土的横向变形，使柱的核心混凝土处于三向受压状态。同时柱混凝土的轴心抗压强度和极限压应变增大，柱的延性和耗能能力变强。

箍筋的形式对核心混凝土的约束作用也有影响。当柱承受轴向压力时，普通矩形箍筋在四个角部对混凝土提供有效的约束，但在箍筋平直段位置，混凝土膨胀可能使箍筋外鼓而不能提供有效约束；若采用复合箍筋，箍筋肢距减小，在所有箍筋转角位置的纵筋与水平箍筋形成网格式骨架，提高了箍筋对柱混凝土的约束作用。螺旋箍均匀受拉，对混凝土提供均匀的侧压力，井字形复合箍、螺旋箍和连续复合螺旋箍的约束效果均优于普通箍筋。箍筋的间距对约束作用也有影响，当箍筋间距大于柱的截面尺寸时，对混凝土几乎没有约束。箍筋间距越小，对混凝土的约束越均匀，效果越好。

2.2.6　框架柱配筋构造要求

1. 框架柱纵筋

柱纵向钢筋配筋率除了需满足结构所需的承载力要求，还应满足最小配筋率要求，表2-2-4所示的最小配筋率是柱纵筋屈服强度标准值为500MPa时，柱截面纵向钢筋的最小配筋率要求，同时，柱截面每一侧配筋率不应小于0.2%。

柱纵向受力钢筋最小配筋百分率（％）　　　　　　表2-2-4

柱类型	抗震等级				非抗震
	一级	二级	三级	四级	
中柱、边柱	0.9(1.0)	0.7(0.8)	0.6(0.7)	0.5(0.6)	0.5

柱类型	抗震等级				非抗震
	一级	二级	三级	四级	
角柱	1.1	0.9	0.8	0.7	0.5
框支柱	1.1	0.9	—	—	0.7

注：1. 表中括号内数值适用于框架结构；

　　2. 当结构属于高层建筑、抗震设防等级较高且处于Ⅳ类场地，表中数值需增加 0.1；

　　3. 采用 335MPa 级、400MPa 级纵向受力钢筋时，应分别按表中数值增加 0.1 和 0.05 采用；

　　4. 当混凝土强度等级高于 C60 时，上述数值应增加 0.1 采用。

抗震框架柱纵向配筋除了应满足配筋率要求，还应符合下列各项要求：

（1）抗震设计时，宜采用对称配筋。

（2）截面尺寸大于 400mm 的柱，一、二、三级抗震设计时其纵向钢筋间距不宜大于 200mm；抗震等级为四级和非抗震设计时，柱纵向钢筋间距不宜大于 300mm；柱纵向钢筋净距均不应小于 50mm。

（3）全部纵向钢筋的配筋率，非抗震设计时不宜大于 5%、不应大于 6%，抗震设计时不应大于 5%。

（4）一级抗震等级且剪跨比不大于 2 的柱，其单侧纵向受拉钢筋的配筋率不宜大于 1.2%。

（5）边柱、角柱及剪力墙端柱考虑地震作用组合产生小偏心受拉时，柱内纵筋总截面面积应比计算值增加 25%。

（6）柱的纵筋不应与箍筋、拉筋及预埋件等焊接。

（7）柱纵向钢筋的绑扎接头避开柱的箍筋加区。

2. 框架柱箍筋

（1）框架柱箍筋间距

抗震设计时，柱箍筋在规定的范围内应加密，加密区间距和直径，应符合下列要求：

1）箍筋的最大间距和最小直径，应按表 2-2-5 采用。

柱端箍筋加密区的构造要求　　　　　　　　　　　　表 2-2-5

抗震等级	箍筋最大间距(取较小值)(mm)	箍筋最小间距(mm)
一级	6d 和 100	10
二级	8d 和 100	8
三级	8d 和 150(柱根 100)	8
四级	8d 和 150(柱根 100)	6(柱根 8)

注：d 为柱纵向钢筋直径（mm），柱根指框架柱底部嵌固部位。

2）当一级框架柱箍筋直径大于 12mm 且箍筋肢距不大于 150mm 以及二级框架柱箍筋直径不小于 10mm 且肢距不大于 200mm 时，除柱根外箍筋的最大间距应允许采用 150mm；三级框架柱的截面尺寸不大于 400mm 时，箍筋的最小直径应允许采用 6mm；四级框架柱的剪跨比不大于 2 或柱中全部纵向钢筋的配筋率大于 3% 时，箍筋直径不应小于 8mm。

3）剪跨比不大于 2 的柱，箍筋间距不应大于 100mm。

（2）框架柱的箍筋加密区范围

抗震设计时，柱箍筋加密区的范围应符合下列规定：

1）底层柱柱根以上 1/3 柱净高的范围及嵌固部位柱根以上 1/3 柱净高的范围；

2）底层柱的上端、嵌固部位上端及其他各层柱的两端，应取矩形截面柱的长边尺寸（或圆形截面柱之直径）、柱净高之 1/6 和 500mm 三者之最大值范围；

3）底层柱刚性地面上、下各 500mm 的范围；

4）剪跨比不大于 2 的柱和因填充墙等形成的柱净高与截面高度之比不大于 4 的短柱，箍筋应在全高范围加密；

5）一、二级框架角柱的全高范围；

6）需要提高变形能力的柱的全高范围。

（3）关于柱箍筋的体积配箍率

柱加密区范围内箍筋的体积配箍率，应符合下列规定：

1）柱箍筋加密区箍筋的体积配箍率，应符合下式要求：

$$\rho_v \geqslant \lambda_v f_c / f_{yv}$$

式中：ρ_v——柱箍筋的体积配箍率；

λ_v——柱最小配箍特征值，查表《高层建筑混凝土结构技术规程》（JGJ 3—2010）中表 6.4.7；

f_c——混凝土轴心抗压强度设计值，当柱混凝土强度等级低于 C35 时，应按 C35 计算；

f_{yv}——柱箍筋或拉筋的抗拉强度设计值。

2）对一、二、三、四级框架柱，其箍筋加密区范围内箍筋的体积配箍率分别不应小于 0.8%、0.6%、0.4% 和 0.4%。

3）剪跨比不大于 2 的柱宜采用复合螺旋箍或井字复合箍，其体积配箍率不应小于 1.2%；设防烈度为 9 度时，不应小于 1.5%。

4）计算复合箍筋的体积配箍率时，可不扣除重叠部分的箍筋体积；计算复合螺旋箍筋的体积配箍率时，其非螺旋箍筋的体积应乘以换算系数 0.8。

（4）抗震设计时柱箍筋其他构造

抗震设计时，柱箍筋设置尚应符合下列规定：

1）箍筋应为封闭式，其末端应做成 135° 弯钩且弯钩末端平直段长度不应小于 10 倍的箍筋直径，且不应小于 75mm。

2）箍筋加密区的箍筋肢距，一级不宜大于 200mm，二、三级不宜大于 250mm 和 20 倍箍筋直径的较大值，四级不宜大于 300mm。每隔一根纵向钢筋宜在两个方向有箍筋约束；采用拉筋组合箍时，拉筋宜紧靠纵向钢筋并勾住封闭箍筋。

3）柱非加密区的箍筋，其体积配箍率不宜小于加密区的一半；其箍筋间距，不应大于加密区箍筋间距的 2 倍，且一、二级不应大于 10 倍纵向钢筋直径，三、四级不应大于 15 倍纵向钢筋直径。

（5）非抗震设计时柱箍筋其他构造

非抗震设计时，柱中箍筋应符合下列规定：

1）周边箍筋应为封闭式；

2）箍筋间距不应大于 400mm，且不应大于构件截面的短边尺寸和最小纵向受力钢筋直径的 15 倍；

3）箍筋直径不应小于最大纵向钢筋直径的 1/4，且不应小于 6mm；

4）当柱中全部纵向受力钢筋的配筋率超过 3％时，箍筋直径不应小于 8mm，箍筋间距不应大于最小纵向钢筋直径的 10 倍，且不应大于 200mm，箍筋末端应做成 135°弯钩且弯钩末端平直段长度不应小于 10 倍箍筋直径；

5）当柱每边纵筋多于 3 根时，应设置复合箍筋；

6）柱内纵向钢筋采用搭接做法时，搭接长度范围内箍筋直径不应小于搭接钢筋较大直径的 1/4；在纵向受拉钢筋的搭接长度范围内的箍筋间距不应大于搭接钢筋较小直径的 5 倍，且不应大于 100mm；在纵向受压钢筋的搭接长度范围内的箍筋间距不应大于搭接钢筋较小直径的 10 倍，且不应大于 200mm。当受压钢筋直径大于 25mm 尚应在搭接接头端面外 100mm 的范围内各设置两道箍筋。

2.2.7　梁柱节点核心区的破坏形态与延性设计

1. 梁柱节点的破坏形态

在竖向荷载和水平地震力的往复作用下，梁柱节点核心区受力比较复杂，主要承受柱传来的轴向力、弯矩、剪力和梁传来的弯矩、剪力。若梁柱节点核心区的受剪承载力不足，则节点核心区在剪压作用下出现斜裂缝，在水平地震力的往复作用下形成交叉裂缝，混凝土受挤压而破碎，纵向钢筋被压屈成灯笼状。因此，为提高梁柱节点核心区的受剪承载力以避免其过早发生剪切破坏，可在此核心区配置足量的箍筋。当框架梁和柱采用不同强度等级的混凝土时，梁柱节点核心区的混凝土强度等级宜与柱混凝土强度等级相同，也可略低，但施工中应采取可靠措施保证节点核心区混凝土的强度和密实度。

通常设计时柱的箍筋应贯穿梁柱节点核心区布置，且核心区箍筋间距同柱端箍筋加密区的箍筋间距（甚至比加密区间距还小）。但现场施工时受施工难度的影响，梁柱节点核心区的箍筋未加密（甚至只是示意性放了 2、3 个箍筋）成了常见的质量通病，所以钢筋深化设计人员和工程技术人员应对此引起足够的重视。针对梁柱节点核心区的箍筋问题，可与设计沟通采用其他易操作又能保证梁柱节点核心区有足量箍筋的措施（如采用两个 U 字箍相向卡柱柱纵筋等），以提高结构的安全性和整体性。

2. 梁柱节点的抗剪强度与延性设计

（1）梁板对节点核心区的约束作用

试验表明，在框架平面内与梁柱节点相交的梁板对节点区混凝土具有较强的约束作用，能有效提高梁柱节点的抗剪承载力。但如果和节点相交的梁与柱面交界处有竖向裂缝，则这种约束作用就会有所削弱。

四边有梁和现浇板的中柱节点的抗剪承载力比没有现浇板的梁柱节点有较大的提高。对于这种中柱部位的梁柱节点，当梁截面宽度不小于柱宽的 1/2，且截面高度不小于柱截面高度的 3/4 时，在考虑了与节点相交的梁的开裂等不利因素后，节点的抗剪承载力比无梁板连接的节点要提高约 50％。同时，对于一边无梁和现浇板的边柱节点和两边无梁和现浇板的角柱节点，梁板对节点区混凝土的约束作用并不明显。

（2）轴压力对梁柱节点抗剪强度和延性的影响

当轴向压力值较小时，梁柱节点的抗剪强度随着轴向压力值的增加而增加，直至梁柱节点区的混凝土被多条交叉斜裂缝分割成若干个菱形块体时，轴向压力仍能提高梁柱节点的抗剪强度。但是当轴压比大于 0.6 至 0.8 时，梁柱节点的抗剪承载力随轴向压力的增加而下降。虽然轴向压力可使梁柱节点的抗剪承载力增强，但是轴向压力的存在也会使梁柱节点的延性和耗能能力下降。

（3）剪压比和配箍率对梁柱节点抗剪强度的影响

钢筋混凝土框架结构梁柱节点的工作原理和其他钢筋混凝土构件类似，即钢筋与混凝土共同受力、共同发挥作用，钢筋主要受拉，混凝土主要受压。梁柱节点破坏时可能钢筋先屈服，也可能混凝土先被破坏。但是通常情况下，我们都想让钢筋先屈服以使结构达到良好的延性和耗能效果，所以，节点区的尺寸应避免过小，或者节点区的配筋率应避免过高。当节点区的配箍率过高时，节点区的混凝土将首先被破坏，箍筋不能充分发挥作用，所以节点区的最大配箍率应有所限制。在结构设计时，可采用限制节点水平截面上的剪压比来满足这一要求。试验表明，当节点水平截面剪压比大于 0.35 时，增加箍筋已无法对提高抗剪承载力产生显著效果，此时需通过增大节点区水平截面尺寸的方式来满足节点抗剪承载力要求。

（4）梁纵筋滑移对结构延性的影响

框架梁的纵筋在中柱节点区通常贯通布置。在只承受竖向荷载时的梁端底部受压区，当在水平地震力的往复作用下，该部位将受到拉力和压力的交替作用（所以规范要求框架梁底部纵筋在支座内的锚固同上部纵筋）。因此，水平地震力较大时，梁纵筋在节点的一侧受拉屈服，在节点另一侧受压屈服。在循环往复的拉力和压力作用下，纵筋在节点内的粘结被破坏，纵筋在节点区发生相对滑移，节点区受剪承载力降低，同时梁的受弯承载力和延性降低，节点的刚度和耗能能力明显下降。而边柱节点梁纵筋锚固效果比中柱节点好，滑移相对较小。

2.2.8　梁柱节点核心区的配筋构造要求

框架节点核心区应设置水平箍筋，且应符合下列规定：

（1）非抗震设计时，箍筋配置应符合非抗震设计有关规定，但箍筋间距不宜大于 250mm；对四边有梁与之相连的节点，可仅沿节点周边设置矩形箍筋。

（2）抗震设计时，箍筋的最大间距和最小直径宜符合柱箍筋配置有关规定。一、二、三级框架节点核心区配箍特征值分别不宜小于 0.12、0.10 和 0.08，且箍筋体积配箍率分别不宜小于 0.6%、0.5% 和 0.4%。柱剪跨比不大于 2 的框架节点核心区的体积配箍率不宜小于核心区上、下柱端体积配箍率中的较大值。

（3）柱箍筋的配筋形式，应考虑浇筑混凝土的工艺要求，在柱截面中心部位应留出浇筑混凝土所用导管的空间。

2.3　剪力墙结构

2.3.1　剪力墙结构受力性能简介

如图 2-3-1 所示，剪力墙结构是利用建筑物的纵横向钢筋混凝土墙体来承受竖向荷载和水平荷载的结构。在抗震结构中，剪力墙也称为抗震墙，剪力墙结构也称为抗震墙结构。剪力墙结构的缺点是开间小（一般为 3～8m），建筑平面布置不如框架结构灵活，结构自重较大。钢筋混凝土剪力墙结构在我国应用较为广泛，主要应用于多层或高层住宅、旅馆等建筑。设计合理的钢筋混凝土剪力墙结构整体性较好，侧向刚度大，承载力高，弹塑性变形能力强，具有良好的抗震性能。当地震发生时，剪力墙结构的震害比框架结构小，由于承载力不足或变形能力不足而倒塌的剪力墙结构极少。

图 2-3-1　剪力墙结构

　　剪力墙在水平荷载作用下以平面内受力为主，在建筑结构中，剪力墙应在结构平面的主轴方向双向布置，以分别抵抗各自方向的水平荷载。墙端与计算方向垂直的墙体可以作为该计算方向墙体的翼缘参与抵抗水平荷载，该翼缘不仅能增大计算方向剪力墙的刚度、正截面受弯承载力，还能增强其弹塑性变形能力。因此，剪力墙的两端（不包括洞口两侧）应尽可能与另一方向的墙体连接，成为有翼缘的剪力墙。抗震设计的剪力墙结构应通过合理布置使两个方向的侧向刚度接近。

　　在建筑结构中，为避免结构竖向刚度突变，剪力墙在房屋全高范围内宜连续布置。当在剪力墙上开洞时（如窗洞），洞口宜上下对齐，成列布置，形成具有规则洞口的联肢剪力墙，避免出现洞口不规则布置的错洞墙（图 2-3-2）。当墙高与墙长之比（高宽比）不大于 3 时，可在墙上开洞，洞口上部设置跨高比大、受弯承载力较小的连梁，地震中这些连梁吸收较多的地震能量并破坏，将长墙段分成较短的墙段。当墙段高宽比大于 3 时，在水平荷载作用下剪力墙以弯曲变形为主，为防止剪力墙剪切破坏，抗震设计时应充分考虑其延性和耗能能力。在楼梯间、电梯间位置，四周墙体应相互连接并形成筒体，以增大结构抗扭强度（图 2-3-1）。

　　为了使建筑底部有较大功能空间，结构底部若干层剪力墙可不设置落地，并支承在框架转换层的框支梁上，形成框支剪力墙结构（图 2-3-3）。上部为剪力墙结构，下部为框架结构，结构的侧向刚度在竖向发生突变，并在建筑底部框架结构高度范围形成薄弱层。在较大的水平地震力作用下，框支剪力墙结构底部的框支柱破坏较严重，可能引起结构的局部甚至整体倒塌。因此，地震区不允许采用建筑底部全部为框架的框支剪力墙结构。

　　地震区可采用一部分剪力墙落地，一部分剪力墙由框支梁支承的部分框支剪力墙结构，同时采取其他措施，以避免剪力墙结构的转换层及以下结构高度范围成为软弱层或薄

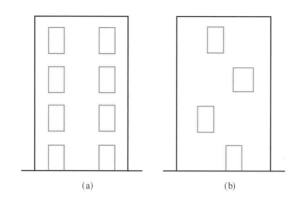

图 2-3-2 剪力墙洞口布置

（a）规则洞口的联肢剪力墙；（b）不规则的错洞墙

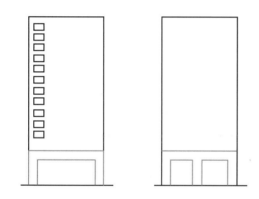

图 2-3-3 框支剪力墙结构立面图

弱层。抗震设计时，部分框支剪力墙结构底部的大空间层数不宜过多。在转换层及以下高度范围，落地的剪力墙两端（不包括洞口两侧）应设置端柱，或与垂直方向的剪力墙相连，以增强落地剪力墙的整体稳定性和侧向刚度。部分框支剪力墙结构中，落地的剪力墙数量不能过少，同时，转换层及转换层以下高度范围结构的侧向刚度与转换层以上结构的侧向刚度之比不应过小。

2.3.2 抗震剪力墙的延性设计概念

钢筋混凝土建筑结构中，除框架结构以外，其他结构体系中都设有一定数量的剪力墙。高层建筑钢筋混凝土结构中，剪力墙是主要抗侧力单元。剪力墙承载能力较强，刚度大，在地震力、风力等水平荷载作用下变形小，设计合理的剪力墙通常具有良好的延性和耗能能力。试验研究表明，同样高度的建筑在抗震耗能方面，剪力墙结构比延性框架大20倍。同时，震害经验也表明，剪力墙结构和框架剪力墙结构能够承受强烈地震作用，具有裂而不倒的良好性能，便于震后修复。当框架结构中设置一定数量的剪力墙时，在水平荷载作用下，剪力墙首先发挥抵抗水平力的作用，当剪力墙破坏后框架才发挥抵抗水平力的作用。因此，对剪力墙的抗震构造措施要求可比相同抗震等级的框架结构低。

剪力墙主要由墙肢和连梁两种构件组成。在竖向和水平荷载作用下，墙肢主要有轴力、弯矩、剪力等内力，连梁主要有弯矩和剪力，连梁内的轴力很小，可忽略。墙肢的轴力可能是压力，也可能是拉力，因此，结构计算时应对墙肢进行平面内的偏心受压、偏心受拉承载力验算和斜截面受剪承载力验算，对连梁应进行受弯承载力验算和受剪承载力验算。为了让剪力墙具有良好的延性和耗能能力，剪力墙的抗震设计应符合以下原则：

1. 强墙肢弱连梁

在较强的地震力作用下，连梁比墙肢先屈服，以使塑性变形和地震能量消耗分散于各个连梁中，而不是墙肢内。通过连梁先变形耗能的方式，能有效防止墙肢过早耗能屈服，避免了塑性变形集中在某一层，使这一层的变形过大而导致结构破坏甚至整体倒塌。在进行小震作用下的弹性内力计算时，可通过折减连梁的抗弯强度（最多可折减 50%）、减小连梁弯矩设计值的方式实现连梁屈服先于墙肢屈服。

2. 强剪弱弯

与框架结构的梁、柱构件相同，若剪力墙的连梁和墙肢在水平外力作用下发生破坏，其破坏形态应为延性较好、耗能能力强的弯曲破坏，而不是剪切破坏。在结构的抗震设计中，对于连梁，可通过增大与满足受弯承载力要求的弯矩值相对应的梁端剪力的方式来达到强剪弱弯的目的；对于剪力墙，可通过增大剪力墙底部加强区截面组合的剪力计算值等方式来实现强剪弱弯的目的。

3. 限制墙肢轴压比，在墙肢端部设置约束边缘构件

与钢筋混凝土框架柱相同，轴压比是影响墙肢延性和耗能等抗震性能的主要因素之一。通过限制墙肢轴压比，并当轴压比大于某一界限值时在墙肢两端设置约束边缘构件的方式，能有效提高剪力墙的抗震性能。

关于剪力墙约束边缘构件、构造边缘构件以及轴压比的相关内容详见第 5 章 5.2.1 "关于剪力墙边缘构件中'边缘'的定义"和 5.2.2 "约束边缘构件和构造边缘构件的设置条件"。

4. 设置底部加强部位

在水平地震力作用下，剪力墙的侧向变形曲线为弯曲型和弯剪型，同时，墙肢的塑性铰通常会出现在结构底部一定高度范围内，这个高度范围就称为剪力墙的底部加强区。剪力墙的底部加强部位高度可依据以下规则确定：

（1）有地下室的房屋建筑，底部加强部位的高度从地下室顶板算起；

（2）部分框支剪力墙结构中的剪力墙，底部加强部位的高度取框支层加框支层以上两层的高度和落地剪力墙总高度的 1/10 的两者中的较大值；

（3）其他结构的剪力墙，当房屋高度大于 24m 时，底部加强部位的高度取底部两层和墙体总高度的 1/10 的两者较大值。当房屋高度不大于 24m 时，取底部一层；

（4）当结构计算的嵌固部位位于地下一层楼板或以下时，底部加强部位向下延伸至计算嵌固端。

剪力墙的底部加强部位是其抗震的重点部位，除了通过提高底部加强部位的受剪承载力的方式实现强剪弱弯目标外，还应通过其抗震构造措施进行加强。当轴压比大于某一界限值时，墙肢两端设置约束边缘构件，以提高整体结构的抗震能力。通常，剪力墙底部加强部位的高度范围设计会在设计文件（图纸）中进行明确。

5. 连梁特殊措施

普通配筋、跨高比小的连梁很难成为延性构件。对于抗震等级较高、跨高比较小的连梁应采取特殊措施，使其成为延性构件。

2.3.3 墙肢的破坏形态与延性设计

如图 2-3-4 所示，在轴向压力和水平地震力的往复作用下，剪力墙肢的破坏形态可归纳为弯曲破坏、弯剪破坏、剪切破坏和滑移破坏等。部分框支剪力墙结构中的一级落地剪力墙，当墙肢底截面出现偏心受拉时，可在墙肢底截面附加交叉斜筋，防止地震时出现滑移。防滑交叉斜筋可按承担墙肢底截面地震剪力设计值的30%配置。

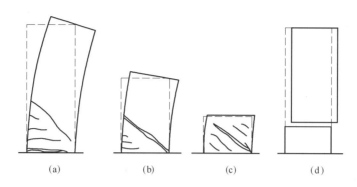

图 2-3-4　剪力墙肢的破坏形态
(a) 弯曲破坏；(b) 弯剪破坏；(c) 剪切破坏；(d) 滑移破坏

　　要使剪力墙具有较好的延性和耗能能力，应首先防止剪力墙在水平地震力作用下发生剪切破坏，充分发挥弯曲作用下的钢筋抗拉强度。因此，为防止剪力墙发生脆性破坏，对剪力墙肢斜截面剪切破坏形态进行进一步分析就显得尤为重要。剪力墙肢斜截面剪切破坏主要有以下三种类型：

　　（1）剪拉破坏。当墙肢的剪跨比较大且无横向钢筋或横向钢筋很少时，墙肢可能发生剪拉破坏。受到斜拉力作用后墙肢上出现斜裂缝，并形成一条主要的斜裂缝延伸至受压区边缘，墙肢被斜向分割为两部分而破坏。当墙肢的竖向分布筋锚固不到位时也容易发生类似的破坏。剪拉破坏属于脆性破坏，耗能能力差，抗震设计时应避免。

　　（2）斜压破坏。墙肢在水平荷载作用下出现斜裂缝，同时斜裂缝将墙肢分割成多个斜向受压柱体，混凝土被压碎而破坏。斜压破坏通常发生在截面尺寸小、剪压比过大的墙肢上。为防止剪力墙肢发生斜压破坏，墙肢的截面尺寸不应过小，同时应限制截面的剪压比。

　　（3）剪压破坏。剪压破坏是最常见的墙肢剪切破坏形态。墙肢在竖向荷载和水平地震力的共同作用下，首先出现水平裂缝或较细的斜裂缝。当水平荷载增强时，墙肢上出现一条主要的斜裂缝，并不断向对角扩展延伸，混凝土受压区变小，最后斜裂缝尽端的受压区混凝土在剪应力和压应力共同作用下被破坏，墙肢的横向分布筋屈服。

　　剪力墙肢的斜截面受剪承载力验算主要以剪压破坏为基础。受剪承载力由混凝土的受剪承载力和横向钢筋的受剪承载力两部分组成。作用在墙肢上的轴向压力加大了截面的受压区，提高了墙肢的受剪承载力；而轴向拉力则对剪力墙的抗剪不利，降低了墙肢的受剪承载力。

2.3.4　剪力墙肢配筋构造要求

1. 分布钢筋

　　剪力墙肢应配置水平和竖向分布筋，墙肢的分布钢筋可起到抗剪、抗弯、减少收缩裂缝等作用。当水平分布筋配置过少时，墙肢在轴向力和水平荷载作用下容易出现斜裂缝，而斜裂缝一旦出现，就容易发展成一条主要的斜裂缝，并将墙肢沿斜向分割成两半；当墙肢的竖向分布筋配置过少时，若墙肢端部边缘构件的纵向受力钢筋屈服时，墙肢的裂缝宽度较大。墙肢的竖向分布钢筋也能起到抑制斜裂缝开展的作用。剪力墙肢水平和竖向分布筋的最小配筋见表 2-3-1。

框架剪力墙结构、板柱剪力墙结构、筒中筒结构、框架核心筒结构中，剪力墙肢的水平和竖向分布筋的最小配筋率，抗震设计时不小于 0.25％，非抗震设计时不小于 0.20％，钢筋直径不小于 10mm，间距不大于 300mm。

剪力墙结构墙肢水平与竖向分布筋的最小配筋率　　　　　　　　　　表 2-3-1

抗震等级或部位	最小配筋率（％）	最大间距（mm）	最小直径（mm）	最大直径（mm）
一、二、三级	0.25	300	8	$b_w/10$
四级、非抗震	0.20			
部分框支剪力墙结构的落地剪力墙底部加强部位	0.30	200		

注：b_w 为剪力墙肢的厚度。

建筑结构中受热胀冷缩影响较大的部位，如房屋顶层的剪力墙、长矩形平面房屋的楼梯间和电梯间剪力墙、端开间纵向剪力墙以及端山墙等，墙肢的水平和竖向分布筋的配筋率均不应小于 0.25％，钢筋间距不大于 200mm。

为防止墙体表面出现温度收缩裂缝，墙肢双向分布钢筋应采用双排或多排配筋，不应单排配筋。当墙体厚度不大于 400mm 时，可采用双排配筋；当墙体厚度大于 400mm 但不大于 700mm 时，可采用三排配筋；当墙体厚度大于 700mm 时，可采用四排配筋。各排分布钢筋之间应通过拉筋相连，拉筋间距不应大于 600mm，拉筋直径不小于 6mm，可按梅花形布置，剪力墙的底部加强部位拉筋间距应适当减小。

短肢剪力墙的全部竖向钢筋的配筋率，底部加强部位一、二级不宜小于 1.2％，三、四级不宜小于 1.0％；其他部位一、二级不宜小于 1.0％，三、四级不宜小于 0.8％。

2. 暗柱和扶壁柱

当剪力墙或核心筒墙肢与其平面外相交的楼面梁刚接时，可沿楼面梁轴线方向设置与梁相连的剪力墙、扶壁柱或在墙内设置暗柱，暗柱和扶壁柱中的纵向钢筋应通过计算确定，同时不宜小于表 2-3-2 中的配筋率要求。

暗柱和扶壁柱纵向钢筋构造配筋率　　　　　　　　　　表 2-3-2

设计状况	抗震设计				非抗震设计
	一级	二级	三级	四级	
配筋率（％）	0.9	0.7	0.6	0.5	0.5

楼面梁的水平钢筋应伸入剪力墙或扶壁柱，伸入长度应符合钢筋锚固要求。钢筋锚固的水平投影长度，非抗震设计时不宜小于 $0.4l_{ab}$，抗震设计时不宜小于 $0.4l_{abE}$；如图 2-3-5，当锚固的水平投影长度不满足要求时，可将楼面梁伸出墙面形成梁头，梁的纵筋伸入梁头后弯折锚固，也可采取其他可靠的锚固措施。

暗柱或扶壁柱应设置箍筋。一、二、三级抗震等级时箍筋直径不应小于 8mm，四级抗震等级及非抗震时箍筋直径不应小于 6mm，且均不应小于纵向钢筋直径的 1/4。一、二、三级抗震等级时箍筋间距不应大于 150mm，四级抗震等级及非抗震时箍筋间距不应大于 200mm。

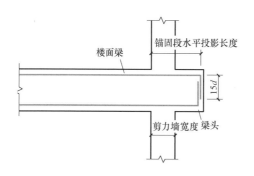

图 2-3-5　梁头楼面梁钢筋锚固构造

3. 边缘构件

在剪力墙肢两端设置边缘构件可有效提高剪力墙延性。边缘构件可分为约束边缘构件和构造边缘构件。约束边缘构件是指用箍筋约束的暗柱、端柱、转角墙和翼墙，其箍筋配置较多，对混凝土约束作用较强，所以约束边缘构件的混凝土有较强的受压变形能力；构造边缘构件的箍筋配置较少，对混凝土的约束作用较差。

试验研究表明，当墙肢轴压比较低，即使在端部不设置约束边缘构件，墙肢在水平地震力作用下也能有较大的塑性变形能力。规范要求，一、二、三级抗震等级的剪力墙底层墙肢底截面的轴压比大于表 2-3-3 的界限值时应设置约束边缘构件，以及部分框支剪力墙结构的剪力墙，应在底部加强部位及相邻的上一层高度范围设置约束边缘构件，在上述部位之外的剪力墙应设置构造边缘构件；B级高度的高层建筑，因高度较高，所以宜在剪力墙的约束边缘构件层与构造边缘构件层之间设置 1～2 层的过渡层，以避免边缘构件的箍筋突然减少不利于抗震。过渡层剪力墙边缘构件箍筋的配置要求应低于约束边缘构件，高于构造边缘构件。

剪力墙可不设约束边缘构件的最大轴压比　　　　　　　　　　　　表 2-3-3

抗震等级	一级（9度）	一级（6、7、8度）	二、三级
轴压比	0.1	0.2	0.3

4. 约束边缘构件

如图 2-3-6 所示，剪力墙约束边缘构件包括暗柱、端柱、翼墙、转角墙。端柱截面边

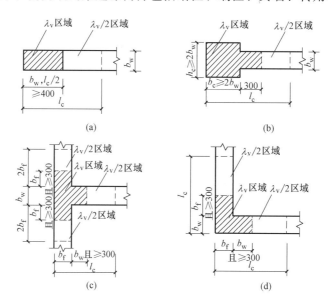

图 2-3-6　剪力墙约束边缘构件

（a）约束边缘暗柱；（b）约束边缘端柱；（c）约束边缘翼墙；（d）约束边缘转角墙

长不小于 2 倍墙厚，翼墙长度不应小于 3 倍墙厚，翼墙长度不满足 3 倍墙厚要求时可视为无端柱或无翼墙，按暗柱要求设置。部分框支剪力墙结构的落地剪力墙两端应设置端柱或与另一方向的剪力墙相连。

约束边缘构件的构造要求主要有沿墙肢长度 l_c、箍筋配箍特征值 λ_V 和竖向钢筋最小配筋率，具体数值要求详见表 2-3-4。约束边缘构件的沿墙肢长度 l_c 除了应满足表 2-3-4 的要求外，还应满足图 2-3-6 中的各项尺寸要求。

剪力墙约束边缘构件沿墙肢长度及配筋要求   表 2-3-4

项目	一级（9度）		一级（6、7、8度）		二、三级	
	$\mu_N \leqslant 0.2$	$\mu_N > 0.2$	$\mu_N \leqslant 0.3$	$\mu_N > 0.3$	$\mu_N \leqslant 0.4$	$\mu_N > 0.4$
l_c（暗柱）	$0.20h_w$	$0.25h_w$	$0.15h_w$	$0.20h_w$	$0.15h_w$	$0.20h_w$
l_c（翼墙或端柱）	$0.15h_w$	$0.20h_w$	$0.10h_w$	$0.15h_w$	$0.10h_w$	$0.15h_w$
λ_V	0.12	0.20	0.12	0.20	0.12	0.20
竖向钢筋（取较大值）	$0.012A_C$，$8\phi16$		$0.012A_C$，$8\phi16$		$0.010A_C$，$6\phi16$（三级 $6\phi14$）	
箍筋及拉筋沿竖向间距	100mm		100mm		150mm	

注：h_w 为墙肢截面长度；ϕ 表示构件直径。

5. 构造边缘构件

除了要求设置约束边缘构件的各种情况之外，其他部位的剪力墙肢应在两端设置构造边缘构件，构造边缘构件沿墙肢的长度按图 2-3-7 阴影部分确定。

构造边缘构件的配筋在满足实际所需承载力要求外，还应满足表 2-3-5 中的各项构造要求，同时还应符合下列规定：

（1）箍筋、拉筋沿水平方向的间距不大于 300mm，且不大于竖向钢筋间距的 2 倍。

（2）端柱承受集中荷载时，其竖向钢筋、箍筋直径和间距按框架柱的构造要求配置。

（3）非抗震设计的剪力墙，墙肢端应配置不少于 4 根直径 12mm 的竖向钢筋，沿竖向钢筋配置直径不小于 6mm、间距为 250mm 的拉筋。

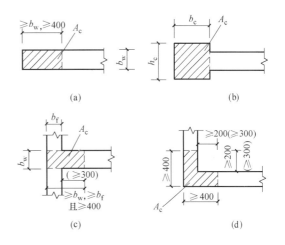

图 2-3-7 剪力墙的构造边缘构件范围

（a）构造边缘暗柱；（b）构造边缘端柱；（c）构造边缘翼墙（括号中数值用于高层建筑）；（d）构造边缘转角墙（括号中数值用于高层建筑）

剪力墙构造边缘构件最小配筋要求 表 2-3-5

抗震等级	底部加强部位		
	竖向钢筋最小量（取较大值）	箍筋	
		最小直径(mm)	沿竖向最大间距(mm)
一	$0.010A_C$,6ϕ16	8	100
二	$0.008A_C$,6ϕ14	8	150
三	$0.006A_C$,6ϕ12	6	150
四	$0.005A_C$,4ϕ12	6	200
抗震等级	其他部位		
	竖向钢筋最小量（取较大值）	箍筋	
		最小直径(mm)	沿竖向最大间距(mm)
一	$0.008A_C$,6ϕ14	8	150
二	$0.006A_C$,6ϕ12	8	200
三	$0.005A_C$,4ϕ12	6	200
四	$0.004A_C$,4ϕ12	6	250

注：1. A_C 为构造边缘构件的截面面积，即图 2-3-7 剪力墙截面的阴影部分面积；
　　2. ϕ 表示钢筋直径；
　　3. 其他部位的转角处宜采用箍筋。

2.3.5 剪力墙连梁的破坏形态与延性设计

剪力墙连梁在竖向荷载作用下产生的弯矩和剪力不大，而在风力、水平地震力等水平荷载作用下与墙肢相互作用产生的弯矩与剪力较大，弯矩在梁两端方向相反，这种反弯矩作用使梁产生很大的剪切变形，容易出现斜裂缝，连梁的变形和裂缝见图 2-3-8。连梁跨高比通常较小，而与其相连的剪力墙刚度较大，因此，在水平力作用下高层建筑连梁的内力也较大，结构设计时应采取措施来调整连梁内力，以达到结构既能承受竖向荷载，又能满足水平力作用下的强度和刚度要求。

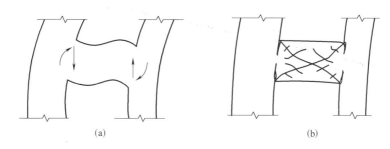

(a) (b)

图 2-3-8 连梁的变形和裂缝

(a) 变形图；(b) 裂缝图

剪力墙连梁的破坏形态有剪切破坏和弯曲破坏两种。剪切破坏属于脆性破坏，应避免；弯曲破坏属于延性破坏，具有较好的耗能效果。

（1）剪切破坏。当连梁发生剪切破坏（脆性破坏）时就丧失了承载能力，当剪力墙全高范围的所有连梁均发生剪切破坏时，各墙肢失去连梁的约束作用后成为单片的独立墙。此时，结构的侧向刚度降低，变形加剧，墙肢弯矩增大，最终可能导致结构大量破坏甚至倒塌。

（2）弯曲破坏。连梁发生弯曲破坏（延性破坏）时，梁端出现垂直裂缝，受拉区会出现微裂缝，在水平地震力的往复作用下出现交叉裂缝，并形成塑性铰，结构刚度降低，同时变形加剧并吸收大量的地震能量。此时，连梁通过塑性铰仍能传递一部分弯矩和剪力，对墙肢仍能起到一定的约束作用，使剪力墙保持足够的刚度和强度。在这一过程中，连梁起到了耗能的作用，对减少墙肢的内力、延缓墙肢屈服起到了重要作用。但在水平地震力的往复作用下，连梁的裂缝会不断延长、变宽，直到混凝土受压被破坏。

所以，按照强墙肢弱连梁的剪力墙延性设计要求，地震作用下连梁应比墙肢先屈服，连梁首先形成塑性铰消耗地震能量，连梁设计时也应遵循强剪弱弯的原则，避免剪切破坏。

一般情况下，当结构抗震等级较低，抗震计算时可适当降低连梁刚度，从而降低连梁的弯矩设计值，使地震发生时连梁比墙肢先屈服，并实现弯曲破坏。对于跨高比较小的高连梁，可通过设置水平缝的方式形成双连梁或多连梁，实现弯曲破坏。当连梁截面宽度较大时，在设置普通箍筋的同时，也可增设交叉暗梁、交叉斜筋等斜向构造钢筋的方式改善连梁受力性能。

2.3.6　剪力墙连梁配筋构造要求

1. 连梁纵筋

连梁的纵向钢筋的配置，不宜小于最小配筋率，也不宜大于最大配筋率。跨高比（l/h_b）不大于 1.5 的连梁，非抗震设计时，其纵向钢筋的最小配筋率为 0.2%；抗震设计时，其纵向钢筋的最小配筋率宜符合表 2-3-6 的要求；跨高比大于 1.5 的连梁，其纵向钢筋的最小配筋率可按框架梁的要求采用。

跨高比不大于 1.5 的连梁纵向钢筋的最小配筋率（%）　　　　表 2-3-6

跨高比	最小配筋率（采用较大值）
$l/h_b \leqslant 0.5$	$0.20，45f_t/f_y$
$0.5 < l/h_b \leqslant 1.5$	$0.20，55f_t/f_y$

非抗震设计时，连梁顶面及底面单侧纵向钢筋的最大配筋率不宜大于 2.5%；抗震设计时，连梁顶面及底面单侧纵向钢筋的最大配筋率宜满足表 2-3-7 的要求。若不满足，则应按实配钢筋进行连梁强剪弱弯的验算。

连梁纵向钢筋的最大配筋率（%）　　　　表 2-3-7

跨高比	最大配筋率
$l/h_b \leqslant 1.0$	0.6
$1.0 < l/h_b \leqslant 2.0$	1.2
$2.0 < l/h_b \leqslant 2.5$	1.5

如图 2-3-9，连梁的配筋构造应符合下列规定（非抗震设计时 l_{aE} 变为 l_a）：

（1）连梁顶面、底面纵向水平钢筋伸入墙肢的长度，抗震设计时不应小于 l_{aE}，非抗震设计时不应小于 l_a，且均不应小于 600mm。

（2）抗震设计时，沿连梁全长箍筋的构造应符合框架梁梁端箍筋加密区的箍筋构造要求；非抗震设计时，沿连梁全长的箍筋直径不应小于 6mm，间距不应大于 150mm。

（3）顶层连梁纵向水平钢筋伸入墙肢的长度范围内应配置箍筋，箍筋间距不宜大于 150mm，直径应与该连梁的箍筋直径相同。

（4）连梁高度范围内的墙肢水平分布钢筋应在连梁内拉通作为连梁的腰筋。连梁截面高度大于 700mm 时，其两侧面腰筋的直径不应小于 8mm，间距不应大于 200mm，跨高比不大于 2.5 的连梁，其两侧腰筋的总面积配筋率不应小于 0.3%。

2. 交叉暗撑配筋连梁

试验研究表明，跨高比较小的连梁内配置交叉暗撑或另增设斜向交叉构造钢筋可有效改善连梁的抗剪性能，增强连梁的变形能力。框架—核心筒结构中核心筒的连梁、筒中筒结构中框筒梁和内筒连梁，当跨高比不大于 2，截面宽度不小于 400mm 时，除配置普通连梁钢筋外，可配置交叉暗斜撑；当截面宽度小于 400mm 但不小于 200mm 时，除配置普通连梁钢筋外，可配置斜向交叉构造钢筋。图 2-3-10 所示为交叉暗斜撑的配筋构造示意图，每根暗撑应配置不少于 4 根纵向钢筋，纵筋直径不小于 14mm。

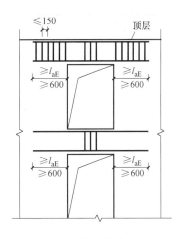

图 2-3-9　连梁配筋构造示意

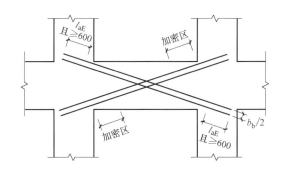

图 2-3-10　连梁内交叉暗斜撑配筋构造

3. 剪力墙洞口和连梁开洞

（1）当剪力墙上开有边长小于 800mm 的小洞口，且在结构整体计算中可不考虑其影响时，应在洞口上、下和左、右配置补强钢筋，补强钢筋的直径不应小于 12mm，截面面积应分别不小于被截断的水平分布钢筋和竖向分布钢筋的面积。

（2）穿过连梁的管道宜预埋套管，洞口上、下的截面有效高度不宜小于梁高的 1/3，且不宜小于 200mm；被洞口削弱的截面应进行承载力验算，洞口处应配置补强纵向钢筋和箍筋，补强纵向钢筋的直径不应小于 12mm，如图 2-3-11 所示。

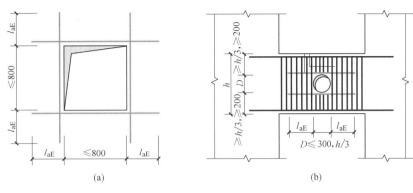

(a)　　　　　　　　　　(b)

图 2-3-11　剪力墙开洞和连梁开洞构造
（a）剪力墙洞口；（b）连梁洞口

2.4　框架—剪力墙结构

2.4.1　框架—剪力墙结构受力性能简介

如图 2-4-1 所示，在框架结构中布置一定数量的剪力墙即成为框架—剪力墙结构，也称框剪结构。框架—剪力墙结构建筑的竖向荷载由框架和剪力墙共同承担，而水平荷载大部分由抗侧刚度较大的剪力墙承担。此种结构的剪力墙布置比较灵活，剪力墙的端部可以有框架柱，也可以没有框架柱，剪力墙也可以围成井筒。框架柱和剪力墙构成自由灵活的使用空间，满足不同的建筑功能需求，同时结构中又设置有足够的剪力墙，有较大的抗侧刚度和较强的抗震能力，因而广泛应用于高层住宅、办公楼等建筑结构中。

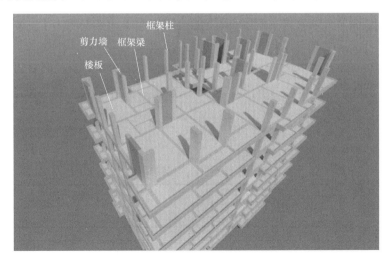

图 2-4-1　框架—剪力墙结构

框架—剪力墙结构是一种双重的抗侧力结构。结构中，剪力墙的刚度较大，能承担大部分的水平地震层间剪力；框架的刚度小，只承担小部分水平地震层间剪力。在较强的水平地震力作用下，剪力墙连梁往往先屈服，剪力墙刚度降低，由剪力墙承担的一部分水平地震层间剪力转移至框架。如果框架的承载力和延性足够大，则双重抗侧力结构的优势可以得到充分发挥，避免了在较强的水平地震力作用下结构被严重破坏甚至倒塌。因此，抗震设计的框架—剪力墙结构在多遇地震作用下各层框架设计时采用的地震层间剪力不应过小。

在水平力作用下，框架和剪力墙的变形曲线分别呈剪切型和弯曲型。在框架—剪力墙结构中，两种构件的变形得到了充分协调，结构底部框架的侧移减小，结构上部剪力墙的侧移减少，层间位移沿高度变化均匀，改善了框架结构和剪力墙结构各自发挥作用时的抗震性能，有利于减少小震作用下非结构构件的破坏。

剪力墙的数量和位置是框架—剪力墙结构布置的关键。剪力墙数量较多，有利于增大结构的刚度，减小结构水平位移，但过多地布置剪力墙可能使此类结构的建筑不能满足使用功能要求。一般情况下，剪力墙的数量以使结构的层间位移角不超过规范规定的界限值为宜。在规定的水平力作用下，底层剪力墙分担的倾覆力矩应大于结构总倾覆力矩的50%，因此，框架—剪力墙结构中剪力墙数量也不能过少。剪力墙数量设置过多或者过少，都不能充分发挥出框架—剪力墙结构在空间功能和受力性能方面的优势，在一定程度上，建筑高度也会受到一定的限制。

剪力墙在平面位置上的布置可以灵活，但应尽可能符合下列要求：

（1）对称布置，或使结构平面上刚度均匀，减小在水平力作用下结构的扭转效应。

（2）抗震设计时，剪力墙的布置宜使结构各主轴方向的侧向刚度相近。

（3）在建筑物的周边附近、楼梯间、电梯间、平面形状变化及竖向荷载较大的部位均匀布置剪力墙。

（4）平面形状凹凸较大时，宜在凸出部分的端部附近布置剪力墙。

（5）两个方向的剪力墙尽可能组成 L 形、T 形、工形和井筒等形式，使一个方向的墙成为另一方向墙的翼墙，增大抗侧刚度和抗扭刚度。

（6）剪力墙的间距不宜过大。若剪力墙间距过大，在水平力作用下，两道墙之间的楼板可能在其自身平面内产生弯曲变形，过大的变形对框架柱产生不利影响。因此，剪力墙的间距不应大于表 2-4-1 的要求。当剪力墙间的楼板有较大开洞，且洞口对楼盖的平面刚度有所削弱时，墙的间距应适当减小。当剪力墙间距大于表 2-4-1 的要求时，框架—剪力墙结构计算时应考虑楼盖变形的影响。

（7）房屋较长时，刚度较大的纵向剪力墙不宜布置在房屋的端开间位置，以避免由于端部剪力墙的约束作用造成楼盖梁板开裂。

剪力墙间距（m）（取较小值） 表 2-4-1

楼、屋盖类型	非抗震设计	设防烈度		
		6 度、7 度	8 度	9 度
现浇	5.0B,60	4.0B,50	3.0B,40	2.0B,30
装配整体式	3.5B,50	3.0B,40	2.0B,30	—

注：1. B 为剪力墙之间的楼盖宽度，单位为"m"；

　　2. 现浇层厚度大于 60mm 的叠合楼板可作为现浇板考虑。

框架剪力墙结构中的框架柱、框架梁以及剪力墙，其受力性能、延性设计概念等可参考本章第 2.2、2.3 节相关内容，本章不再详述。

本 章 习 题

1. 钢筋混凝土结构由钢筋和混凝土两种材料组成。在钢筋混凝土构件中，混凝土主要承受压力，钢筋主要承受（　　）。

A. 剪力　　　　　　　　B. 拉力　　　　　　　　C. 扭转力　　　　　　　　D. 弯矩

2. 下列不属于框架结构的延性抗震设计概念的是（　　）。

A. 强剪弱弯　　　　　B. 强柱弱梁　　　　　C. 强节点强锚固　　　　D. 强锚固弱连接

3. 下列关于框架结构破坏形态的说法错误的是（　　）。

A. 弯曲破坏优于剪切破坏

B. 梁铰机制优于柱铰机制

C. 小偏心受压破坏优于大偏心受压破坏

D. 框架结构抗震设计时应避免梁柱节点破坏和梁纵筋在节点内锚固的粘结破坏

4. 二级抗震等级的框架梁，其梁端箍筋加密区长度为（　　）。

A. $2.0h_b$ 且不小于 1000mm　　　　　　B. $2.0h_b$ 且不小于 500mm

C. $1.5h_b$ 且不小于 500mm　　　　　　　D. 梁净跨值的 1/3

5. 下列不是影响框架柱延性的主要因素的是（　　）。

A. 框架柱剪跨比　　B. 轴压比　　　　　　C. 箍筋配置情况　　　D. 钢筋强度等级

6. 关于框架柱箍筋加密区范围，下列说法错误的是（　　）。

A. 底层柱的上端、嵌固部位上端及其他各层柱的两端，应取矩形截面柱的长边尺寸（或圆形截面柱之直径）、柱净高之 1/6 和 500mm 三者之最大值范围

B. 底层柱刚性地面上、下各 500mm 的范围

C. 剪跨比不大于 2 的柱和因填充墙等形成的柱净高与截面高度之比不大于 4 的短柱，箍筋应在全高范围加密

D. 一、二级框架角柱和边柱应在全高范围加密

7. 下列不属于剪力墙结构延性抗震设计概念的是（　　）。

A. 强连梁弱墙肢　　　　　　　　　　　B. 强剪弱弯

C. 设置底部加强区　　　　　　　　　　D. 限制墙肢轴压比

8. 下列不属于剪力墙肢斜截面剪切破坏类型的是（　　）。

A. 剪拉破坏　　　　　B. 剪压破坏　　　　　C. 斜拉破坏　　　　　　D. 斜压破坏

9. 连梁顶面、底面纵向水平钢筋伸入墙肢的长度，抗震设计时不应小于（　　）。

A. l_{aE}　　　　　　　　　　　　　　　B. $35d$

C. $\max(l_{aE}, 35d)$　　　　　　　　　　D. $\max(l_{aE}, 600\text{mm})$

10. 下列关于框架—剪力墙结构的说法，正确的是（　　）。

A. 框架的刚度小，无法承担水平地震产生的层间剪力

B. 底层剪力墙分担的倾覆力矩应大于结构总倾覆力矩的 70%

C. 剪力墙的布置应使结构平面刚度均匀，减小在水平力作用下结构的扭转效应

D. 在水平作用下，框架和剪力墙的变形曲线分别呈弯曲型和剪切型

第3章

钢筋基础知识

3.1 钢筋品种与力学性能

3.1.1 钢筋的品种

1. 按外形分类

钢筋按轧制外形可分为光圆钢筋和带肋钢筋（图 3-1-1）。带肋钢筋又可分为螺旋纹钢筋、人字纹钢筋和月牙形钢筋，此三种钢筋又可统称为变形钢筋。变形钢筋的公称直径按与光圆钢筋具有相同质量的原则确定。我国目前生产的变形钢筋大多为月牙纹钢筋，其横肋高度向肋的两边逐渐降低至零，呈月牙形，这样可使横肋相交处的应力集中现象有所缓解。通常把直径小于 5mm 的钢筋称为钢丝，钢丝的外形为光圆的，也有在表面刻痕的，光圆钢筋可绑扎或焊接成钢筋骨架或钢筋网，分别用在梁、柱或板、壳结构中。

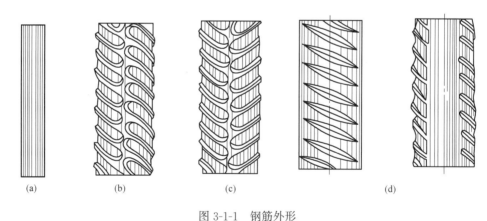

(a)　　　　　　　(b)　　　　　　　(c)　　　　　　　(d)

图 3-1-1　钢筋外形

（a）光面钢筋；（b）螺旋纹钢筋；（c）人字纹钢筋；（d）月牙纹钢筋

2. 按生产工艺分类

钢筋混凝土结构中所用的钢筋按生产工艺可分为热轧钢筋、热处理钢筋、冷拉钢筋、冷拔钢丝、光面钢丝、螺旋肋钢丝、刻痕钢丝、钢绞线、冷轧扭钢筋、冷轧带肋钢筋。热轧钢筋是利用低碳钢、普通低合金钢在高温状态下轧制而成。热轧钢筋是建筑工程中用量最大的钢材品种之一。热轧钢筋的直径、横截面面积和重量见表 3-1-1，冷轧带肋钢筋的直径、横截面面积和重量见表 3-1-2。

（1）冷轧钢筋是由热轧钢筋在常温下通过冷拉或冷拔等方法冷加工而成。经过冷拉处理后，可提高钢筋的屈服强度，但其塑性降低。

（2）余热处理钢筋是经过热轧后立即穿水对钢筋表面进行冷却，利用钢筋芯部余热完成回火等调质工艺处理并制成成品，热处理后钢筋强度得到较大提高，且塑性降低不多。

（3）冷轧带肋钢筋是在热轧光圆钢筋基础上，在其表面冷轧成二面或者三面有肋的钢筋。

（4）冷轧扭钢筋是用低碳钢筋经冷轧扭工艺制成，其表面呈连续螺旋形。该类钢筋具有较高的强度，而且有足够的塑性，与混凝土粘结性能良好。

（5）冷拔螺旋钢筋是热轧圆钢通过冷拔处理在其表面形成螺旋槽的钢筋。这类钢筋具有强度适中、握裹力强、塑性好、成本低等优点。

（6）钢绞线由多根公称直径相同的钢丝绞合构成，常用的有三股和七股标准型钢绞线。

热轧钢筋的直径、横截面面积和重量　　　　　　　　表 3-1-1

公称直径 （mm）	内径 （mm）	纵、横肋高 （mm）	公称横截面积（mm²）	理论重量 （kg/m）
6	5.8	0.6	28.27	0.222
8	7.7	0.8	50.27	0.395
10	9.6	1.0	78.54	0.617
12	11.5	1.2	113.1	0.888
14	13.4	1.4	153.9	1.21
16	15.4	1.5	201.1	1.58
18	17.3	1.6	254.5	2.00
20	19.3	1.7	314.2	2.47
22	21.3	1.9	380.1	2.98
25	24.2	2.1	490.9	3.85
28	27.2	2.2	615.8	4.83
32	31.0	2.4	804.2	6.31
36	35.0	2.6	1018	7.99
40	38.7	2.9	1257	9.87
50	48.5	3.2	1964	15.42

冷轧带肋钢筋的直径、横截面面积和重量　　　　　　　　表 3-1-2

公称直径(mm)	公称横截面积(mm²)	理论重量(kg/m)
4	12.6	0.099
5	19.6	0.154
6	28.3	0.222
7	38.5	0.302
8	50.3	0.395
9	63.6	0.499
10	78.5	0.617
12	113.1	0.888

3. 按受力性能分类

钢筋按其在钢筋混凝土结构中的作用分为：受力筋（承受拉、压应力的钢筋）、箍筋（承受剪力，并固定受力筋的位置）、架立筋（固定梁内箍筋的位置，构成梁内的钢筋骨架）、分布筋（用于屋面板、楼板内，与板的受力筋垂直布置，将承受的重量均匀地传给受力筋，并固定受力筋的位置，以及抵抗热胀冷缩引起的温度变形）及其他因构件构造需要或施工安装需要而配置的构造筋（如腰筋、预埋锚固筋、预应力筋等）。

4. 钢筋的强度等级与牌号

国产普通钢筋按其屈服强度标准值的高低，分为 300MPa、335MPa、400MPa 和 500MPa 四个强度等级。

国产普通钢筋现有 8 个牌号。牌号 HPB300 是热轧光圆钢筋，HPB 是英文名称 Hot Rolled Plain Steel Bars 的缩写，300 表示屈服强度标准值 300MPa，用符号Φ表示。HRB335 是热轧带肋钢筋（Hot Relled Ribbed Steel Bars），屈服强度标准值是 335MPa，用符号Ⱳ表示；与它同一强度等级的 HRBF335 是细晶粒热轧带肋钢筋，用符号ⱲF 表示。同理可知，400MPa 级的 HRB400、HRBF400 和 RRB400 分别是热轧带肋钢筋、细晶粒热轧带肋钢筋和热处理带肋钢筋，分别用符号Ⱳ、ⱲF 和ⱲR 表示。强度等级为 500MPa 的 HRB500、HRBF500 分别用Ⱳ、ⱲF 表示。

《混凝土结构设计规范》（GB 50010—2010）（以下简称《混规》）中规定：纵向受力普通钢筋可采用 HPB300、HRB335、HRB400、HRBF400、RRB400、HRB500 钢筋；梁、柱和斜撑构件的纵向受力普通钢筋宜采用 HRB400、HRB500、HRBF400、HRBF500 钢筋。箍筋宜采用 HRB400、HRBF400、HRB300、HPB300、HRB500、HRBF500 钢筋。预应力筋宜采用预应力钢丝、钢绞线和预应力螺纹钢筋。

3.1.2　钢筋的力学性能指标

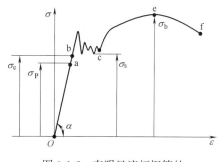

图 3-1-2　有明显流幅钢筋的应力—应变曲线图

1. 极限抗拉强度

钢筋的强度和变形能力可以用拉伸试验得到的应力—应变曲线来说明。钢筋混凝土结构所用的钢筋根据其单向受拉实验所得的应力—应变曲线性质不同，可分为有明显屈服点的钢筋和无明显屈服点的钢筋两大类。如图 3-1-2 所示为有明显屈服点钢筋单向受拉时应力—应变曲线图。

（1）弹性阶段 ob（满足胡克定律），σ_P 为比例极限，σ_e 为弹性极限。

（2）屈服阶段 bc（失去抵抗变形的能力），σ_s 为屈服极限（屈服强度）。

（3）强化阶段 ce（恢复抵抗变形的能力），σ_b 为强度极限。

（4）局部颈缩阶段 ef（应力下降，外形发生颈缩变化），f 点为拉断点。

钢筋极限抗拉强度指标对于无明显屈服点的钢筋（硬钢）是作为强度标准值取值的依据；对于有明显屈服点的钢筋（软钢），极限抗拉强度虽不作为强度标准值取值的依据，但仍有一个最低限值的要求。

2. 屈服强度

屈服强度对于有明显屈服点的钢筋（软钢）是作为强度标准值取值的依据，并有最小限值要求，如 HPB300 级钢筋不小于 300MPa；对于无明显屈服点的钢筋（硬钢），因此类钢筋无明显屈服点，为了满足设计理论的需求，一般取残余应变 0.2% 所对应的应力值 $\sigma_{P0.2}$ 作为假定的屈服强度，称为"条件屈服强度"或"条件屈服点"。对于热处理钢筋、消除应力钢丝和钢绞线，《混规》统一取 0.85 倍极限抗拉强度作为 $\sigma_{P0.2}$。

《混规》中强制性条文规定，钢筋混凝土结构中钢筋的强度标准值应具有不小于 95% 的保证率。普通钢筋的屈服强度标准值 f_{yk}、极限强度标准值 f_{stk} 应按表 3-1-3 采用。普通钢筋的抗拉强度设计值 f_y、抗压强度设计值 f'_y 应按表 3-1-4 采用，当构件中配有不同种类的钢筋时，每种钢筋应满足各自的强度设计值。对于轴心受压构件，当采用 HRB500、HRBF500 钢筋时，钢筋的抗压强度设计值 f'_y 应取 400N/mm²。横向钢筋的抗拉强度设计值 f_y 应按表中 f_y 的数值采用；但用作受剪、受扭、受冲切承载力计算时，其数值大于 360N/mm² 时应取 360N/mm²。

普通钢筋强度标准值（N/mm²）　　　　　　　　　　　　　　　　　　表 3-1-3

牌号	符号	公称直径 d(mm)	屈服强度标准值 f_{yk}	极限强度标准值 f_{stk}
HPB300	Φ	6-14	300	420
HRB335	Φ	6-14	335	455
HRB400 HRBF400 RRB400	Φ ΦF ΦR	6-50	400	540
HRB500 HRBF500	Φ ΦF	6-50	500	630

普通钢筋强度设计值（N/mm²）　　　　　　　　　　　　　　　　　　表 3-1-4

牌号	抗拉强度设计值 f_y	抗压强度设计值 f'_y
HPB300	270	270
HRB335	300	300
HRB400、HRBF400、RRB400	360	360
HRB500、HRBF500	435	435

钢筋除了要有足够的强度外，还应具有一定的塑性变形能力（延性）。钢筋的塑性变形能力通常用伸长率和冷弯性能两个指标来衡量。

3. 伸长率

如图 3-1-2 中的 f 点，钢筋拉断后的伸长值与原长的比值称为伸长率，伸长率越大塑性越好。根据我国钢筋标准，将最大力下的总伸长率 δ_{gt} 作为控制钢筋延性的指标。最大力下的总伸长率 δ_{gt} 不受断口、颈缩区域局部变形的影响，反映了钢筋拉断前达到极限强度时的均匀应变，又称均匀伸长率，其值为

$$\delta_{gt} = \frac{l'-l}{l} \times 100\%$$

式中：l——钢筋拉伸试验试件的应变量测标距；

l'——试件经拉断并重新拼合后测得的标距，即产生残余伸长的标距。

《混规》明确提出了对钢筋的延性要求。普通钢筋和预应力筋在最大力下的总伸长率 δ_{gt} 不应小于表 3-1-5 中规定的数值。

普通钢筋及预应力筋在最大力下的总伸长率限值 表 3-1-5

钢筋品种	普通钢筋			预应力筋
	HPB300	HRB335、HRB400、HRBF400、HRB500、HRBF500	RRB400	
$\delta_{gt}(\%)$	10.0	7.5	5.0	3.5

4. 冷弯性能

冷弯性能是检验钢筋塑性变形能力的另一种方法，冷弯是将直径为 d 的钢筋绕直径为 D 的弯芯弯曲到规定的角度 α 后无裂纹、断裂及起层现象，则表示合格。弯芯的直径 D 越小，弯转角度越大，说明钢筋的塑性越好。弯芯直径 D 和冷弯角度 α 是钢筋冷弯试验的两个主要参数。对于不同强度等级的钢筋，D 值及 α 值的规定要求不同。HPB300 和 HRB335 级钢筋 $\alpha=180°$，$D=1\sim4d$；HRB400 级钢筋 $\alpha=90°$，$D=3\sim6d$。

3.2 钢筋的混凝土保护层的确定

3.2.1 混凝土保护层概念

混凝土保护层是指结构构件中钢筋外边缘至构件表面范围用于保护钢筋的混凝土，简称保护层。钢筋保护层有以下作用：

（1）保护钢筋不被锈蚀（空气中含水量、二氧化碳含量越高需要的保护层越厚）；

（2）粘结锚固（保证钢筋与混凝土粘结良好，使钢筋与其周围的混凝土共同工作，充分发挥钢筋的作用。保护层厚度不够，混凝土会过早出现裂缝。同时，混凝土不能对钢筋产生足够强度的粘结力，钢筋不能充分受力，同时水和二氧化碳又能大量入侵，使钢筋发生锈蚀）

（3）增加构件耐火性。混凝土保护层为钢筋提供耐火保护，保证构件在火灾中按建筑耐火等级确定的耐火极限时间内，构件不失去承载能力。

3.2.2 混凝土保护层相关规定

1. 构件中普通钢筋及预应力筋的混凝土保护层厚度应满足下列要求：

（1）构件中受力钢筋的保护层厚度不应小于钢筋的公称直径 d；

（2）设计使用年限为 50 年的混凝土结构，最外层钢筋的保护层厚度应符合表 3-2-1 中的规定；设计使用年限为 100 年的混凝土结构，最外层钢筋的保护层厚度不应小于表 3-2-1 中数值的 1.4 倍。

混凝土保护层的最小厚度 c（mm） 表 3-2-1

环境类别	板、墙、壳	梁、柱、杆
一	15	20
二 a	20	25

续表

环境类别	板、墙、壳	梁、柱、杆
二 b	25	35
三 a	30	40
三 b	40	50

注：1. 混凝土强度等级不大于 C25 时，表中保护层厚度数值应增加 5mm；

2. 钢筋混凝土基础宜设置混凝土垫层，基础中钢筋的混凝土保护层厚度应从垫层顶面算起，且不应小于 40mm。

2. 当有充分依据并采取下列措施时，可适当减小混凝土保护层的厚度。

（1）构件表面有可靠的防护层；

（2）采用工厂化生产的预制构件；

（3）在混凝土中掺加阻锈剂或采用阴极保护处理等防锈措施；

（4）当对地下室墙体采取可靠的建筑防水做法或防护措施时，与土层接触一侧钢筋的保护层厚度可适当减少，但不应小于 25mm。

当梁、柱、墙中纵向受力钢筋的保护层厚度大于 50mm 时，宜对保护层采取有效的构造措施。当在保护层内配置防裂、防剥落的钢筋网片时，网片钢筋的保护层厚度不应小于 25mm。

承台混凝土强度等级不应低于 C20，纵向钢筋的混凝土保护层厚度不应小于 70mm，当有混凝土垫层时，不应小于 50mm，且不应小于桩头嵌入承台内的长度。

灌注桩主筋混凝土保护层厚度不应小于 50mm；预制桩不应小于 45mm，预应力管桩不应小于 35mm；腐蚀环境中的灌注桩不应小于 55mm。

3.3 抗震等级的确定

3.3.1 抗震设防类别

根据建筑遭遇地震破坏后，可能造成人员伤亡、直接和间接经济损失、社会影响的程度及其在抗震救灾中的作用等因素，我国对各类建筑工程分以下四个抗震设防类别：

（1）特殊设防类：指使用上有特殊要求，涉及国家公共安全的重大建筑工程和地震时可能发生严重次生灾害等特别重大灾害后果，需要进行特殊设防的建筑。简称甲类。

（2）重点设防类：指地震时使用功能不能中断或需尽快恢复的生命线相关建筑，以及地震时可能导致大量人员伤亡等重大灾害后果，需要提高设防标准的建筑。简称乙类。

（3）标准设防类：指大量的除（1）、（2）、（4）款以外按标准要求进行设防的建筑。简称丙类。

（4）适度设防类：指使用上人员稀少且震损不致产生次生灾害，允许在一定条件下适度降低要求的建筑。简称丁类。

各类建筑根据其使用功能、规模等因素规定有不同的设防类别，详见《建筑工程抗震设防分类标准》（GB 50223—2008）中的相关规定。

3.3.2 建筑场地类别

根据场地地质、地形、地貌、土层力学特性及场地覆土情况，我国将建筑场地分为四类：

（1）有利地段：稳定基岩，坚硬土，开阔、平坦、密实、均匀的中硬土等。简称Ⅰ类。

（2）一般地段：不属于有利、不利和危险的地段。简称Ⅱ类。

（3）不利地段：软弱土，液化土，条状突出的山嘴，高耸孤立的山丘，陡坡，陡坎，河岸和边坡的边缘，平面分布上成因、岩性、状态明显不均匀的土层（如故河道、疏松的断层破碎带、暗埋的塘洪沟谷和半填半挖地基），高含水量的可塑黄土，地表存在结构性裂缝等。简称Ⅲ类。

（4）危险地段：地震时可能发生滑坡、崩塌、地陷、地裂、泥石流等及发震断裂带上可能发生地表错位的部位。简称Ⅳ类。

建筑结构抗震验算时的地震影响系数应根据场地类别、抗震设防烈度等因素共同确定。

3.3.3 建筑抗震等级

房屋建筑混凝土结构构件的抗震设计，应根据设防类别、烈度、结构类型和房屋高度采用不同的抗震等级，并应符合相应的结构计算和构造措施要求。丙类建筑的抗震等级应按表 3-3-1 确定。

丙类建筑混凝土结构的抗震等级　　　　　　表 3-3-1

结构类型			设防烈度								
			6		7			8			9
框架结构	高度（m）		≤24	>24	≤24	>24		≤24	>24		≤24
	普通框架		四	三	三	二		二	一		一
	大跨度框架		三		二			一			一
框架-剪力墙结构	高度（m）		≤60	>60	≤24	>24且≤60	>60	≤24	>24且≤60	>60	≤24	>24且≤50
	框架		四	三	四	三	二	三	二	一	二	一
	剪力墙		三		三	二		二	一		一	
剪力墙结构	高度（m）		≤80	>80	≤24	>24且≤80	>80	≤24	>24且≤80	>80	≤24	>24且≤60
	剪力墙		四	三	四	三	二	三	二	一	二	一
部分框支剪力墙结构	高度（m）		≤80	>80	≤24	>24且≤80	>80	≤24	>24且≤80			
	剪力墙	一般部位	四	三	四	三	二	三	二			
		加强部位	三	二	三	二	一	二	一			
	框支层框架		二		二	一		一				

续表

结构类型		设防烈度						
		6		7		8		9
筒体结构	框架-核心筒 框架	三		二		一		一
	框架-核心筒 核心筒	二		二		一		一
	筒中筒 内筒	三		二				一
	筒中筒 外筒	三		二				一
板柱-剪力墙结构	高度(m)	≤35	>35	≤35	>35	≤35	>35	
	板柱及周边框架	三	二	二	二	二	二	
	剪力墙	二	二	二	一	二	二	
单层厂房结构	铰接排架	四		三		二		一

注：1. 建筑场地为Ⅰ类时，除6度设防烈度外应允许按表内降低一度所对应的抗震等级采取抗震构造措施，但相应的计算要求不应降低；

2. 接近或等于高度分界时，应允许结合房屋不规则程度及场地、地基条件确定抗震等级；

3. 大跨度框架指跨度不小于18m的框架；

4. 表中框架结构不包括异形柱框架；

5. 房屋高度不大于60m的框架—核心筒结构按框架—剪力墙结构的要求设计时，应按表中框架—剪力墙结构确定抗震等级；

6. 抗震设防烈度：按国家规定的权限批准作为一个地区抗震设防依据的地震烈度。一般情况，取50年内超越概率10%的地震烈度。取值参照《抗规》附录A《我国主要城镇抗震设防烈度表》。

确定钢筋混凝土房屋结构构件的抗震等级时，尚应符合下列要求：

（1）对框架—剪力墙结构，在规定的水平地震力作用下，框架底部所承担的倾覆力矩大于结构底部总倾覆力矩的50%时，其框架的抗震等级应按框架结构确定。

（2）与主楼相连的裙房，除应按裙房本身确定抗震等级外，相关范围不应低于主楼的抗震等级；主楼结构在裙房顶板对应的相邻上下各一层应适当加强抗震构造措施。裙房与主楼分离时，应按裙房本身确定抗震等级。

（3）当地下室顶板作为上部结构的嵌固部位时，地下一层的抗震等级应与上部结构相同，地下一层以下确定抗震构造措施的抗震等级可逐层降低一级，但不应低于四级。地下室中无上部结构的部分，其抗震构造措施的抗震等级可根据具体情况采用三级或四级。

（4）甲、乙类建筑按规定提高一度确定其抗震等级时，如其高度超过对应的房屋最大适用高度，则应采取比相应抗震等级更有效的抗震构造措施。

针对不同的结构类型，结构设计总说明通常会对不同构件以及同种构件不同范围的抗震等级进行说明。但钢筋深化设计人员应注意，设计未特别说明时，基础构件（独立基础、条形基础、基础梁、基础次梁、筏板等）、次梁、悬挑梁、楼板等属于非抗震构件，在进行锚固长度、搭接长度等的计算时应根据非抗震锚固长度及搭接长度进行计算，但是当设计特别说明时，部分非抗震构件也需考虑竖向地震作用时应按抗震设计进行计算。

《高层建筑混凝土结构技术规程》JGJ 3—2010 第4.3.2条第3款规定："高层建筑中的大跨度、长悬臂结构，7度（0.15g）、8度抗震设计时应计入竖向地震作用"。第4款规定："9度抗震设计时应计算竖向地震作用"。

3.4 钢筋的锚固与连接

3.4.1 锚固长度计算

当计算中充分利用钢筋的抗拉强度时，受拉钢筋的锚固应符合下列要求：

1. 基本锚固长度应按下列公式计算：

$$普通钢筋 \quad l_{ab} = \alpha \frac{f_y}{f_t} d$$

$$预应力筋 \quad l_{ab} = \alpha \frac{f_{py}}{f_t} d$$

式中：l_{ab}——受拉钢筋的基本锚固长度；

f_y、f_{py}——普通钢筋、预应力筋的抗拉强度设计值；

f_t——混凝土轴心抗拉强度设计值，当混凝土强度等级高于 C60 时，按 C60 取值；

d——锚固钢筋的直径；

α——锚固钢筋的外形系数，按表 3-4-1 取用。

锚固钢筋的外形系数 α 表 3-4-1

钢筋类型	光圆钢筋	带肋钢筋	螺旋肋钢丝	三股钢绞线	十股钢绞线
α	0.16	0.14	0.13	0.16	0.17

注：光圆钢筋末端应做 180°弯钩，弯后平直段长度不应小于 $3d$，但作受压钢筋时可不做弯钩。

2. 受拉钢筋的锚固长度应根据锚固条件按下列公式计算，且不应小于 200mm：

$$l_a = \xi_a l_{ab}$$

式中：l_a——受拉钢筋的锚固长度；

ξ_a——锚固长度修正系数。不应小于 0.6；对预应力筋可取 1.0。

纵向受拉普通钢筋的锚固长度修正系数 ξ_a 应按下列规定取用：

（1）当带肋钢筋的公称直径大于 25mm 时取 1.10；

（2）环氧树脂涂层带肋钢筋取 1.25；

（3）施工过程中易受扰动的钢筋取 1.10；

（4）当纵向受力钢筋的实际配筋面积大于其设计计算面积时，修正系数取设计计算面积与实际配筋面积的比值，但对有抗震设防要求及直接承受动力荷载的结构构件，不应考虑此项修正；

（5）锚固钢筋的保护层厚度为 $3d$ 时修正系数可取 0.80，保护层厚度不小于 $5d$ 时修正系数可取 0.70，中间按内插取值，此处 d 为锚固钢筋的直径。

3. 锚固相关规定

当纵向受拉普通钢筋末端采用弯钩或机械锚固措施时，包括弯钩或锚固端头在内的锚固长度（投影长度）可取基本锚固长度 l_{ab} 的 60%。弯钩和机械锚固的形式（图 3-4-1）和技术要求应符合表 3-4-2 的规定。

钢筋弯钩和机械锚固的形式和技术要求	表 3-4-2

锚固形式	技术要求
90°弯钩	末端 90°弯钩,弯钩内径 4d,弯后直段长度 12d
135°弯钩	末端 135°弯钩,弯钩内径 4d,弯后直段长度 5d
一侧贴焊锚筋	末端一侧贴焊长 5d 同直径钢筋
两侧贴焊锚筋	末端两侧贴焊长 3d 同直径钢筋
焊端锚板	末端与厚度 d 的锚板穿孔塞焊
螺栓锚头	末端旋入螺栓锚头

注:1. 焊缝和螺纹长度应满足承载力要求;
2. 螺栓锚头和焊接锚板的承压净面积不应小于锚固钢筋截面积的 4 倍;
3. 螺栓锚头的规格应符合相关标准的要求;
4. 螺栓锚头和焊接锚板的钢筋净间距不宜小于 4d,否则应考虑群锚效应的不利影响;
5. 截面角部的弯钩和一侧贴焊锚筋的布筋方向宜向截面内侧偏置。

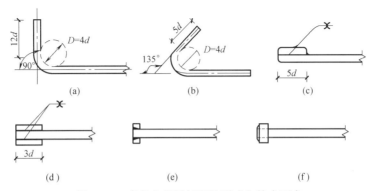

图 3-4-1 弯钩和机械锚固的形式和技术要求

(a) 90°弯钩;(b) 135°弯钩;(c) 一侧贴焊锚筋;(d) 两侧贴焊锚筋;(e) 穿孔塞焊锚板;(f) 螺栓锚头

混凝土结构中的纵向受压钢筋,当计算中充分利用其抗压强度时,锚固长度不应小于相应受拉锚固长度的 70%。受压钢筋不应采用末端弯钩和一侧贴焊锚筋的锚固措施,且受压钢筋锚固长度范围内的横向构造钢筋应符合基本锚固长度要求。

承受动力荷载的预制构件,应将纵向受力普通钢筋末端焊接在钢板或角钢上,钢板或角钢应可靠地锚固在混凝土中。钢板或角钢的尺寸应按计算确定,其厚度不宜小于 10mm。其他构件中受力普通钢筋的末端也可通过焊接钢板或角钢实现锚固。

4. l_{aE} 和 l_{abE} 的区别

根据《混规》关于钢筋锚固的相关内容可知,l_{ab} 为受拉钢筋的基本锚固长度,l_a 为受拉钢筋的锚固长度,l_{aE} 为受拉钢筋的抗震锚固长度,l_{abE} 为受拉钢筋的抗震基本锚固长度。四个概念之间表述比较相近,但各概念间却存在一定的区别和联系。

受拉钢筋的基本锚固长度 l_{ab} 是生成上述各项锚固长度的基础:

$$l_{ab} \times \xi_a = l_a , l_a \times \xi_{aE} = l_{aE} ; \tag{3-4-1}$$

$$l_{ab} \times \xi_{aE} = l_{abE} 。 \tag{3-4-2}$$

其中,ξ_a 为锚固长度修正系数,具体取值见表 3-4-3;

ξ_{aE} 为抗震锚固长度修正系数,一、二级抗震等级取 1.15,三级抗震等级取 1.10,四级抗震等级取 1.00。

锚固长度修正系数

表 3-4-3

锚固条件		ξ_a	备注
环氧树脂涂层带肋钢筋		1.25	/
施工过程中易受扰动的纵向手拉钢筋		1.10	
锚固长度范围纵向受力钢筋周边保护层厚度	$3d$	0.80	保护层为中间值时按内插法取值。d 为锚固钢筋直径
	$5d$	0.70	

注：本表中相关数据详见《混凝土结构施工图平面整体表示方法制图规则和构造详图》16G101-1 第 58 页注 1～7。

根据上述式 3-4-1 和式 3-4-2 可知，从数值上看，l_{abE} 仅比 l_{aE} 少乘了一个 ξ_a，但其两者的意义和用途却并不相同，l_{aE} 和 l_{abE} 之间并不存在直接生成关系，即 l_{aE} 和 l_{abE} 之间并无关系。

当支座构件尺寸能满足抗震非支座构件钢筋的直锚要求时，其锚固长度取 l_{aE}。当支座构件尺寸不能满足抗震非支座构件钢筋的直锚要求而需进行弯锚时，l_{abE} 仅作为纵筋弯折抗震锚固的直线段长度的计算参数使用。如楼层框架梁纵筋在框架柱内锚固时，若柱宽小于框架梁纵筋直锚长度，则框架梁纵筋需在框架柱内进行弯折锚固，其中弯折段长度为 $15d$，弯折前的水平投影段尺寸应不小于 $0.4l_{abE}$（见 16G101-1 第 84 页）；亦或者当框架柱纵筋在基础内锚固时，若基础高度不能满足柱纵筋的直锚要求时，柱纵筋需伸至基础底部钢筋网上弯折 $15d$，同时需控制柱纵筋在基础内的竖直段长度不小于 $0.6l_{abE}$（见 16G101-3 第 66 页）等等。

当然也存在特殊情况，如剪力墙身与端柱（剪力墙边缘构件）并不是支座与非支座的关系，但剪力墙身水平筋在转角端柱和剪力墙端部的端柱内锚固时，若剪力墙水平筋在端柱纵筋外侧，则墙体水平筋需伸至端柱对边纵筋内侧弯折 $15d$，同时控制水平投影段尺寸不小于 $0.6l_{abE}$。但若端柱尺寸满足墙体水平筋的直锚要求，端柱纵筋内侧的墙体水平筋伸入端柱内长度取值为 l_{aE}，端柱纵筋外侧的墙体水平筋仍需伸至端柱对边纵筋内侧弯折 $15d$（见 16G101-1 第 72 页）。

3.4.2 钢筋的连接

建筑工程钢筋施工过程中由于成品钢筋长度、施工工艺、场地情况等限制，不可避免的需要对构件中钢筋进行连接处理，以实现钢筋的内力传递和过渡。钢筋的连接方式可分为绑扎搭接、机械连接和焊接连接三大类。通常情况下，直径不大于 14mm 的钢筋可采用搭接连接，直径大于 14mm 但不大于 22mm 的钢筋可采用焊接（如水平构件纵筋采用单面焊或双面焊，竖向构件纵筋采用电渣压力焊等）直径，大于 22mm 的钢筋可采用机械连接。但也常见直径为 25mm 的钢筋设计采用焊接的情况，所以具体工程施工时，应根据常规连接方法并结合具体设计要求确定不同直径钢筋的连接方式。

混凝土结构中受力钢筋的连接接头宜设置在受力较小处。在同一根受力钢筋上宜少设接头。在结构的重要构件和关键传力部位，纵向受力钢筋不宜设置连接接头。

1. 绑扎搭接

绑扎搭接操作较为简单，应用范围广，但钢筋浪费较大。绑扎搭接中钢筋的传力是通过钢筋与混凝土之间的粘结锚固作用进行传递的，搭接区域中两根钢筋分别锚固在搭接区域的混凝土中，并将拉力传递给混凝土，从而实现钢筋之间的应力传递。绑扎搭接传力的基础是钢筋的锚固，相互搭接的两根钢筋之间存在缝隙，而缝隙间的混凝土会因纵向拉力而发生剪切破碎，握裹力受到削弱，搭接钢筋的锚固强度减小，因此，搭接长度应在锚固长度的基础上进行计算，同时搭接长度又应比锚固长度有所加长。

两根搭接钢筋在外力作用下产生了与混凝土相对滑移的趋势，若外力不断增加，则搭接钢筋之间就会产生纵向劈裂裂缝。而通过在搭接区设置加密箍筋，并利用加密箍筋增强对纵向搭接钢筋的横向约束作用，不仅可以提高混凝土对受力钢筋的粘结强度，还能延缓甚至避免纵向劈裂裂缝的产生，从而有效改善钢筋搭接传力效果。如果在同一连接区段中钢筋的搭接率较高，尽管钢筋的搭接传力性能可以保证，但搭接钢筋之间的相对滑移导致混凝土中纵向劈裂裂缝相对集中，因此钢筋搭接连接区域成了整个钢筋混凝土构件的受力薄弱区域。同时，绑扎搭接时接头端部应力集中，导致接头端部会产生横向裂缝，从而使接头区域混凝土发生龟裂、凸鼓、剥落，直至接头区域发生破坏。钢筋搭接接头受力后，搭接的两根钢筋将产生相对滑移，且搭接长度越小滑移越大，所以为了保证搭接钢筋能够可靠传力，搭接长度应随接头面积百分率的提高而增长。同时，增加搭接长度也能在接头充分受力的同时保证构件整体刚度。钢筋搭接传力机理如图3-4-2所示。

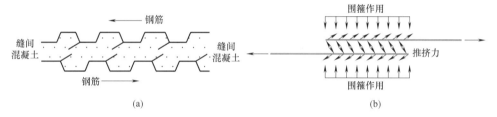

图 3-4-2 钢筋搭接传力机理

（a）搭接传力的微观机理；（b）搭接钢筋的劈裂及分离趋势

同一构件中相邻纵向受力钢筋的绑扎搭接接头宜互相错开。钢筋绑扎搭接接头连接区段的长度为1.3倍搭接长度，凡搭接接头中点位于该连接区段长度内的搭接接头均属于同一连接区段。同一连接区段内纵向受力钢筋搭接接头面积百分率为该区段内有搭接接头的纵向受力钢筋与全部纵向受力钢筋截面面积的比值。当直径不同的钢筋搭接时，按直径较小的钢筋计算。如图3-4-3所示，同一连接区段内有搭接接头的钢筋为两根，当钢筋直径相同时，钢筋搭接接头面积百分率为50%。轴心受拉及小偏心受拉杆件的纵向受力钢筋不得采用绑扎搭接，其他构件中的钢筋采用绑扎搭接时，受拉钢筋直径不宜大于25mm，受压钢筋直径不宜大于28mm。

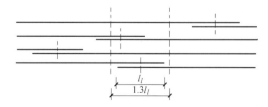

图 3-4-3 同一连接区段内纵向受拉钢筋的绑扎搭接接头

位于同一连接区段内的受拉钢筋搭接接头面积百分率：对梁类、板类及墙类构件，不宜大于25%；对柱类构件，不宜大于50%。当工程中确有必要增大受拉钢筋搭接接头面积百分率时，对梁类构件，不宜大于50%；对板、墙、柱及预制构件的拼接处，可根据实际情况放宽。并筋采用绑扎搭接连接时，应按每根单筋错开搭接的方式连接。接头面积百分率应按同一连接区段内所有的单根钢筋计算。并筋中钢筋的搭接长度应按单筋分别计算。

纵向受拉钢筋绑扎搭接接头的搭接长度，应根据位于同一连接区段内的钢筋搭接接头面积百分率按下列公式计算，且不应小于 300mm。

$$l_l = \xi_l l_a$$

式中：l_l——纵向受拉钢筋的搭接长度；

ξ_l——纵向受拉钢筋搭接长度修正系数，按表 3-4-4 取用。当纵向搭接钢筋接头面积百分率为表中数值的中间值时，修正系数可按内插取值。

纵向受拉钢筋搭接长度修正系数　　　　　　　　　　表 3-4-4

纵向搭接钢筋接头面积百分率(%)	≤25	50	100
ξ_l	1.2	1.4	1.6

构件中的纵向受压钢筋当采用搭接连接时，其受压搭接长度不应小于纵向受拉钢筋绑扎搭接长度的 70%，且不应小于 200mm。

在梁、柱类构件的纵向受力钢筋搭接长度范围内的横向构造钢筋应符合锚固长度基本的要求；当受压钢筋直径大于 25mm 时，尚应在搭接接头两个端面外 100mm 的范围内各设置两道箍筋。

2. 机械连接

钢筋的机械连接是通过连贯于两根钢筋外的套筒将两根钢筋进行连接，通过套筒与钢筋之间的机械咬合力传递钢筋内力的钢筋连接方式。机械连接方式有直螺纹、锥螺纹等，直螺纹套筒连接为常用的钢筋机械连接方式。

钢筋机械连接应满足以下要求：

（1）纵向受力钢筋的机械连接接头宜相互错开。钢筋机械连接区段的长度为 35d，d 为连接钢筋的较小直径。凡接头中点位于该连接区段长度内的机械连接接头均属于同一连接区段。

（2）位于同一连接区段内的纵向受拉钢筋接头面积百分率不宜大于 50%；但对板、墙、柱及预制构件的拼接处，可根据实际情况放宽。纵向受压钢筋的接头百分率可不受限制。

（3）机械连接套筒的保护层厚度宜满足有关钢筋最小保护层厚度的规定。机械连接套筒的横向净间距不宜小于 25mm；套筒处箍筋的间距仍应满足相应的构造要求。

（4）直接承受动力荷载结构构件中的机械连接接头，除应满足设计要求的抗疲劳性能外，位于同一连接区段内的纵向受力钢筋接头面积百分率不应大于 50%。

3. 焊接连接

钢筋的焊接连接是通过焊接技术将两根钢筋连成一体的连接方式。焊接连接最大的优点是节约钢筋，但由于焊接质量受操作工艺、施工条件、气候环境等多方面因素影响，且难以用肉眼直观鉴定等原因，钢筋焊接连接的质量不稳定。

（1）钢筋焊接连接的方式有电渣压力焊、闪光接触对焊、电弧焊、气压焊、点焊等。

1）电渣压力焊。钢筋的电渣压力焊是将两根钢筋放置成竖向或斜向（倾斜度在 4∶1

的范围内)，利用焊接电流通过两钢筋间隙，在焊剂层下形成电弧过程和电渣过程，产生电弧热和电阻热，熔化钢筋，加压完成焊接的一种压焊方法。常用于柱、墙等现浇混凝土结构中竖向或倾斜度在 4：1 的范围内的构件受力钢筋的连接。不得用于梁、板等水平构件的钢筋。如两种不同直径钢筋采用电渣压力焊时，钢筋规格不得相差两级以上，以避免接头应力突变。

2) 钢筋闪光接触对焊。钢筋闪光接触对焊是利用焊接电流通过两根钢筋接触点产生的电阻热，使两根水平钢筋接触点金属熔化，产生强烈飞溅，形成闪光，并迅速在两端施加压力的一种压焊方法。当纵向钢筋采用闪光接触对焊接头时，其接头处钢筋疲劳应力幅度限值应乘以系数 0.8。

3) 钢筋电弧焊。钢筋电弧焊是以焊条作为一极、钢筋为另一极，利用焊接电流通过产生的电弧高温，熔化钢筋端部及焊条进行焊接的一种熔焊方法。钢筋电弧焊又可细分为单面焊、双面焊、单面帮条焊、双面帮条焊。

4) 气压焊。气压焊是采用氧气、乙炔火焰或其他火焰对两钢筋对接处加热，使其达到塑性状态，并加压完成的一种压焊方法。采用气压焊的两钢筋直径之差不得大于 7mm。

5) 点焊。点焊是将两根钢筋安放成交叉叠接形式，压紧于两电极之间，利用电阻热熔化母材金属，加压形成焊点的一种压焊方法。

(2) 钢筋焊接连接应满足以下规定：

1) 细晶粒热轧带肋钢筋以及直径大于 28mm 的带肋钢筋，其焊接应经试验确定；余热处理钢筋不宜焊接。

2) 纵向受力钢筋的焊接接头应相互错开。钢筋焊接接头连接区段的长度为 35d 且不小于 500mm，d 为连接钢筋的较小直径，凡接头中点位于该连接区段长度内的焊接接头均属于同一连接区段；

3) 纵向受拉钢筋的接头面积百分率不宜大于 50％，但对预制构件的拼接处，可根据实际情况放宽。纵向受压钢筋的接头百分率可不受限制；

4) 需进行疲劳验算的构件，其纵向受拉钢筋不得采用绑扎搭接接头，也不宜采用焊接接头，除端部机械锚固外不得在钢筋上焊有附件。当直接承受吊车荷载的钢筋混凝土吊车梁、屋面梁及屋架下弦的纵向受拉钢筋采用焊接接头时，应采用闪光接触对焊，并去掉接头的毛刺及卷边。且同一连接区段内纵向受拉钢筋焊接接头面积百分率不应大于 25％，焊接接头连接区段的长度应取为 45d，d 为纵向受力钢筋的较大直径。

3.5　钢筋的弯曲与计算

3.5.1　钢筋弯曲调整值

1. 钢筋弯曲调整值概念

钢筋弯曲调整值又称钢筋"弯曲延伸率"和"度量差值"，钢筋在弯曲过程中外侧表面受拉抻长，内侧表面受压缩短，钢筋中心线长度保持不变。钢筋弯曲后，在弯折点两侧，外包尺寸与中心线弧长之间有一个长度差值，这个长度差值称为弯曲调整值，也叫度量差。

2. 钢筋图示长度和下料长度

钢筋的图示长度与钢筋的下料长度是两个不同的概念。如图 3-5-1 和图 3-5-2 所示，钢筋图示长度是构件截面长度减去钢筋混凝土保护层厚度的长度。不考虑钢筋的弯曲弧度，按钢筋外皮计算。

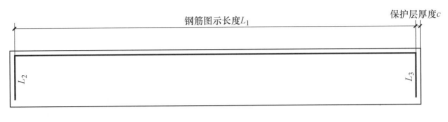

图 3-5-1　钢筋图示尺寸

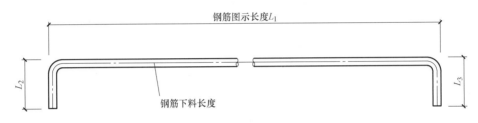

图 3-5-2　钢筋下料简图

钢筋下料长度是钢筋图示长度减去钢筋弯曲调整值后的长度，按钢筋中心线计算。

钢筋弯曲调整值是钢筋外皮延伸的值，钢筋弯曲调整值＝钢筋弯曲范围内外皮设计长度之和-钢筋弯曲范围内钢筋中心线圆弧周长，这个差值就是钢筋弯曲调整值，是钢筋下料必须考虑的值。图 3-5-1 和图 3-5-2 中，L_1＝构件长度 L－2×保护层厚度，钢筋设计图示长度 $L＝L_1＋L_2＋L_3$。

《建设工程工程量清单计价规范》（GB 50500—2013）要求钢筋长度按设计图示长度计算，所以钢筋的图示长度就是钢筋的预算长度。钢筋的下料长度是钢筋的图示长度减去钢筋弯曲调整值，所以，图 3-5-2 中，钢筋的下料长度＝$L_1＋L_2＋L_3$－2×弯曲调整值。钢筋弯曲后钢筋内皮缩短外皮增长中心线不变，由于我们通常按钢筋外皮进行尺寸标注，所以钢筋下料时须减去钢筋弯曲后的外皮延伸长度。

如图 3-5-3，根据钢筋中心线不变的原理：钢筋下料长度 $L＝$（AB＋BC 弧长＋CD）×2。假设钢筋弯曲角度为 $90°$，$r＝2.5d$。

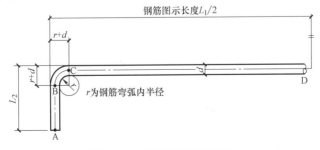

图 3-5-3　下料长度计算简图

则
$$AB = L_2 - (r+d) = L_2 - 3.5d$$
$$BC \text{ 弧长} = 2\pi \times (r+d/2) \times 90°/360° = 4.71d$$
$$CD = L_1/2 - (r+d) = L_1/2 - 3.5d$$

所以，钢筋下料长度 $L = (L_2 - 3.5d + 4.71d + L_1/2 - 3.5d) \times 2 = 2 \times L_2 + L_1 - 2 \times 2.29d$

3. 钢筋弯折的弯弧内直径 D

《混凝土结构工程施工质量验收规范》（GB 50204—2015）第 5.3.1 条、5.3.2 条，《混凝土结构工程施工规范》（GB 50666—2011）第 5.3.4 条和 5.3.6 条对钢筋弯折的弯弧内直径取值作了相应规定。

（1）钢筋弯折的弯弧内直径应符合下列规定：

1）光圆钢筋，不应小于钢筋直径的 2.5 倍；

2）335MPa、400MPa 级带肋钢筋，不应小于钢筋直径的 4 倍；

3）500MPa 级带肋钢筋，当直径 $d \le 25mm$ 时，不应小于钢筋直径的 6 倍；当直径 $d > 25mm$ 时，不应小于钢筋直径的 7 倍。

4）位于框架顶层端节点处的梁上部纵向钢筋和柱外侧纵向钢筋，在节点角部弯折处，当钢筋直径 $d \le 25$ 时，不应小于钢筋直径的 12 倍；当直径 $d > 25$ 时，不应小于钢筋直径的 16 倍；

5）箍筋弯折处尚不应小于纵向受力钢筋直径；箍筋弯折处纵向受力钢筋为搭接或并筋时，应按钢筋实际排布情况确定箍筋弯弧内直径。

（2）箍筋、拉筋的末端应按设计要求作弯钩，并应符合下列规定：

1）对一般结构构件，箍筋弯钩的弯折角度不应小于 90°，弯折后平直部分长度不应小于箍筋直径的 5 倍；对有抗震设防及设计有专门要求的结构构件，箍筋弯钩的弯折角度不应小于 135°，弯折后平直部分长度不应小于箍筋直径的 10 倍和 75mm 的较大值；

2）圆柱箍筋的搭接长度不应小于钢筋的锚固长度，两末端均应作 135° 弯钩，弯折后平直部分长度对一般结构构件不应小于箍筋直径的 5 倍，对有抗震设防要求的结构构件不应小于箍筋直径的 10 倍和 75mm 的较大值；

3）拉筋用作梁、柱复合箍筋中的单肢箍筋或梁腰筋间的拉结筋时，两端弯钩的弯折角度均不应小于 135°，弯折后平直部分长度不应小于钢筋直径的 10 倍和 75mm 的较大值；拉筋用作剪力墙、楼板构件中的拉结筋时，两端可采用一端 135° 另一端 90°，弯折后平直部分长度不应小于钢筋直径的 5 倍。

4. 钢筋弯曲调整值推导

如图 3-5-4 和图 3-5-5 所示，钢筋直径大小为 d，钢筋弯弧内直径为 D，钢筋弯弧内半径为 r，钢筋弯折角度为 α。

因钢筋弯曲后钢筋内皮缩短外皮增长中心线不变，因此（OE+OF）的展开长度同中心线 ABC 弧长之差即为钢筋弯曲调整值。

$$ABC \text{ 弧长} = (r+d/2) \times 2\pi \times \alpha/360 = (r+d/2) \times \pi \times \alpha/180$$
$$OE = OF = (r+d) \times \tan(\alpha/2)$$

则钢筋弯曲调整值 = OE+OF−ABC 弧长，即：$2 \times (r+d) \times \tan(\alpha/2) - (r+d/2) \times \pi \times \alpha/180°$

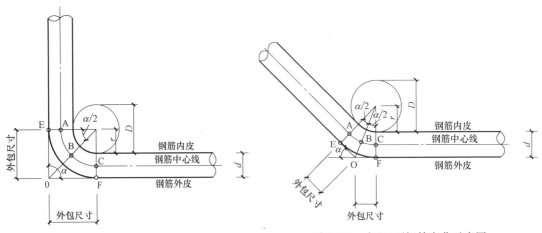

图 3-5-4　钢筋 90°弯曲示意图　　　　　　图 3-5-5　小于 90°钢筋弯曲示意图

以 90°直角弯折为例，当弯弧内直径 $D=2.5d$，$r=1.25d$ 时，

钢筋弯曲调整值 $=2\times(1.25d+d)\times\tan(90/2)-(1.25d+d/2)\times3.14\times90°/180°$

$$=4.5d-2.748d$$

$$=1.75d（小数点后保留 2 位数字）$$

其他角度和弯弧内径以此类推，各弯曲角度和弯曲内径的钢筋弯曲调整值见表 3-5-1。

钢筋弯曲调整值 　　　　　　　　　　　　　　　　表 3-5-1

弯曲内径 弯曲角度	$D=2.5d$ $r=1.25d$	$D=4d$ $r=2d$	$D=5d$ $r=2.5d$	$D=6d$ $r=3d$	$D=7d$ $r=3.5d$	$D=12d$ $r=6d$	$D=16d$ $r=8d$
30°	0.29	0.3	0.3	0.31	0.32	0.35	0.37
45°	0.49	0.52	0.54	0.56	0.59	0.7	0.79
60°	0.77	0.85	0.9	0.96	1.01	1.28	1.5
90°	1.75	2.08	2.29	2.5	2.72	3.79	4.65

注：D 为弯曲直径，r 为弯曲半径。

3.5.2　弯钩长度计算

1. 135°和 90°弯钩增加长度计算

根据《混凝土结构工程施工规范》（GB 50666—2011）第 5.3.6 条规定："对一般结构构件，箍筋弯钩的弯折角度不应小于 90°，弯折后平直部分长度不应小于箍筋直径的 5 倍；对有抗震设防及设计有专门要求的结构构件，箍筋弯钩的弯折角度不应小于 135°，弯折后平直部分长度不应小于箍筋直径的 10 倍和 75mm 的较大值；拉筋用作梁、柱复合箍筋中的单肢箍筋或梁腰筋间的拉结筋时，两端弯钩的弯折角度均不应小于 135°，弯折后平直部分长度不应小于钢筋直径的 10 倍和 75mm 的较大值；拉筋用作剪力墙、楼板构件中的拉结筋时，两端可采用一端 135°另一端 90°，弯折后平直部分长度不应小于钢筋直径的 5 倍。"因此，135°弯钩多用于箍筋和拉筋末端，同时根据需要设置不同长度的平直段。

如图 3-5-6 和图 3-5-7 所示，假设弯钩的弯弧内直径 D 均为 $2.5d$，则内半径 r 均为

1.25d。以计算图 3-5-6 中钢筋 135°弯钩的下料长度为例，过程如下：

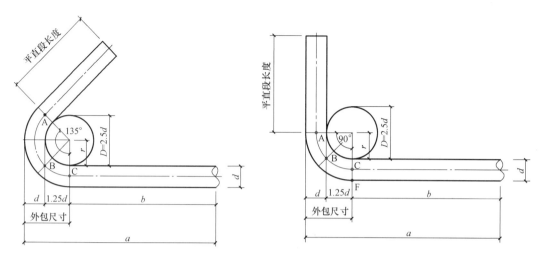

图 3-5-6　钢筋 135°弯钩示意图　　　　　图 3-5-7　钢筋 90°弯钩示意图

钢筋 135°弯钩中心线长度＝b＋ABC 弧长＋平直段长度

$$ABC 弧长＝(r＋d/2) \times \pi \times \alpha/180°$$
$$＝(1.25d＋0.5d) \times 3.14 \times 135°/180°$$
$$＝4.12d$$

135°弯钩外包长度＝d＋1.25d＝2.25d

135°弯钩钢筋弯曲调整值＝外包长度－ABC 弧长＝2.25d－4.12d＝－1.87d，取－1.9d。

由上式和图可以得出，a＋钢筋 135°弯曲调整值＝b＋ABC 弧长，

所以，135°弯钩中心长度＝b＋ABC 弧长＋平直段长度

$$＝a＋钢筋弯曲调整值＋平直段长度$$
$$＝a＋1.9d＋平直段长度$$

此处，1.9d＋平直段长度即为 135°弯钩的增加长度。

用相同的方法可计算出 90°弯钩增加长度＝0.5d＋平直段长度。

2. 180°弯钩增加长度计算

根据《混凝土结构工程施工规范》（GB 50666—2011）第 5.3.5 条规定："光圆钢筋末端作 180°弯钩时，弯钩的平直段长度不应小于钢筋直径的 3 倍。"因此，对于图 3-5-8 所

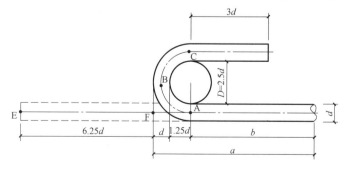

图 3-5-8　钢筋 180°弯钩计算简图

示的钢筋180°弯钩，钢筋弯曲内径 D 取 2.5d，弯钩平直段长度取 3d。

钢筋180°弯钩增加长度计算过程如下：

钢筋180°弯钩中心线长 $=b+$ABC弧长$+3d$

$$=b+\pi\times(0.5D+0.5d)+3d;$$
$$=b+\pi\times(0.5\times2.5d+0.5d)+3d=b+8.495d$$

由图可知 $b=a-2.25d$，

所以，钢筋180°弯钩中心线长 $=b+8.495d$

$$=a-2.25d+8.495d$$
$$=a+6.245d，取 a+6.25d。$$

即180°弯钩增加长度 EF 为 6.25d（包含平直段长度 3d）。

3.5.3　箍筋与拉筋

1. 矩形封闭箍筋下料长度计算

箍筋在钢筋混凝土构件中主要用于满足构件的斜截面抗剪承载力，并联结受力主筋共同形成钢筋骨架。同时，在钢筋混凝土构件中，箍筋可对混凝土产生横向约束作用以提高受压构件的承载力。箍筋分单肢箍筋、矩形封闭箍筋、矩形开口箍筋、菱形箍筋、多边形箍筋、井字形箍筋和圆形箍筋等。

箍筋的下料长度就是箍筋的中心线长度。如图 3-5-9 所示，以抗震要求的矩形封闭箍筋为例，箍筋的弯弧内直径通常取 2.5d，当主筋直径≥28 时，箍筋弯弧内直径取值同主筋直径，箍筋的平直段长度取 10d，75mm 的大值。

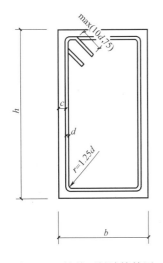

图 3-5-9　箍筋下料计算简图

按外皮计算：

箍筋的下料长度 $=[(b-2c)+(h-2c)]\times2+2\times$钢筋 135°弯曲调整值 $+2\times$平直段长度 $-3\times$钢筋 90°弯曲调整值 $=2b+2h-8c+2\times1.9d+2\times$ max（10d，75）$-3\times1.75d$。

箍筋的预算长度按设计图示长度计算，可以不扣弯曲调整值，即箍筋的预算长度 $=2b+2h-8c+2\times1.9d+2\times$ max（10d，75）。

2. 螺旋箍筋下料长度计算

在实际工程中，圆柱、钻孔灌注桩等圆形柱状钢筋混凝土构件中的箍筋常采用螺旋箍筋。螺旋箍筋具有方便施工、节约钢筋、增强对构件混凝土的横向约束作用等优点。在平法设计中，螺旋箍筋用 L 表示，如 Lϕ12@100/200，表示螺旋箍筋采用 HPB300 钢筋，直径为 12mm，加密区螺距为 100mm，非加密区螺距为 200mm。螺旋箍筋也存

在只有一种间距的情况，如 Lϕ12@150。按照平法设计要求，螺旋箍筋的开始与末端位置应设置不小于 1.5 圈的水平环向箍筋。螺旋箍筋末端应设 135°弯钩，弯钩平直段长度取 10d 和 75mm 的较大值。当螺旋箍筋需要搭接时，搭接长度为 l_l 且不小于 300mm，搭接末端设 135°弯钩，弯钩平直段长度取 10d 和 75mm 的较大值，弯钩应勾住纵筋。

（1）等间距螺旋箍筋下料计算

如图 3-5-10 所示为等间距螺旋箍筋示意图。等间距螺旋箍筋下料长度包含三部分，即起始位置一圈半水平环向箍筋、中间段螺旋箍筋、末端位置一圈半水平环向箍筋。中间段螺旋箍筋长度可视为 n 个直角三角形的斜边长度之和，其中，直角三角形的一条直角边长为螺距 s，另一直角边长为构件扣除保护层后的圆周长。

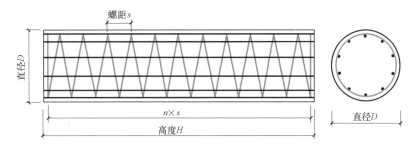

图 3-5-10 等间距螺旋箍筋

等间距螺旋箍筋下料长度计算过程如下：

起始位置一圈半水平环向箍筋下料长度 $=1.5 \times 2\pi \times (D-2c+d)/2$；

末端位置一圈半水平环向箍筋下料长度 $=1.5 \times 2\pi \times (D-2c+d)/2$；

箍筋末端 135°弯钩长度 $=2 \times 11.9d$；

中间段螺旋箍筋长度 $=n \times \sqrt{[2\pi \times (D-2c+d)/2]^2 + S^2}$；

所以，等间距螺旋箍筋下料总长度 $= [3 \times \pi \times (D-2c+d)] + [n \times \sqrt{[2\pi \times (D-2c+d)/2]^2 + S^2}] + 2 \times 11.9d$。

式中：c 为圆形构件纵筋保护层；d 表示螺旋箍筋直径。

（2）非等间距螺旋箍筋下料计算

如图 3-5-11 所示为非等间距螺旋箍筋示意图。非等间距螺旋箍筋下料长度包含四部分，即起始位置一圈半水平环向箍筋、中间段加密区螺旋箍筋、中间段非加密区螺旋箍筋、末端位置一圈半水平环向箍筋。中间段螺旋箍筋长度可视为 n 个直角三角形的斜边长度之和，其中，直角三角形的一条直角边长为螺距 s，另一直角边长为构件扣除保护层后的圆周长。

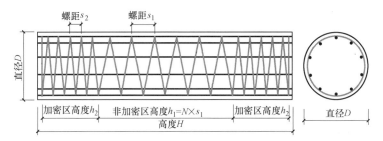

图 3-5-11 非等间距螺旋箍筋

非等间距螺旋箍筋下料长度计算过程如下：

起始位置一圈半水平环向箍筋下料长度 $=1.5 \times 2\pi \times (D-2c+d)/2$；

末端位置一圈半水平环向箍筋下料长度 $=1.5\times2\pi\times(D-2c+d)/2$；

箍筋末端 $135°$ 弯钩下料长度 $=2\times11.9d$；

中间段加密区螺旋箍筋下料长度 $=2\times h_2/S_2\times\sqrt{[2\pi\times(D-2c+d)/2]^2+S_2^2}$；

中间段非加密区螺旋箍筋下料长度 $=h_1/S_1\times\sqrt{[2\pi\times(D-2c+d)/2]^2+S_1^2}$；

所以，非等间距螺旋箍筋下料总长度 $=[3\times\pi\times(D-2c+d)]+[2\times h_2/S_2\times$ $\sqrt{[2\pi\times(D-2c+d)/2]^2+S_2^2})]+[h_1/S_1\times\sqrt{[2\pi\times(D-2c+d)/2]^2+S_1^2}]+(2\times11.9d)$。

式中：c 为圆形构件纵筋保护层；d 表示螺旋箍筋直径。

3. 拉筋与单肢箍

拉筋一般用于柱、梁、墙等构件，可用于和构件的大箍筋形成复合箍，有些人防基础底板和顶板也设置拉筋。柱内的拉筋和箍筋配套形成复合箍，用于约束构件的混凝土、外围封闭箍筋和纵筋。而剪力墙的拉筋主要用于固定墙的钢筋网片，并使多层钢筋网片形成整体，可增强剪力墙的强度和刚度。

《混凝土结构设计规范》（GB 50010—2010）第 11.4.15 条规定："每隔一根纵向钢筋宜在两个方向有箍筋或拉筋约束；当采用拉筋且箍筋与纵向钢筋有绑扎时，拉筋宜紧靠纵向钢筋并钩住箍筋。"因此，在柱中拉筋必须钩住柱的纵筋并钩住外箍。当柱内用拉筋加外箍形成复合箍筋时，复合箍筋对构件中部混凝土的约束以及对纵筋的约束效果更佳。若复合箍筋采用大箍套小箍的形式复合，大箍和小箍均对混凝土产生约束作用，但小箍不能对大箍产生约束作用。若复合箍筋采用拉筋和大箍的形式复合，则大箍和拉筋均能对混凝土产生约束作用，同时拉筋还能拉住大箍以减少大箍筋的无肢长度并对大箍产生约束作用，抑制大箍非角部位置的横向变形，增强箍筋的横向约束作用。

当梁侧设置纵向钢筋时，应沿每道侧面纵向钢筋布置拉筋，拉筋应紧靠纵向钢筋钩住箍筋。当梁宽不大于 350mm 时，拉筋直径为 6mm；当梁宽大于 350mm 时，拉筋直径为 8mm。拉筋间距为非加密区箍筋间距的 2 倍。当设有多排拉筋时，竖向相邻两排拉筋应相互错开。

剪力墙边缘约束构件内的拉筋具有和柱拉筋相同的作用，其布置方法也与柱拉筋相同，同时钩住纵筋和箍筋。布置在剪力墙身内的拉筋应同时勾住最外侧两层钢筋网的双向钢筋。剪力墙连梁、暗梁和边框梁配置侧面构造钢筋时，应沿每道侧面纵向钢筋布置拉筋。当梁宽不大于 350mm 时，拉筋直径为 6mm；当梁宽大于 350m 时，拉筋直径为 8mm。拉筋间距为箍筋间距的 2 倍，竖向沿侧面水平筋隔一拉一。

拉筋用于不同部位时，其弯钩的弯折角度、平直段长度等构造要求稍有不同。柱复合箍中的拉筋和沿梁侧面纵筋布置的拉筋，其两端弯折角度均为 $135°$ 弯钩，平直段长度不应小于拉筋直径的 10 倍和 75mm 的较大值。拉筋用作剪力墙分布筋的拉结时，可采用两端弯折角度均为 $135°$ 的弯钩形式，为操作方便，也可采用一端 $135°$ 另一端 $90°$ 弯钩，弯折后平直部分长度不应小于钢筋直径的 5 倍。

当梁的箍筋为多肢复合箍时，复合箍应采用大箍套小箍的形式，当箍筋肢数为奇数时，就产生单肢箍。单肢箍的形状和拉筋相同，但是用于实际施工时两者之间稍有区别。单肢箍属于箍筋的一种，当梁内箍筋肢数为奇数时，存在箍筋的其中有一肢不能封闭，不能封闭的单根箍筋即单肢箍筋。单肢箍只钩住梁的上下纵筋而不必勾住梁的箍筋。而梁内拉筋与箍筋垂直，同时拉住箍筋和梁的侧面纵筋。单肢箍两端弯折角度均为 135°弯钩，平直段长度不应小于拉筋直径的 10 倍和 75mm 的较大值。

综上所述：

拉筋勾住纵筋和箍筋（剪力墙拉筋勾住双向分布筋）时，下料长度$=a-2c+2d+2\times1.9d+2\times$平直段长度；

梁内单肢箍下料长度$=h-2c+2\times1.9d+2\times$平直段长度；

式中：a 为构件截面宽度，h 为梁截面高度，c 为保护层厚度，d 为拉筋直径。

3.5.4 马凳筋计算

1. 马凳筋概念

马凳筋，因其形状像马凳，故俗称其为马凳，通常也将其称为铁马、撑马、撑筋。常用于基础底板、现浇板双层双向钢筋网片之间，起到固定基础、板的上层钢筋的作用，以保证钢筋的位置正确。目前除传统利用现场钢筋制作的马凳外，也有采购的成品马凳，如图 3-5-12 所示。

图 3-5-12 成品马凳示例

马凳筋为措施钢筋，规范中并未对其作出详细的规定，因此如设计无明确要求，施工单位应在施工组织设计中对马凳的构造、布置间距、制作、安装作出详细说明，经批准的施工组织设计可作为马凳筋的工程量结算依据。

利用现场钢筋制作的马凳筋有"几字形"、"门字形"等，现场钢筋制作的马凳筋常用于板厚≤800mm 的板。当板厚超过 800mm 时，则应采用钢筋制作的钢筋桁架支架或型钢制作的钢桁架支架对板上层钢筋网进行支撑。为保证施工安全，支架采用的钢筋或型钢规格、布置间距等必须经过设计计算确定。

2. 马凳筋的下料长度

常见的马凳筋形式如图 3-5-13 所示。Ⅰ型马凳多用于板厚不大于 300mm 的板，Ⅱ、

Ⅲ型马凳用于板厚大于300mm但不大于1000mm的板，Ⅲ型马凳的稳定性能好于Ⅱ型。

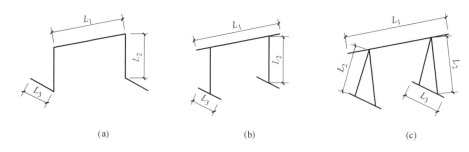

图3-5-13　常见的马凳筋形式

(a) Ⅰ型马凳；(b) Ⅱ型马凳；(c) Ⅲ型马凳

（1）Ⅰ型马凳筋下料长度＝$L_1+2×L_2+2×L_3$。其中，L_1的长度为上部板筋间距＋50mm，L_2为板厚-上下保护层厚-上层双向钢筋直径-下层底部单向钢筋直径，L_3长度为下部板筋间距＋50mm。计算Ⅰ型马凳筋总下料长度时，可不考虑弯曲调整值。但加工L_2长度时，为防止L_2过高，应考虑弯曲调整值影响，以防止板上部钢筋保护层偏小。

（2）Ⅱ型马凳筋下料长度＝$L_1+2×L_2+2×L_3$。其中，L_1取800～1500mm，L_2为板厚－上下保护层厚－上层双向钢筋直径－下层底部单向钢筋直径，L_3取下部板筋间距＋100mm，另L_1外挑部分同L_3长度。

（3）Ⅲ型马凳筋下料长度＝$L_1+4×L_2+2×L_3$。其中，L_1取800～1500mm，L_2为（板厚－上下保护层厚－上层双向钢筋直径－下层底部单向钢筋直径）/sin$α$，L_3取2个板筋间距＋100mm，同侧下撑脚间距不得小于一个板筋间距。$α$为L_2与底板水平夹角。

3. 马凳筋的直径

马凳筋一般采用比板钢筋降低一个规格或与板面筋相同规格制作，也可按以下方法选用：

当板厚不大于140mm且板受力筋、分布筋直径不大于10mm时，马凳筋直径可采用ϕ8mm；当140mm＜板厚≤200mm且板受力筋不大于12mm时，马凳筋直径可采用ϕ10mm；当200mm＜板厚≤300mm时，马凳筋直径可采用ϕ12mm；当300mm＜板厚≤500时，马凳筋直径可采用ϕ14mm；当500mm＜板厚≤800mm时，马凳筋直径可采用ϕ16mm；当板厚度大于800mm时，最好采用钢筋支架或型钢支架。

4. 马凳筋的数量

马凳筋的数量可按板的面积计算根数，马凳根数＝板面积/（马凳横向间距×马凳纵向间距），如果板筋采用分离式配筋，即底筋加支座负筋的配筋形式，且没有温度筋时，板面积需扣除中空部分。梁可以起到马凳筋作用，所以计算马凳个数应考虑梁对数量的影响。电梯井和板洞部位无需马凳，不应计算，楼梯马凳另行计算。在算量时，设计无规定且又无施工方案时，可暂按每平方米1根计算数量。

3.5.5　钢筋的代换

由于现场钢筋采购原因，或者现场节点钢筋施工不便，部分构件需要代换钢筋，因钢筋的代换会涉及构件配筋率、构件的构造配筋要求、构件的截面有效高度h_0发生变化导致构件的强度和刚度发生变化以及构件的裂缝计算等问题，因此钢筋的代换需要得到原设计的认可，并办理设计变更文件。钢筋的代换可分为等截面代换法和等强度代换法。

（1）等截面代换法

由设计强度相同，配筋截面积相等原理推导出

$$N_代 \geqslant N_设 \times d_设^2 / d_代^2$$

式中，$N_代$ 为代换根数，$N_设$ 为原设计根数，$d_设$ 为原设计直径，$d_代$ 为代换后直径。

（2）等强度代换法

由设计强度不同，总截面强度相等原理推导出。

$$N_代 \geqslant N_设 \times (d_设^2 \, f_设) / (d_代^2 \, f_代)$$

式中，$N_代$ 为代换根数，$N_设$ 为原设计根数，$d_设$ 为原设计直径，$d_代$ 为代换后直径，$f_设$ 为原设计钢筋强度设计值，$f_代$ 为代换后钢筋强度设计值。

本 章 习 题

1. HRB400 表示（　　）。

A. 热轧带肋钢筋，屈服强度标准值为 400MPa，用符号⊕表示

B. 热轧带肋钢筋，极限抗拉强度标准值为 400MPa，用符号⊕表示

C. 细晶粒热轧带肋钢筋，屈服强度标准值为 400MPa，用符号⊕F表示

D. 细晶粒热轧带肋钢筋，极限抗拉强度标准值为 400MPa，用符号⊕F表示

2. 下列不属于钢筋塑性性能指标的是（　　）。

A. 极限抗拉强度　　　　　　　　B. 伸长率

C. 冷弯性能　　　　　　　　　　D. B 和 C 都属于塑性指标

3. 下列不属于我国对建筑工程抗震设防分类标准的是（　　）

A. 重点设防类　　　　　　　　　B. 标准设防类

C. 适度设防类　　　　　　　　　D. 非抗震设防类

4. 某框架结构建筑设计使用年限为 100 年，设计未特别说明且梁的混凝土强度等级为 C30，当梁在二 a 类环境下钢筋的保护层取值为（　　）。

A. 25mm　　　　　　　　　　　B. 20mm

C. 35mm　　　　　　　　　　　D. 28mm

5. 某抗震框架梁箍筋末端设置 135°弯钩，弯折后钢筋平直段长度为（　　）。

A. 5d　　　　　　　　　　　　B. 10d

C. max（5d，75mm）　　　　　D. max（10d，75mm）

6. 下列关于钢筋接头设置的说法不正确的是（　　）。

A. 混凝土结构中受力钢筋的连接接头必须设置在受力较小处

B. 在同一根受力钢筋上宜少设接头

C. 在结构的重要构件和关键传力部位，纵向受力钢筋不宜设置连接接头

D. 钢筋焊接接头的连接区段长度为 35d 且不小于 500mm，d 为连接钢筋的较小直径

7. 钢筋下料长度是钢筋图示长度减去钢筋弯曲调整值后的长度。是按钢筋（　　）来计算的。

A. 内皮　　　　　　　　　　　　B. 外皮

C. 中心线　　　　　　　　　　　D. 内包尺寸

8. 当钢筋弯曲角度为 90°，弯曲内直径 $D = 2.5d$ 时，钢筋弯曲调整值为（　　）。

A. 1.75d　　　　　　　　　　　B. 2.08d

C. 2.29d　　　　　　　　　　　D. 2.5d

9. 下图中钢筋 135°弯钩弯弧内直径 D 为 2.5d，则弯钩中心长度＝（　　）。

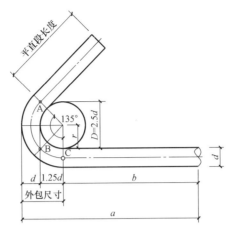

A. $a+$平直段长度　　　　B. $a+1.75d+$平直段长度

C. $a+1.9d+$平直段长度　　D. $a+2.24d+$平直段长度

10. 某框架梁宽 250，保护层厚度 20mm，主筋均为 22mm，箍筋直径 8mm，梁下部纵向钢筋单排最大可设置（　　）根。

A. 3 根　　　　B. 4 根　　　　C. 5 根　　　　D. 6

2

第2篇　　钢筋构造三维解读

第4章

独立基础、柱钢筋构造三维解读

4.1 独立基础钢筋构造

4.1.1 独立基础 DJ$_J$、DJ$_P$、BJ$_J$、BJ$_J$ 底板配筋构造

图 4-1-1 和图 4-1-2 分别为坡形独立基础和阶形独立基础底板钢筋构造。

① 以下两种独立基础钢筋端部和底部的保护层均根据规范要求或具体项目的设计要求确定。关于独立基础底板钢筋的起步位置，应满足双控条件，即不大于底板筋在该方向排布间距的 1/2 且不大于 75mm（≤75mm，≤$S/2$）。

② 独立基础底板的双向交叉钢筋层次关系与楼板双向钢筋层次关系有所区别。在荷载作用下，楼板受到的力往往先传到距离较近的支座（梁或墙），所以通常将楼板的双向钢筋网片的短向钢筋设置在长向钢筋的外侧，以增加楼板在短跨方向的有效厚度，使其受力更加合理。而独立基础直接与建筑地基（土体）接触，当独立基础将上部结构的自重和外荷载传到下部地基时，地基土会对独立基础产生向上的地基反力，此时独立基础形成一

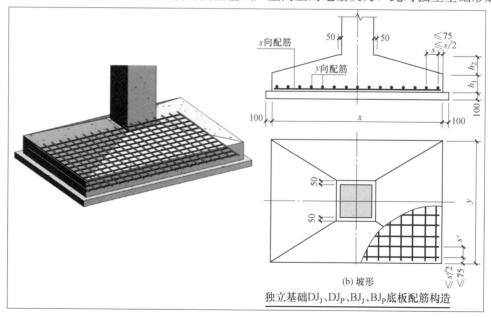

独立基础DJ$_J$、DJ$_P$、BJ$_J$、BJ$_P$底板配筋构造

图 4-1-1 独立基础钢筋构造（坡形）

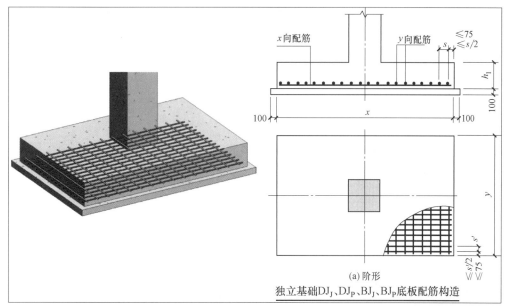

图 4-1-2　独立基础钢筋构造（阶形）

个类似于反向受力的悬挑楼板构造。当独立基础为矩形（非正方形）时，长边方向的地基反力会导致柱根部产生更大的弯矩。所以，独立基础底板双向钢筋长向设置在下，短向设置在上，有利于增加独立基础板长向的有效厚度，使其受力更加合理。

因此，此处所谓的"长边"可理解为从柱边至基础边缘的伸出长度较长的一边，"短边"可理解为从柱边至基础边缘的伸出长度较短的一边。

4.1.2　双柱普通独立基础配筋构造

图 4-1-3 所示为双柱独立基础钢筋构造。

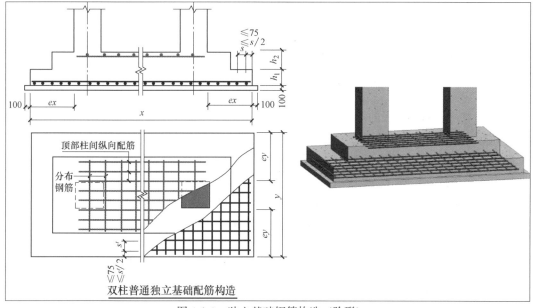

图 4-1-3　独立基础钢筋构造（阶形）

关于双柱独立基础的钢筋构造，底部双向交叉钢筋网的保护层、起步位置以及钢筋层次关系参见本节"4.1.1 独立基础 DJ_J、DJ_P、BJ_J、BJ_J 底板配筋构造"。

关于上层钢筋网片的"顶部柱间纵向钢筋"，其从柱的内侧边向外的伸出长度可取 l_a。16G101-3 第 68 页并未对双柱独立基础"顶部柱间纵向钢筋"从柱的内侧边向外的伸出长度作出要求，此段长度的取值可参考 11G101-3 第 61 页的相同构造或在具体项目中和设计沟通确定。

4.1.3　设置基础梁的双柱普通独立基础配筋构造

图 4-1-4 所示为设置基础梁的双柱普通独立基础配筋构造。

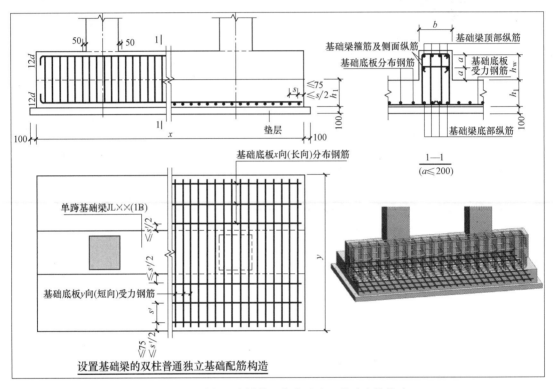

图 4-1-4　设置基础梁的双柱普通独立基础配筋构造

① 双柱独立基础底板的截面形状，可为阶形截面 DJ_J 或坡形截面 DJ_P。双柱独立基础设置基础梁时，基础梁的截面宽度宜比柱截面宽度宽不小于 100mm（每边不小于 50mm）。当柱截面宽度大于基础梁截面宽度时，可采用第 6 章 6.1.9 的基础梁水平加腋构造。当基础梁的腹板高度（h_w，此处取基础底板顶与基础梁上部纵筋最下排纵筋之间的高差）较大时，应在基础梁的侧面设置侧面纵筋。基础梁侧面纵筋之间的距离、侧面纵筋与梁上部纵向受力钢筋之间的距离以及侧面纵筋与基础板顶部之间的距离不应大于 200mm。

② 设置基础梁的双柱普通独立基础配筋构造，纵向的受力主要由基础梁承担，因此，在独立基础板中纵向只需布置分布筋，和短向的受力筋形成钢筋网片即可。短向受力钢筋设置在基础梁底部的纵向钢筋之下，分布筋设置在短向受力钢筋之上（即分布筋与基础梁底部的纵向钢筋位于同一层次）。

③独立基础底板的短向受力筋从基础边缘的起步位置参见本节"4.1.1 独立基础 DJ_J、DJ_P、BJ_J、BJ_J 底板配筋构造"。分布筋从基础边缘的起步位置同短向受力筋，分布筋从基础梁边缘的起步位置取分布筋间距的 1/2。

4.1.4 独立基础底板配筋长度缩减10％构造

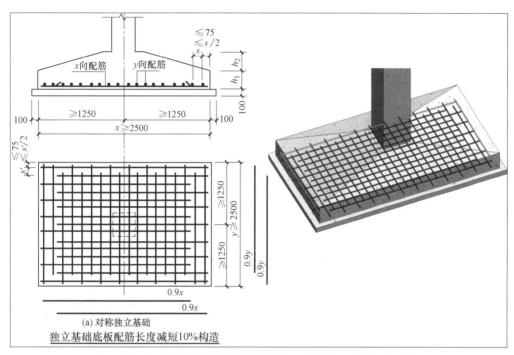

图 4-1-5　独立基础底板配筋长度缩减 10％构造（对称独立基础）

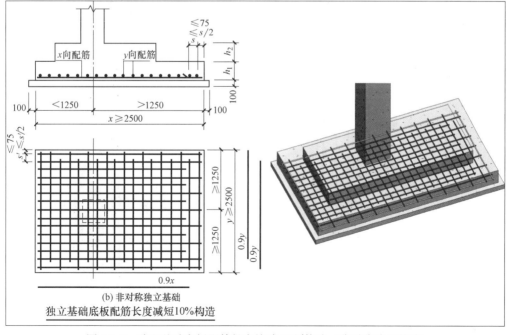

图 4-1-6　独立基础底板配筋长度缩减 10％构造（非对称独立基础）

图 4-1-5 和图 4-1-6 分别为对称独立基础和非对称独立基础的底板配筋长度缩减 10%构造。

当独立基础底板长度≥2500mm 时，除外侧钢筋外，底板配筋长度可取相应方向底板长度的 0.9 倍，交错布置。当非对称独立基础底板长度≥2500mm 时，但该基础某侧从柱中心至基础底板边缘的距离＜1250mm 时，钢筋在该侧不应减短。

钢筋的起步位置以及钢筋层次关系参见本节"4.1.1 独立基础 DJ_J、DJ_P、BJ_J、BJ_J 底板配筋构造"。

4.2　基础部位柱钢筋构造

关于图 4-2-1～图 4-2-4 所示的框架柱纵筋在基础内的插筋做法：

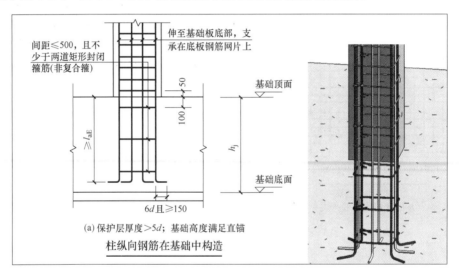

图 4-2-1　柱基础插筋构造（基础高度满足直锚，保护层厚度＞5d）

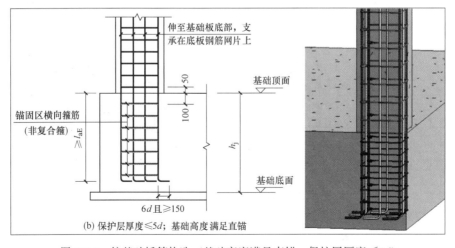

图 4-2-2　柱基础插筋构造（基础高度满足直锚，保护层厚度≤5d）

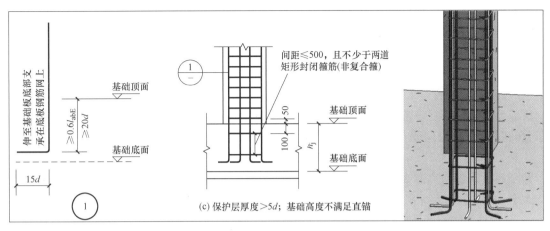

图 4-2-3 柱基础插筋构造（基础高度不满足直锚，保护层厚度＞5d）

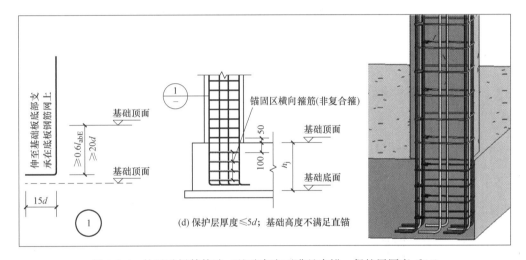

图 4-2-4 柱基础插筋构造（基础高度不满足直锚，保护层厚度≤5d）

1) 柱的基础插筋做法可根据基础高度情况分为两种：第一种为基础高度不小于柱纵筋锚固长度的情况，即图 4-2-1 和图 4-2-2 的做法；第二种为基础高度小于柱纵筋锚固长度的情况，即图 4-2-3 和图 4-2-4 的做法。对于基础高度不小于柱纵筋锚固长度的情况，可将纵筋伸至基础底层钢筋网上后弯折 6d，同时弯折长度应不小于 150mm。对于基础高度小于柱纵筋锚固长度的情况，可将纵筋伸至基础底层钢筋网弯折 15d，同时应注意纵筋的竖直段长度应不小于 $0.6l_{abE}$，且不小于 20d。但是在具体施工过程中可能存在纵筋直径较大或基础高度较小的情况（可能两种情况同时存在），导致基础高度无法满足上述纵筋的竖直段长度要求，对于这种情况应和设计进行沟通明确具体做法。

2) 为保证钢筋和混凝土达到共同工作、共同受力的作用，混凝土必须对钢筋产生足强度的握裹力（粘结强度）。混凝土保护层厚度是影响粘结强度的主要因素之一，保护层越大粘结强度越高，但当保护层厚度大于钢筋直径 5 倍时，粘结强度通常不再增长。因此，当柱纵筋的保护层不大于 5d 时，混凝土对纵筋并没有产生足强度的握裹力，此时需通过设置锚固区的横向箍筋以增强对纵筋的横向约束作用，从而达到混凝土和钢筋共同受力的效果。此部位利用非复合箍即可达到横向约束效果，因此无需像基础以外的位置采用复合箍筋，同时该非复合箍也能起到对纵筋的定位约束作用。锚固区横向箍筋应满足直径大于等于 $d/4$（d 为最大纵筋直径），间距小于等于 $5d$（d 为最小纵筋直径）且小于等于 100mm 的要求。

3）对于纵筋侧面保护层大于 $5d$ 的情况，因混凝土能对钢筋产生足强度的握裹力，所以无需通过非复合箍的横向约束作用来增强混凝土对钢筋的粘结强度。此时只需通过设置间距不大于 500mm，且不少于 2 道非复合箍来满足柱纵筋的定位约束要求。

4）关于 16G101-3 第 66 页图注第 4 条：**"当符合下列条件之一时，可仅将柱四角纵筋伸至底板钢筋网片上或者筏形基础中间层钢筋网片上（伸至钢筋网片上的柱纵筋间距不应大于 1000），其余纵筋锚固在基础顶面下 l_{aE} 即可。**

① 柱为轴心受压或小偏心受压，基础高度或基础顶面至中间层钢筋网片顶面距离不小于 1200；

② 柱为大偏心受压，基础高度或基础顶面至中间层钢筋网片顶面距离不小于 1400"。

对于柱子是否为轴心受压和大小偏心受压，一般可由设计人员指定。对于设计未指定，同时施工人员对于判断是否为轴心受压、大小偏心受压存在一定困难时应向设计人员咨询。

4.3 楼层位置柱钢筋构造

4.3.1 KZ 纵筋连接构造

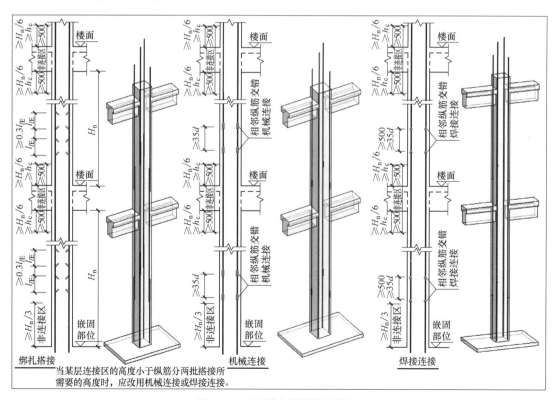

当某层连接区的高度小于纵筋分两批搭接所需的高度时，应改用机械连接或焊接连接。

图 4-3-1 KZ 纵向钢筋连接构造

图 4-3-1 为 KZ 纵向钢筋连接构造，此处分别对纵筋连接方式和嵌固部位作如下解读：

（1）关于纵筋连接方式：

1）搭接连接：

① 该图中关于"当某层连接区的高度小于纵筋分两批搭接所需要的高度时，应改用机械连接或焊接"的图注，即当楼层净高较小或者钢筋搭接长度较长时（两种情况可能同时存在），钢筋的连接区长度无法满足纵筋分两批搭接所需要的长度，此时可将纵筋的搭接连接改为焊接或机械连接。

② 当遇到连接区长度无法满足柱纵筋分两批搭接的情况时，也可将 50% 的纵筋作为一批次在本层连接区内连接，另一批次 50% 的纵筋伸至上层柱连接区内连接。

③ 根据"16G101-1"中第 59 页"同一连接区段内纵向受拉钢筋绑扎搭接接头"的图示可以看出，当钢筋采用搭接连接时，凡接头中点位于连接区段长度内，连接接头均属同一连接区段。

④ 当受拉钢筋直径大于 25mm，受压钢筋直径大于 28mm 时，不宜采用绑扎搭接。轴心受拉及小偏心受拉构件中纵向受力钢筋不宜采用绑扎搭接。

2）机械连接：

① 同种直径和不同直径的纵筋均可以采用机械连接，因此要求钢筋连接件（如套筒等）必须满足同种或不同种直径的连接要求。当具体施工采用机械连接时，接头需错开 35d（d 为相互连接的两根钢筋中的较小直径，当同一构件内不同连接钢筋计算连接区段长度不同时取大值）。

② 施工时需注意防止钢筋班组使用劣质的钢筋连接件，钢筋端部的处理、钢筋连接百分率必须符合规范对钢筋机械连接的要求。

3）焊接连接：

① 同种直径和不同直径的纵筋均可以采用焊接连接，但应注意，为了防止不同直径钢筋的连接点位置发生钢筋截面突变导致应力集中而破坏，通常采用焊接连接的钢筋直径相差不大于两个级别，同时应对较大直径的钢筋端部做减径处理，按 1：6 的坡度过渡至端部和小直径钢筋相同。不同钢筋采用焊接连接时应保证焊接质量，防止纵筋中心偏位。

② 当具体施工采用焊接连接时，接头需错开 35d 且大于等于 500mm。（d 为相互连接的两根钢筋中的较小直径，当同一构件内不同连接钢筋计算连接区段长度不同时取大值）。

（2）关于嵌固部位：

"嵌固部位"在抗震与非抗震设计上的概念有所不同。对于非抗震计，"嵌固部位"位于基础顶面（无论是否抗震，当嵌固部位位于基础顶面时，无需注明）。对于抗震设计，"嵌固部位"可位于埋深较浅的基础顶面、刚度较大的箱形基础顶面或地上结构的首层地面（即地下室顶面）。具体位于何部位，应根据实际受力状况，由设计确定。

关于"结构的嵌固部位"的含义比较广泛，和抗震设计相关的术语为"结构计算嵌固端"。结构嵌固端与结构底层定义相关，但应注意抗震设计有两个底层定义，一个为"计算嵌固底层"，另一个为"构造加强底层"；两者可能为同一层，也可能不在同一层。计算嵌固底层可能为地下一层，但构造加强底层在任何时候都是指地上结构首层；当嵌固部位不在地下室顶板时，仍需考虑地下室顶板对上部结构实际存在的嵌固作用，由于地震对底层柱的横向破坏作用相比地下室框架柱要严重，此时首层柱端箍筋加密区长度范围及纵筋连接位置均按嵌固部位要求设置（见 16G101-1 第 8 页）。无论是嵌固部位还是地上首层，纵筋非连接区 $H_n/3$ 均为构造加强而非计算要求。

4.3.2　柱纵筋变直径、变数量构造

图 4-3-2～图 4-3-5 分别为上下层同一框架柱上柱纵筋数量较多、上柱纵筋直径较大、下柱纵筋数量较多、下柱纵筋直径较大的情况。

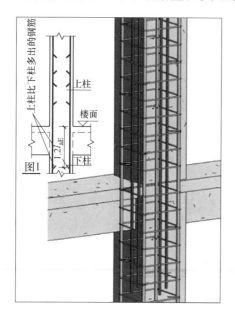

图 4-3-2　KZ 纵筋连接（上柱纵筋数量多）

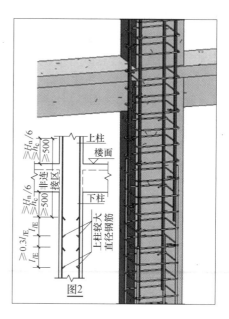

图 4-3-3　KZ 纵筋连接（上柱纵筋直径大）

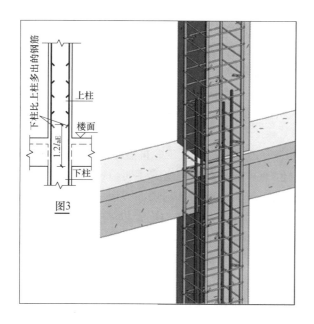

图 4-3-4　KZ 纵筋连接（下柱纵筋数量多）

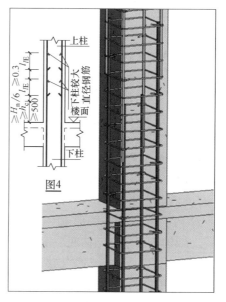

图 4-3-5　KZ 纵筋连接（下柱纵筋直径大）

（1）关于图 4-3-2：

上柱比下柱多出的纵向钢筋基本不超过 25％。当上柱底部承受的弯矩大于下柱顶部时，上柱的配筋率要求会更高。当上柱采用的纵筋直径等于或小于下柱时，上柱纵筋数量会相应增加。因此多出的柱纵筋需重新插筋，上柱纵筋插入下柱的长度为自梁柱节点上边缘起向下延伸 $1.2l_{aE}$（$1.2l_{aE}$ 可理解为上柱纵筋和下柱纵筋的非接触搭接）。采用这种方式时，上柱纵筋数量发生变化，为满足结构计算要求或满足柱子纵筋"隔一拉一"的构造要求，上柱箍筋复合方式会发生相应变化（关于柱子纵筋"隔一拉一"的构造要求可参考《建筑抗震设计规范》GB 50011—2010 第 6.3.9 条第 2 款。）

（2）关于图 4-3-3：

① 当上柱的配筋率要求更高，但为了防止上柱纵筋数量过多导致纵筋间距过密，往往上下柱纵筋数量设置为相同，而此时上柱的纵筋直径会大于下柱纵筋直径。这种情况下需将上柱纵筋延伸至配筋率较小的下柱进行连接（当构件两侧的钢筋直径或配筋率不同时，需将直径较大或构件配筋率较大一侧的钢筋伸至钢筋直径较小或配筋率较小的构件一侧进行连接）。

② 此图所示两种不同直径的纵筋连接点放置于连接区的最上端，在一定程度上可节约钢筋用量。但现场施工时会因为连接位置过高导致操作难度增加，若采用焊接或机械连接时，在一定程度上会对钢筋连接质量产生影响。

③ 当两种不同直径的纵筋连接点放置于连接区的上端，而下料人员通常为考虑现场施工方便，已将下柱的下层柱纵筋按"层高＋搭接长度"或"根据原材料长度优化下料"方式完成下料工作，此时钢筋连接点通常位于下柱的连接区下端，因此现场常出现同一根柱纵筋在同一连接区有两个钢筋接头的情况，对于这种情况可与设计人员沟通，下料时将下柱钢筋直接替换为上柱较大直径钢筋。

（3）关于图 4-3-4：

此节点为下柱纵筋数量比上柱多的情况，其内容解读可参照图 4-3-2 的节点 1，此处不赘述。

（4）关于图 4-3-5：

该图为上柱钢筋直径小于下柱时的连接构造要求，其连接方式与上下层柱纵筋直径相同时的连接方式相同。

4.3.3 地下室 KZ 纵筋连接构造、箍筋加密构造

图 4-3-6 和图 4-3-7 分别为地下室 KZ 的纵筋连接构造和箍筋加密区设置范围。图 4-3-6 中关于绑扎搭接、机械连接、焊接连接均与前述相同，此处不再赘述。嵌固部位的位置有变化，但嵌固部位的设置及其相关的钢筋构造原理相同，此处也不再赘述。

（1）关于图 4-3-7 的箍筋加密区，框架柱箍筋加密区的设置范围与框架柱纵筋的非连接区范围一致。但存在一定的特殊情况，如一、二级抗震等级的角柱应沿柱全高加密箍筋；柱净高（包括因嵌砌填充墙等形成的柱净高）与柱截面长边尺寸（圆柱为截面直径）的比值 $H_n/h_c \leqslant 4$ 时，箍筋沿柱全高加密。

（2）抗震箍筋加密与 16G101-1 第 59 页的纵筋搭接范围箍筋加密在概念上有所不同。抗震柱端设置箍筋加密区是为了通过构造的方式实现"强柱弱梁、强剪弱弯"的抗震效果，而纵筋搭接范围加密箍筋是为了提高混凝土对搭接钢筋的横向约束和粘结强度，虽然两者箍筋加密的间距可能相同，但两种加密的功能不同，因此箍筋形式也有所不同。抗震

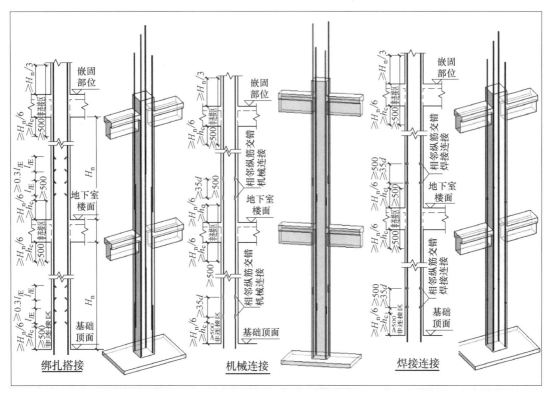

图 4-3-6　地下室 KZ 纵向钢筋连接构造

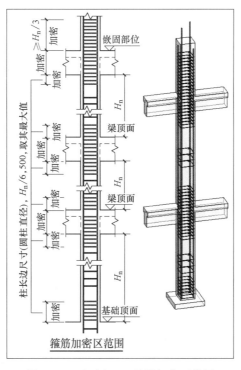

图 4-3-7　地下室 KZ 箍筋加密区范围

加密的箍筋根据设计要求可能是非复合箍，也可能是复合箍，但纵筋搭接范围在两道非加密的原设计箍筋之间再加密的那道箍筋，仅需一道外箍即可实现增强钢筋粘结强度的效果（但施工现场常采用原设计复合箍直接加密）。

4.3.4　KZ/QZ/LZ 箍筋加密、刚性地面箍筋加密构造

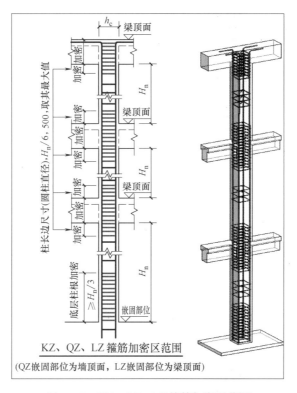

图 4-3-8　KZ、QZ、LZ 箍筋加密区范围

（1）如图 4-3-8 所示，关于箍筋加密区高度，《混凝土结构设计规范》（GB 50010—2010）第 11.4.14 条规定：**"框架柱的箍筋加密区长度，应取柱截面长边尺寸（或圆形截面直径）、柱净高的 1/6 和 500mm 中的最大值；一、二级抗震等级的角柱应沿柱全高加密箍筋，底层柱根加密区长度应取不小于该柱净高的 1/3；当有刚性地面时，除柱端箍筋加密区外尚应在刚性地面上、下各 500mm 的高度范围内加密箍筋。"**

上图中常规 KZ 的嵌固部位和前述相同，但如果是梁上柱、墙上柱时，柱子的嵌固部位分别位于梁顶面和墙顶面，此处箍筋加密区高度为 1/3 柱子净高。

（2）当柱在某楼层各向均无梁且无板连接时（如酒店大厅框架柱），计算箍筋加密区范围采用的 H_n 应根据该跃层柱的总净高取值。

（3）如图 4-3-9 所示，关于刚性地面，通常指平面内刚度比较大，在水平力作用下平面内变形小，能对框架柱产生横向约束作用的地面。如现浇混凝土地面，会对柱产生横向约束，其他硬质地面达到一定厚度也属于刚性地面，如石材地面、沥青混凝土地面、有一定基层厚度的地砖地面等。《建筑地面与楼面手册》中提到："各种整体面层地面，如细石混凝土地面、水泥砂浆地面、水磨石地面等，一般称为刚性地面。"

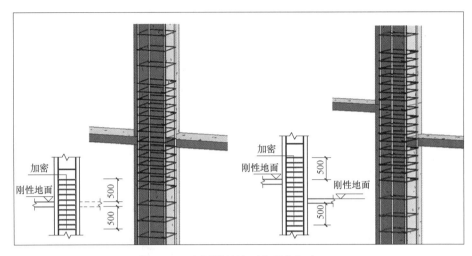

图 4-3-9 底层刚性地面上下各加密 500

（4）关于刚性地面上下箍筋加密，此图适合无地下室时的基础埋深较深的结构柱。当室内地面标高位置未设置地下框架梁，且从基础顶面起算到二层框架梁底的柱净高度的 1/3 高度未覆盖刚性地面上下各 500mm 范围时，则采用该图在刚性地面上下各加密箍筋 500mm 高度；当柱净高的 1/3 高度覆盖了刚性地面上下各 500mm 范围的一部分时，则继续加密至刚性地面以上 500mm；当柱净高的 1/3 已经覆盖刚性地面上下各 500mm 范围时，则柱子箍筋不再重复加密。

4.3.5 地下一层增加钢筋在嵌固部位锚固构造

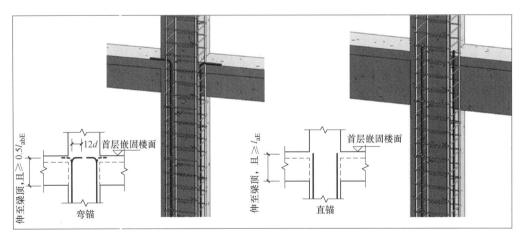

图 4-3-10 地下一层增加钢筋在嵌固部位锚固构造

图 4-3-10 为地下一层增加的钢筋在嵌固部位的锚固构造，在 11G101-1 中此处标注有"地下一层增加的 10% 钢筋"，16G101-1 图集中已取消。《建筑抗震设计规范》（GB 50011—2010）第 6.1.14 条第 3 款规定：

"6.1.14 地下室顶板作为上部结构的嵌固部位时，应符合下列要求：

第 1、2 款略。

3 地下室顶板对应于地上框架柱的梁柱节点除应满足计算要求外，尚应符合下列规定之一：

1）地下一层柱截面每侧纵向钢筋不应小于地上一层柱对应纵向钢筋的 **1.1** 倍，且地下一层柱上端和节点左右梁端实配的抗震受弯承载力之和应大于地上一层柱下端实配的抗震受弯承载力的 **1.3** 倍；

2）地下一层梁刚度较大时，柱截面每侧的纵向钢筋面积应大于地上一层对应柱每侧纵向钢筋面积的 **1.1** 倍，同时梁端顶面和底面的纵向钢筋面积均应比计算增大 **10％** 以上。"

由规范可知，当地下室顶板作为嵌固部位时，地下一层柱配筋率会出现增加 10％ 或大于 10％ 的情况，此时地下一层增加的柱纵筋应按图 4-3-10 的节点进行锚固。

4.3.6　剪力墙上起柱、梁上起柱构造

（1）关于图 4-3-11 墙上起柱构造，柱与墙重叠一层的做法常用在抗震等级较高的结构中。当抗震等级较低时，采用柱纵筋锚固在墙顶的方法。采用在墙顶锚固的方法时应注意柱纵筋自墙顶上边缘往下伸的长度为 $1.2l_{aE}$，当梁高＞$1.2l_{aE}$ 时应伸至梁底弯折 150mm，当梁高＜$1.2l_{aE}$ 时应和设计沟通出具工程变更单。

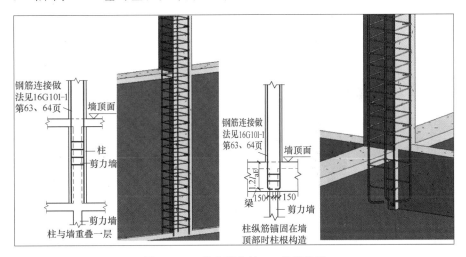

图 4-3-11　剪力墙上柱 QZ 纵筋构造

（2）关于图 4-3-12 的梁上起柱构造，应注意柱纵筋自梁顶上边缘向下伸 $0.6l_{abE}$，同时不小于 20d 且伸至梁底。当纵筋伸至梁底时仍无法同时满足上述两个条件时，应和设计人员沟通出具设计变更单。纵筋伸至梁底弯折 15d 而非 150mm，弯折长度和墙上起柱有区别，此处应注意。

梁上起柱时梁作为柱的支座，十字相交梁的其中一方向的梁箍筋需贯通布置（设计标注有明显主次梁之分时，主梁箍筋贯穿节点布置；当无明显主次梁之分时，可将截面较大或配筋率较大的梁箍筋贯穿节点布置）。

（3）墙上起柱，在墙顶面标高以下锚固范围内的柱箍筋按上柱非加密区箍筋要求配置；梁上起柱时，在梁内设置间距不大于 500mm 且至少两道柱箍筋。墙上起柱（柱纵筋锚固在墙顶部时）和梁上起柱时，墙体和梁的平面外方向应设梁，以平衡柱脚在该方向的

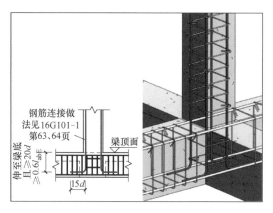

图 4-3-12　梁上柱 LZ 纵筋构造

弯矩；当柱宽度大于梁宽时，梁应设水平加腋构造。

4.3.7　上下层柱变截面构造

关于图 4-3-13～图 4-3-17 所示上下层柱变截面位置纵向钢筋构造：

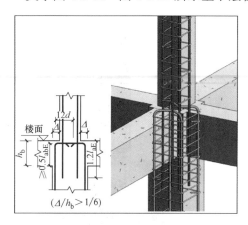

图 4-3-13　柱变截面位置纵筋构造（一）

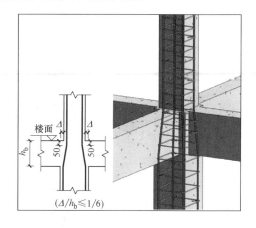

图 4-3-14　柱变截面位置纵筋构造（二）

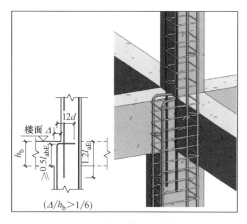

图 4-3-15　柱变截面位置纵筋构造（三）

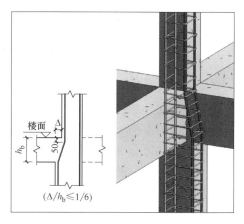

图 4-3-16　柱变截面位置纵筋构造（四）

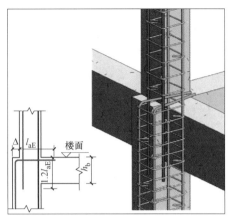

图 4-3-17　柱变截面位置纵筋构造（五）

① 五个节点表达的内容分两种，一种是柱单边截面尺寸减小值 Δ 与梁截面高度 h_b 的比值 $\Delta/h_b \leqslant 1/6$，此时柱纵筋微弯折后向上柱延伸；另一种是柱单边截面尺寸减小值 Δ 与梁截面高度 h_b 的比值 $\Delta/h_b > 1/6$，此时下柱纵筋伸至柱顶后弯折，上柱纵筋下插 $1.2l_{aE}$。其中下柱纵筋伸至柱顶后弯折，上柱纵筋下插 $1.2l_{aE}$ 的方式不仅适用于 $\Delta/h_b > 1/6$ 的情形，也适用于 $\Delta/h_b \leqslant 1/6$ 的情形，且采用这种方式现场下料和施工更加方便。

② 当采用柱子纵筋向上微弯折的方式时应注意上部的弯折点位于梁顶上边缘往下 50mm 处，而不在梁顶面处。第五个变截面节点属于柱子单边没有梁板支承的情况，对于这种节点，下层柱纵筋伸至柱顶后需弯折至上柱外边缘后继续往内延伸 l_{aE}，而非常规变截面中的弯折 $12d$。

4.3.8　芯柱 XZ 配筋构造

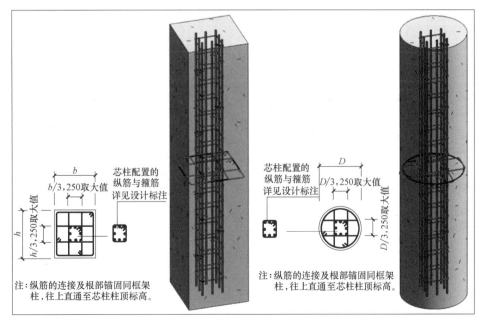

图 4-3-18　芯柱 XZ 配筋构造

关于图 4-3-18 所示芯柱 XZ 构造：

① 结构抗震设计时，要求地震发生时结构整体能够横向摆动一定幅度，以消耗地震能量，避免结构发生突发性破坏。芯柱概念用以适应抗震设计的延性要求而产生，在高层和超高层混凝土框架柱中应用较为普遍。地震时若使结构横向摆动，需要控制框架柱的"轴压比"，且轴压比越低，框架柱横向摆动的能力越高，即延性越好。

② 建筑越高层数越多，底层框架柱积累的轴向压力越大，且抗震设计时抗震等级越高，要求控制的轴压比越低，对于高层或超高层下部的框架柱则截面越大，过大的柱截面既影响建筑布局，又易形成对抗震不利的短柱。此时，采用将粗钢筋集中设置在框架截面中部的"芯柱"构造，既能控制柱轴压比，又能控制柱截面不至于过大。

4.3.9 矩形箍筋复合方式

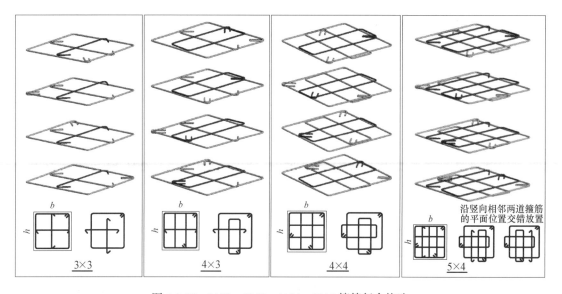

图 4-3-19 3×3、4×3、4×4、5×4 箍筋复合构造

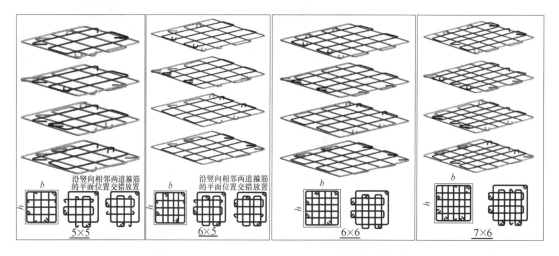

图 4-3-20 5×5、6×5、6×6、7×6 箍筋复合构造

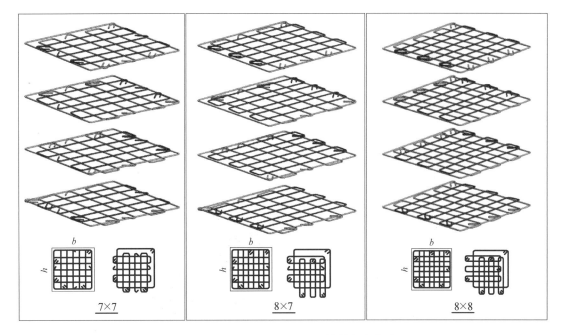

图 4-3-21　7×7、8×7、8×8 箍筋复合构造

关于图 4-3-19～图 4-3-21 所示矩形箍筋复合构造：

① 矩形箍筋复合的原则为"大箍套小箍"，而非将方形箍筋交错形成复合箍筋的方式。大箍套小箍的方式，沿最外围箍筋周围仅有若干个小段出现箍筋重叠，有利于混凝土包裹住箍筋的最大表面积，有利于钢筋与混凝土共同工作、共同受力。

② 关于 16G101-1 第 70 页图注 1："**沿复合箍周边，箍筋局部重叠不宜多于两层。以复合箍筋最外围的封闭箍筋为基准，柱内的横向箍筋紧贴其设置在下（或在上），柱内的纵向箍筋紧贴其设置在上（或在下）**"。箍筋重叠不宜多于两层且横向在上（下）、纵向在下（上），有利于增加混凝土与钢筋的接触面积，使得钢筋与钢筋之间尽可能产生一定的净距，从而使混凝土更好地与钢筋共同工作。同时，这种复合方式对于类似图 4-3-20 中"5×5"的箍筋复合方式起到了一定的限制作用，类似于"5×5"的箍筋复合只能采用图中的复合方式，而无法将纵横向的拉筋分别放置于小箍筋中间形成复合。若将拉筋放置于小箍筋中间，则箍筋局部重叠多于两层（达到三层），混凝土对钢筋的粘结效果有所下降，对钢筋也有一定浪费。

③ 关于 16G101-1 第 70 页图注 2："**若在同一组内复合箍筋各肢位置不能满足对称性要求时，沿柱竖向相邻两组箍筋应交错放置**"。同样以图 4-3-20 中"5×5"箍筋复合方式为例，因单肢筋和小箍筋无法形成对称的箍筋布置方式，因此需将上下层复合箍中的单肢筋和小箍筋位置错开。此种设置方式从结构角度分析其受力更加科学合理，但从现场实际施工角度分析，其可操作性并不强。现场钢筋绑扎施工时通常将一批次箍筋叠整齐后一起套入定位好的纵筋内，而采用上下层错开方式会降低工作效率。

④ 图 4-3-19～图 4-3-21 的各种箍筋复合方式及图注同样适用于各肢数的梁箍筋复合方式。梁平法图纸不会将梁的横截面图类似于柱截面大样图一样在图纸中画出，钢筋深化设计人员在梁钢筋下料时应根据梁集中标注或原位标注的箍筋肢数自行判断其箍筋复合方

式，因此钢筋深化设计人员掌握图 4-3-19～图 4-3-21 中的箍筋复合原则尤为重要。

4.4 柱顶钢筋构造

4.4.1 KZ 边柱和角柱柱顶纵向钢筋构造

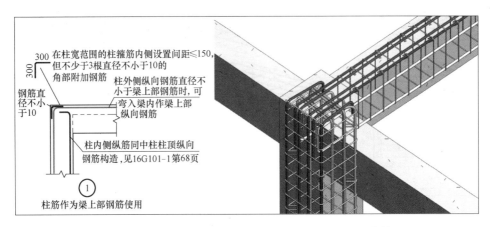

图 4-4-1　框架边、角柱柱顶纵筋构造（柱筋作为梁上部筋使用）

（1）关于图 4-4-1（节点 1）：

混凝土结构抗震设计有"强柱弱梁"的概念，因此在实际工程中同一部位常出现柱钢筋直径大于梁钢筋直径的情况。在地震力作用下框架柱的破坏，通常是梁柱节点下方混凝土先被压碎，混凝土失去了对钢筋的粘结作用，两者失去了共同受力的条件，而此时柱子钢筋无法承受超出钢筋强度的压力导致纵筋被压屈挤成灯笼状，结构破坏。因此，柱子纵筋选择较大直径能提高其自身刚度和抗压强度，其抵抗变形能力和结构抵抗破坏的能力也进一步增强。

抗震框架梁采用较小直径的纵筋，一方面可增加与混凝土的接触面积，以提高钢筋和混凝土的粘结强度，对提高框架梁的刚度有利；另一方面《建筑抗震设计规范》（GB 50011—2010）第 6.3.4 条第 2 款要求："一、二、三级框架梁内贯通中柱的每根纵向钢筋直径，对框架结构不应大于矩形截面柱在该方向截面尺寸的 1/20，或纵向钢筋所在位置圆形截面柱弦长的 1/20；对其他结构类型的框架不宜大于矩形截面柱在该方向截面尺寸的 1/20，或纵向钢筋所在位置圆形截面柱弦长的 1/20。"因此，采用图 4-4-1 所示节点时，将大于梁支座上部纵筋直径的柱外侧纵筋锚入梁内时，应注意是否有超过柱截面边长 1/20 的情况。

（2）关于图 4-4-2、图 4-4-3（节点 2、3）：

① 图 4-4-2 和图 4-4-3 所示节点为梁柱外侧纵筋自梁底起的弯折搭接方式，该方式弯折长度为 $1.5l_{abE}$，与《高层建筑混凝土结构技术规程》（JGJ 3—2010）6.5.5 条中弯折长度为 $1.5l_{aE}$ 矛盾。

② 柱外侧纵向钢筋配筋率＞1.2% 时分两批截断，因为当一次截断的受力纵筋较多时，钢筋截断部位会发生刚度突变，该部位产生构造裂缝的可能性增加，分批截断可有效

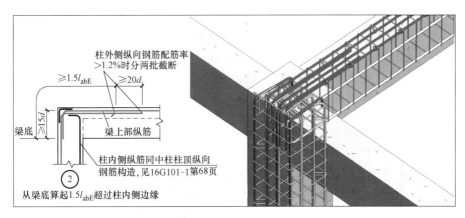

图 4-4-2　框架边、角柱柱顶纵筋构造（从梁底算起 $1.5l_{abE}$ 超过柱内侧边）

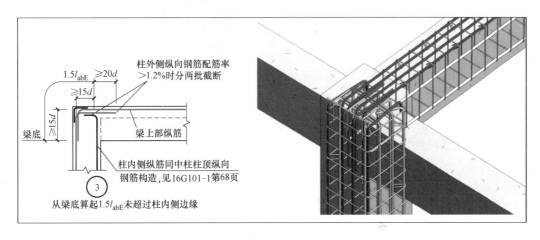

图 4-4-3　框架边、角柱柱顶纵筋构造（从梁底算起 $1.5l_{abE}$ 未超过柱内侧边）

避免刚度突变和构造裂缝。分两批截断有两种方式：一种为每批截断 50％；另一种为第一批截断至配筋率≤1.2％，剩下第二批截断。

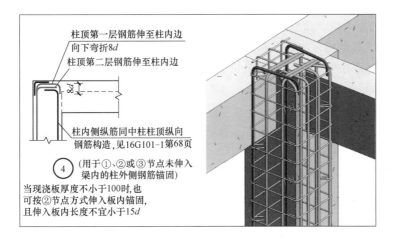

图 4-4-4　框架边、角柱柱顶纵筋构造（与图 4-4-1～图 4-4-3 配合使用）

（3）关于图4-4-4（节点4）：

当出现柱比梁宽的情况时，柱子靠近角部的纵筋无法弯折伸入梁内，这部分钢筋需采用该节点进行处理，因此该节点需要和图4-4-1～图4-4-3所示的节点①、②、③配合使用。该节点标注的"柱顶第二层钢筋"指的是边柱或角柱另一侧面柱纵筋的弯钩，在该平面图只能看到点状钢筋截面，看不到弯钩。

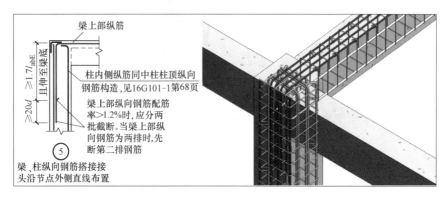

图4-4-5　框架边、角柱柱顶纵筋构造（梁、柱纵筋在节点外侧直线搭接）

（4）关于图4-4-5（节点5）：

① 该图为框架柱外侧纵筋伸至柱顶截断并与梁上部纵筋弯钩搭接方式，采用此节点施工，当遇到梁跨度较大、梁截面较高的情况时，可能钢筋不伸到梁底已满足$1.7l_{abE}$直线搭接长度，但此时仍需将纵筋伸至梁底。梁上部纵向钢筋配筋率＞1.2％时分两批截断，可每批截断50％，也可第一批截断至配筋率≤1.2％，余者第二批截断。

② 该节点弯折长度为$1.7l_{abE}$，与《高层建筑混凝土结构技术规程》（JGJ 3—2010）第6.5.5条中弯折长度为$1.7l_{aE}$矛盾。由于该节点采用直线搭接方式，柱纵筋伸至柱顶截断，不存在以较大弯曲半径弯折后出现的素混凝土角区，因此不需要在柱外上角设置角部附加钢筋。此节点可操作性较强，在施工现场较为常见。

4.4.2　KZ边柱、角柱柱顶等截面伸出时钢筋构造

图4-4-6为框架边、角柱在屋面的等截面伸出构造。此处柱子的等截面伸出部分可作为屋面女儿墙或其他构筑物的一部分。对于等截面伸出的构造分为两种情况：一种情况为等截面伸出高度不小于柱纵筋的直锚长度，此时只需将纵筋伸至柱顶截断，箍筋规格间距由设计确定；另一种为等截面伸出高度不能满足直锚的情况，此时柱外侧纵筋需伸至柱顶弯折$15d$，内侧纵筋伸至柱顶弯折$12d$，箍筋规格间距由设计确定。此两种情况梁纵筋在柱内的锚固均参照楼层框架梁纵筋在支座内的锚固方式。但是第二种情况需注意，柱纵筋伸至柱顶竖直段长度必须满足≥$0.6l_{abE}$，否则此节点仍需要参照图4-4-5中的节点5进行施工。

4.4.3　中柱柱顶纵向钢筋构造

关于图4-4-7～图4-4-10所示的中柱柱顶纵筋构造：

图4-4-7和图4-4-8所示节点1、2的区别在于柱顶$12d$弯钩的朝向，板厚大于等于

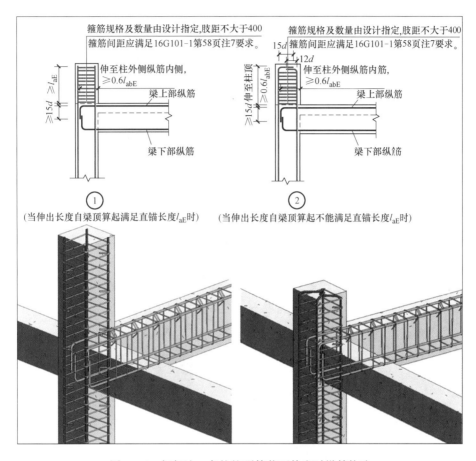

图 4-4-6 框架边、角柱柱顶等截面伸出时纵筋构造

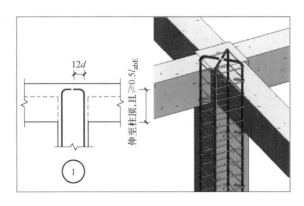

图 4-4-7 中柱柱顶纵筋构造（一）

100mm 时弯钩可朝外，板厚小于 100mm 时弯钩朝内，但应注意纵筋伸至梁内的竖直段长度不小于 $0.5l_{abE}$ 且伸至柱顶。图 4-4-9 所示节点 3 应注意当浇筑混凝土时钢筋与锚板形成的阴角位置气泡不易排出，因此柱纵筋端头加锚板构造应在锚板上钻留排气小孔，以提高混凝土浇筑的密实度和锚板的承载力。图 4-4-10 所示节点 4 采用柱纵筋伸至柱顶截断的方式，采用此节点应注意纵筋在伸至柱顶的同时要满足直锚长度要求。

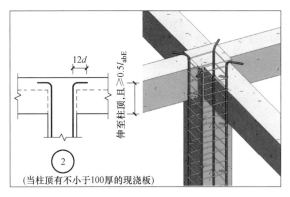

图 4-4-8   中柱柱顶纵筋构造（二）

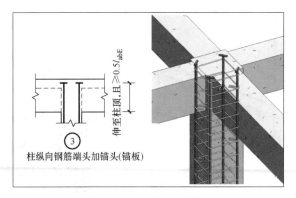

图 4-4-9   中柱柱顶纵筋构造（三）

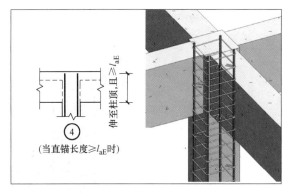

图 4-4-10   中柱柱顶纵筋构造（四）

4.5   本章总结

如图 4-5-1 所示，柱子钢筋构造主要分为基础部位构造、柱身部位构造以及柱顶部位构造三大部分。各部位钢筋构造虽有不同，但存在一部分构造的要求类似或容易混淆的情况。所以读者在学习钢筋构造时，应学会对同个构件不同部位之间的钢筋构造或同个构件同个部位不做做法钢筋构造，亦或是不同构件类似构造的做法进行横向对比，只有这样才能对各个构造的区别做到了然于胸，也能使学习达到事半功倍的效果。读者可依据表 4-5-1 和图 4-5-1 对柱子相关钢筋构造进行往复对比学习。

柱子相关钢筋构造区别对比表　　　　　　　　　　　　　　　**表 4-5-1**

构造要点	对比部位（或构件）
纵筋构造	1. 基础高度能满足柱纵筋直锚和不满足直锚时插筋构造的区别； 2. 纵筋绑扎搭接、机械连接、焊接连接时连接区段长度的区别； 3. 基础插筋、梁上起柱底部纵筋、变截面部位纵筋、中柱顶部纵筋锚固、框架边角柱等截面伸出钢筋构造以及地下一层增加的钢筋在嵌固部位锚固构造，纵筋弯折前的竖直段长度要求的区别（如中柱柱顶弯锚时纵筋弯折前竖直段应不小于 $0.5l_{abE}$ 且伸至柱顶）； 4. 基础插筋、梁上起柱底部纵筋、变截面部位、中柱顶部纵筋锚固、框架边角柱等截面伸出构造以及地下一层增加的钢筋端部弯折长度的区别； 5. 嵌固部位、地下室顶板位置（嵌固部位不在地下室顶板）及普通楼层板上下位置，非连接区及箍筋加密区的区别； 6. 框架边、角柱柱顶梁柱纵筋互锚不同节点构造的区别

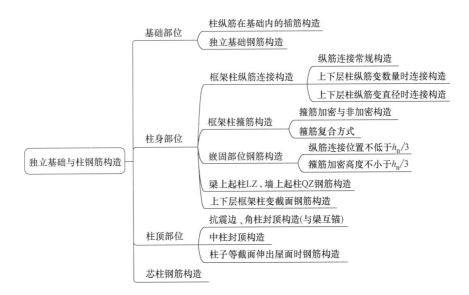

图 4-5-1　独立基础与柱钢筋构造

本 章 习 题

1. 柱纵筋在基础里面的插筋构造，当基础高度不满足直锚要求时，柱纵筋需（　　）。

A. 伸至基础底部钢筋网上弯折 $6d$

B. 伸至基础底部钢筋网上弯折 $15d$

C. 伸至基础底部钢筋网上弯折 $6d$ 且不小于 150mm

D. 伸至基础底部钢筋网上弯折 $15d$ 且不小于 150mm

2. 关于钢筋绑扎搭接，下列说法错误的是（　　）。

A. 当受拉钢筋直径大于 25mm 时，不宜采用绑扎搭接

B. 当受压钢筋直径大于 28mm 时，不宜采用绑扎搭接

C. 轴心受拉及小偏心受拉构件中纵向受力钢筋不能采用绑扎搭接

D. 凡接头中点位于连接区段长度内，连接接头均属同一连接区段

3. 当钢筋采用机械连接，并采用 50% 的连接百分率，则相邻两根钢筋接头需错开（　　）。

A. $35d$　　　　　　　　　　　　B. 500mm

C. max（$35d$，500mm）　　　　　D. 都不是

4. 柱子在地下室顶板的底部位置非连接区段长度为（　　）。

A. 不小于 $h_n/3$（h_n 为柱净高）　　B. 不小于 $h_n/6$（h_n 为柱净高）

C. 不小于 500mm　　　　　　　　D. max（$h_n/6$，500mm，柱长边尺寸）

5. 相邻上下层柱子，当上层柱纵筋数量较多时，上柱多出的纵筋（　　）。

A. 自楼板面伸入下柱不小于 l_{aE}　　B. 自楼板面伸入下柱不小于 600mm

C. 自楼板面伸入下柱不小于 $1.2l_{aE}$　D. 自楼板面伸入下柱不小于 720mm

6. 柱净高（包括因嵌砌填充墙等形成的柱净高）与柱截面长边尺寸（圆柱为截面直径）的比值不大于（　　）时，箍筋应沿柱全高加密。

A. 2　　　　　　B. 3　　　　　　C. 4　　　　　　D. 5

7. 当边柱的上下层柱截面尺寸发生变化（上柱截面内缩）时，变截面位置柱纵筋应（　　）。

A. 上柱纵筋下插 $1.2l_{aE}$，下柱纵筋伸至柱顶弯折 $12d$

B. 上柱纵筋下插 $1.2l_{aE}$，下柱纵筋伸至柱顶弯折 l_{aE}

C. 上柱纵筋下插 $1.2l_{aE}$，下柱纵筋伸至柱顶弯折（$\Delta+12d$）

D. 上柱纵筋下插 $1.2l_{aE}$，下柱纵筋伸至柱顶弯折至上柱外边后继续向内延伸 l_{aE}

8. 某抗震框架的角柱等截面伸出屋面时，若伸出高度小于柱纵筋直锚要求，则柱外侧纵筋需伸至柱顶弯折（　　）。

A. 120mm　　　B. 150mm　　　C. $12d$　　　　D. $15d$

9. 某抗震框架结构中柱柱顶位置的梁柱节点核心区高度大于柱纵筋直锚长度，则柱纵筋需（　　）。

A. 伸至柱顶　　　　　　　　　　B. 伸入节点核心区 l_{aE}

C. 伸至柱顶弯折 $12d$ D. 伸至柱顶且不小于 l_{aE}

10. 关于柱复合箍筋说法不正确的是（　　）。

A. 矩形箍筋的复合原则为"大箍套小箍"，而非将方形箍筋交错形成复合箍筋的方式

B. 复合箍周边，箍筋局部重叠不宜多于三层

C. 以复合箍最外围封闭箍筋为基准，横向和纵向箍筋分别紧贴在最外围箍筋的两侧

D. 若一组复合箍筋各肢位置不对称，则沿柱竖向相邻两组箍筋应交错放置

第5章

墙钢筋构造三维解读

5.1 剪力墙身钢筋构造

5.1.1 墙体竖向分布筋基础插筋构造

关于图 5-1-1～图 5-1-5 所示的墙身竖向分布筋在基础内的插筋构造：

① 墙身竖向分布筋在基础中的插筋做法可根据基础高度情况和构造形式分为三种：第一种为基础高度不小于墙身竖向分布筋锚固长度的情况，如图 5-1-1 和图 5-1-3 所示；第二种为基础高度小于墙身竖向分布筋锚固长度的情况，如图 5-1-2 和图 5-1-4 所示；第

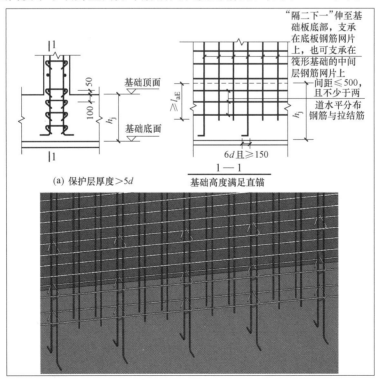

图 5-1-1 墙身竖向分布筋的基础插筋构造（基础高度满足直锚，保护层厚度＞5d）

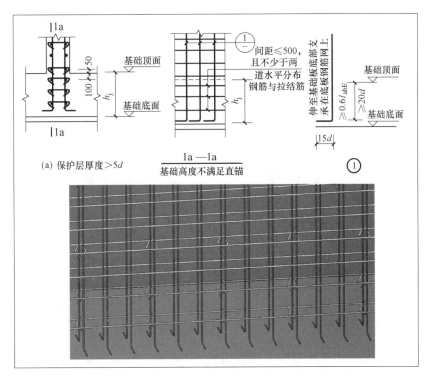

图 5-1-2 墙身竖向分布筋的基础插筋构造（基础高度不满足直锚，保护层厚度＞5d）

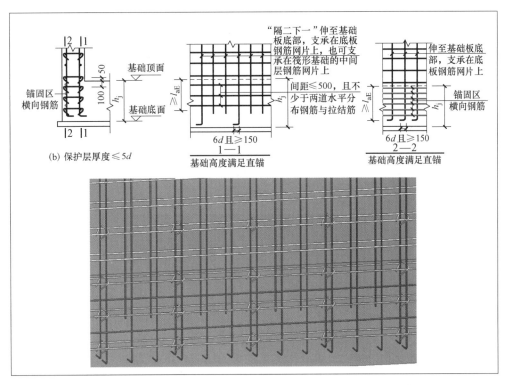

图 5-1-3 墙身竖向分布筋的基础插筋构造（基础高度满足直锚，有一侧保护层≤5d）

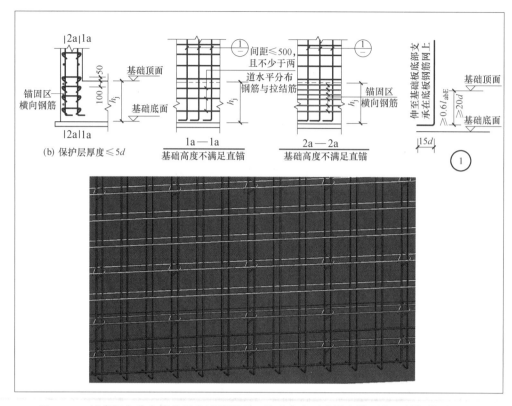

图 5-1-4　墙身竖向分布筋的基础插筋构造（基础高度不满足直锚，有一侧保护层≤5d）

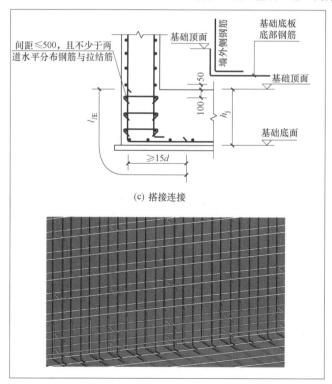

图 5-1-5　墙身竖向分布筋的基础插筋构造（墙体竖向筋与板筋搭接连接）

三种为墙身竖向分布筋与底板钢筋搭接连接的情况，如图 5-1-5 所示。此处应注意的是，图 5-1-1～图 5-1-5 所示的基础插筋做法除了适用于剪力墙竖向分布筋的基础插筋做法外，也适用于地下室外墙竖向分布筋在基础内的插筋做法。

② 图 5-1-1 和图 5-1-3 所示均为基础高度不小于墙身竖向分布筋锚固长度的做法，两者区别在于墙体两侧保护层厚度不一样。当保护层厚度大于 $5d$ 时，可将竖向筋"隔二下一"伸至底板钢筋网片上（中间层钢筋网片标高满足直锚要求时也可伸至中间层钢筋网片上），且伸至钢筋网片上坐底的竖向分布筋伸到底后弯折 $6d$ 同时不小于 150mm，其余竖向分布筋只需伸入基础内一个锚固长度即可。且保护层厚度大于 $5d$ 时，在竖向筋锚固高度范围内需设置间距不大于 500mm 且不少于两道水平分布筋与拉结筋，见图 5-1-1 墙体两侧和图 5-1-3 墙体内侧水平与竖向筋。当保护层厚度大于 $5d$ 且基础高度满足直锚时，若施工采取有效措施可保证钢筋定位准确，则墙身竖向分布筋伸入基础长度满足直锚即可，无需采用"隔二下一"的构造做法。

当保护层厚度不大于 $5d$ 时，应将保护层不大于 $5d$ 一侧墙体全部竖向分布筋伸至底板钢筋网片上，并弯折 $6d$ 且不小于 150mm，并且在竖向筋锚固高度范围内除了需设置间距不大于 500mm 且不少于两道的水平分布筋与拉结筋，还应与水平分布筋"隔一布一"设置锚固区横向钢筋。见图 5-1-3 墙体外侧水平与竖向筋。

③ 图 5-1-2 和图 5-1-4 所示均为基础高度小于墙身竖向分布筋锚固长度的做法，对于竖向分布筋两者均伸至底板钢筋网片后弯折 $15d$。在竖向筋锚固高度范围内设置的水平分布筋、拉结筋以及锚固区的横向钢筋做法均与图 5-1-1 和图 5-1-3 相同。

④ 当墙身竖向分布筋在基础内插筋采用与底板钢筋搭接连接的做法时，应注意墙身外侧竖向分布筋在基础内弯折不小于 $15d$，板筋自弯折 $15d$ 的终点位置起算与墙身竖向分布筋搭接 l_{lE}。

⑤ 为保证钢筋和混凝土达到共同工作、共同受力的效果，混凝土必须对钢筋产生足强度的握裹力（粘结强度）。而混凝土保护层厚度是影响粘结强度的主要因素之一，保护层越大粘结强度越高，但当保护层厚度大于钢筋直径 5 倍时，粘结强度通常不再增长。因此，当剪力墙竖向分布筋的保护层不大于 $5d$ 时，混凝土对钢筋并没有产生足强度的握裹力，此时需通过设置锚固区的横向钢筋以增强对竖向分布筋的横向约束作用，以达到混凝土和钢筋共同受力的效果。因此，对于图 5-1-2 和图 5-1-4 中出现保护层厚度不大于 $5d$ 的部位需设置锚固区横向钢筋（锚固区横向钢筋应满足直径大于等于 $d/4$（d 为纵筋最大直径），间距小于等于 $10d$（d 为纵筋最小直径）且小于等于 100mm 的要求），拉筋按保护层厚度大于 $5d$ 部位的要求设置。对于保护层大于 $5d$ 的部位则按照构造要求设置间距不大于 500mm，且不少于两道水平分布筋与拉结筋。

5.1.2 剪力墙竖向分布筋锚入连梁构造

如图 5-1-6 所示，对于剪力墙竖向分布筋在连梁内的插筋，无需像在基础内插筋那样复杂，只需将分布筋自连梁上边缘起插入连梁内一个锚固长度即可。当连梁高度不能满足直锚要求时，应和设计人员沟通进行工程设计变更。

但是《高层建筑混凝土结构技术规程》（JGJ 3—2010）第 7.1.1 条第 3 款规定："**门窗洞口宜上下对齐、成列布置，形成明确的墙肢和连梁；宜避免造成墙肢宽度相差悬殊的**

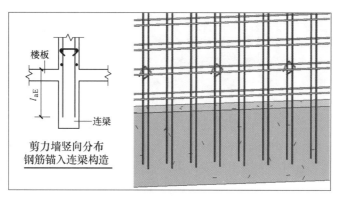

图 5-1-6　剪力墙竖向分布筋锚入连梁构造

洞口设置；抗震设计时，一、二、三级剪力墙的底部加强部位不宜采用上下洞口不对齐的错洞墙，全高均不宜采用洞口局部重叠的叠合错洞墙"。因此，对于采用连梁上起墙的构造应注意其使用范围。

5.1.3　剪力墙竖向分布筋连接构造

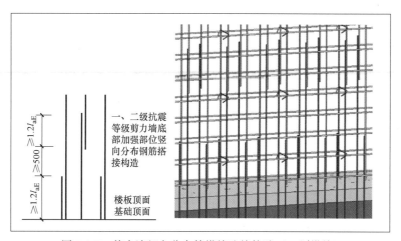

图 5-1-7　剪力墙竖向分布筋搭接连接构造（50％搭接）

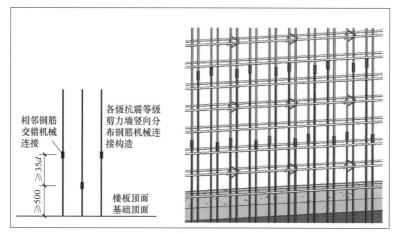

图 5-1-8　剪力墙竖向分布筋机械连接构造

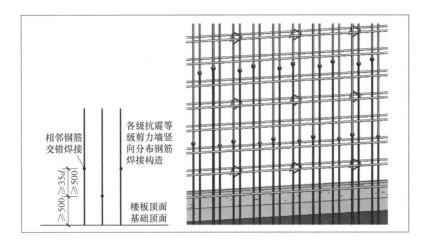

图 5-1-9　剪力墙竖向分布筋焊接连接构造

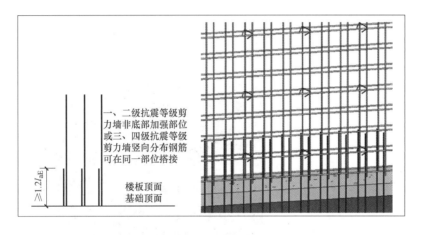

图 5-1-10　剪力墙竖向分布筋搭接连接构造（100％搭接）

关于图 5-1-7～图 5-1-10 所示的剪力墙竖向分布筋的连接构造：

① 对于剪力墙竖向分布筋采用搭接连接的情况，应根据剪力墙抗震等级和剪力墙是否位于底部加强区分为 50％错开搭接连接和在同一截面的 100％搭接连接两种类型。一、二级抗震等级的剪力墙竖向分布筋若采用搭接，底部加强部位应按 50％错开连接，非底部加强区竖向分布筋均可在同一截面进行 100％搭接连接。两种搭接类型的搭接起始位置均超出楼板面即可（超出墙板节点区即可，在层高范围均可连接）。50％搭接时两个搭接段间的头尾净距为不小于 500mm，搭接长度均取 $1.2l_{aE}$。剪力墙分布筋搭接不同于纵向受拉钢筋搭接要求，两者除了连接区段长度不一样外，剪力墙竖向分布筋搭接不考虑根据搭接百分率采用相对应的搭接系数。

② 对于剪力墙竖向分布筋采用焊接连接和机械连接的情况，两者起始连接位置均在楼板面以上不小于 500mm 位置，采用机械连接时相邻连接点错开不小于 35d，采用焊接连接时，相邻连接点错开不小于 35d 且不小于 500mm。常见的普通剪力墙钢筋直径通常较小，小直径钢筋采用对焊或电渣压力焊效果较差。若采用单面焊，钢筋端部需现场微

弯，施工效率较低，若采用双面焊则很多位置受场地空间限制，操作难度较大。且竖向分布筋数量较多，焊接质量难以保证，因此施工现场对于小直径的剪力墙竖向分布筋通常不采用焊接连接（大直径剪力墙竖向分布筋可采用焊接连接或机械连接）。

③ 剪力墙竖向分布筋的连接构造和 KZ 纵筋连接构造有所区别，KZ 纵筋连接受到连接区和非连接区的限制，即纵筋不应在上下柱端的箍筋加密区位置进行连接，而剪力墙竖向分布筋的连接除了要注意其在墙底部伸出楼板面的高度和连接区段长度以外，在楼层的其他高度范围均可设置连接点（采用 50％连接率时要注意连接点之间的错开距离）。

④ 关于剪力墙的底部加强区，剪力墙受地震作用破坏时，首先会在底部出现塑性铰。所以抗震设计时，为了保证剪力墙底部出现塑性铰后具有足够大的延性，需要对剪力墙可能出现塑性铰的部位予以加强（提高抗剪破坏力、设置约束边缘构件等），这个部位就称为底部加强区。一般当房屋高度大于 24m 时，剪力墙底部加强区取墙体总高度的 1/10 和底部两层之间的较大值，不大于 24m 时取底部一层即可。结构设计时设计人员会考虑底部加强区的配筋加强问题。

5.1.4　剪力墙变截面处竖向钢筋构造

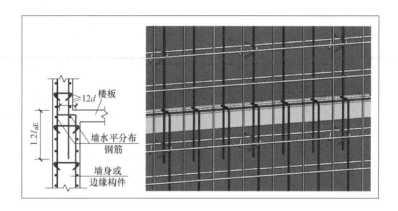

图 5-1-11　剪力墙变截面处竖向钢筋构造（一）

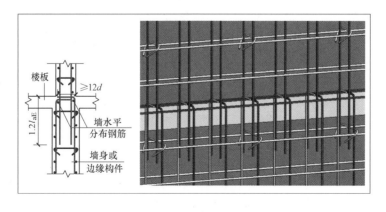

图 5-1-12　剪力墙变截面处竖向钢筋构造（二）

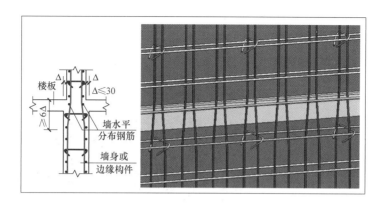

图 5-1-13　剪力墙变截面处竖向钢筋构造（三）

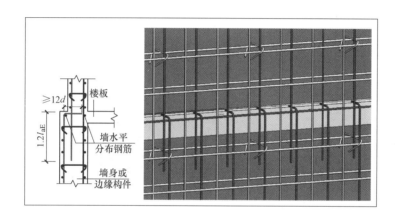

图 5-1-14　剪力墙变截面处竖向钢筋构造（四）

关于图 5-1-11～图 5-1-14 所示的剪力墙变截面处竖向钢筋构造：

剪力墙上下层变截面位置竖向分布筋处理办法分为两种：第一种为下层分布筋向上伸到变截面位置弯折不小于 12d，上层分布筋自变截面的上边缘位置下插 $1.2l_{aE}$；第二种为竖向分布筋以不大于 1/6 的斜率向上斜弯通过。

但应注意此处斜弯不同于框架柱纵筋在变截面位置的斜弯构造，需要控制纵筋斜弯段在梁截面高度范围内，此处只需控制斜弯的上部位置位于变截面位置上边缘，以不大于 1/6 的斜率往下弯，对于弯折的下部端点位置未作要求，只需满足斜率不大于 1/6 即可。同时应注意两种操作方法的使用范围，对于单边变截面幅度小于等于 30mm 的剪力墙，其竖向分布筋可斜弯通过（也可伸至墙顶弯折后上层重新插筋），斜弯范围内剪力墙水平分布筋连续布置，拉钩照常设置，其余均采用伸至墙顶弯折后上层重新插筋。应注意图 5-1-12 和图5-1-14的下层变截面一侧最顶部一道水平分布筋应设置在竖向分布筋弯折的内侧阴角位置，图 5-1-11 的下层变截面一侧最顶部一道水平分布筋设置在下层竖向筋弯折段与上层插筋交叉点位置。（此处剪力墙变截面处竖向钢筋构造同样适用于剪力墙约束边缘或构造边缘构件）。

5.1.5　剪力墙竖向钢筋顶部构造

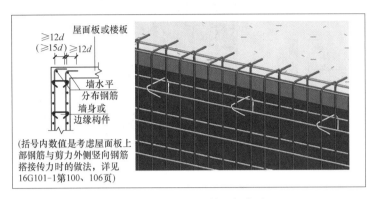

图 5-1-15　剪力墙竖向钢筋顶部构造（一）

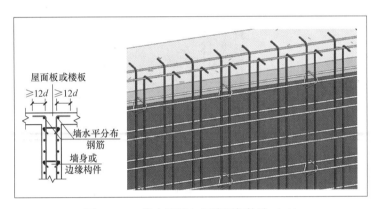

图 5-1-16　剪力墙竖向钢筋顶部构造（二）

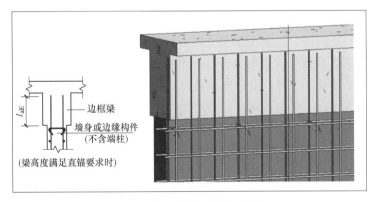

图 5-1-17　剪力墙竖向钢筋顶部构造（三）

关于图 5-1-15～图 5-1-18 所示的剪力墙竖向钢筋顶部构造：

当剪力墙顶无边框梁时，剪力墙竖向分布筋均采用向板内弯折不小于 12d 的做法。但若此部位采用板筋与剪力墙外侧竖向分布筋搭接的做法，则剪力墙外侧竖向分布筋需弯折不小于 15d。当剪力墙顶部设边框梁时，若边框梁高度能满足剪力墙竖向分布筋直锚要求，则竖向分布筋伸入边框梁 l_{aE} 即可；若不能满足直锚要求，则需将竖向分布筋伸至边

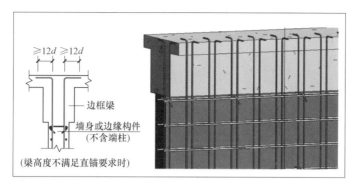

图 5-1-18　剪力墙竖向钢筋顶部构造（四）

框梁顶部向外弯折不小于 12d。（此处墙顶构造同样适用于剪力墙约束边缘或构造边缘构件）。

5.1.6　剪力墙竖向分布筋多排配筋构造

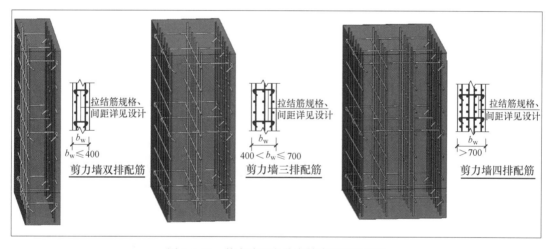

图 5-1-19　剪力墙竖向分布筋多排配筋构造

关于图 5-1-19 所示的剪力墙竖向分布筋多排配筋构造：

根据《高层建筑混凝土结构技术规程》（JGJ 3—2010）第 7.2.3 条规定：**"高层剪力墙结构的竖向和水平分布钢筋不应单排配置。剪力墙截面厚度不大于 400mm 时，可采用双排配筋；大于 400mm 但不大于 700mm 时，宜采用三排配筋；大于 700mm 时，宜采用四排配筋。各排分布钢筋之间拉筋的间距不应大于 600mm，直径不应小于 6mm"。** 当剪力墙厚度超过 400mm 时，如果仅采用双排配筋，形成中部大面积的素混凝土，会使剪力墙截面应力分布不均匀。

5.1.7　剪力墙抗震缝、施工缝处钢筋构造

（1）关于图 5-1-20 所示抗震缝处墙局部构造：

该构造在交界位置的板底为构造加强区，从板底位置从上到下连续设置四排直径不小于 10mm 的拉筋。图中注明拉筋竖向间距小于等于 150mm，因此钢筋深化设计人员应注

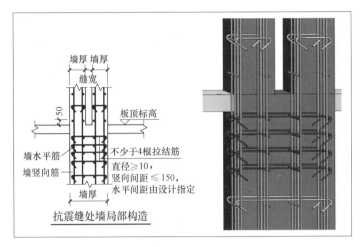

图 5-1-20   抗震缝处墙局部构造

意，此部位的水平分布筋竖向间距也应该按照 150mm 布置。

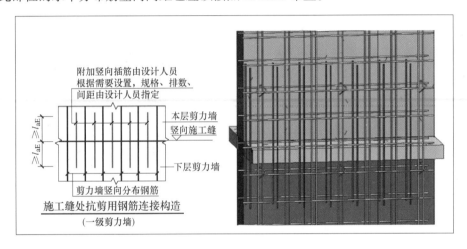

图 5-1-21   施工缝处抗剪用钢筋连接构造（一级剪力墙）

（2）关于图 5-1-21 所示施工缝处抗剪用钢筋连接构造：

该构造适用于抗震等级为一级的剪力墙，附加钢筋从施工缝位置分别向上下伸入剪力墙内 l_{aE}。当地震的横向作用力较大时，剪力墙底部的施工缝往往容易受到破坏，因此该部位需要进行构造加强。附加钢筋具体规格及间距由设计人员确定。

5.1.8   剪力墙水平筋连接构造

关于图 5-1-22 所示剪力墙水平分布筋交错连接构造：

相邻水平筋按 50% 错开搭接连接，搭接长度不小于 $1.2l_{aE}$，两个搭接段首尾间净距不小于 500mm。《高层建筑混凝土结构技术规程》（JGJ 3—2010）第 7.1.2 条规定：**"剪力墙不宜过长，较长剪力墙宜设置跨高比较大的连梁将其分成长度较均匀的若干墙段，各墙段的高度与墙段长度之比不宜小于 3，墙段长度不宜大于 8m"**。若墙段长度大于 8m，

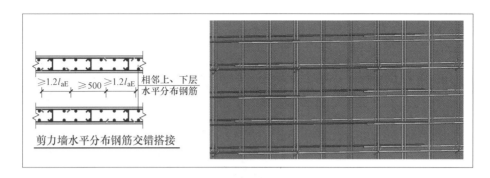

图 5-1-22　剪力墙水平分布筋交错连接构造

则当抵抗地震横向作用力时受力不合理，墙身易发生失稳破坏。而地下室结构中的混凝土墙（非剪力墙）长度则无此限制，地下室结构中的墙长可至"分缝"长度，一片较长的地下室混凝土外墙或内墙可向上延伸出多道剪力墙。因此剪力墙的墙段长度通常小于 8m，墙体水平分布筋可直接拉通设置。对于水平筋在转角墙中的连接构造，应遵循图 5-1-23～图 5-1-26 的构造要求。

5.1.9　剪力墙水平筋在暗柱转角墙位置连接构造

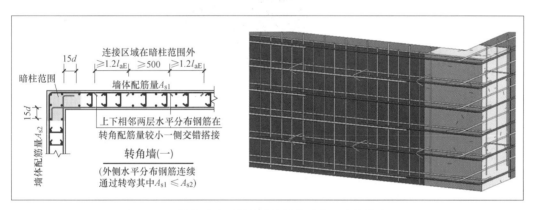

图 5-1-23　剪力墙水平筋在暗柱转角墙位置连接构造（一）

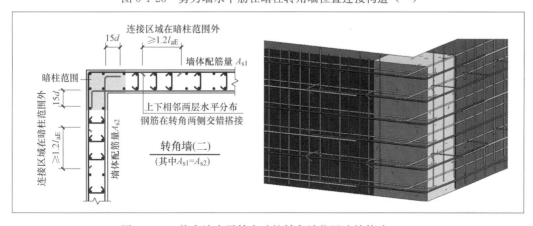

图 5-1-24　剪力墙水平筋在暗柱转角墙位置连接构造（二）

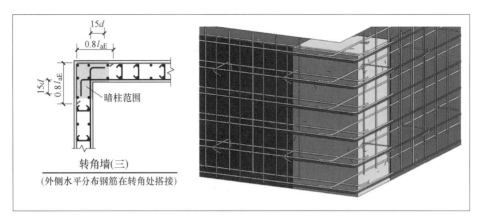

图 5-1-25 剪力墙水平筋在暗柱转角墙位置连接构造（三）

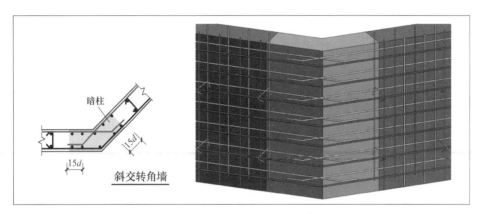

图 5-1-26 剪力墙水平筋在斜交转角墙位置连接构造

关于图 5-1-23～图 5-1-26 所示墙体水平筋在暗柱转角墙、斜交转角墙位置的连接构造：

① 关于图 5-1-23 所示转角墙（一），当暗柱两侧墙体配筋率不一致时，将剪力墙水平分布筋由配筋率较高一侧墙体弯折转入配筋率较低一侧墙体进行连接（注意将连接区设置在暗柱范围之外，如遇约束边缘柱还应注意避开其非阴影区）。在配筋率较低一侧采用 50% 错开搭接的方式同前述剪力墙水平分布筋交错搭接方式。关于图 5-1-24 所示转角墙（二），当暗柱两侧墙体配筋率一致时，剪力墙水平分布筋可避开暗柱范围后分别在两侧墙体内连接。

② 转角墙（一）和转角墙（二）的钢筋连接均遵循一个原则，即墙体外侧水平分布筋连接区应设置在配筋率较低一侧墙体，当两侧墙体配筋率一致时可分别在两侧墙体进行搭接。无论配筋率如何，阳角位置水平分布筋都应贯通设置，墙体内侧（阴角位置）水平分布筋分别伸至暗柱对侧纵筋内侧后向暗柱外弯折 $15d$。

③ 图 5-1-25 所示转角墙（三）的做法为在暗柱位置进行 100% 搭接，搭接长度为 $1.6l_{aE}$，水平分布筋在暗柱两侧的弯折长度分别为 $0.8l_{aE}$。当采用转角墙（三）做法时，水平筋在转角柱外部做法有两种：一种为图示做法，该做法水平筋弯折后的保护层较薄且无其他外层对其产生约束作用；另一种做法为将剪力墙水平筋在暗柱角筋内侧进行弯折进入暗柱，这样剪力墙水平分布筋弯折后外侧的保护层较厚，且位于暗柱纵筋和箍筋内侧，对其有约束作用，也有利于抵抗高强度的地震作用。

④ 当转角墙（一）、（二）、（三）的两侧墙体外侧水平分布筋配筋率不同时，可能存在直径相同但分布间距不同、直径不同但分布间距相同、直径及分布间距均不相同三种情况。当分布间距不同时，两边弯折的水平分布筋具备非接触搭接条件，而非接触搭接相比较于接触搭接，其传力效果更佳。因此当遇到水平分布筋间距不同时，可不将其凑到一起形成接触搭接，而是将其在各自位置分别与竖向分布筋绑扎固定。

⑤ 斜交转角墙水平筋的构造原则为：阳角位置剪力墙水平分布筋弯折贯通设置，阴角位置剪力墙水平分布筋分别伸至暗柱对边纵筋的内侧弯折 $15d$。

5.1.10　剪力墙水平筋在端柱转角墙位置连接构造

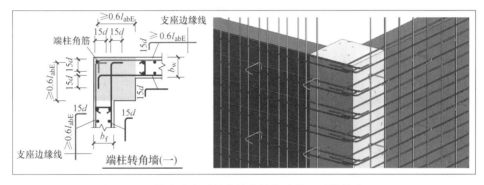

图 5-1-27　剪力墙水平筋在端柱转角墙位置连接构造（一）

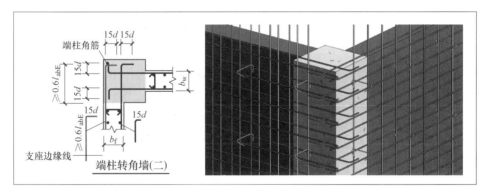

图 5-1-28　剪力墙水平筋在端柱转角墙位置连接构造（二）

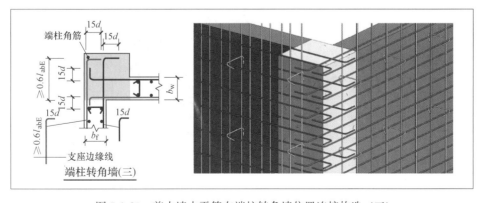

图 5-1-29　剪力墙水平筋在端柱转角墙位置连接构造（三）

关于图 5-1-27～图 5-1-29 所示墙体水平筋在端柱转角墙位置的连接构造：

① 关于端柱转角墙，无论剪力墙身与端柱位置关系如何，只需将端柱两侧墙体水平分布筋伸入端柱内分别锚固即可，此处与前述的暗柱转角墙水平分布筋在暗柱范围内连通构造不同。

当端柱宽度不能满足剪力墙水平分布筋的直锚长度要求时，需将剪力墙水平分布筋伸至端柱对边的纵向钢筋内侧弯折 15d。弯折锚固应注意当剪力墙与端柱外边一侧平齐时，外边平齐一侧剪力墙水平分布筋在弯折前的平直段长度应控制不小于 $0.6l_{abE}$，若不能满足此要求可与设计人员沟通明确具体做法。当端柱宽度满足直锚要求时，对于端柱纵筋内侧的剪力墙水平分布筋伸入端柱一个直锚长度即可，无需伸至端柱对边。但当剪力墙与端柱一侧平齐时，端柱纵筋外侧的水平分布筋（平齐一侧水平分布筋）仍需要伸至端柱对边纵筋内侧弯折 15d。

② 端柱转角墙不同于暗柱转角墙需考虑剪力墙水平分布筋在哪片墙体进行连接，因端柱转角墙的两侧墙体水平分布筋在端柱内分别锚固，因此若墙体水平分布筋需要连接时只需在各自的墙身长度范围内按照图 5-1-22 "剪力墙水平分布筋交错连接构造"进行连接即可。

5.1.11　剪力墙水平筋有/无暗柱时端部构造

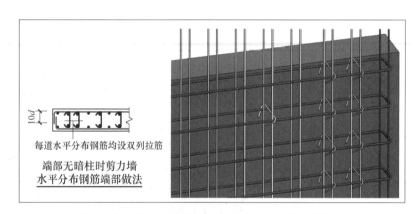

图 5-1-30　端部无暗柱时剪力墙水平分布筋端部做法

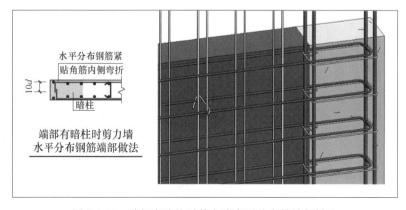

图 5-1-31　端部有暗柱时剪力墙水平分布筋端部做法

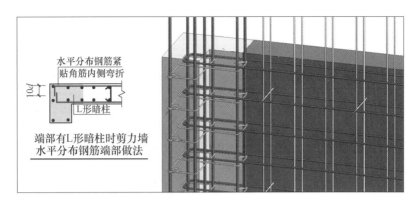

图 5-1-32 端部有 L 形暗柱时剪力墙水平分布筋端部做法

关于图 5-1-30～图 5-1-32 所示墙体水平筋端部无暗柱构造和有暗柱构造：

① 如图 5-1-30 所示的端部不设暗柱的剪力墙，在实际工程中并不常见。当剪力墙端部无暗柱时，可将剪力墙水平分布筋伸至最外侧竖向分布筋外部，包围该竖向分布筋后弯折 10d。从外到内第二、三列纵筋应设置拉筋进行构造加强，拉筋竖向间距为剪力墙水平分布筋间距。

② 如图 5-1-31、图 5-1-32 所示的剪力墙端部有矩形暗柱和 L 形暗柱做法，剪力墙水平分布筋构造相同，只需将水平筋伸至暗柱对边纵筋内侧弯折 10d 即可，无需将暗柱纵筋包围。剪力墙身拉筋设置只需根据设计要求进行布置即可，无需像无暗柱时剪力墙端部构造一样利用拉筋进行局部加强。

5.1.12 剪力墙水平筋在端柱端部墙位置做法

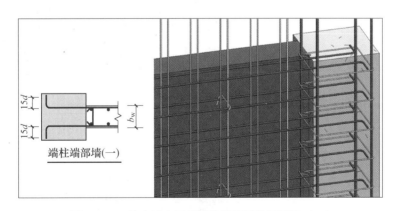

图 5-1-33 剪力墙水平筋端柱端部墙位置做法（一）

关于图 5-1-33 和图 5-1-34 所示的剪力墙水平筋在端柱端部墙位置做法：

剪力墙端部为端柱的水平筋构造与端柱转角墙中剪力墙水平筋构造类似。当端柱宽度不能满足直锚长度要求时，需将剪力墙水平分布筋伸至端柱对边的纵向钢筋内侧弯折 15d。当剪力墙与端柱一侧平齐时，平齐一侧剪力墙水平分布筋在弯折前的平直段长度应控制不小于 $0.6l_{abE}$，若不能满足此要求可与设计人员沟通明确具体做法。当端柱宽度满足直锚要求时，对于端柱纵筋内侧的剪力墙水平分布筋伸入端柱一个直锚长度即可，无需

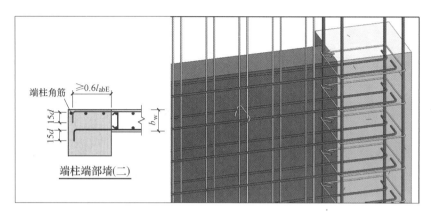

图 5-1-34 剪力墙水平筋端柱端部墙位置做法（二）

伸至端柱对边。但当剪力墙与端柱一侧平齐时，平齐一侧水平分布筋（即端柱纵筋外侧的水平分布筋）仍需要伸至端柱对边纵筋内侧弯折 $15d$。

5.1.13 剪力墙水平筋在暗柱翼墙或无暗柱翼墙位置钢筋构造

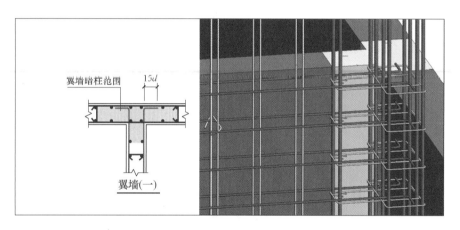

图 5-1-35 剪力墙水平筋在有暗柱翼墙位置做法

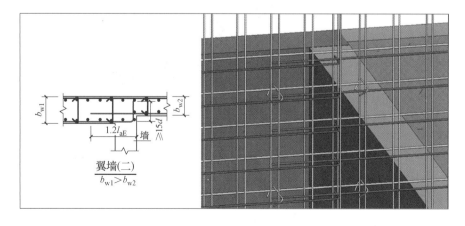

图 5-1-36 剪力墙水平筋在无暗柱翼墙位置做法（一）

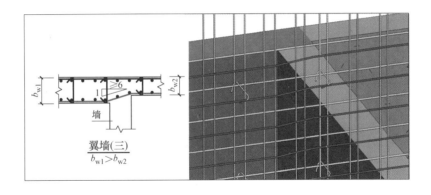

图 5-1-37　剪力墙水平筋在无暗柱翼墙位置做法（二）

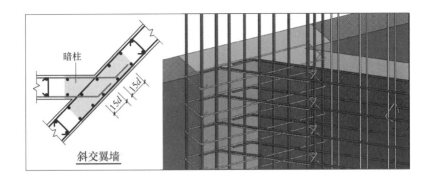

图 5-1-38　剪力墙水平筋在斜交翼墙位置做法（三）

关于图 5-1-35～图 5-1-38 所示墙体水平筋在翼墙和斜交翼墙位置的做法：

① 如图 5-1-35 所示的翼墙（一），当翼墙位置布置暗柱时，只需将"T字墙"的竖直段墙体水平分布筋伸入暗柱对边纵筋内侧向外弯折 $15d$ 即可。

② 如图 5-1-36 和图 5-1-37 所示的翼墙（二）和翼墙（三），可理解为剪力墙身的水平变截面构造。其构造分为两种：一种为图 5-1-36 所示的变截面位置截面尺寸较宽的一侧墙体水平筋伸至变截面位置端部后弯折不小于 $15d$，截面宽度较小的一侧墙体水平筋自变截面位置端部伸入较宽一侧墙体 $1.2l_{aE}$，其余钢筋能通则通；另一种为图 5-1-37 所示的剪力墙水平筋以 $1/6$ 的斜率斜弯通过的变截面构造，从图示可知该构造只在截面宽度较小一侧墙体中对钢筋斜弯的末端位置进行了限定（即变截面端部位置），而未对钢筋斜弯的起始位置进行限定。当墙体两侧变截面幅度较大时，若水平筋采用斜弯构造，则水平筋斜弯段可能超出"T字墙"竖直段墙体宽度范围较多，这样会导致右侧较宽一侧墙体有较长一段的墙截面有效宽度较小，可能会影响墙体受力。所以当墙体两侧变截面幅度较小时水平筋可采用斜弯通过的构造，当墙体两侧变截面幅度较大时水平筋应采用图 5-1-36 所示的翼墙（二）构造。

③ 如图 5-1-38 所示的斜交翼墙，只需将水平段墙体水平分布筋伸入暗柱对边纵筋内侧沿钝角方向弯折 $15d$ 即可。

5.1.14　剪力墙水平筋在端柱翼墙位置钢筋构造

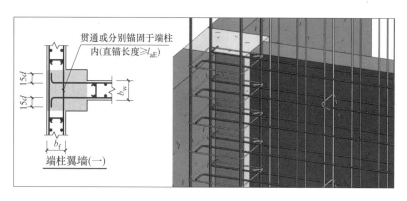

图 5-1-39　剪力墙水平筋在端柱翼墙位置做法（一）

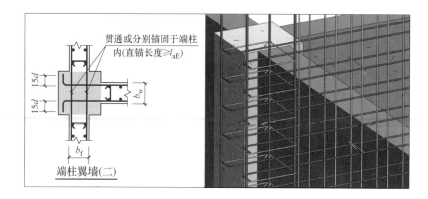

图 5-1-40　剪力墙水平筋在端柱翼墙位置做法（二）

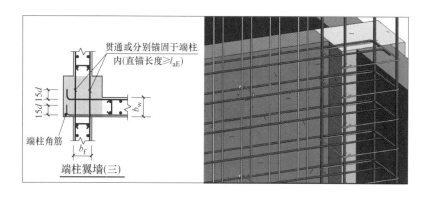

图 5-1-41　剪力墙水平筋在端柱翼墙位置做法（三）

　　当翼墙位置设置端柱时，剪力墙水平分布筋在端柱内的锚固可参考端柱端部墙。当端柱宽度不能满足直锚长度要求时，需将剪力墙水平分布筋伸至端柱对边纵向钢筋内侧弯折$15d$。当端柱宽度满足直锚要求时，对于端柱纵筋内侧的剪力墙水平分布筋伸入端柱一个直锚长度即可。但若剪力墙与端柱一侧平齐，平齐一侧水平分布筋（即端柱纵筋外侧的水平分布筋）仍需要伸至端柱对边纵筋内侧弯折$15d$。

5.1.15 剪力墙水平筋多排配筋构造

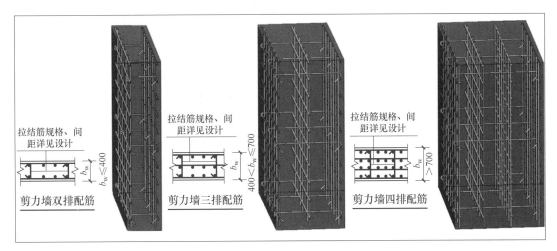

图 5-1-42 剪力墙水平筋多排配筋构造

关于图 5-1-42 所示的剪力墙水平筋多排配筋构造：

根据《高层建筑混凝土结构技术规程》（JGJ 3—2010）第 7.2.3 条规定："**高层剪力墙结构的竖向和水平分布钢筋不应单排配置。剪力墙截面厚度不大于 400mm 时，可采用双排配筋；大于 400mm、但不大于 700mm 时，宜采用三排配筋；大于 700mm 时，宜采用四排配筋。各排分布钢筋之间拉筋的间距不应大于 600mm，直径不应小于 6mm**"。当剪力墙厚度超过 400mm 时，如果仅采用双排配筋，形成中部大面积的素混凝土，会使剪力墙截面应力分布不均匀。（参照剪力墙竖向分布筋多排配筋构造，注意水平分布筋和竖向分布筋的层次关系）

5.1.16 剪力墙身拉筋构造

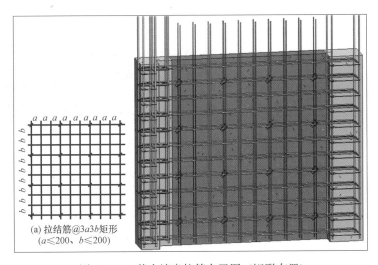

图 5-1-43 剪力墙身拉筋布置图（矩形布置）

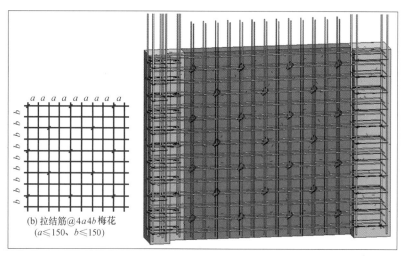

图 5-1-44　剪力墙身拉筋布置图（梅花形布置）

关于图 5-1-43 和图 5-1-44 所示剪力墙身拉筋布置方式：

① 拉筋的布置方式分为矩形布置和梅花形布置。矩形布置方式较为简单，只要确定竖向间距和水平间距即可，如图 5-1-43 拉筋矩形布置间距为@3a3b，则拉筋水平布置间距为 3a，竖向布置间距为 3b，在一个单位间距范围内（即 3a×3b 范围内）有四个拉钩。梅花形布置方式稍有不同，如图 5-1-44 中梅花形布置拉筋间距为@4a4b，即拉筋水平间距为 4a，竖向间距为 4b，此时需要在四个拉筋的中间再加一个拉筋形成梅花形布置方式。因此，拉筋梅花形布置在单位间距范围内（即 4a×4b 范围内）有 5 个拉筋。

② 关于拉筋的起步位置，层高范围内由底部板顶向上第二排水平分布筋处开始设置，至顶部板底向下第一排水平分布筋处终止；墙长度范围由距边缘构件边第一排墙身竖向分布筋处开始设置。墙身拉筋应同时勾住竖向分布筋与水平分布筋，当墙身分布筋多于两排时，拉筋应与墙身内部的每排竖向和水平分布筋同时绑扎牢固。

③ 钢筋深化设计人员应注意，因墙身拉筋要同时勾住剪力墙竖向分布筋与水平分布筋，所以拉筋的保护层比剪力墙水平筋保护层小一个拉筋直径，其下料长度也应作出调整，而不能直接采用剪力墙宽度减去两倍的剪力墙水平筋保护层进行下料。

5.1.17　剪力墙身开洞钢筋构造（一）

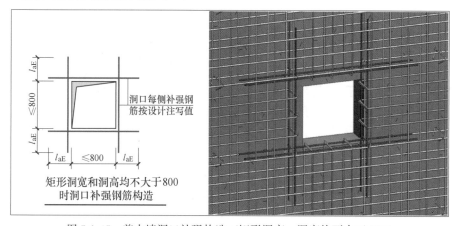

图 5-1-45　剪力墙洞口补强构造（矩形洞高、洞宽均不大于 800）

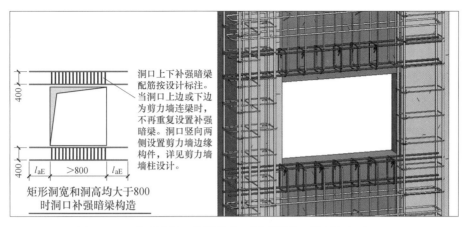

图 5-1-46　剪力墙洞口补强构造（矩形洞高、洞宽均大于 800）

关于图 5-1-45 和图 5-1-46 所示的剪力墙矩形洞口补强构造：

① 如图 5-1-45，当剪力墙遇到矩形洞口，若洞口高宽均不大于 800mm，则应在洞口四周设置补强钢筋，补强钢筋每端伸出洞口边缘 l_{aE}，补强钢筋规格由设计进行标注。如图 5-1-46 所示，当矩形洞口高宽均大于 800mm 时，可在洞口顶部和底部设置补强暗梁，补强暗梁配筋规格由设计标注，在洞口两侧设置剪力墙边缘构件。当矩形洞口一边小于 800mm，一边大于 800mm 时可将图 5-1-45 和图 5-1-46 的两个构造结合进行处理。

② 当剪力墙遇到矩形洞口，在实际工程的钢筋绑扎施工过程中，常遇见钢筋班组直接在一整片剪力墙身钢筋网中用电焊烧断钢筋形成矩形洞口，且不对洞口位置烧断的钢筋作任何处理直接浇筑混凝土，此种做法严重不符合规范要求。钢筋深化设计人员在下料时应注意：剪力墙水平和竖向分布筋遇到洞口时应进行封边处理，封边位置的钢筋弯折长度可根据剪力墙宽度减掉两侧的保护层来确定（参考剪力墙圆形洞口位置分布筋封边构造），不能因贪图方便直接烧断墙身钢筋网片。

5.1.18　剪力墙身开洞钢筋构造（二）

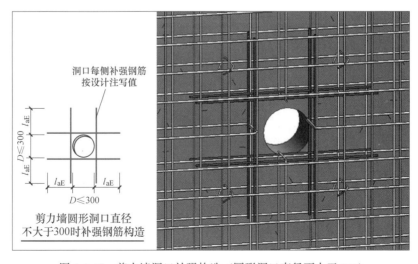

图 5-1-47　剪力墙洞口补强构造（圆形洞口直径不大于 300）

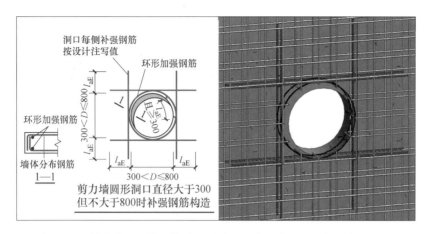

图 5-1-48　剪力墙洞口补强构造（圆形洞口直径大于 300 但不大于 800）

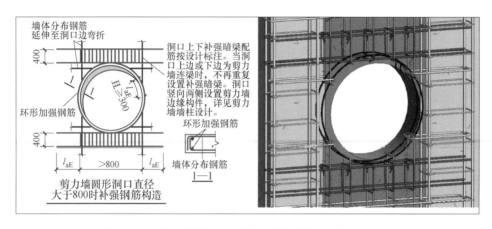

图 5-1-49　剪力墙洞口补强构造（圆形洞口直径大于 800）

关于图 5-1-47～图 5-1-49 所示的剪力墙圆形洞口补强构造：

如图 5-1-47 所示，在剪力墙上开设圆形洞口时，若洞口直径不大于 300mm，应在洞口四周平行于剪力墙水平与竖向分布筋方向设置补强钢筋，补强钢筋每端伸出洞口边缘 l_{aE}，其规格、数量按设计标注确定。如图 5-1-48 所示，对于剪力墙圆形洞口直径大于 300mm 但不大于 800mm 的情况，在洞口四周设置补强钢筋，补强钢筋每端伸出洞口边缘 l_{aE}，其规格、数量按设计标注确定。同时在圆形洞口一周设置环形补强钢筋，补强钢筋搭接长度取值为 l_{aE} 且不小于 300mm。如图 5-1-49 所示，若圆形洞口直径大于 800mm，可在洞口顶部和底部设置补强暗梁，补强暗梁配筋规格由设计标注，当洞口顶部或底部为剪力墙连梁时，不再重复设置补强暗梁。洞口竖向两侧设置剪力墙边缘构件，边缘构件配筋详见墙柱设计文件。钢筋深化设计人员在下料时应注意：剪力墙水平和竖向分布筋遇到洞口不能贯通时，应对钢筋进行截断并封边处理，封边位置的钢筋弯折长度可根据剪力墙宽度减掉两侧的保护层来确定（参考图 5-1-48 和图 5-1-49 中的 1-1 剖面）。

5.1.19　连梁中部圆形洞口补强钢筋构造

关于图 5-1-50 所示的连梁中部圆形洞口补强构造：

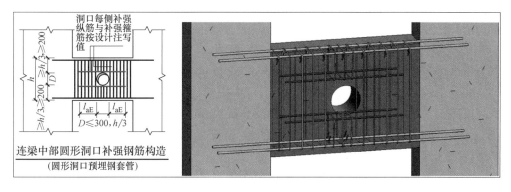

图 5-1-50　连梁中部圆形洞口补强构造

该构造中圆形洞口直径不大于 1/3 连梁截面高度且不大于 300mm，位置位于连梁中部，洞口上下的高度不得小于连梁截面高度的 1/3 且不小于 200mm。该洞口在连梁中的横向位置虽未加说明，但从图示中可看出洞口应设置在连梁跨中部位。连梁功能为刚性连接两片剪力墙，在抵抗地震作用时协同变形，承受剪力较大，当洞口接近连梁端部设置时应慎重，或采取加强措施。由于连梁跨高比通常小于框架梁或非框架梁，因此该连梁中部圆形洞口补强钢筋构造不适用于框架梁或非框架梁上开洞。

5.2　剪力墙边缘构件钢筋构造

5.2.1　关于剪力墙边缘构件中"边缘"的定义

在水平地震力的往复作用下，剪力墙通过平面内的往复摆动以消耗地震产生的能量（平面外方向的地震力由设置在平面外方向的剪力墙消耗）。这种往复摆动使得墙体两端边缘部位交替承受压力和拉力，边缘处最大，由边缘到墙中部逐渐减小，过墙中线后压力和拉力互相转换。当剪力墙边缘部位往复承受最大压力和最大拉力时，为了保证边缘部位不发生受压和受拉破坏，需要加强剪力墙边缘部位的强度和刚度，为此需设置剪力墙边缘件。边缘构件的尺寸通常为墙肢长度的 1/10 至 1/4，即 $0.1h_w$ 至 $0.25h_w$，小于此尺寸则不能充分发挥"边缘"部位加强作用。

5.2.2　约束边缘构件和构造边缘构件的设置条件

《建筑抗震设计规范》（GB 50011—2010）第 6.4.5 条第 2 款规定：**"底层墙肢底截面的轴压比大于表 6.4.5-1 规定的一、二、三级抗震墙，以及部分框支抗震墙结构的抗震墙，应在底部加强部位及相邻的上一层设置约束边缘构件，在以上的其他部位可设置构造边缘构件。"**即一、二、三级抗震等级的剪力墙，有设置构造边缘构件相应的最大轴压比；若超过该设置构造边缘构件的最大轴压比，则在底部加强部位及上一层的墙肢范围设置约束边缘构件；如未超过则设置构造边缘构件。四级抗震等级的剪力墙仅设置相应的构造边缘构件即可。

关于约束边缘构件的阴影区与非阴影区：

① 约束边缘构件的阴影区为剪力墙边缘往复承受最大压力和最大拉力的核心部位。该部位的尺寸要求、纵筋、箍筋，均按现行规范的相应规定配置。

② 约束边缘构件的非阴影区为核心部位（阴影区）以外的扩展部位。该部位的纵筋，通常直接采用剪力墙的竖向分布筋，箍筋按 $\lambda_v/2$ 配置（参考《建筑抗震设计规范》（GB 50011—2010）第 6.4.5 条第 2 款规定）。λ_v 为核心暗柱部位的配箍特征值，该特征值与体积配箍率 ρ_v、混凝土轴心抗压强度 f_c、箍筋抗拉强度设计值 f_{yv} 相关（$\lambda_v = \rho_v f_{yv}/f_c$），当核心区与扩展区混凝土强度等级与箍筋牌号相同时，非阴影区箍筋按 $\lambda_v/2$ 配置，即按阴影区体积配箍率的 1/2 配置。

③ 对于非阴影区，可将剪力墙贯通该范围的水平分布筋和增设的拉筋合并计算该部位的体积配箍率。此时，非阴影区纵筋按剪力墙竖向分布筋布置，且每道竖向分布筋均设置拉筋。若仍不能满足体积配箍率要求时，设计人员可采取减小水平与竖向分布筋间距以增加拉筋的方式予以满足，也可将阴影区箍筋"隔一伸一"至非阴影区。

5.2.3　剪力墙边缘构件纵筋基础插筋构造（以矩形暗柱为例）

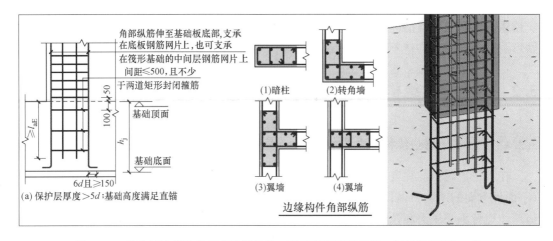

图 5-2-1　剪力墙边缘构件基础插筋构造（基础高度满足直锚，保护层厚度＞5d）

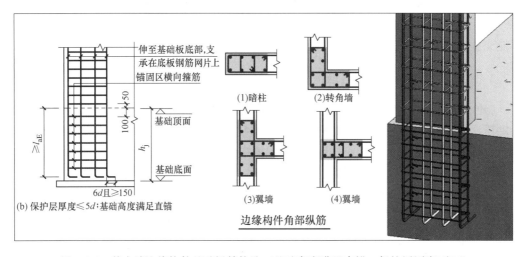

图 5-2-2　剪力墙边缘构件基础插筋构造（基础高度满足直锚，保护层厚度≤5d）

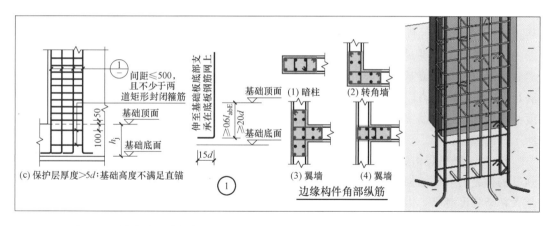

图 5-2-3　剪力墙边缘构件基础插筋构造（基础高度不满足直锚，保护层厚度＞5d）

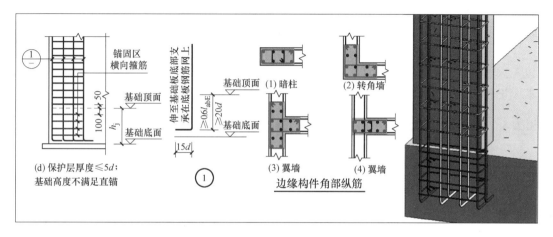

图 5-2-4　剪力墙边缘构件基础插筋构造（基础高度不满足直锚，保护层厚度≤5d）

关于图 5-2-1～图 5-2-4 所示的剪力墙边缘构件纵筋在基础内的插筋构造：

① 剪力墙边缘构件纵筋在基础内的插筋做法可根据基础高度情况分为两种，第一种为基础高度不小于边缘构件纵筋锚固长度的情况，即图 5-2-1 和图 5-2-2 所示的做法；第二种为基础高度小于边缘构件纵筋锚固长度的情况，即图 5-2-3 和图 5-2-4 所示的做法。

② 对于基础高度不小于边缘构件纵筋锚固长度的情况，如图 5-2-1 所示，若纵筋保护层大于 5d（d 为纵筋直径），则可将边缘构件的角部纵筋伸至基础底层钢筋网片上弯折 6d 且不小于 150mm，边缘构件非角部纵筋自基础顶面位置下插 l_{aE} 即可。伸至基础底部钢筋网片上的边缘构件纵筋（不包含端柱）间距不应大于 500mm，不满足时应将边缘构件非角部纵筋伸至基础底部钢筋网片上以满足不大于 500mm 的要求。纵筋保护层大于 5d 时应在纵筋的锚固高度范围设置间距不大于 500mm 并不少于 2 道矩形封闭箍筋。

如图 5-2-2 所示，若纵筋保护层不大于 5d，可将边缘构件的全部纵筋伸至基础底层钢筋网片上，弯折 6d 且不小于 150mm。（对于约束边缘构件中角部纵筋的定义参照图 5-2-1～图 5-2-4 中的"边缘构件角部纵筋"。）纵筋保护层不大于 5d 时应在纵筋的锚固高度范围设置锚固区横向箍筋。

③ 如图 5-2-3 和图 5-2-4 所示，对于基础高度小于边缘构件纵筋锚固长度的情况，应将边缘构件的全部纵筋伸至基础底板的底层钢筋网片上弯折 $15d$，对于这种情况应注意纵筋的竖直段长度应满足大于等于 $0.6l_{abE}$，同时不小于 $20d$。但是在具体施工过程中可能遇到纵筋直径较大或基础高度较小的情况（可能两种情况同时存在），导致基础高度无法满足上述纵筋的竖直段长度要求，对于这种情况应和设计进行沟通明确具体做法。基础高度小于边缘构件纵筋锚固长度时，纵筋锚固高度范围设置的箍筋分别同图 5-2-1 和图 5-2-2 所示的构造。

④ 为保证钢筋和混凝土达到共同工作、共同受力的效果，混凝土必须对钢筋产生足强度的握裹力（粘结强度）。混凝土保护层厚度是影响粘结强度的主要因素之一，保护层越大粘结强度越高，但当保护层厚度大于钢筋直径 5 倍时，粘结强度通常不再增长。因此，当边缘构件纵筋的保护层小于等于 $5d$ 时，混凝土对纵筋并没有产生足强度的握裹力，此时需通过设置锚固区的横向箍筋以增强对纵筋的横向约束作用，并达到混凝土和钢筋共同受力的效果。锚固区横向箍筋应满足直径大于等于 $d/4$（d 为最大纵筋直径），间距小于等于 $10d$（d 为最小纵筋直径）且不大于 100mm 的要求。

⑤ 对于纵筋侧面保护层大于 $5d$ 的情况，因混凝土能对钢筋产生足强度的握裹力，所以无需通过设置锚固区的横向箍筋来增强混凝土对钢筋的粘结强度。此时只需要设置间距不大于 500mm，并且不少于 2 道矩形封闭箍筋来满足柱纵筋的定位约束要求即可。

5.2.4 剪力墙上起边缘构件纵筋构造（以矩形暗柱为例）

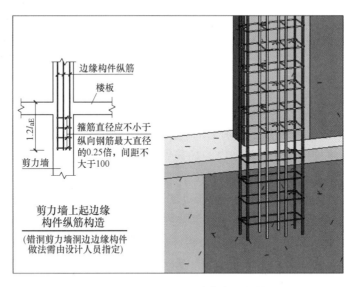

图 5-2-5 剪力墙上起边缘构件纵筋构造

关于图 5-2-5 所示的剪力墙上起边缘构件纵筋构造：

当剪力墙上需留置宽度大于 800mm 的洞口时，洞口两侧需要设置边缘加强构件；或者当上一楼层剪力墙长度变小时，上一层边缘构件需要重新在下一层的剪力墙上进行插筋。以上两种情况以及其他情况等都需要在剪力墙身上进行重新插筋起柱。插筋时纵筋自上层楼板顶部往下插 $1.2l_{aE}$ 即可，在插筋范围内（去除板厚范围）设置的箍筋直径不小于纵筋最大直径的 0.25 倍，间距不大于 100mm。此处应根据箍筋的间距在插筋范围布满（去除板厚范围），而不能理解为图示中设置四个。上述墙上起边缘构件的构造只适用于边缘暗柱而无法适用于端柱，因端柱宽度通常超出墙身，宽度超出墙身部分的纵筋无法在墙上进行锚固。

5.2.5 剪力墙边缘构件纵向钢筋连接构造（以矩形暗柱为例）

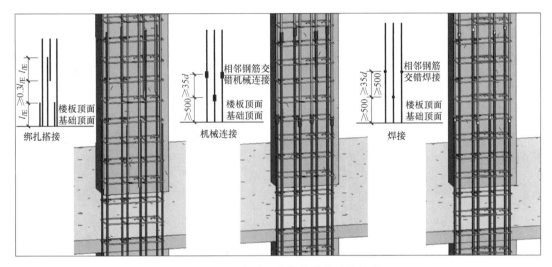

图 5-2-6　剪力墙边缘构件纵筋连接构造

关于图 5-2-6 所示的剪力墙边缘构件纵筋连接构造：

① 剪力墙边缘构件纵筋采用搭接连接时，其连接构造不同于剪力墙身竖向分布筋。边缘构件纵筋连接不论是否抗震、抗震等级高低以及不论是否处于底部加强部位，其相邻纵筋均应高低错开，按 50% 搭接百分率进行搭接，搭接位置应超出楼面满足搭接长度。搭接长度取值与墙身竖向分布筋的 $1.2l_{aE}$ 不同，边缘构件纵筋搭接长度为 l_{lE}（即考虑了搭接百分率对搭接长度的影响），相邻纵筋搭接段首尾错开净距不小于 $0.3l_{lE}$。因剪力墙约束边缘柱或构造边缘柱受力形式不同于框架柱，框架柱在地震作用下需抵抗由水平地震力产生的弯矩和剪力，而剪力墙身两个端部的约束边缘柱或构造边缘柱在水平地震力作用下往复交替承受拉力和压力，因此边缘构件纵筋采用搭接时需考虑其全截面受拉时做法，按 16G101-1 第 59 页的"同一连接区段内纵向受拉钢筋绑扎搭接接头"进行设计。

② 当采用机械连接和焊接连接时，相邻纵筋均应高低错开按 50% 进行连接。机械连接和焊接的起始位置均为楼面往上大于等于 500mm 的位置，机械连接相邻纵筋需错开不小于 35d，焊接连接相邻纵筋需错开大于等于 35d 且不小于 500mm。实际工程施工时常遇见相邻纵筋未错开的情况，钢筋深化设计人员和质量员针对这种情况应加强监督和检查。对于钢筋连接，若现场采用机械连接，应注意防止班组使用劣质连接件，钢筋端部丝扣等的处理应符合钢筋连接规范要求。纵筋采用焊接时，现场多采用电渣压力焊，应注意纵筋焊接的质量，如焊渣是否敲除、焊包是否饱满、纵筋中心是否上下对准、钢筋端部是否翘曲等。

③ 剪力墙边缘构件纵筋连接构造（除端柱、截面高度不大于截面厚度 4 倍的矩形独

立墙肢外）和KZ纵筋连接构造有所区别，KZ纵筋连接受到连接区和非连接区的限制，即纵筋不应在上下柱端的箍筋加密区位置进行连接，而剪力墙边缘构件纵筋连接只需注意其在墙底部伸出楼板面的高度和连接区段长度，其在楼层的其他高度范围均可设置连接点（注意相邻连接点之间的错开高度）。

5.2.6　剪力墙边缘构件变截面处纵筋连接构造（以矩形暗柱为例）

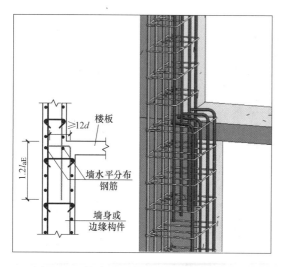

图 5-2-7　剪力墙边缘构件变截面构造（一）

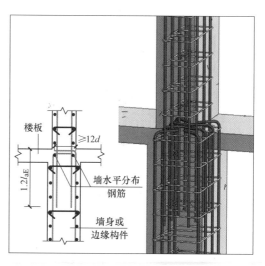

图 5-2-8　剪力墙边缘构件变截面构造（二）

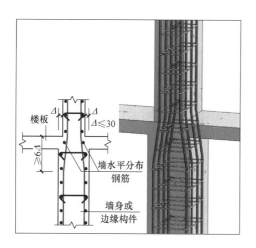

图 5-2-9　剪力墙边缘构件变截面构造（三）

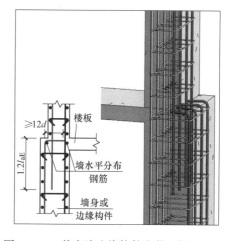

图 5-2-10　剪力墙边缘构件变截面构造（四）

图 5-2-7～图 5-2-10 所示为剪力墙边缘构件变截面位置纵筋构造，具体可参考剪力墙身的构造解读，此处不再赘述。

5.2.7　剪力墙边缘构件纵筋顶部构造（以矩形暗柱为例）

图 5-2-11～图 5-2-14 所示为剪力墙边缘构件顶部钢筋构造，具体可参考剪力墙身的构造解读，此处不再赘述。

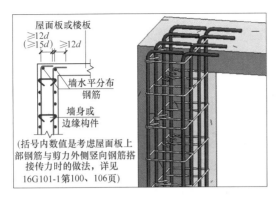

图 5-2-11 剪力墙边缘构件纵筋顶部构造（一）

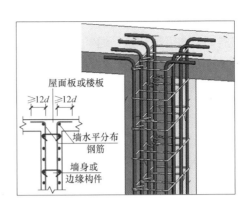

图 5-2-12 剪力墙边缘构件纵筋顶部构造（二）

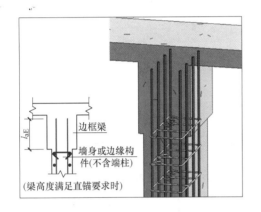

图 5-2-13 剪力墙边缘构件纵筋顶部构造（三）

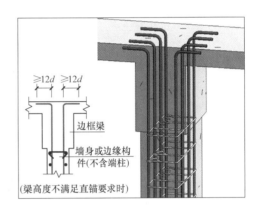

图 5-2-14 剪力墙边缘构件纵筋顶部构造（四）

5.2.8 剪力墙约束边缘构件 YBZ 钢筋构造

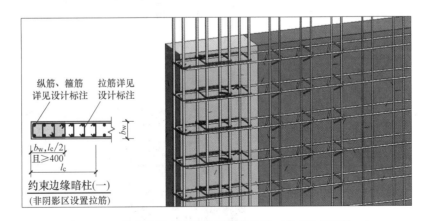

图 5-2-15 剪力墙约束边缘构件钢筋构造（约束边缘暗柱一）

（1）关于图 5-2-15～图 5-2-18 所示的约束边缘暗柱（一）、翼墙（一）、转角墙（一）、端柱（一）构造：

① 图 5-2-15～图 5-2-18 中的 l_c 长度范围包括约束边缘构件的核心暗柱范围和扩展部

位,两者有两方面的差别:一方面核心部位配筋按规范要求配置,箍筋应采用封闭箍,而扩展部位的纵筋和箍筋通常采用剪力墙身的竖向分布筋和水平分布筋加拉筋(体积配箍率满足$\lambda_v/2$)。另一方面核心部位的尺寸范围同时满足多项条件,扩展部位的范围为总长度l_c减去核心部位尺寸后的余值。

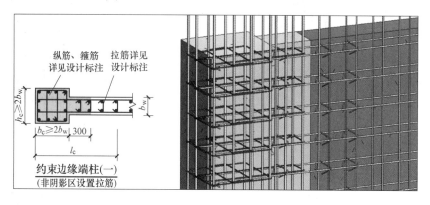

图 5-2-16　剪力墙约束边缘构件钢筋构造(约束边缘端柱一)

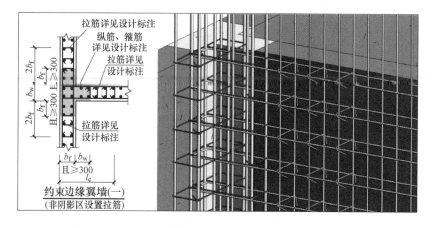

图 5-2-17　剪力墙约束边缘构件钢筋构造(约束边缘翼墙一)

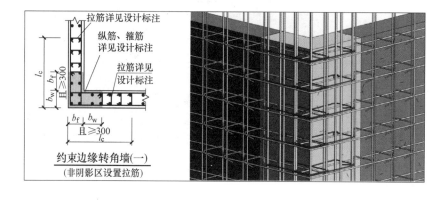

图 5-2-18　剪力墙约束边缘构件钢筋构造(约束边缘转角墙一)

② 约束边缘暗柱（一）、翼墙（一）、转角墙（一）、端柱（一）的箍筋配置特点，是在阴影区采用复合箍筋，在非阴影区采用剪力墙水平分布筋加拉筋。采用该方式，当非阴影区不能满足 $\lambda_v/2$ 要求时，设计通常采用加密剪力墙竖向分布筋间距从而增加拉筋，或保持剪力墙竖向分布筋间距及相应拉筋不变，将阴影区箍筋隔一伸一至非阴影区等措施。

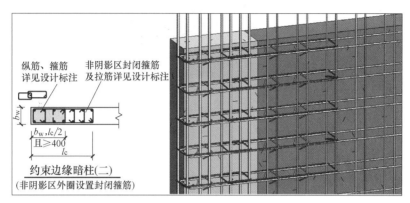

图 5-2-19　剪力墙约束边缘构件钢筋构造（约束边缘暗柱二）

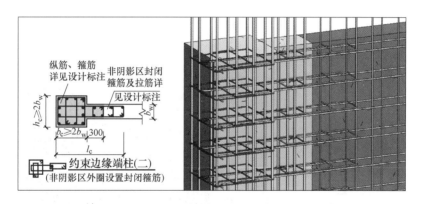

图 5-2-20　剪力墙约束边缘构件钢筋构造（约束边缘端柱二）

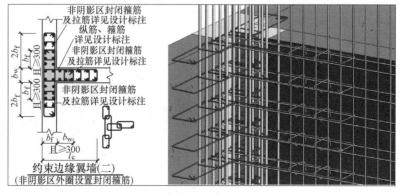

图 5-2-21　剪力墙约束边缘构件钢筋构造（约束边缘翼墙二）

（2）关于图 5-2-19～图 5-2-22 所示的约束边缘暗柱（二）、翼墙（二）、转角墙（二）、端柱（二）构造：

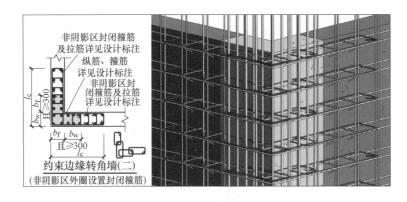

图 5-2-22　剪力墙约束边缘构件钢筋构造（约束边缘转角墙二）

　　约束边缘构件（一）和（二）的区别在于箍筋的配置形式，在核心暗柱和扩展区的尺寸范围全部相同。约束边缘构件（二）的箍筋配置特点，是阴影区和非阴影区联合采用复合箍。采用这种箍筋配置方式，因核心暗柱范围的箍筋会延伸到扩展区范围，同时该区域设置有剪力墙水平分布筋，所以应考虑非阴影区的体积配箍率是否会超过 $\lambda_v/2$。

5.2.9　剪力墙水平筋计入约束边缘构件 YBZ 体积配箍率钢筋构造

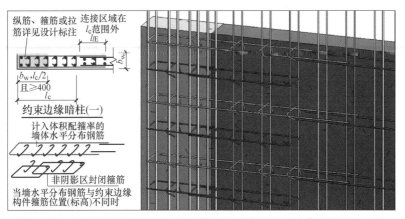

图 5-2-23　剪力墙水平筋计入 YBZ 体积配箍率构造（约束边缘暗柱一）

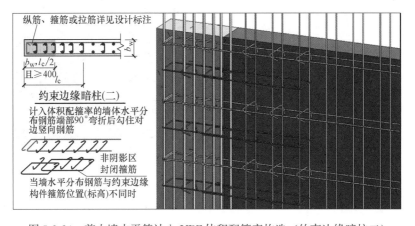

图 5-2-24　剪力墙水平筋计入 YBZ 体积配箍率构造（约束边缘暗柱二）

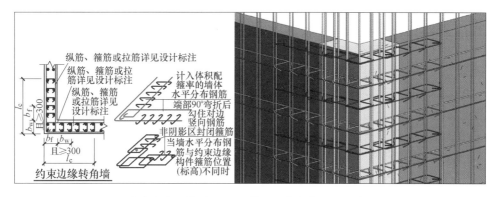

图 5-2-25　剪力墙水平筋计入 YBZ 体积配箍率构造（约束边缘转角墙）

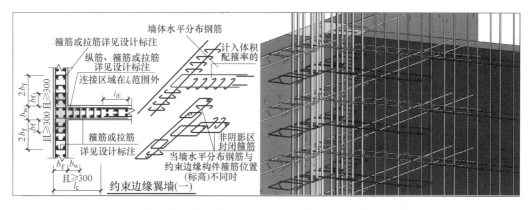

图 5-2-26　剪力墙水平筋计入 YBZ 体积配箍率构造（约束边缘翼墙一）

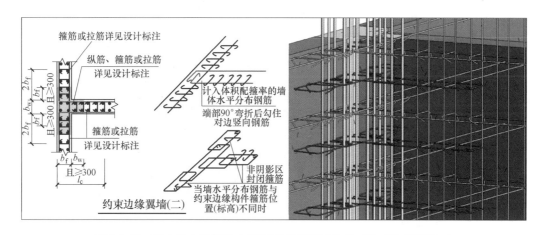

图 5-2-27　剪力墙水平筋计入 YBZ 体积配箍率构造（约束边缘翼墙二）

关于图 5-2-23～图 5-2-27 所示的剪力墙水平筋计入 YBZ 体积配箍率构造：

① 当地震引起剪力墙整体弯曲变形时，剪力墙边缘部位反复承受压力与拉力。在边缘构件范围设置箍筋并控制剪力墙边缘构件的体积配箍率，其主要功能是提高剪力墙边缘部位的抗压强度，近似于为提高柱的抗压强度而配置柱箍筋所发挥的等效三向受压功效。剪力墙水平分布筋的主要功能是抵抗地震作用对剪力墙产生的横向剪力。

② 边缘构件的箍筋与剪力墙水平分布筋各自的功能不同，但可互补。现行《混凝土结构设计规范》（GB 50010—2010）第 11.7.18 条规定：计算约束边缘构件的体积配箍率时"可适当计入满足构造要求且在墙端有可靠锚固的水平分布钢筋的截面面积"。16G101-1 第 76 页图注第 1 条对墙体水平分布筋计入体积配箍率的比例作出了规定，即**"计入的墙水平分布筋体积配箍率不应大于总体积配箍率的 30%"**。当在约束边缘构件阴影区的体积配箍率计入剪力墙水平分布筋时，水平分布筋在端部向两侧弯钩的方式似乎不如相对弯钩或连续弯折贯通更适合发挥类似箍筋作用。

③ 约束边缘暗柱（一）和约束边缘转角墙（一）采用墙体水平筋在暗柱扩展区范围之外搭接的构造形式，此种构造搭接宜设置在 l_c 范围以外，并应参照 16G101-1 第 71 页剪力墙水平分布筋的 50% 错开搭接的方式，不宜采用 100% 搭接。

5.2.10 剪力墙构造边缘构件 GBZ 钢筋构造

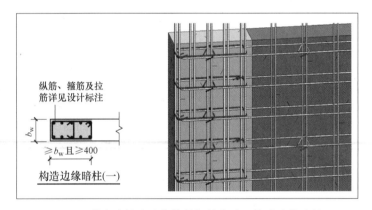

图 5-2-28 剪力墙构造边缘构件钢筋构造（构造边缘暗柱一）

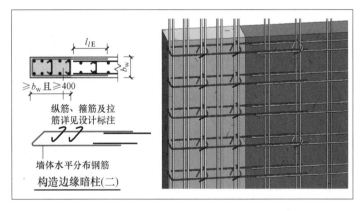

图 5-2-29 剪力墙构造边缘构件钢筋构造（构造边缘暗柱二）

关于图 5-2-28～图 5-2-36 所示的剪力墙构造边缘构件钢筋构造：

《建筑抗震设计规范》（GB 50011—2010）第 6.4.5 条第 2 款规定：**"底层墙肢底截面的轴压比大于表 6.4.5-1 规定的一、二、三级抗震墙，以及部分框支抗震墙结构的抗震墙，应在底部加强部位及相邻的上一层设置约束边缘构件，在以上的其他部位可设置构造边缘构件"**。

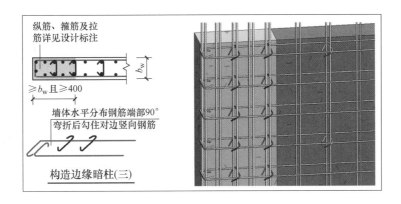

图 5-2-30 剪力墙构造边缘构件钢筋构造（构造边缘暗柱三）

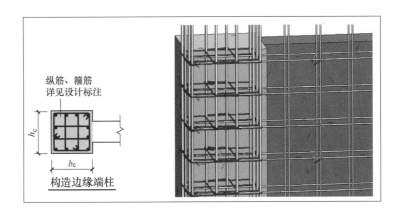

图 5-2-31 剪力墙构造边缘构件钢筋构造（构造边缘端柱）

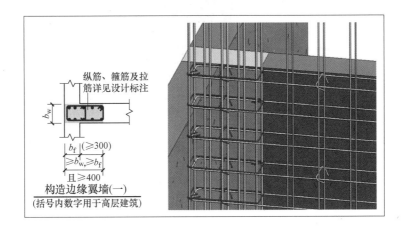

图 5-2-32 剪力墙构造边缘构件钢筋构造（构造边缘翼墙一）

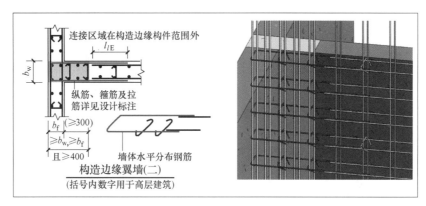

图 5-2-33　剪力墙构造边缘构件钢筋构造（构造边缘翼墙二）

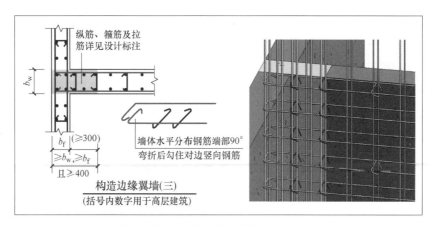

图 5-2-34　剪力墙构造边缘构件钢筋构造（构造边缘翼墙三）

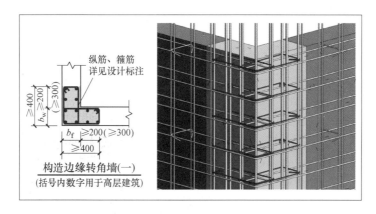

图 5-2-35　剪力墙构造边缘构件钢筋构造（构造边缘转角墙一）

　　构造边缘构件只有暗柱，没有扩展区，相比较于约束边缘构件，其对暗柱的尺寸多控条件也作出了适当调整。构造边缘暗柱（一）、翼墙（一）、转角墙（一）只对暗柱范围作出尺寸要求（应注意规范对非高层建筑和高层建筑的暗柱尺寸要求不同），构造边缘构件（二）、（三）对于墙体水平筋在暗柱范围的构造作出要求。构造边缘构件（二）、（三）用于剪力墙的非底部加强部位，当构造边缘构件内箍筋和拉筋位置（标高）与墙体水平分布

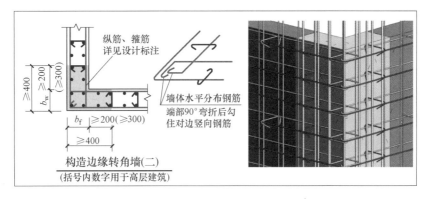

图 5-2-36　剪力墙构造边缘构件钢筋构造（构造边缘转角墙二）

筋相同时可采用，此构造做法应由设计指定后使用。同时，构造边缘暗柱（二）和构造边缘翼墙（二）采用墙体水平筋在暗柱范围之外搭接的构造形式，此种构造搭接应参照16G101-1 第 71 页剪力墙水平分布筋的 50％错开搭接的方式，不宜采用 100％搭接。

5.2.11　剪力墙扶壁柱 FBZ、非边缘暗柱 AZ 钢筋构造

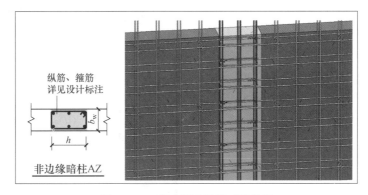

图 5-2-37　剪力墙非边缘暗柱构造

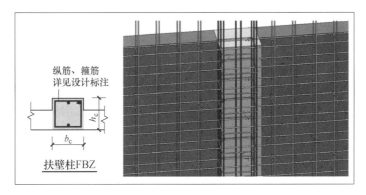

图 5-2-38　剪力墙扶壁柱构造

关于图 5-2-37、图 5-2-38 所示的剪力墙非边缘暗柱和扶壁柱构造：

当梁支承在剪力墙平面外（梁垂直于剪力墙肢长度方向连接），设计要求梁端与剪力

墙刚性连接时，梁纵筋需在墙内足强度锚固。从构造上可理解为梁在剪力墙上进行锚固，不能满足直锚要求时弯锚的水平段长度必须伸至墙边且满足 $0.4l_{abE}$，但墙身厚度不能满足上述要求时可增设扶壁柱；当墙身厚度满足要求时，宜增设非边缘暗柱。当梁支承在剪力墙平面外，设计要求梁端与剪力墙半刚性连接时，梁纵筋虽不需在墙内足强度锚固，但若考虑对墙体适当加强时，可设置非边缘暗柱。在扶壁柱、非边缘暗柱与剪力墙的重叠范围，墙水平分布筋贯通穿过扶壁柱或暗柱，但剪力墙竖向分布筋在该范围不需要与柱纵筋重叠布置。

5.3　剪力墙梁钢筋构造

5.3.1　剪力墙连梁 LL 钢筋构造

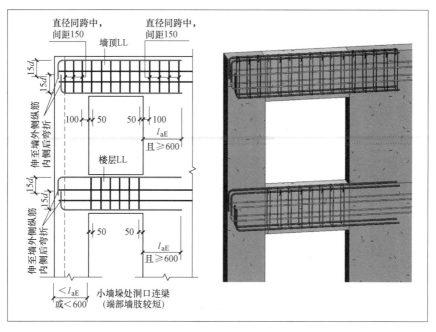

图 5-3-1　剪力墙小墙垛（端部墙肢较短）处洞口连梁钢筋构造

（1）关于图 5-3-1～图 5-3-3 所示的剪力墙连梁构造：

图 5-3-1～图 5-3-3 所示的剪力墙连梁分为楼层 LL 和墙顶 LL，但应注意墙顶 LL 不一定在屋面，可能位于屋面，可能在楼面，也可能位于高出屋面的塔楼。

① 连梁纵筋在支座中的锚固和框架梁有所不同，若连梁支座满足连梁纵筋的直锚要求时，则纵筋锚入支座长度为 l_{aE} 且大于等于 600mm（双控条件）。当支座宽度不能满足此双控条件的一个或两个时，则连梁纵筋应伸至剪力墙对边的纵筋内侧上下弯折 15d。但是不同于框架梁的地方在于：规范对于 LL 弯折锚固时弯折前的水平段长度没有作出要求。当为双洞口连梁时，连梁纵筋贯穿两洞口之间的墙肢。因此作为双洞口连梁的条件是两洞口之间的墙肢长度不大于 $2l_{aE}$ 且不大于 1200mm，钢筋能通则通。

② 关于连梁的箍筋布置，应注意墙顶连梁除了净跨范围需按设计要求布置箍筋外，

在墙顶连梁的锚固区范围也应布置箍筋。但锚固区的箍筋其功能不同于净跨范围的箍筋，净跨范围的箍筋用于抵抗剪力，而锚固区的箍筋用于增强对该范围连梁上部纵筋的横向约束作用。因为墙顶连梁上部纵筋的保护层太薄，无法达到足强度锚固，且当地震发生时连梁支座容易遭到破坏。

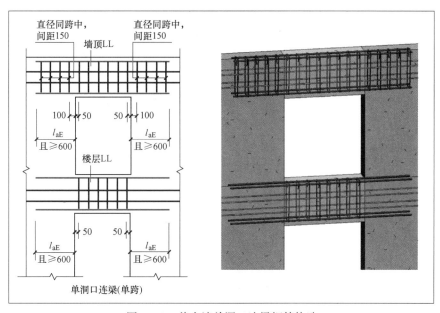

图 5-3-2　剪力墙单洞口连梁钢筋构造

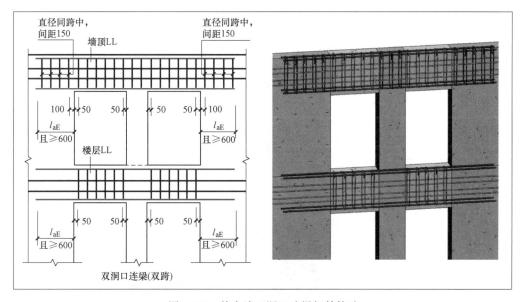

图 5-3-3　剪力墙双洞口连梁钢筋构造

连梁净跨范围的箍筋间距和规格按照设计要求即可，箍筋布置的起步距离为从支座边50mm 处开始。而锚固区的箍筋间距规范已经做出要求，间距为 150mm，起步距离为支座边缘往内 100mm 处开始布置，此为构造要求。

③ 剪力墙连梁根据跨高比和墙厚分为数种类型，其中较为普遍的是采用跨高比大于

2.5但不大于5，仅配置纵筋和箍筋的连梁，上图中的连梁即为此种类型的连梁。而对于跨高比大于5的连梁宜按框架梁施工，这部分连梁将在后续 LLk 中将进行阐述。

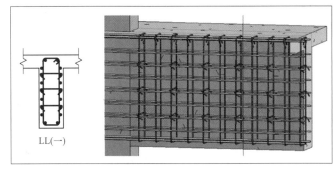

图 5-3-4　连梁侧面纵筋与拉筋构造（一）

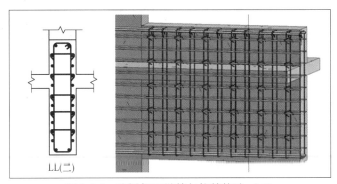

图 5-3-5　连梁侧面纵筋与拉筋构造（二）

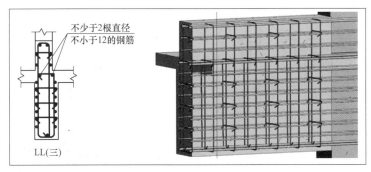

图 5-3-6　连梁侧面纵筋与拉筋构造（三）

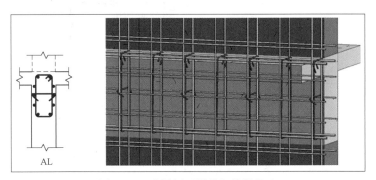

图 5-3-7　暗梁侧面纵筋与拉筋构造

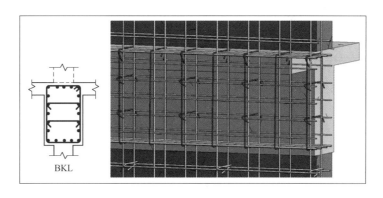

图 5-3-8　边框梁侧面纵筋与拉筋构造

（2）关于图 5-3-4～图 5-3-8 所示的连梁、暗梁、边框梁的侧面纵筋与拉筋构造：

① 观察上图中连梁、暗梁、边框梁的侧面纵筋和拉筋构造可发现，所有梁的上下部纵筋都位于箍筋内部，而对于侧面纵筋，暗梁、连梁侧面纵筋位于箍筋外部，边框梁侧面纵筋在箍筋内部。连梁、暗梁与剪力墙同宽，当连梁或暗梁纵筋锚固进入剪力墙时，应注意连梁、暗梁侧面纵筋和剪力墙水平、竖向分布筋之间的层次关系。剪力墙水平分布筋位于外侧（第一层），竖向分布筋位于内侧（第二层）。为实现足强度锚固，连梁或暗梁纵筋应布置在竖向分布筋的内侧（第三层），而此时连梁或暗梁的箍筋刚好可布置在与剪力墙竖向分布筋位于同一层面的第二层，因此连梁或暗梁的侧面纵筋自然布置在与水平分布筋同一层面的第一层。此时连梁或暗梁的侧面纵筋可由剪力墙水平分布筋伸入连梁或暗梁高度范围予以替代。因为边框梁的宽度比剪力墙宽，所以侧面纵筋自然就布置在箍筋内侧。

通常情况下剪力墙水平分布筋能够满足连梁侧面纵筋的设计要求，当具体设计的连梁侧面纵筋与剪力墙水平分布筋不同时（常见于跨高比不大于 2.5 的连梁），连梁侧面纵筋也应在连梁外侧延伸入剪力墙，并与剪力墙水平分布筋或暗柱箍筋在同一层面进行搭接连接。

② 注意上图连梁、暗梁、边框梁其各自的特性：连梁独立存在于两片剪力墙之间，是剪力墙之间的连接构件，在水平地震力作用下发生延性破坏时，连梁能起到耗能作用，对减少墙肢内力，延缓墙肢屈服能起到重要的作用。而暗梁和边框梁是剪力墙的顶部加强构造，其无法独立存在和独立工作。暗梁的主要功能是为避免剪力墙抵抗地震破坏作用时发生纵向劈裂。剪力墙一旦发生纵向裂缝延伸至暗梁时，暗梁中直径较大的纵筋能够终止纵向裂缝继续开展。而边框梁除了具备与暗梁相同的功能外，还具有为在平面外支承的梁提供满足钢筋锚固的支座宽度的作用。

5.3.2　剪力墙 LL 与边框梁 BKL、暗梁 AL 重叠时钢筋构造

关于图 5-3-9～图 5-3-12 所示的暗梁、边框梁与连梁重叠构造：

① 从功能和受力特点分析，LL 和 AL、BKL 并不属于同一种梁，但当他们发生部分重叠时，部分钢筋在构造上可相互替代。当两种构件发生重叠时，对于 LL 本身的纵筋锚固、箍筋布置等构造与图 5-3-1～图 5-3-3 的 LL 构造相同，并未发生变化。

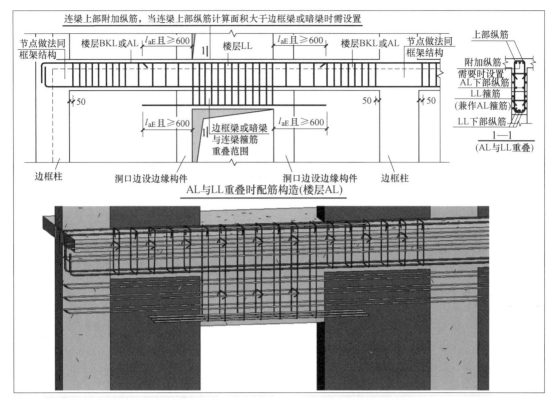

图 5-3-9 暗梁与楼层连梁重叠时钢筋构造

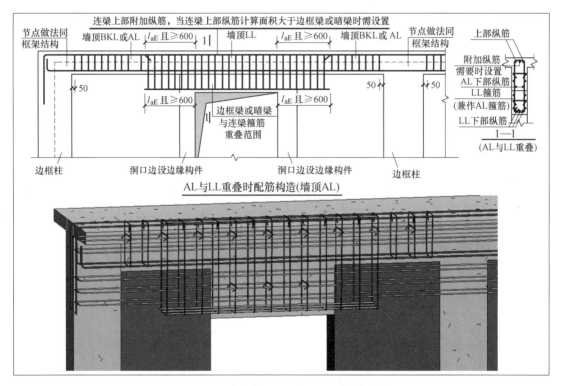

图 5-3-10 暗梁与屋面连梁重叠时钢筋构造

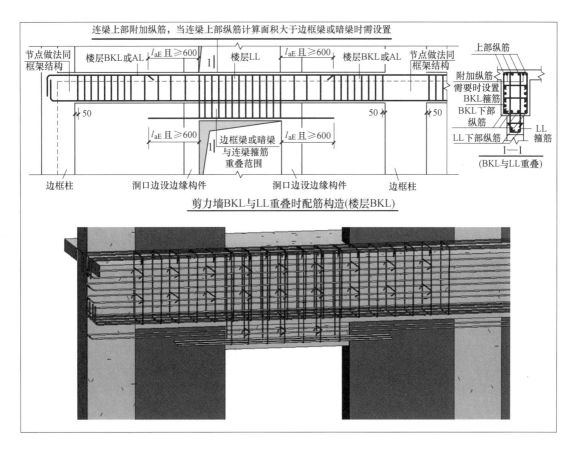

图 5-3-11 边框梁与楼层连梁重叠时钢筋构造

② 当 BKL 与 LL 重叠时，在 LL 范围照常布置 LL 箍筋，但因 BKL 宽度比 LL 宽，所以在 LL 跨度范围仍需布置 BKL 箍筋，这两者箍筋重叠的布置方法可参考图 5-3-11 和图 5-3-12 中的剖面"1-1"。对于纵筋，LL 配置纵筋是为了满足力学计算的内力要求，而 AL 或 BKL 因现有计算方式难以准确计算其内力分布，因此其纵筋为构造配置要求。但当两者发生重叠时，可利用 BKL 纵筋部分替代 LL 纵筋，当 BKL 纵筋配置不能满足 LL 配置要求时，对于不能满足的部分再单独配置 LL 纵筋，单独配置的 LL 纵筋锚固等构造只需满足 LL 独立工作时的受力要求即可（即图 5-3-11 和图 5-3-12 中的 LL 上部附加纵筋，其布置的位置可参照剖面"1-1"）。

③ 当 AL 与 LL 发生部分重叠时，对于重叠部分的处理原则同 BKL 与 LL 重叠处理方法，此处不赘述。但是对于箍筋，可参考图 5-3-9 和图 5-3-10 中的剖面"1-1"，两者重叠部分，因 LL 和 AL 等宽，两者箍筋布置的层次关系也相同，所以 LL 箍筋可兼做 AL 箍筋。

④ BKL 和 AL 纵筋在支座位置的锚固构造可参照框架结构做法。此处需再次强调的仍是 LL 和 AL 的箍筋层次问题，具体布置方法参考前述 LL 构造中的相关论述。在实际工程的钢筋施工过程中，钢筋班组在布置 AL 或 LL 箍筋时，通常将框架梁箍筋当做 AL 或 LL 箍筋来用，导致现场钢筋绑扎成型效果极其不美观、剪力墙保护层严重不

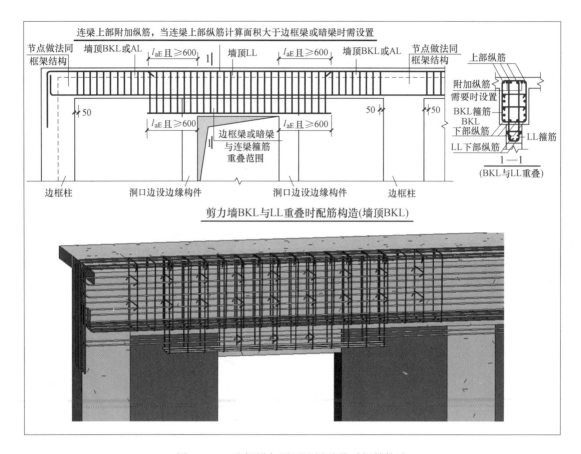

图 5-3-12　边框梁与屋面连梁重叠时钢筋构造

足。虽然常遇见框架梁和 AL、LL 等宽的情况，但两者的箍筋宽度计算方法完全不一样。框架梁箍筋宽度计算需根据构件所处的环境类别或设计要求等利用梁宽直接扣除两侧的理论保护层即可，而 AL 和 LL 需考虑其和剪力墙水平、竖向分布筋之间的钢筋层次关系。

5.3.3　剪力墙连梁 LLk 钢筋构造

关于图 5-3-13～图 5-3-16 所示的连梁 LLk 钢筋构造：

在实际工程施工过程中常见跨高比大于等于 5 的框架梁，现行《高层建筑混凝土结构技术规程》（JGJ 3—2010）第 7.1.3 条规定：**"跨高比小于 5 的连梁应按本章的有关规定设计，跨高比不小于 5 的连梁宜按框架梁设计"**。图 5-3-13 至图 5-3-16 所示的连梁 LLk 即为跨高比不小于 5 的连梁，结合规范条文和图 5-3-13 可发现，此类连梁按框架梁设计指的是梁身钢筋构造按框架梁设计，但是支座锚固构造仍然按 LL 的相关构造进行设计。因此图 5-3-13 至图 5-3-16 中梁净跨范围的纵筋连接位置、非贯通筋截断位置、箍筋加密等构造均和框架梁相同，但是对于纵筋锚固、墙顶 LL 锚固位置的横向箍筋设置等均和 LL 相同。

因跨高比不小于 5 的连梁由剪力墙或短肢剪力墙支承而不是由框架柱支承，虽然实际工程中设计将其标注为框架梁（KL 及 WKL），但其与剪力墙相连仍然是连梁，其受力原理也与框架结构不同。因此，对跨高比不小于 5 的连梁，应按下图 LLk 构造进行设计和施工。

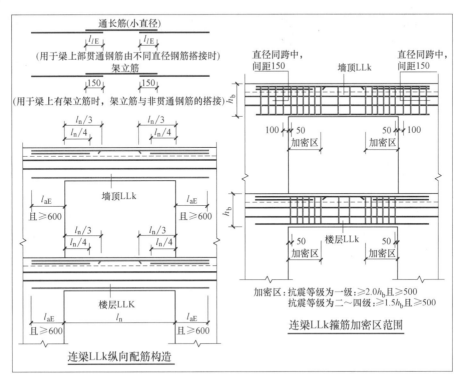

图 5-3-13　连梁 LLk 二维钢筋构造图

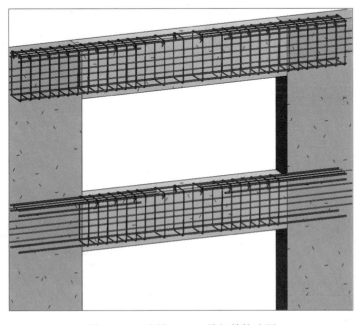

图 5-3-14　连梁 LLk 三维钢筋构造图

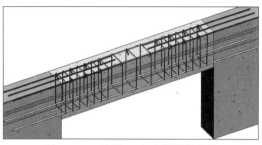 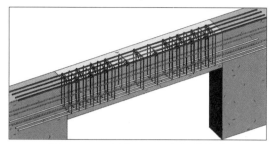

图 5-3-15　连梁 LLk 上部钢筋构造
（贯通筋由不同直径钢筋搭接贯通）

图 5-3-16　连梁 LLk 上部钢筋构造
（LLk 上部架立筋构造）

5.3.4　剪力墙连梁交叉斜筋、集中对角斜筋、对角暗撑配筋构造

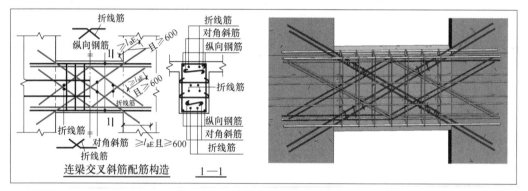

图 5-3-17　连梁交叉斜筋配筋构造

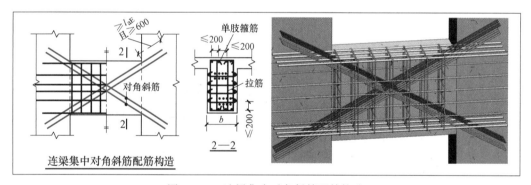

图 5-3-18　连梁集中对角斜筋配筋构造

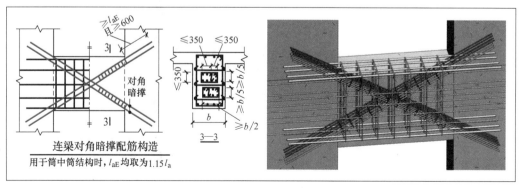

图 5-3-19　连梁对角暗撑配筋构造

关于图 5-3-17～图 5-3-19 所示的连梁交叉斜筋、集中对角斜筋、对角暗撑配筋构造：

① 图 5-3-17～图 5-3-19 中的三个 LL 构造，除交叉斜筋、集中对角斜筋、对角暗撑及与之相对应配置的拉筋、箍筋外，其余构造如纵筋锚固、箍筋布置、钢筋层次关系等均与前述 LL 基本构造相同，此处不再赘述。交叉斜筋、集中对角斜筋、对角暗撑的纵向钢筋锚固需满足双控条件，即不小于 l_{aE} 且不小于 600mm。其余拉筋和箍筋布置见 16G101-1 第 81 页图注。

②《混凝土结构设计规范》（GB 50010—2010）第 11.7.10 条规定：**"对于一、二级抗震等级的连梁，当跨高比不大于 2.5 时，除普通箍筋外宜配置斜向交叉钢筋，其截面限制条件及斜截面受剪承载力可按下列规定计算：**

1　当洞口连梁截面宽度不小于 250mm 时，可采用交叉斜筋配筋……；

2　当连梁截面宽度不小于 400mm 时，可采用集中对角斜筋配筋或对角暗撑配筋……"。

因此，上图三个构造的适用范围除 16G101-1 第 81 页图注 1 的规定外，还应注意《混凝土结构设计规范》（GB 50010—2010）中关于跨高比不大于 2.5 的规定。

③ 对于图 5-3-17～图 5-3-19 中的三个 LL 构造，其侧面纵筋应布置在箍筋外侧，此种箍筋与侧面纵筋布置的层次关系即为了满足前述连梁中侧面纵筋、箍筋与剪力墙水平、竖向分布筋间的钢筋层次关系，或与边缘构件箍筋和纵筋间的钢筋层次关系。

④ 图 5-3-17～图 5-3-19 三种连梁构造配筋较为复杂，实际施工过程中难度也较大。对于集中对角斜筋配筋和对角暗撑配筋构造，可能存在拉筋和箍筋布置不规范等情况。因此，需注意 16G101-1 第 81 页图注 2-5 的要求：

"2. 交叉斜筋配筋连梁的对角斜筋在梁端部位应设置拉筋，具体值见设计标注。

3. 集中对角斜筋配筋连梁应在梁截面内沿水平方向及竖直方向设置双向拉筋，拉筋应勾住外侧纵向钢筋，间距不应大于 200，直径不应小于 8。

4. 对角暗撑配筋连梁中暗撑箍筋的外缘沿梁截面宽度方向不宜小于梁宽的 1/2，另一方向不宜小于梁宽的 1/5；对角暗撑约束箍筋肢距不应大于 350。

5. 交叉斜筋配筋连梁、对角暗撑配筋连梁的水平钢筋及箍筋形成的钢筋网之间应采用拉筋拉结，拉筋直径不宜小于 6，间距不宜大于 400。"

5.4　地下室外墙钢筋构造

关于图 5-4-1～图 5-4-5 所示的地下室外墙钢筋构造：

① 地下室外墙受到墙外侧土体的水平侧压力时，在两支座中间的跨中内侧受拉并存在最大正弯矩，支座位置的外侧受拉并存在最大负弯矩。因此，墙体外侧水平贯通筋的非连接区在首跨时取支座附近的 min（$l_{n1}/3$，$H_n/3$）范围，中间支座取支座两边 min（$l_{nx}/3$，$H_n/3$）范围（l_{nx} 为相邻水平跨的较大净跨值，H_n 为所在楼层净高），其余均为外侧水平贯通筋的连接区。墙体内侧水平贯通筋的连接区位于中间支座附近 min（$l_{nx}/4$，$H_n/4$）范围（l_{nx} 为所在跨的净跨值，H_n 为所在楼层的净高），其余位置均为内侧水平贯通筋的

非连接区。

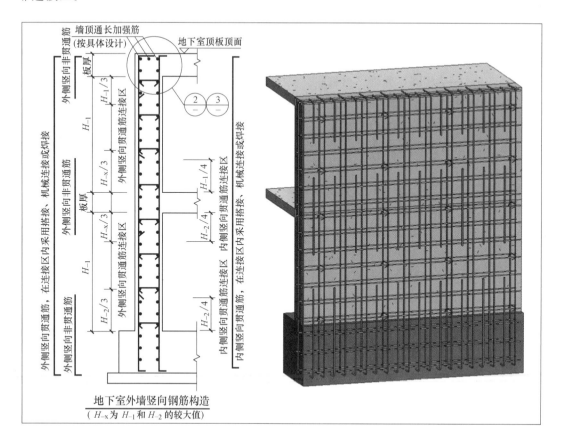

图 5-4-1　地下室外墙竖向钢筋构造

　　地下室外墙的外侧竖向贯通筋底层底部和地下室顶层顶部的非连接区取所在楼层净高的 1/3 高度，中间楼层位置外侧竖向贯通筋的非连接区取相邻上下层较高净高的 1/3，其余位置均为外侧竖向贯通筋的连接区。墙体内侧竖向贯通筋的连接区位于各层楼板上下，并取所在楼层净高 1/4 位置范围。地下室顶层顶部不设内侧竖向贯通筋的连接区。

　　② 扶壁柱和内墙是否作为地下室外墙在平面外的水平支承应根据工程实际情况由设计人员确定，并在设计文件中明确。当扶壁柱和内墙作为地下室外墙在平面外的水平支承时，是否设置水平非贯通筋以及水平非贯通筋的直径、间距、长度等均由设计人员在设计文件中确定。当扶壁柱、内墙不作为地下室外墙的平面外支承时，水平贯通筋的连接不受前述规则的限制，但应注意水平贯通筋的连接百分率。

　　③ 墙体水平筋在转角位置的连接构造如图 5-4-3（节点 1）所示。当转角两边墙体外侧钢筋直径和间距不全相同时，水平钢筋可在此位置进行搭接。因此处可能形成 100% 的搭接构造，所以其搭接系数取 1.6，总搭接长度为 $1.6l_{aE}$，墙体两边分别在转角位置弯折 $0.8l_{aE}$。当转角两边墙体外侧钢筋直径和间距相同时，水平筋可贯通设置。

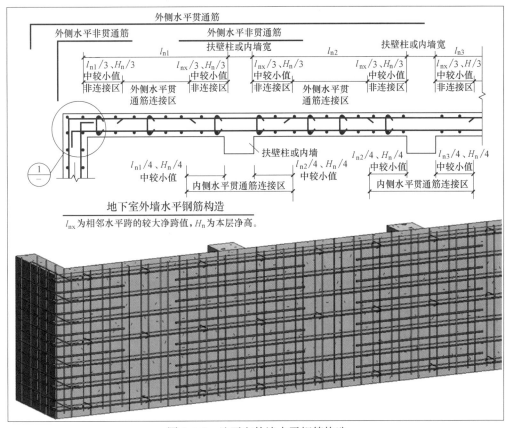

图 5-4-2 地下室外墙水平钢筋构造

l_{nx} 为相邻水平跨的较大净跨值，H_n 为本层净高。

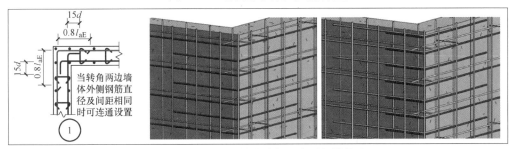

图 5-4-3 地下室外墙转角处水平钢筋构造

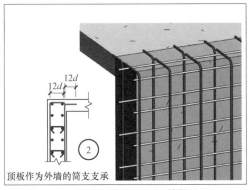

图 5-4-4 地下室外墙顶部钢筋构造（一）

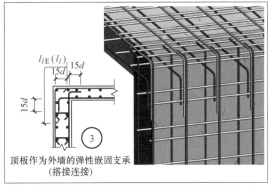

图 5-4-5 地下室外墙顶部钢筋构造（二）

墙体竖向钢筋在顶板位置的构造如图 5-4-4 和图 5-4-5（节点 2、3）所示。采用图 5-4-4（节点 2）构造时，竖向钢筋在顶部朝板内弯折 $12d$ 即可。采用图 5-4-5（节点 3）构造时，竖向筋和板面筋采用搭接构造，内外侧竖向钢筋分别向板内弯折 $15d$，板面筋从墙体外侧竖向筋弯折 $15d$ 的终点位置开始与墙体外侧竖向钢筋弯折搭接。因两个节点在结构计算时考虑其支承方式的不同，所以具体工程中采用哪个节点施工需由设计指定。

④ 实际工程施工中若设计人员已在设计文件中明确地下室外墙做法，则现场做法以设计为准，可不参照上图施工。

5.5　本章总结

如图 5-5-1～图 5-5-3 所示，墙体钢筋构造主要由剪力墙身、剪力墙柱（边缘构件）、剪力墙梁和地下室外墙钢筋构造四大部分组成。读者在学习时，可遵循柱子相同的学习方法，依据表 5-5-1 和如下树状图对不同构件间的类似构造、同个构件不同部位的构造、同个构件同个部位不同做法的构造进行往复对比学习。

剪力墙相关钢筋构造区别对比表

表 5-5-1

构造要点（或构件）	对比部位（或构件）
剪力墙水平筋 端部遇暗柱或端柱构造	1. 剪力墙端部有暗柱与无暗柱时的区别； 2. 剪力墙端部暗柱与端部端柱的区别； 3. 暗柱转角墙与端柱转角墙的区别； 4. 有暗柱翼墙、无暗柱翼墙与端柱翼墙的区别； 5. 剪力墙水平筋与地下室外墙钢筋连接的区别
竖向钢筋连接构造	1. 剪力墙身竖筋与边缘构件纵筋在基础内的插筋的区别； 2. 剪力墙身竖筋与边缘构件纵筋在楼层位置连接的区别； 3. 剪力墙身竖筋与边缘构件纵筋在变截面部位钢筋构造区别； 4. 剪力墙身竖筋与边缘构件纵筋在顶部构造的区别； 5. 边缘构件纵筋相关构造与框架柱纵筋在基础内的插筋、连接、变截面部位、柱顶等构造区别
拉筋	梅花形布置和矩形布置方式区别
洞口钢筋构造	剪力墙身开洞部位，洞口尺寸不同时钢筋构造区别
边缘构件尺寸与 箍筋复合方式	1. 构造边缘构件与约束边缘构件尺寸、箍筋构造等区别； 2. 常规约束边缘构件与水平分布筋计入体积配箍率 YBZ 的区别
剪力墙梁	1. 连梁 LL 与 LLk、框架梁 KL 钢筋构造区别； 2. 楼层连梁与墙顶连梁箍筋布置范围的区别； 3. 连梁交叉斜筋、集中对角斜筋、对角暗撑配筋构造区别； 4. AL 与 LL 重叠、BKL 与 LL 重叠时构造区别； 5. 连梁、暗梁、边框梁、框架梁中箍筋与侧面纵筋的层次关系区别

　　虽然如下树状图将剪力墙的钢筋构造按墙身、墙柱、墙梁进行归纳，但墙身、墙柱、墙梁均属于剪力墙的组成部分，这三者均不可独立工作，只有形成一个整体，才能发挥剪力墙结构的受力优势。

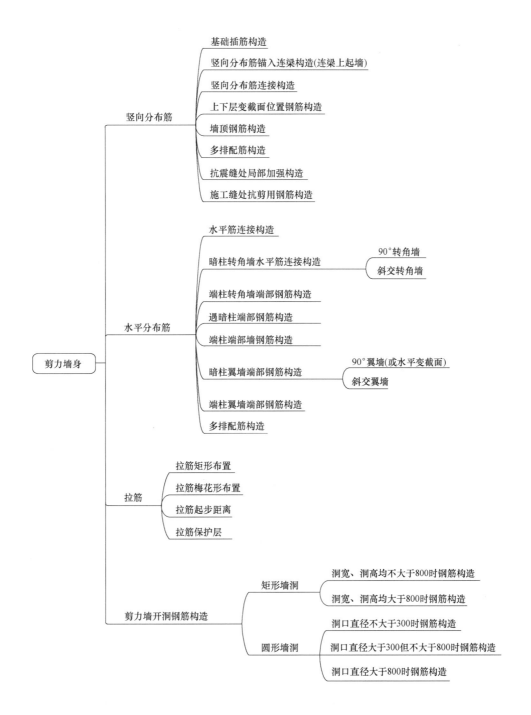

图 5-5-1　剪力墙身构造

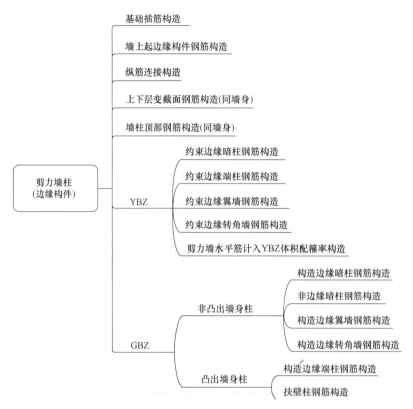

图 5-5-2　剪力墙柱（边缘构件）构造

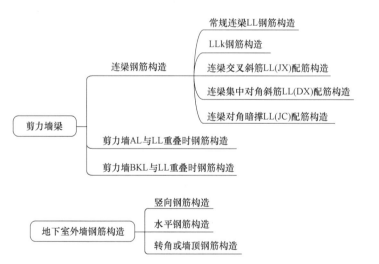

图 5-5-3　剪力墙梁、地下室外墙钢筋构造

本 章 习 题

1. 剪力墙竖向分布筋在基础内的插筋构造，若基础高度满足直锚要求且钢筋保护层大于 $5d$，则竖向分布筋（　　）。

　　A. 全部竖向分布筋伸至基础底部，弯折 $6d$

　　B. 全部竖向分布筋伸至基础底部，弯折 $6d$ 且不小于 150mm

　　C. 竖向分布筋隔二下一伸至基础底部，弯折 $6d$

　　D. 竖向分布筋隔二下一伸至基础底部，弯折 $6d$ 且不小于 150mm

2. 剪力墙竖向分布筋锚入连梁时，钢筋伸入连梁长度为（　　）。

　　A. l_{aE}　　　　　　　　B. 600mm　　　　　　　　D. $1.2l_{aE}$　　　　　　　　D. 720mm

3. 关于楼层位置剪力墙竖向分布筋的搭接连接构造，下列说法正确的是（　　）。

　　A. 竖向分布筋从伸出楼板面 500mm 高度位置开始连接

　　B. 竖向分布筋搭接长度为 l_l

　　C. 竖向分布筋相邻搭接段的首尾之间净距为 $0.3l_l$

　　D. 剪力墙竖向分布筋的连接位置无连接区和非连接的限制

4. 当剪力墙顶部设置边框梁，且边框梁高度大于剪力墙竖向分布筋的直锚要求，则剪力墙竖向分布筋应（　　）。

　　A. 伸入边框梁内 l_{aE}　　　　　　　　　　B. 伸至边框梁顶部

　　C. 伸至边框梁顶部弯折 $12d$　　　　　　　D. 伸入边框梁顶部且不小于 l_{aE}

5. 若剪力墙一边与端柱平齐，且端柱沿墙长度方向尺寸大于直锚长度，则平齐一侧墙体水平分布筋应（　　）。

　　A. 伸至端柱对边弯折 $15d$　　　　　　　　B. 伸入端柱 l_{aE}

　　C. 伸入端柱对边　　　　　　　　　　　　D. 伸入端柱对边且不小于 l_{aE}

6. 若基础高度不能满足剪力墙边缘构件纵筋的直锚要求，则剪力墙边缘构件纵筋应（　　）。

　　A. 角筋伸至基础底部，弯折 150mm　　　　B. 全部纵筋伸至基础底部，弯折 $15d$

　　C. 角筋伸至基础底部，弯折 $15d$　　　　　D. 全部纵筋伸至基础底部，弯折 150mm

7. 关于剪力墙的墙顶连梁钢筋构造，说法正确的是（　　）。

　　A. 纵筋在支座内锚固应不小于 l_{aE}

　　B. 纵筋锚固范围应设附加箍筋，箍筋间距为 200mm

　　C. 纵筋锚固范围应设附加箍筋，箍筋直径不小于 8mm

　　D. 纵筋锚固范围的箍筋从支座边 100mm 位置起步，跨中箍筋从支座边 50mm 位置起步

8. 关于剪力墙连梁的侧面纵筋和拉筋构造，下列说法正确的是（　　）。

　　A. 剪力墙连梁应在竖向沿每道纵筋设置拉筋

　　B. 剪力墙连梁内沿竖向布置的相邻的两道拉筋应在水平方向相互错开

　　C. 当连梁宽不大于 350mm 时，拉筋直径取 8mm；当连梁宽大于 350mm 时，拉筋直径取 10mm

D. 剪力墙连梁拉筋间距为箍筋间距的 2 倍

9. 当连梁跨高比大于 5 时，连梁钢筋应按框架梁设计，即 LLk。则下列说法正确的是（　　）。

A. 纵筋锚固构造按 KL 设计

B. 梁身钢筋构造按 KL 设计

C. 纵筋锚固和梁身钢筋构造均按 KL 设计

D. 以上说法都不对

10. 当连梁上开洞时，关于洞口说法正确的是（　　）。

A. 洞口直径 D 不大于 300mm　　　　　B. 洞口直径 D 不大于 1/3 梁高

C. 洞顶至梁顶距离不小于 1/3 梁高　　　D. 以上每项说法都不全对

第6章

梁钢筋构造三维解读

6.1 基础梁与基础次梁钢筋构造

6.1.1 基础梁 JL 纵向钢筋与箍筋构造

图 6-1-1 所示为基础梁 JL 纵向钢筋与箍筋构造。

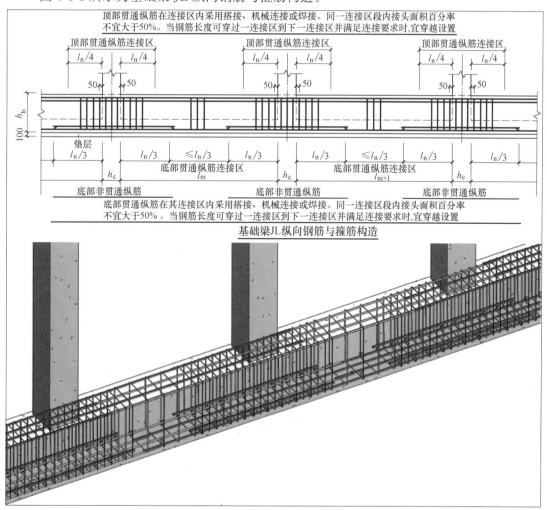

图 6-1-1 基础梁 JL 纵向钢筋与箍筋构造

① 基础梁为非抗震构件（基础构件均为非抗震构件）。基础构件直接与建筑地基接触，并将建筑的自重和外荷载传递至地基，所以基础梁在受到地基反力的作用下，其受力形式和楼层框架梁相反（楼层框架梁的受力特点详见 6.2 节 6.2.1 楼层框架梁纵筋连接与锚固构造）。所以导致基础梁的非贯通筋设置的位置、基础梁上下部纵筋的连接位置均与楼层框架梁不同（或相反）。

② 基础梁的非贯通筋设置在基础梁底部。基础梁的非贯通筋除了位置与楼层框架梁不同外，其从柱边缘的伸出长度也与楼层框架梁有所区别。基础梁的底部第一排非贯通筋从柱边的伸出长度取左右两跨梁较大一跨净跨值的 1/3，底部第二排非贯通筋从柱边的伸出长度同第一排（楼层框架梁上部第二排非贯通筋从柱边的伸出长度取左右两跨梁较大一跨净跨值的 1/4），基础梁底部第三排非贯通筋从柱边的伸出长度应由设计确定。

③ 基础梁顶部贯通纵筋的连接位置位于柱（或墙）两边各 $l_n/4$ 范围和柱（或墙）的宽度范围，此处 l_n 取左右两跨较大一跨的净跨值计算（此处与框架梁的区别在于楼层框架梁取本跨的净跨值计算连接区范围）。基础梁底部贯通纵筋的连接位置位于跨中扣除两边非贯通筋伸出长度之后剩余的范围（楼层框架梁上部纵筋的连接区位于本跨跨中的 1/3 净跨值范围）。

基础梁的底部和顶部贯通纵筋在其连接区内采用搭接、机械连接或焊接。同一连接区段内接头面积百分率不宜大于 50%。当钢筋长度可穿过一连接区到下一连接区并满足连接要求时，宜穿越设置。

基础梁相交处，位于同一层面的交叉钢筋，何向梁的纵筋在上，何向梁的纵筋在下，应按具体设计说明确定。

④ 节点区的箍筋按梁端箍筋设置。梁相互交叉宽度内的箍筋按截面高度大的基础梁设置（即在双向梁相互交叉处，截面高度较高的梁箍筋应贯通设置）。同跨箍筋有两种时，各自设置范围按具体设计注写。

6.1.2　附加箍筋与附加（反扣）吊筋构造

图 6-1-2 和图 6-1-3 分别为基础梁的附加箍筋和附加吊筋构造。

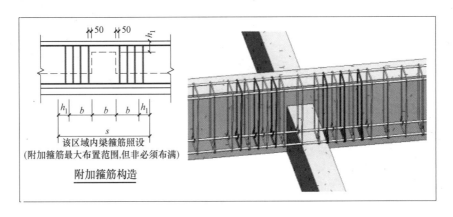

图 6-1-2　附加箍筋构造

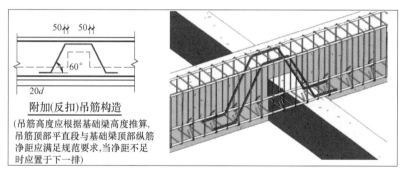

图 6-1-3 附加吊筋构造

① 在主次梁交接处设置附加箍筋，主要用来承受次梁在此处对主梁产生的剪力。附加箍筋的设置范围为基础次梁两边各 $b+h_1$ 的范围（h_1 为基础次梁顶和基础主梁顶之间的高差），附加箍筋从基础次梁边的起步距离为 50mm。在附加箍筋的布置范围，基础主梁的箍筋照常布置且应贯通基础次梁的宽度范围布置。附加箍筋的附加数量及规格等由设计确定。钢筋深化设计人员在深化下料时，附加箍筋的计算方法可参考本章 6.2 节 6.2.10 附加箍筋、附加吊筋构造。

② 在主次梁相交处，除了可通过设置附加箍筋来承受次梁产生的剪力外，也可设置附加吊筋。吊筋应反扣于基础梁上，吊筋高度根据基础梁的高度推算，吊筋顶部平直段与基础梁顶部纵筋的净距应满足梁上部纵筋的净距要求，当净距不满足要求时应置于下一排。吊筋顶部平直段长度取次梁宽 $b+100$mm（基础次梁两边各 50mm），吊筋底部平直段长度取 $20d$（d 为吊筋直径）。吊筋的弯折角度为 60°（楼层框架梁上设置吊筋时，当框架梁高度大于 800mm 时，弯折角度为 60°；当框架梁高度不大于 800mm 时，弯折角度为 45°）。

6.1.3 基础梁 JL 配置两种箍筋构造

图 6-1-4 所示为基础梁 JL 配置两种规格或间距的箍筋构造。

当基础梁设置两种箍筋时，设计通常会明确第一种箍筋的布置范围（或布置数量），剩余范围即布置第二种箍筋。基础梁 JL 的节点区箍筋按梁端第一种箍筋进行设置，但节点区内的箍筋不计入设计注写的梁端第一种箍筋的总道数。当设计未具体注明时，基础梁的外伸部位以及基础梁端部节点内按第一种箍筋设置。

6.1.4 基础梁 JL 竖向加腋钢筋构造

图 6-1-5 所示为基础梁的竖向加腋钢筋构造。

① 当基础梁设置竖向加腋时，加腋部位的钢筋见设计标注。加腋范围的箍筋和基础梁的箍筋相同，仅加腋范围的箍筋高度为变值（随加腋高度的变化而变化）。梁柱结合部位节点区的箍筋高度仍按非加腋部位的梁高计算。当基础梁既设置竖向加腋又设置水平加腋时，梁柱结合部位所加的侧腋顶面与基础梁非竖向加腋段的基础梁顶面平，不随梁竖向加腋位置高度的增加而增加。

② 当基础梁在柱边单边加腋时，加腋纵筋伸至柱内和基础梁内的长度应不小于 l_a（若纵筋需弯折，则 l_a 为弯折前后的总长度）。若基础梁在柱的两边均设置加腋，且加腋高度相同时，加腋纵筋在柱内可贯通布置。

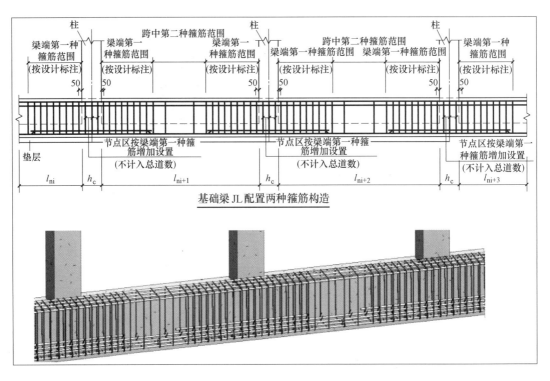

图 6-1-4　基础梁 JL 配置两种箍筋构造

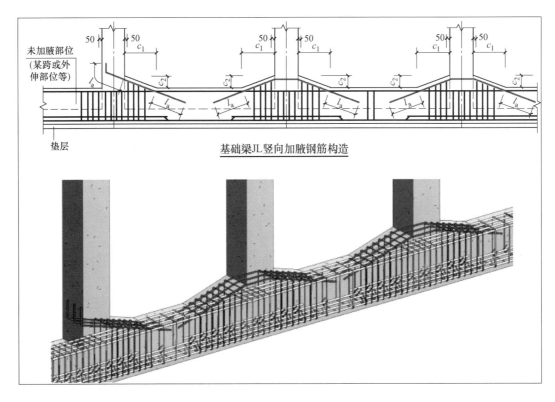

图 6-1-5　基础梁竖向加腋钢筋构造

6.1.5 梁板式筏形基础梁 JL 端部与外伸部位钢筋构造

图 6-1-6~图 6-1-8 分别为梁板式筏形基础梁的等截面外伸、变截面外伸和无外伸构造。

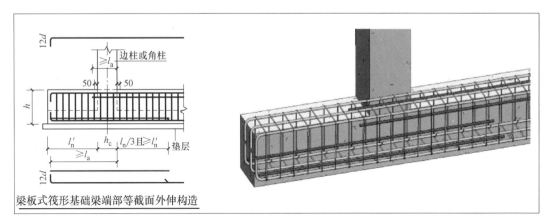

图 6-1-6 梁板式筏形基础梁端部等截面外伸构造

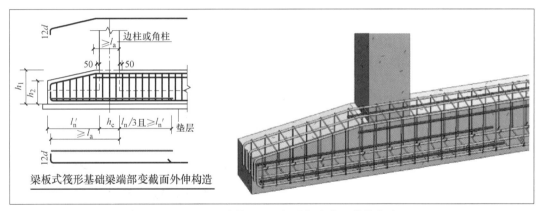

图 6-1-7 梁板式筏形基础梁端部变截面外伸构造

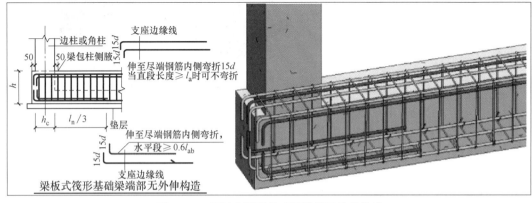

图 6-1-8 梁板式筏形基础梁端部无外伸构造

① 关于图 6-1-6 所示的梁板式筏形基础梁等截面外伸构造。

当从柱内侧边算起梁端部外伸段长度满足梁底纵筋的直锚要求时，梁底部第一排纵筋

伸至梁端向上弯折 $12d$，梁底部第二排纵筋向外伸至梁端截断（且从柱内侧边算起伸出长度不小于 l_a），梁底部各排非贯通纵筋从柱内侧边算起伸入跨内长度为 1/3 净跨值且不小于从柱外侧边算起基础梁的纯外伸长度。

当从柱内侧边算起梁端部外伸段长度不满足梁底纵筋的直锚要求时，梁底部各排纵筋均外伸至梁端向上弯折 $15d$，同时保证从柱内侧边算起纵筋的水平投影段长度不小于 $0.6l_{ab}$。

对于梁上部钢筋，无论从柱内侧边算起梁端部外伸段长度是否满足纵筋的直锚要求，基础梁上部第一排纵筋均伸至梁端向下弯折 $12d$，第二排纵筋从柱内侧边算起向外伸出长度为不小于 l_a。

基础梁的箍筋在梁柱结合部位的节点区贯通布置。节点区外侧的箍筋从柱边 50mm 位置开始布置。

② 关于图 6-1-7 所示的梁板式筏形基础梁变截面外伸构造。其底部和顶部各排纵筋的弯折、锚固等构造均同图 6-1-6 所示的等截面外伸构造。其区别在于变截面位置箍筋高度随截面高度发生变化。

③ 关于图 6-1-8 所示的梁板式筏形基础梁端部无外伸构造。梁底部和顶部各排纵筋均伸至梁端上下弯折 $15d$（梁底部纵筋应满足水平投影段长度不小于 $0.6l_{ab}$），当从柱内侧边算起直段长度满足直锚要求时上部纵筋可不弯折。梁底部各排非贯通纵筋从柱的内侧边算起伸入跨内的长度为 1/3 净跨值。

6.1.6　条形基础梁 JL 端部与外伸部位钢筋构造

图 6-1-9 和图 6-1-10 分别为条形基础梁端部的等截面外伸、变截面外伸构造。

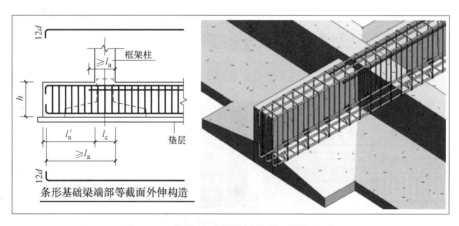

图 6-1-9　条形基础梁端部等截面外伸构造

① 关于图 6-1-9 所示的条形基础梁等截面外伸构造。

当从柱内侧边算起梁端部外伸段长度满足梁底纵筋的直锚要求时，梁底部纵筋伸至梁端向上弯折 $12d$。当从柱内侧边算起梁端部外伸段长度不满足梁底纵筋的直锚要求时，梁底部纵筋伸至梁端向上弯折 $15d$，同时保证从柱内侧边算起纵筋的水平投影段长度不小于 $0.6l_{ab}$。对于基础梁上部纵筋，无论从柱内侧边算起梁端部外伸段长度是否满足纵筋的直锚要求，均伸至梁端向下弯折 $12d$。

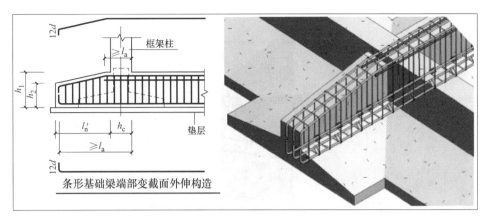

图 6-1-10 条形基础梁端部变截面外伸构造

② 关于图 6-1-10 所示的条形基础梁变截面外伸构造。其底部和顶部纵筋的弯折、锚固等构造均同图 6-1-9 所示的等截面外伸构造。其区别在于变截面位置箍筋高度随截面高度发生变化，变截面处纵筋也随之进行弯折。

6.1.7 基础梁侧面构造纵筋与拉筋构造

图 6-1-11～图 6-1-16 分别为基础梁的侧面构造纵筋布置、锚固构造以及拉筋构造。

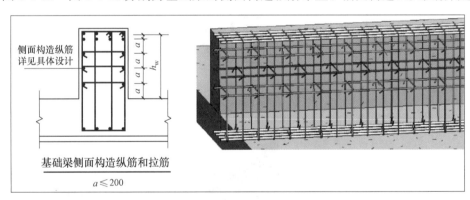

图 6-1-11 基础梁侧面构造纵筋与拉筋

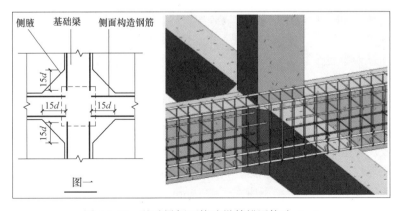

图 6-1-12 基础梁侧面构造纵筋锚固构造（一）

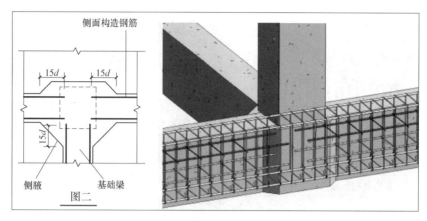

图 6-1-13 基础梁侧面构造纵筋锚固构造（二）

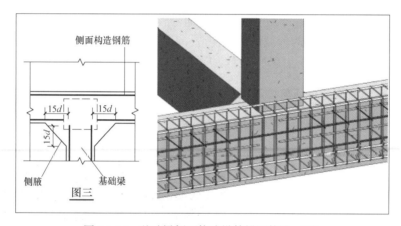

图 6-1-14 基础梁侧面构造纵筋锚固构造（三）

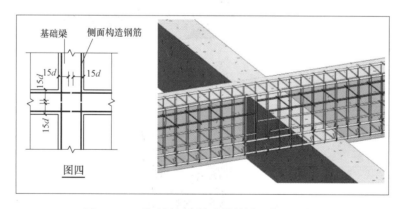

图 6-1-15 基础梁侧面构造纵筋锚固构造（四）

① 关于图 6-1-11 所示的基础梁侧面纵筋与拉筋构造。当基础梁的腹板高度（h_w，此处取基础底板顶与基础梁上部最下排纵筋之间的高差）较大时，基础梁侧面应设置构造纵筋。构造纵筋与构造纵筋之间的距离、构造纵筋与基础梁上部最下排纵筋之间的距离以及侧面纵筋与基础底板顶部的距离不应大于 200mm。

基础梁的每排侧面纵筋上均应设置拉筋。基础梁侧面纵筋的拉筋直径除注明外均为

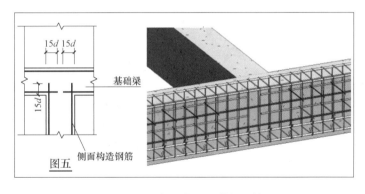

图 6-1-16 基础梁侧面构造纵筋锚固构造（五）

8mm，间距为箍筋间距的 2 倍，当设有多排拉筋时，上下两排拉筋竖向错开设置。（当为楼层框架梁时，若梁宽不大于 350mm，则拉筋直径为 6mm；若梁宽大于 350mm，则拉筋直径为 8mm。拉筋间距为非加密区箍筋间距的 2 倍，当设有多排拉筋时，上下两排拉筋竖向错开设置。）

当基础梁侧面纵筋为受扭钢筋时，其搭接长度为 l_l，锚固长度为 l_a，锚固方式同梁上部纵筋。

② 关于图 6-1-12～图 6-1-16 所示的基础梁侧面纵筋搭接与锚固构造。基础梁侧面纵向构造钢筋的搭接长度为 $15d$。

双向相交（十字相交或 T 字相交）的基础梁，当相交位置有柱且设置加腋时，侧面构造纵筋锚入梁包柱侧腋内 $15d$，如图 6-1-12 和图 6-1-13 所示；

T 字相交的基础梁，当相交位置有柱但横梁外侧未设置加腋时，横梁外侧构造纵筋贯通布置，内侧构造纵筋锚入梁包柱侧腋内 $15d$，如图 6-1-14 所示。

双向相交（十字相交或 T 字相交）的基础梁，当相交位置未设置柱时，除 T 字相交的横梁外侧构造纵筋贯通布置，其余侧面构造纵筋均锚入交叉梁内 $15d$，如图 6-1-15 和图 6-1-16 所示。

6.1.8 基础梁 JL 变标高和变截面部位钢筋构造

图 6-1-17～图 6-1-21 分别为基础梁底不平、梁顶不平或变截面钢筋构造。

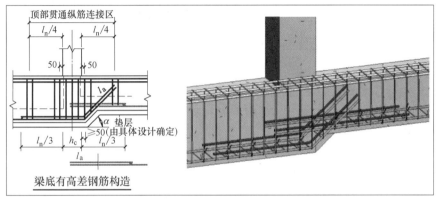

图 6-1-17 基础梁底有高差钢筋构造

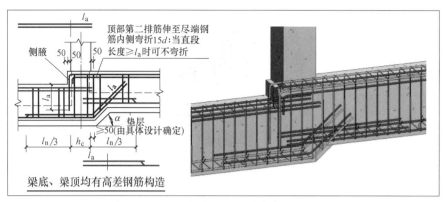

图 6-1-18 基础梁底和梁顶均有高差钢筋构造

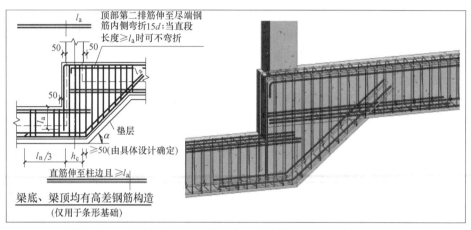

图 6-1-19 基础梁底和梁顶均有高差钢筋构造（仅用于条形基础）

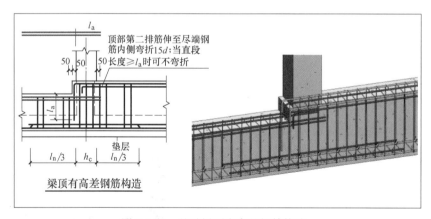

图 6-1-20 基础梁顶有高差钢筋构造

① 关于图 6-1-17 所示的基础梁底有高差钢筋构造。当基础梁底部存在高差时，梁底标高较低一跨的梁底纵筋在 α 角坡度位置沿坡度往上弯折，伸出坡顶长度不小于 l_a；梁底标高较高一跨的梁底纵筋伸过坡顶位置长度不小于 l_a。

② 关于图 6-1-18 所示的基础梁梁底、梁顶均有高差的钢筋构造。当梁底和梁顶均有高差时，梁底高差位置的钢筋做法同图 6-1-17 所示的梁底高差位置底部纵筋构造。

关于梁顶部钢筋，标高较高的梁顶部第一排纵筋应向外伸至梁端，并向下弯折至低标

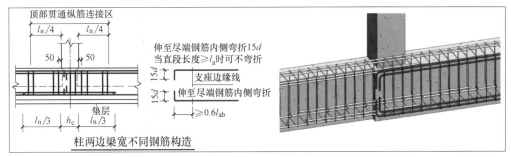

图 6-1-21　柱两边梁宽不同钢筋构造

高梁顶时再向下延伸 l_a，梁顶第二排纵筋伸至梁端部钢筋内侧向下弯折 $15d$，当直段长度大于等于 l_a 时梁顶第二排纵筋可不弯折。标高较低的梁顶部纵筋应从柱边缘算起伸入对边梁内不小于 l_a。

③ 关于图 6-1-19 所示的基础梁梁底、梁顶均有高差的钢筋构造。该构造只适用于条形基础梁，该构造的特点在于其柱两侧的基础梁高差值超过了两侧的梁截面高度。

梁底标高较低一跨梁的底部纵筋在 α 角坡度位置沿坡度往上弯折，伸出坡顶长度不小于 l_a；梁底标高较高的一跨梁底纵筋伸出坡顶位置长度不小于 l_a，且应伸至柱边（与图 6-1-18 的区别所在）。梁顶钢筋构造同 6-1-18 所示的梁顶高差位置纵筋构造。

④ 关于图 6-1-20 所示的基础梁梁顶有高差的钢筋构造，同图 6-1-18 和图 6-1-19 所示梁顶有高差时纵筋构造。

⑤ 当柱两侧梁宽度不同时，应将较宽一侧基础梁不能贯通设置的上下部纵筋伸至宽梁端部上下弯折 $15d$。梁底纵筋应控制弯折前的水平投影段长度不小于 $0.6l_{ab}$，对于梁上部纵筋，当直段长度不小于 l_a 时可不弯折。

⑥ 当基础梁底存在高差时，高差部位的非贯通筋锚固构造应遵循贯通纵筋在高差部位的构造要求，非贯通筋伸入柱两侧跨内的长度满足本章 6.1 节"6.1.1 基础梁 JL 纵向钢筋与箍筋构造"关于非贯通筋的相关构造要求。

梁底高差的坡底位置应距离柱边不小于 50mm。梁底高差坡度 α 应根据场地实际情况取 30°、45° 或 60°。

6.1.9　基础梁 JL 与柱结合部侧腋构造

图 6-1-22～图 6-1-26 为基础梁 JL 与柱结合部位侧腋钢筋构造。

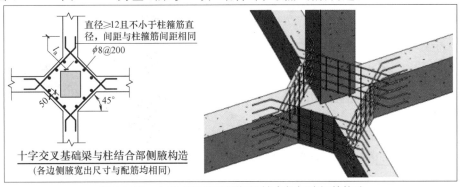

图 6-1-22　十字交叉基础梁与柱结合部侧腋钢筋构造

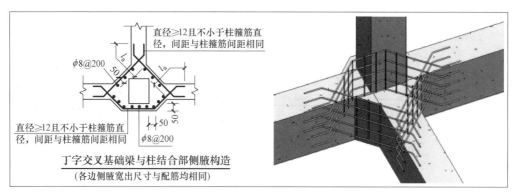

图 6-1-23   丁字交叉基础梁与柱结合部侧腋钢筋构造

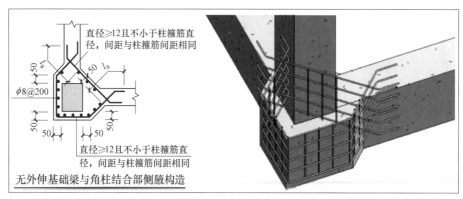

图 6-1-24   无外伸基础梁与角柱结合部侧腋钢筋构造

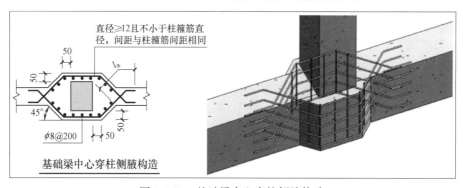

图 6-1-25   基础梁中心穿柱侧腋构造

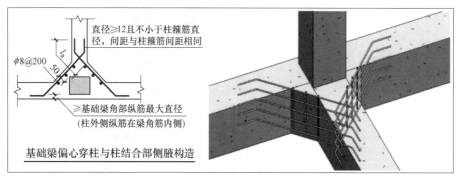

图 6-1-26   基础梁偏心穿柱与柱结合部侧腋钢筋构造

除了基础梁比柱宽且完全形成梁包柱的情况外，所有基础梁与柱结合部位均应按图 6-1-22～图 6-1-26 所示的构造进行加腋（柱角距离腋边或柱边距离腋角不小于50mm）。

加腋部位的纵向钢筋直径不小于 12mm 且不小于柱箍筋直径，间距与柱箍筋间距相同，加腋纵筋伸入梁内的总长度（弯折前后的总长度）不小于 l_a。加腋部位的竖向分布筋可采用 8mm 的一级钢，按间距 200mm 进行设置。

6.1.10　基础次梁 JCL 纵向钢筋与箍筋构造

图 6-1-27 所示为基础次梁 JCL 纵向钢筋与箍筋构造。

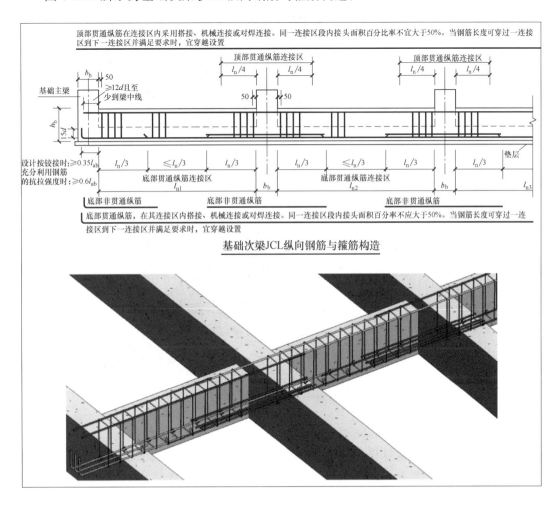

图 6-1-27　基础次梁 JCL 纵向钢筋与箍筋构造

① 基础次梁的上下部纵筋连接位置、非贯通筋向跨内的伸出长度同基础梁，此处不再赘述（详见本章 6.1 节 6.1.1 基础梁 JL 纵向钢筋与箍筋构造）。

关于基础次梁 JCL 在端支座内的锚固构造。梁下部纵筋应伸至支座对边钢筋内侧弯折 15d。应注意，设计按铰接时，弯折前的水平投影段长度不小于 $0.35l_{ab}$。设计时若充分利用钢筋抗拉强度，则水平投影段长度不小于 $0.6l_{ab}$。基础次梁 JCL 上部纵筋伸入支座不小于 $12d$ 且至少伸至梁中心线。

② 当基础次梁与基础次梁相交时，相互交叉宽度内的箍筋应按截面高度较大的基础次梁设置，节点区内的箍筋应按梁端箍筋进行设置。在基础主梁与基础次梁交接处，基础主梁的箍筋应贯通节点布置，基础次梁箍筋布置到主梁边 50mm 处即可。

6.1.11 基础次梁 JCL 端部外伸部位钢筋构造

图 6-1-28、图 6-1-29 所示分别为基础次梁端部等截面外伸、变截面外伸构造。

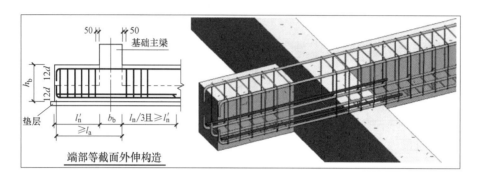

图 6-1-28 基础次梁 JCL 端部等截面外伸构造

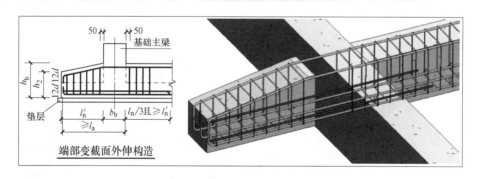

图 6-1-29 基础次梁 JCL 端部变截面外伸构造

① 关于图 6-1-28 所示的基础次梁等截面外伸构造。

当从基础主梁内侧边算起，基础次梁端部外伸段长度满足梁底纵筋的直锚要求时，梁底部第一排纵筋伸至梁端向上弯折 $12d$，梁底部第二排纵筋向外伸至梁端截断（且从柱内侧边算起伸出长度不小于 l_a），梁底部各排非贯通纵筋从基础主梁内侧边算起伸入跨内长度为 1/3 净跨值且不小于从基础主梁外侧边算起基础次梁的纯外伸长度。

当从基础主梁内侧边算起梁端部外伸段长度不满足梁底纵筋的直锚要求时，梁底部各排纵筋均外伸至梁端向上弯折 $15d$，同时保证从主梁内侧边算起纵筋的水平投影段长度不小于 $0.6l_{ab}$。

对于基础次梁上部钢筋，无论从基础主梁内侧边算起梁端部外伸段长度是否满足纵筋的直锚要求，基础次梁上部纵筋均伸至梁端向下弯折 $12d$。

② 关于图 6-1-29 所示的基础次梁变截面外伸构造。其底部和顶部纵筋的弯折、锚固等构造均同图 6-1-28 所示的等截面外伸构造。其区别在于变截面位置箍筋高度随截面高度发生变化。

基础次梁的等截面和变截面外伸钢筋构造，除了顶部第二排纵筋构造和节点区内的箍筋布置，其余构造均与梁板式筏形基础梁端部等截面、变截面外伸构造相同。

6.1.12　基础次梁 JCL 竖向加腋钢筋构造

图 6-1-30 所示为基础次梁的竖向加腋钢筋构造。

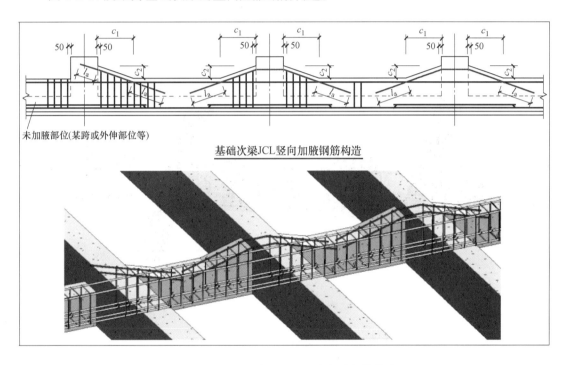

图 6-1-30　基础次梁 JCL 竖向加腋钢筋构造

当基础梁设置竖向加腋时，加腋部位的钢筋见设计标注。加腋范围的箍筋和基础次梁的箍筋相同，仅加腋范围的箍筋高度为变值（随加腋的高度而发生变化）。当基础次梁在基础主梁边单边加腋时，加腋纵筋伸至基础主梁和基础次梁内的纵筋长度应不小于 l_a。若基础次梁在基础主梁的两边均设置加腋，且加腋高度相同时，加腋纵筋在基础主梁内可贯通布置。

6.1.13　基础次梁 JCL 配置两种箍筋构造

图 6-1-31 所示为基础次梁 JCL 配置两种规格或间距时的箍筋构造。

当基础次梁设置两种箍筋时，设计通常会明确第一种箍筋的布置范围（或布置数量），剩余范围即布置第二种箍筋。当设计未具体注明时，基础梁的外伸部位按第一种箍筋设置。

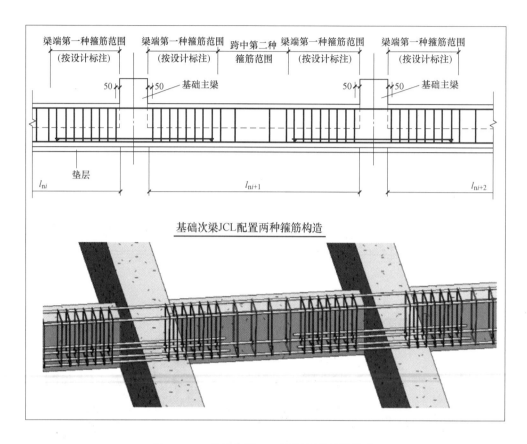

图 6-1-31　基础次梁 JCL 配置两种箍筋构造

6.1.14　基础次梁 JCL 梁底不平、梁顶不平和变截面部位钢筋构造

图 6-1-32～图 6-1-35 分别为基础次梁底不平、梁顶不平或变截面部位钢筋构造。

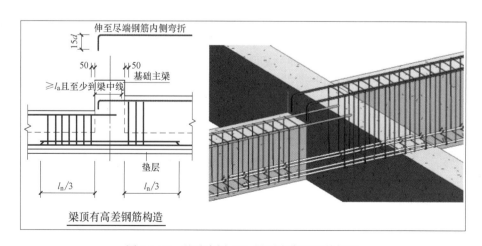

图 6-1-32　基础次梁 JCL 梁顶有高差钢筋构造

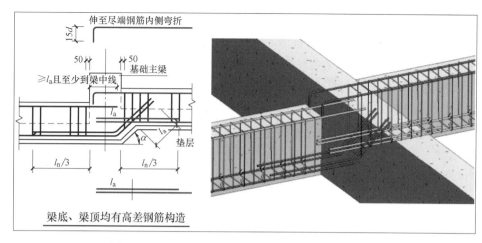

图 6-1-33 基础次梁 JCL 梁底、梁顶有高差钢筋构造

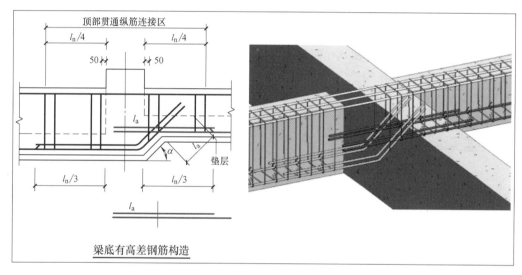

图 6-1-34 基础次梁 JCL 梁底有高差钢筋构造

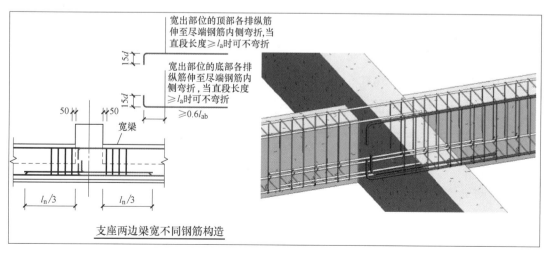

图 6-1-35 基础次梁 JCL 支座两边梁宽不同钢筋构造

① 关于图 6-1-32 所示的基础次梁顶有高差钢筋构造。标高较高的梁顶部纵筋应向外伸至基础主梁对边钢筋内侧向下弯折 $15d$，标高较低的梁顶部纵筋应从基础主梁外边缘算起伸入基础主梁和对边梁内不小于 l_a 且至少到基础主梁中心线。

② 关于图 6-1-33 所示的基础次梁梁底、梁顶均有高差的钢筋构造。基础次梁底部高差位置，梁底标高较低的一跨梁底纵筋在 α 角坡度位置沿坡度往上弯折，伸出坡顶长度不小于 l_a，梁底标高较高的一跨梁底纵筋伸过坡顶位置长度不小于 l_a。基础次梁顶部高差位置钢筋构造同图 6-1-32 所示的梁顶有高差时梁上部纵筋构造。

③ 关于图 6-1-34 所示的基础次梁梁底有高差的钢筋构造，同图 6-1-33 所示梁底有高差时梁底纵筋构造。

④ 当基础主梁两侧基础次梁宽度不同时，应将较宽一侧基础次梁不能贯通设置的上下部纵筋伸至宽梁端部纵筋内侧上下弯折 $15d$。梁底纵筋应控制弯折前的水平投影段长度不小于 $0.6l_{ab}$。基础次梁的上下部纵筋，当直段长度不小于 l_a 时可不弯折。

⑤ 当基础次梁底存在高差时，高差部位的非贯通筋锚固构造应遵循贯通纵筋在高差部位的构造要求，非贯通筋伸入基础主梁两侧跨内的长度满足本章 6.1 节"6.1.10 基础次梁 JCL 纵向钢筋与箍筋构造"中关于非贯通筋的相关构造要求。梁底高差坡度 α 应根据场地实际情况取 $45°$ 或 $60°$。

6.2　框架梁与屋面框架梁钢筋构造

6.2.1　楼层框架梁纵筋连接与锚固构造

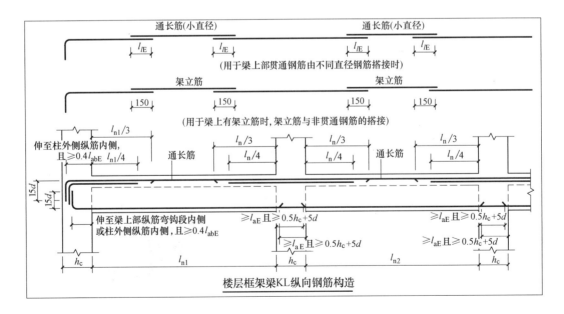

图 6-2-1　楼层框架梁纵向钢筋构造（二维）

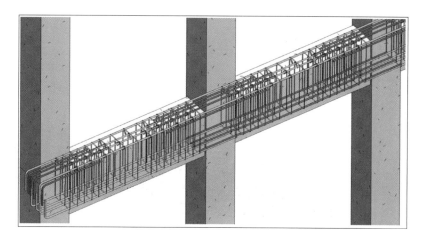

图 6-2-2 楼层框架梁纵向钢筋构造（设架立筋）

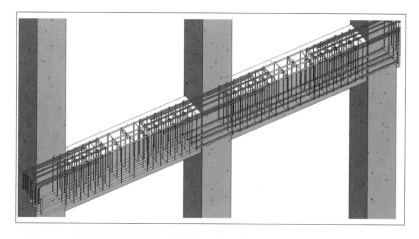

图 6-2-3 楼层框架梁纵向钢筋构造（梁上部贯通筋由不同直径钢筋搭接）

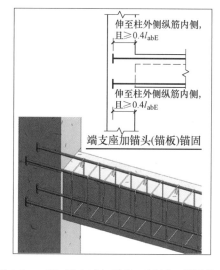

图 6-2-4 KL端支座加锚头（锚板）锚固构造

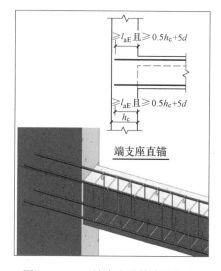

图 6-2-5 KL端支座纵筋直锚构造

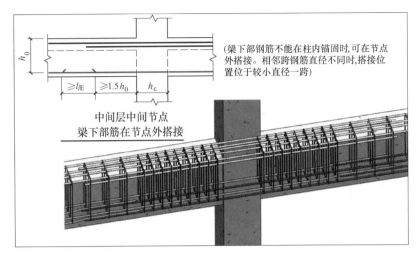

图 6-2-6　中间层中间节点梁下部筋在节点外搭接构造

关于图 6-2-1～图 6-2-6 所示的楼层框架梁纵筋连接与锚固构造：

① 抗震框架梁端当受到水平地震力往复作用时，梁端底部也会受到拉力作用，因此抗震框架梁端上部与下部均配置受拉纵向钢筋，锚固均按受拉钢筋要求进行锚固。非抗震框架梁在竖向荷载作用下，受拉区和受压区位置比较明确，即支座上部、跨中下部为受拉区，跨中上部、支座下部为受压区，但是其下部纵筋在支座内的锚固通常也按受拉钢筋要求进行锚固。因此上图梁纵筋连接和纵筋在支座的锚固构造适用于各级抗震等级和非抗震的框架梁。

② 框架梁上部纵筋应贯穿中柱。《建筑抗震设计规范》（GB 50011—2010）第 6.3.4 条第 2 款要求：**"一、二、三级框架梁内贯通中柱的每根纵向钢筋直径对框架结构不应大于矩形截面柱在该方向截面尺寸的 1/20，或纵向钢筋所在位置圆形截面柱弦长的 1/20；对其他结构类型的框架不宜大于矩形截面柱在该方向截面尺寸的 1/20，或纵向钢筋所在位置圆形截面柱弦长的 1/20。"** 当未满足上述规范要求时，宜将纵筋按等强度等面积代换原则和设计人员沟通对配筋进行调整。

《混凝土结构设计规范》（GB 50010—2010）第 11.6.7 条第 1 款规定：**"框架中间层中间节点处，框架梁的上部纵向钢筋应贯穿中间节点。贯穿中柱的每根梁纵向钢筋直径，对于 9 度设防烈度的各类框架和一级抗震等级的框架结构，当柱为矩形截面时，不宜大于柱在该方向截面尺寸的 1/25，当柱为圆形截面时，不宜大于纵向钢筋所在位置柱截面弦长的 1/25。"** 当未满足上述规范要求时，宜将纵筋按等强度等面积代换原则和设计人员沟通对配筋进行调整。

③ 对于框架梁纵筋连接位置，梁上部通长筋连接位置宜位于跨中 $l_{ni}/3$ 范围内；梁下部通长筋连接位置宜位于支座 $l_{ni}/3$ 范围内；且在同一连接区段内钢筋接头面积百分率不宜大于 50%。当抗震等级为一级时，纵筋连接宜采用机械连接，二、三、四级抗震等级的框架梁纵筋可采用绑扎搭接或焊接连接。采用绑扎搭接时，搭接范围箍筋应进行加密以增强对纵筋的横向约束作用。搭接范围内箍筋直径不小于 $d/4$（d 为搭接钢筋最大直径），间距不宜大于 100mm 及 $5d$（d 为搭接钢筋最小直径）。

④ 对于框架梁上部非贯通筋，第一排非贯通筋从支座边伸出长度为 $l_n/3$，第二排非贯通筋从支座边伸出长度为 $l_n/4$（中间支座 l_n 取左右两跨净跨值较大一侧计算）。第三排非贯通筋从支座边伸出长度规范未明确规定，现场施工时取 $l_n/4$ 和 $l_n/5$ 的做法都有，但实际施工时取 $l_n/4$ 较为保险。

⑤ 对于架立筋与纵筋连接问题，架立筋是指辅助箍筋架立的纵向构造钢筋。如某框架梁上部贯通筋为 2Φ20，两边支座非贯通筋均为 2Φ20，箍筋为 Φ8@150（4），则上部跨中剩一段长度没有纵筋将四肢复合箍的小箍筋架立，因此需设置架立筋将小箍筋架立以形成完整的梁钢筋骨架。架立筋与非贯通筋的构造搭接长度为 150mm。但为了防止施工现场产生下料误差和施工误差，下料时搭接长度可取 200mm。实际工程的设计文件中也可能存在另一种情况，即梁上部只配置了 2 根贯通筋而无非贯通筋，但箍筋是四肢箍，此时需将架立筋直接伸入支座构造锚固 150mm 即可满足四肢箍架立要求。

当梁上部贯通筋由不同直径钢筋搭接形成贯通时，因跨中受压支座受拉，跨中位置纵筋直径通常较小。如某框架梁在两个梁端上部原位标注为 2Φ20，在跨中原位标注 2Φ16，此时 2Φ16 需和 2Φ20 搭接形成梁上部贯通筋，此时搭接百分率按 100% 考虑，搭接长度取 l_{lE}，确定搭接位置时应充分考虑大直径钢筋的伸出长度。

⑥ 框架梁纵筋锚固分为弯钩锚固和直线锚固。当支座宽度不能满足纵筋直锚要求时需进行弯锚，纵筋弯锚的水平投影段长度应不小于 $0.4l_{abE}$，且应伸至柱外侧纵筋的内侧弯折 15d，若不能满足投影长度要求时应和设计沟通解决。若梁端设置多排纵筋，则弯锚时各排钢筋弯折段间需保持一定净距，以增强混凝土对钢筋的粘结强度，保证锚固效果。当支座宽度满足直锚要求时，纵筋伸入支座 l_{aE} 且伸过柱中线 5d。

当中柱两侧的梁底筋全部断开直锚进入支座且纵筋配置数量较多时，柱内梁纵筋锚固范围的纵筋间距可能很小甚至无间距，则柱混凝土无法对梁纵筋产生足够的粘结强度，梁纵筋锚固效果大打折扣。且密集的梁纵筋将柱混凝土上下"截断"，柱抗弯、抗剪强度受到较大影响。此时需采用图 6-2-6 所示的"中间层中间节点梁下部筋在节点外搭接"构造进行施工。

⑦ 如图 6-2-4 所示，对于梁纵筋在端支座加锚头（锚板）的锚固构造，水平投影段长度应不小于 $0.4l_{abE}$，且应伸至柱外侧纵筋内侧。《混凝土结构设计规范》（GB 50010—2010）第 8.3.3 条规定：**"当纵向受拉普通钢筋末端采用弯钩或机械锚固措施时，包括弯钩或锚固端头在内的锚固长度（投影长度）可取基本锚固长度 l_{ab} 的 60%"**。图集中的 $0.4l_{abE}$ 与此规定产生矛盾。同时《混凝土结构设计规范》（GB 50010—2010）第 8.3.3 条中表 8.3.3 注 4 规定：**"螺栓锚头和焊接锚板的钢筋净距不宜小于 4d，否则应考虑群锚效应产生的不利影响"**。

6.2.2 屋面框架梁纵筋连接与锚固构造

关于图 6-2-7～图 6-2-12 所示的屋面框架梁纵筋连接与锚固构造：

屋面框架梁上部纵筋在边角柱位置锚固可参照第 4 章的 4.3.1 "KZ 边柱和角柱柱顶纵向钢筋构造"，屋面框架梁上部纵筋在中柱变标高、变截面位置做法可参照本章 6.2.6 "屋面框架梁中间支座纵向钢筋构造"。其余如梁纵筋连接位置、非贯通筋从支座边伸出长度、梁底纵筋锚固、架立筋搭接、梁上部小直径钢筋搭接、梁底纵筋在节点外搭接等构造

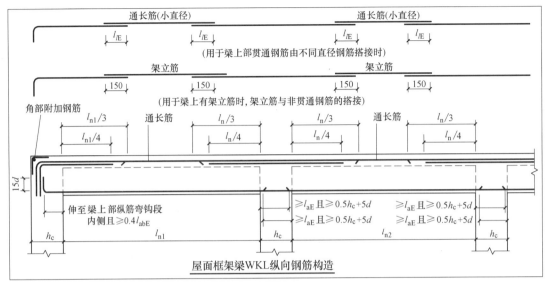

图 6-2-7　屋面框架梁纵向钢筋构造（二维）

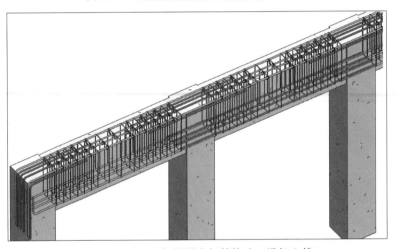

图 6-2-8　屋面框架梁纵向钢筋构造（设架立筋）

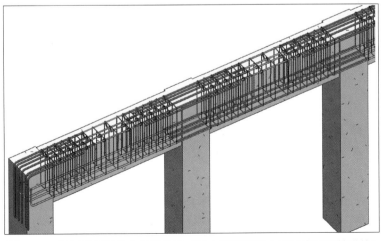

图 6-2-9　屋面框架梁纵向钢筋构造（梁上部贯通筋由不同直径钢筋搭接）

均同前述框架梁构造，此处均不再赘述。

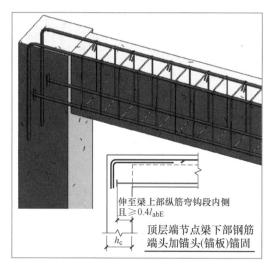

图 6-2-10　WKL 端节点下部纵筋加锚头（锚板）锚固

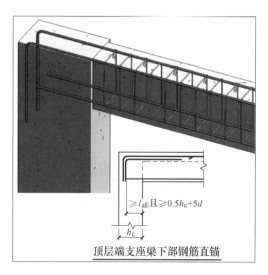

图 6-2-11　WKL 端节点下部纵筋直锚构造

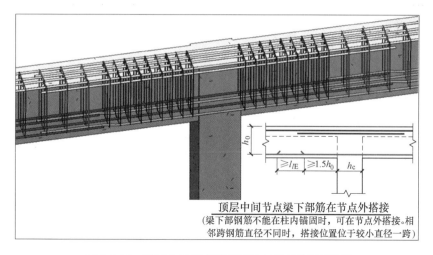

图 6-2-12　顶层中间节点梁下部筋在节点外搭接构造

6.2.3　框架梁水平加腋钢筋构造

关于图 6-2-13 所示的框架梁水平加腋构造：

①《建筑抗震设计规范》（GB 50011—2010）第 6.1.5 条规定：**"框架结构和框架-抗震墙结构，框架和抗震墙均应双向设置，柱中线和抗震墙中线、梁中线和柱中线之间偏心距大于柱宽的 1/4 时，应计入偏心的影响"**。只有当梁宽不大于柱宽的 1/2 且梁偏向柱一侧时，才会出现梁中线与柱中线之间偏心距大于柱宽 1/4 的情况；当梁宽大于柱宽的 1/2 时，只要梁边不超出柱边，无论怎样连接都不会存在梁中线与柱中线偏心距大于柱宽 1/4 的情况。当出现梁中线和柱中线之间偏心距大于柱宽的 1/4 时，可通过采取水平加腋的方

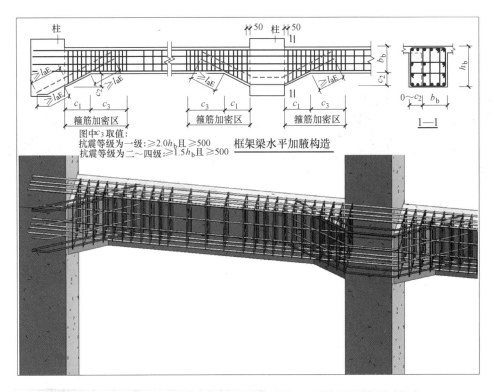

图 6-2-13　框架梁水平加腋构造

式减小结构受力时因偏心产生的影响。

②　框架梁水平加腋时，梁纵筋连接、锚固等构造均与前述框架梁构造相同，此处不再赘述。当水平加腋部分的配筋设计未注明时，其梁腋上下部斜纵筋（仅设置第一排）直径分别同梁的上、下部纵筋，水平间距不宜大于 200mm，水平加腋部位侧面构造纵筋的要求及设置同矩形或 T 形框架梁侧面纵筋的构造。梁加腋长度范围（即图 6-2-13 中的 c_1 范围）箍筋应加密设置，其他范围（即图 6-2-13 中的 c_3 范围）的箍筋加密设置同框架梁。

6.2.4　框架梁竖向加腋钢筋构造

关于图 6-2-14 所示的框架梁竖向加腋构造：

在结构设计中，当需要控制梁下方楼层净高不能过小，且梁承受的剪力较大，或者当梁的跨高比较大但必须控制梁的挠度和裂缝时，通常在梁两端下方采取竖向加腋的措施。框架梁竖向加腋时，下部通长筋通常配置较多（设置多排）且纵筋之间通常仅能保持最小净距（不小于 25mm 且不小于 d），所以加腋部位斜向纵筋只能在梁下部相邻纵筋之间插入。梁竖向加腋时，梁的净跨值应取同一跨内相邻两个加腋部位末端之间的净距离，所以纵筋在支座内的锚固长度应从竖向加腋的末端位置算起，确定纵筋连接位置时也应考虑去除加腋部位的尺寸。箍筋加密范围与前述框架梁水平加腋构造相同，此处不再赘述。

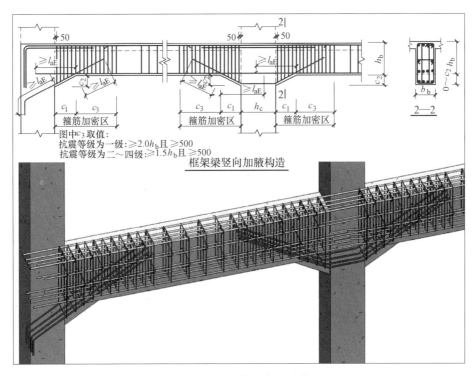

图 6-2-14　框架梁竖向加腋构造

6.2.5　楼层框架梁中间支座纵向钢筋构造

关于图 6-2-15～图 6-2-17 所示的楼层框架梁变标高和变截面时纵筋构造：

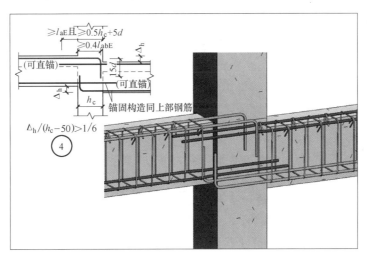

图 6-2-15　楼层框架梁顶部、底部变标高构造（一）

① 图 6-2-15（节点 4）为梁底和梁顶均变标高的纵筋构造。当高差 $\Delta_h/(h_c-50)>$
1/6 时，梁上部和下部纵筋在中柱位置全部断开锚固，锚固原则为能直锚时就直锚，不能
直锚时采用弯锚。锚固构造均同前述框架梁纵筋锚固构造，此处不再赘述。

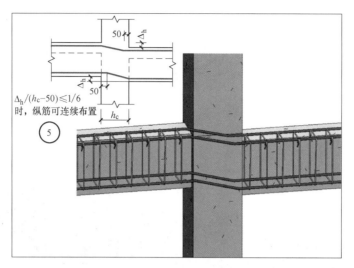

图 6-2-16 楼层框架梁顶部、底部变标高构造（二）

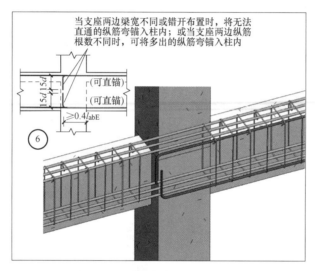

图 6-2-17 楼层框架梁变截面构造

② 图 6-2-16（节点 5）为梁底和梁顶均变标高的构造，但因其高差不大，$\Delta_h/(h_c-50) \leqslant 1/6$，此时梁上部与下部纵筋分别以 $\Delta_h/(h_c-50)$ 的斜率连续斜弯贯通中柱。斜弯贯通中柱时，若纵筋向节点外弯折，则会产生向节点之外分力，该分力应被有效约束，所以要求伸入节点 50mm 后再弯折；若纵筋向节点内弯折，将产生向节点内部的分力，此分力可被节点核心约束，故不必伸入节点 50mm 后弯折。

③ 图 6-2-17（节点 6）为中柱两边梁顶与梁底标高均相同，但柱两侧梁宽度不同的构造。此时不能贯通中柱的较宽一侧梁上、下纵筋在柱内能直锚时满足直锚构造要求即可，无法直锚时可采用分别上、下弯折 $15d$ 的弯钩锚固方式。

6.2.6 屋面框架梁中间支座纵向钢筋构造

关于图 6-2-18～图 6-2-20 所示的屋面框架梁变标高和变截面时纵筋构造：

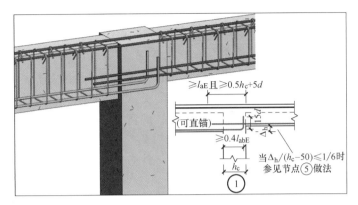

图 6-2-18 屋面框架梁底部变标高构造

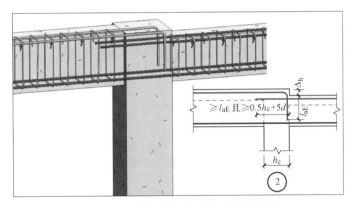

图 6-2-19 屋面框架梁顶部变标高构造

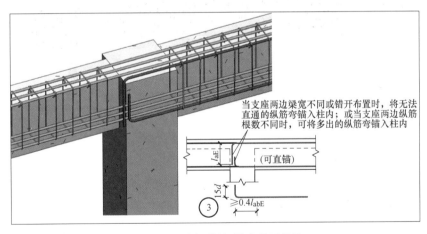

图 6-2-20 屋面框架梁变截面构造

① 图 6-2-18（节点 1）为梁面齐平，梁底有高差的构造，此时梁上部纵筋应贯通中柱。对于梁下部纵筋，若中柱两边梁底筋分开锚固，则梁底纵筋能直锚时直锚，不能直锚时采用弯钩锚固，直锚和弯锚的具体构造见前述框架梁纵筋锚固构造，此处不再赘述。若中柱两边梁底部纵筋因高差不大可采用斜弯贯通构造时，则以 $\Delta_h/(h_c-50)$ 的斜率连续斜弯贯通中柱，具体做法见楼层框架梁变标高时底部纵筋斜弯贯通做法。

② 图 6-2-19（节点 2）为梁顶变标高，梁底齐平的构造。此时梁下部纵筋可贯通中柱（受到钢筋原材料长度和梁跨度的限制时，也可采用在中柱内互锚的构造）。对于梁上部纵筋，梁顶标高较低者可直锚进入柱子不小于 l_{aE} 且不小于 $0.5h_c+5d$；梁顶标高较高者可将纵筋伸至柱对边后，向柱内弯折至低标高梁面后继续向下延伸 l_{aE}。

③ 图 6-2-20（节点 3）为中柱两边梁顶与梁底标高均相同，但柱两侧梁宽度不同的构造。此时较宽一侧梁上部纵筋伸至柱对边后向柱内弯折 l_{aE}。较宽一侧梁下部纵筋在柱内能直锚时满足直锚构造要求即可，无法直锚时可采用弯折 $15d$ 的弯钩锚固方式。其余可贯通中柱的纵筋应贯通中柱设置，受到钢筋原材料长度和梁跨度的限制时，梁下部纵筋也可采用在中柱内互锚的构造。

6.2.7 框架梁（KL、WKL）箍筋加密构造

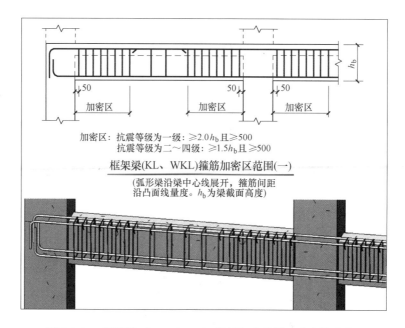

图 6-2-21   框架梁（KL、WKL）箍筋加密范围（支座均为柱）

关于图 6-2-21、图 6-2-22 所示的抗震框架梁箍筋加密范围：

当抗震等级为一级时，梁端箍筋加密区范围为不小于 $2h_b$ 且不小于 500mm（h_b 为梁截面高度）；当抗震等级为二、三、四级时，梁端箍筋加密区范围为不小于 $1.5h_b$ 且不小于 500mm（h_b 为梁截面高度）。当框架梁为弧形梁时，应沿弧形梁中心线展开，箍筋间距沿凸面线度量。

如图 6-2-22 所示，当框架梁一端支座为梁时，这一端箍筋可不设箍筋加密区，具体梁端箍筋规格及数量由设计确定。当实际工程中遇到此种情况，设计未注明做法时可与设计人员沟通并明确。

注意：当楼层框架梁 KL 的某一端位于局部屋面的框架端节点时，应将该梁端支座的纵筋锚固按屋面框架梁在边角柱位置的锚固构造处理（参考第 4 章 4.3.1 "KZ 边柱和角柱柱顶纵向钢筋构造"）。当楼层框架梁 KL 或屋面框架梁 WKL 端部与剪力墙或短肢剪力

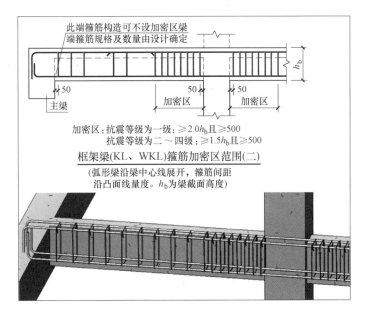

图 6-2-22　框架梁（KL、WKL）箍筋加密范围（一支座为梁）

墙在平面内连接时，该端支座钢筋锚固构造应采用楼层连梁或墙顶连梁的纵筋锚固构造（参考第 5 章 5.3.3 "剪力墙连梁 LLk" 的纵筋锚固构造）。

6.2.8　梁与方柱斜交或与圆柱相交时箍筋起始位置

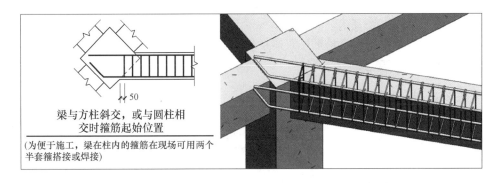

图 6-2-23　梁与方柱斜交时箍筋起始位置（一）

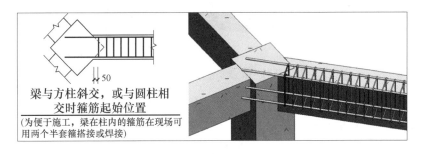

图 6-2-24　梁与方柱斜交时箍筋起始位置（二）

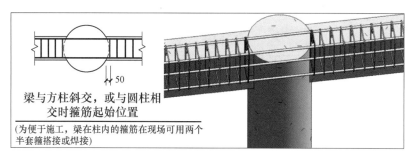

图 6-2-25　梁与圆柱相交时箍筋起始位置（一）

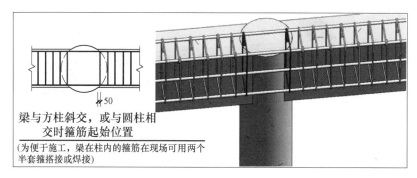

图 6-2-26　梁与圆柱相交时箍筋起始位置（二）

关于图 6-2-23～图 6-2-26 所示的梁与方柱斜交、与圆柱相交时的箍筋起始位置：

上图四种构造均为框架梁与方柱斜交或以圆柱为支座时，箍筋的起步距离问题。箍筋的起步距离布置原则四个图都一样，即距离更靠近柱心一侧的梁柱混凝土交界线 50mm 位置开始布置。采用上述方法，可能会出现梁端部分箍筋布置进入柱子的情况，受到柱子箍筋和纵筋的影响，采用闭合箍筋施工难度较大，所以为便于施工，在柱内的梁箍筋在现场可用两个半套箍搭接或焊接。

6.2.9　主次梁斜交时箍筋构造

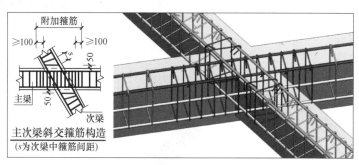

图 6-2-27　主次梁斜交箍筋构造（一）

关于图 6-2-27、图 6-2-28 所示的主次梁斜交箍筋构造：

① 无论主次梁是正交还是斜交，主梁纵筋和箍筋均应贯通设置，次梁纵筋锚入主梁或贯穿主梁并搁置于主梁纵筋上部，箍筋不需要在主梁范围贯通布置（两构件在节点位置钢筋布置原则为：支座构件的钢筋在节点位置贯通布置，非支座构件纵筋锚入或贯穿支座

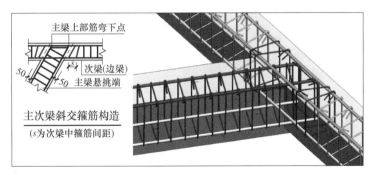

图 6-2-28　主次梁斜交箍筋构造（二）

构件，箍筋或分布筋无需贯穿支座）。图 6-2-28 所示的悬挑梁与次梁斜交构造应注意：次梁纵筋应搁置在主梁端部纵筋弯钩的上部及内侧边，防止次梁纵筋悬空。

② 主次梁斜交时，次梁第一个箍筋应距离主梁边缘 50mm 位置平行于主梁轴线方向布置，此时起始箍筋在梁端斜放，其余箍筋呈放射状布置直至箍筋与次梁正截面平行（放射状布置次梁箍筋时，一侧间距正常布置，较窄一侧间距取 50mm）。

6.2.10　附加箍筋、附加吊筋构造

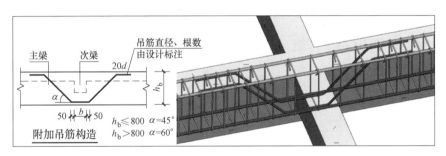

图 6-2-29　附加吊筋构造

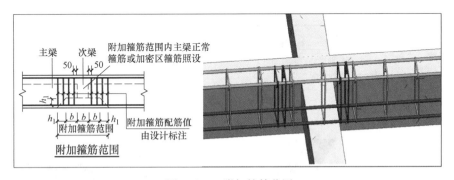

图 6-2-30　附加箍筋范围

关于图 6-2-29、图 6-2-30 所示的主次梁相交位置附加吊筋、附加箍筋构造：

① 当主梁上有次梁搁置时，次梁对主梁产生集中力可使主梁产生裂缝，所以需要在主梁上（次梁搁置的位置）设置附加箍筋或吊筋进行构造加强。

② 如图 6-2-29 所示，当主梁上设置附加吊筋时，吊筋底部水平段长度取次梁宽加

100mm（次梁两侧各 50mm），上部两边水平段长度分别为 $20d$，吊筋高度（取钢筋外皮高度）按梁高－梁上下保护层 $2c$－两倍箍筋直径 $2d$ 取值，并和梁上下纵筋位于同一层面即可。当梁高不大于 800mm 时，吊筋底部的起弯角度取 $45°$，当梁高大于 800mm 时，吊筋底部的起弯角度取 $60°$。

当遇到次梁高度不大于 1/2 主梁高度的特殊情况时，如次梁高度为 500mm，主梁高度为 2500mm，若根据主梁高度设置吊筋时比较浪费钢材且起到的抵抗次梁集中力效果反而不好，此时吊筋高度可按 1.5 倍次梁高取值。

③ 如图 6-2-30 所示，当主梁上设置附加箍筋时，因附加箍筋布置间距通常为 50mm，小于正常布置的箍筋间距，因此在附加范围不需要重复布置正常箍筋即可起到抵抗次梁对主梁产生的集中力。

钢筋深化设计人员在下料时应注意：若设计要求次梁两侧各设置 3 个间距 50mm 的附加箍筋，则当次梁两侧的主梁箍筋间距为 100mm 时，在次梁两侧正常布置的主梁箍筋间各附加插入 1 个箍筋；当次梁两侧的主梁箍筋间距为 150mm 或 200mm 时，在次梁两侧正常布置的主梁箍筋间各附加插入 2 个箍筋，即可达到设计要求的附加箍筋加密效果。若设计要求次梁两侧各设置 4 个间距 50mm 的附加箍筋，则 100mm 或 150mm 的主梁箍筋间距需在次梁两侧各附加插入 2 个箍筋，200mm 的主梁箍筋间距需在次梁两侧各附加插入 3 个箍筋，才能达到设计要求。

6.3 非框架梁钢筋构造

6.3.1 非框架梁 L 纵筋连接与锚固构造

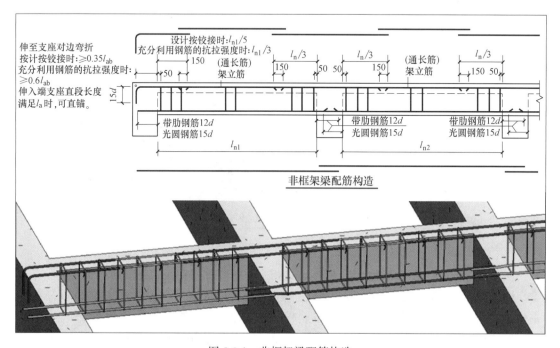

图 6-3-1 非框架梁配筋构造

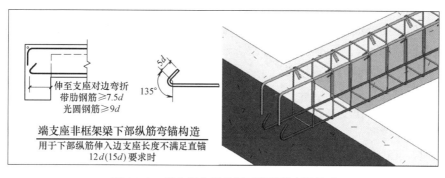

图 6-3-2 端支座非框架梁下部纵筋弯锚构造

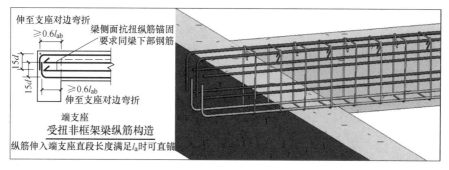

图 6-3-3 受扭非框架梁端支座纵筋锚固构造

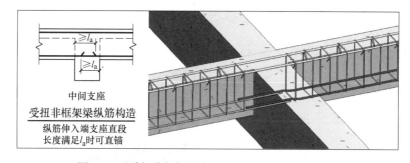

图 6-3-4 受扭非框架梁中间支座下部纵筋锚固构造

关于图 6-3-1～图 6-3-4 所示的非框架梁纵筋连接与锚固构造：

① 当梁上部有通长筋时，连接位置宜位于跨中 $l_{ni}/3$ 范围内；梁下部钢筋连接位置宜位于支座 $l_{ni}/4$ 范围内；且在同一连接区段内钢筋接头面积百分率不宜大于 50%。当梁上部只有端部设置非贯通筋而未设置通长筋时，需设置架立筋。架立筋与主筋的连接构造同框架梁中架立筋构造，此处不再赘述。

② 中间支座的非贯通筋自支座边缘伸出长度同框架梁非贯通筋。在端支座时，若设计按铰接，则非贯通筋伸出长度为 $l_{n1}/5$；若设计充分利用钢筋抗拉强度，则非贯通筋伸出长度为 $l_{n1}/3$。

非框架梁计算时支座简化为铰接，连续梁端支座弯矩为零，中间支座范围负弯矩较大，跨中正弯矩较大；剪力在各跨的梁端较大，在跨中较小。虽然端支座计算弯矩为零，但在混凝土结构中并不存在纯铰接，次梁实际与主梁为半刚性连接。**《混凝土结构设计规**

范》（GB 50010—2010）第 9.2.6 条第 1 款规定："当梁端按简支计算但实际受到部分约束时，应在支座区上部设置纵向构造钢筋。其截面面积不应小于梁跨中下部纵向受力钢筋计算所需截面面积的 1/4，且不应少于 2 根。该纵向构造钢筋自支座边缘向跨内伸出的长度不应小于 $l_0/5$，l_0 为梁的计算跨度"。

当"充分利用钢筋抗拉强度"时，设计计算时次梁梁端和主梁为刚性连接。此时对纵筋锚固和非贯通筋伸出支座边缘长度都有所加强。

③ 如图 6-3-1 所示，若非框架梁不受扭，对于 L 上部纵筋，当支座宽度满足梁端纵筋直锚要求时，无论设计按铰接还是充分利用钢筋抗拉强度，纵筋直锚进入支座 l_a 即可；当支座宽不能满足直锚要求时，需采用弯折 $15d$ 的弯钩锚固。但当设计按铰接时，弯锚的水平投影段长度为不小于 $0.35l_{ab}$；当充分利用钢筋抗拉强度时，弯锚的水平投影段长度为不小于 $0.6l_{ab}$。对于 L 下部纵筋，支座宽度满足直锚要求时，纵筋直锚进入支座长度为 $12d$（带肋钢筋 $12d$，光圆钢筋 $15d$）。如图 6-3-2 所示，当支座宽度不能满足直锚要求时，应采用 135° 弯钩锚固。弯钩平直段长度为 $5d$，水平投影段长度为 $7.5d$（带肋不小于 $7.5d$，光圆不小于 $9d$）。

如图 6-3-3 所示，若梁需抗扭（梁侧配有受扭钢筋或设计指定），则梁下部纵筋在支座的锚固同梁上部纵筋。当支座宽度满足梁端上、下纵筋直锚要求时，锚入支座 l_a 即可；当支座宽度不能满足梁端上、下纵筋直锚要求时，应采用弯折 $15d$ 的弯钩锚固。上、下纵筋采用弯锚时，水平投影段长度应不小于 $0.6l_{ab}$。梁上部纵筋在中间支座贯通设置，梁下部纵筋在中间支座能直锚时直锚，不能直锚时采用弯锚构造。

无论是受扭 L 还是非受扭 L，当梁上下纵筋需弯锚时，若支座宽度不能满足上述水平投影段长度要求时，应与设计人员沟通解决。

6.3.2 非框架梁 L 中间支座纵向钢筋构造

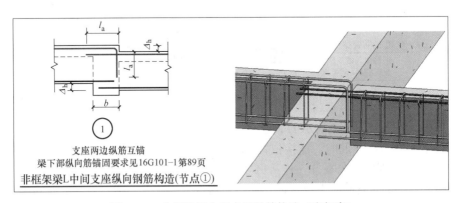

支座两边纵筋互锚
梁下部纵向筋锚固要求见16G101-1第89页
非框架梁L中间支座纵向钢筋构造（节点①）

图 6-3-5 非框架梁中间支座纵筋构造（变标高）

如图 6-3-5、图 6-3-6 所示的非框架梁中间支座纵筋构造：

① 图 6-3-5（节点 1）为梁顶和梁底标高均不同的构造。此时主梁两侧次梁的下部纵筋各自锚入主梁支座，不能直锚时根据梁是否受扭采用前述弯锚构造。关于梁上部纵筋，对于梁顶标高较低者可在支座直锚；对梁顶标高较高者，纵筋应伸至主梁对边弯折入主梁至低标高次梁顶面后，继续向下延伸 l_a。因次梁上部混凝土只有一个保护层厚度，混凝土

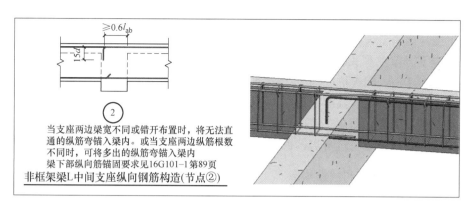

图 6-3-6 非框架梁中间支座纵筋构造（变截面）

对纵筋握裹能力较弱，所以需要将钢筋弯折进入主梁锚固。

② 图 6-3-6（节点 2）为主梁两侧次梁的梁顶与梁底标高均相同，但两侧次梁宽度不同的情况。此时较宽一侧次梁无法贯通中间支座的上部纵筋伸至主梁对边后弯折 $15d$，下部纵筋在主梁内能直锚时满足直锚构造要求即可，无法直锚时采用前述弯锚构造。

6.4 通用构造

6.4.1 不伸入支座的梁下部纵筋构造

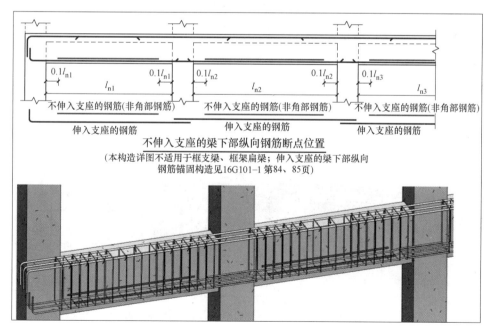

图 6-4-1 不伸入支座的梁下部纵筋断点位置

关于图 6-4-1 所示的不伸入支座的梁下部纵筋构造：

未受到水平地震力作用的框架梁及非框架梁的梁端下部为受压区，跨中下部为受拉区，梁下部纵筋通常按跨中最大正弯矩计算。为满足抵抗跨中最大正弯矩而配置的纵筋在梁端下部受压区通常大幅超出实际需求。当为抗震设计时，在往复水平地震力作用下，抗震框架梁端下部存在水平地震作用引起的正弯矩（梁端下部受拉），但通常也小于跨中最大正弯矩；对于三、四级抗震等级，梁端正弯矩相对于跨中最大正弯矩更小；因此，抵抗梁端下部正弯矩所需纵筋截面积也应小于跨中。所以可将梁端下部满足该部位受力需求之外的纵筋不伸入支座，即在支座边 0.1 倍净跨处截断。将不需要的纵筋不伸入支座，不仅有利于梁柱节点混凝土浇筑密实，也更符合"强柱弱梁"的抗震设计原则。

6.4.2 梁侧面纵向钢筋和拉筋构造

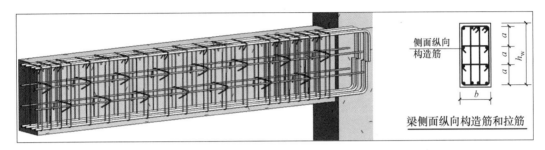

图 6-4-2　梁侧面纵筋与拉筋构造（矩形梁）

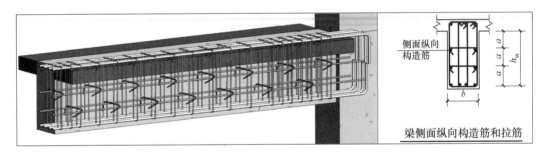

图 6-4-3　梁侧面纵筋与拉筋构造（T 形梁一）

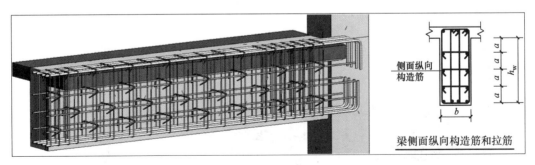

图 6-4-4　梁侧面纵筋与拉筋构造（T 形梁二）

关于图 6-4-2～图 6-4-4 所示的梁侧面纵筋与拉筋构造：

① 梁侧面纵向构造钢筋的主要作用是防止梁侧面出现构造裂缝，当梁高度较高时也有助于提高梁钢筋骨架的稳定性，但理论上其对梁的抗弯和抗剪承载力并没有增强或减弱

作用。当梁在平面外需要承担一部分的扭矩作用时，在侧面尚应配置相应的抗扭钢筋。

②对于梁侧面纵筋设置原则，当梁腹板高度 $h_w \geqslant 450$mm 时，在梁的两个侧面应沿高度方向配置纵向构造钢筋，间距不大于 200mm。当梁侧面配有直径不小于构造纵筋的受扭纵筋时，受扭钢筋可以代替构造钢筋。梁侧面构造纵筋的搭接与锚固长度可取 15d，梁侧面受扭纵筋的搭接长度为 l_{lE} 或 l_l，其锚固长度为 l_{aE} 或 l_a，锚固方式同框架梁下部纵筋。

③当梁侧面设置构造纵筋或受扭纵筋时，若梁宽不大于 350mm，则拉筋直径取 6mm；若梁宽大于 350mm，则拉筋直径取 8mm。拉筋间距为梁非加密区箍筋间距的 2 倍。当设有多排拉筋时，上下两排拉筋应竖向错开布置。

6.4.3 水平折梁与竖向折梁钢筋构造

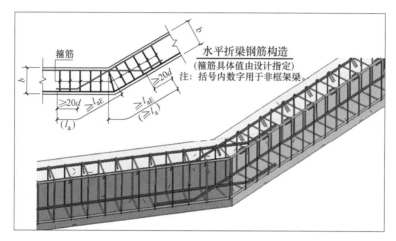

图 6-4-5　水平折梁钢筋构造

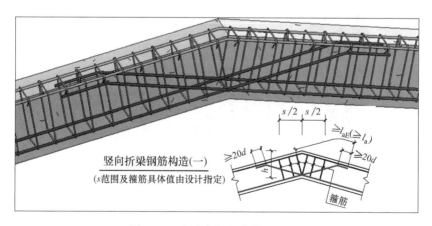

图 6-4-6　竖向折梁钢筋构造（一）

关于图 6-4-5～图 6-4-7 所示的水平折梁与竖向折梁构造：

① 此处三个折梁构造纵筋布置的共同原则为：阳角位置纵筋贯通布置，阴角位置纵筋在折梁内分别锚固。水平折梁和竖向折梁（一）的阴角纵筋锚固均为双控条件：从纵筋交叉点伸入折梁内不小于 l_{aE}（非框架梁为 l_a），且弯折水平段不小于 20d。竖向折梁（二）在阴角位置设置加腋构造，加腋位置附加纵筋和梁底纵筋互锚 l_{aE}（非框架梁为 l_a）。

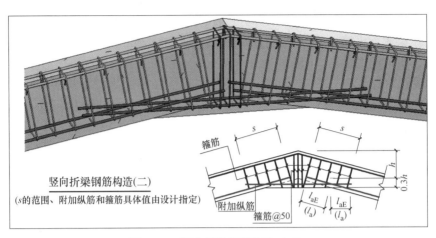

图 6-4-7　竖向折梁钢筋构造（二）

② 水平折梁在折角位置锚固区范围内，箍筋配置应适当加强，具体规格和间距由设计指定。竖向折梁构造（二）在加腋位置附加 3 个间距 50mm 的箍筋，其余位置的附加纵筋、箍筋直径和数量，以及竖向折梁构造（一）的箍筋加密范围、箍筋直径和间距均由设计指定。

6.5　悬挑梁钢筋构造

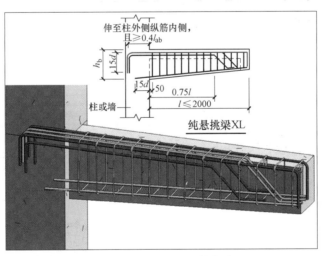

图 6-5-1　纯悬挑梁钢筋构造

关于图 6-5-1～图 6-5-9 所示的悬挑梁钢筋构造：

① 根据图 6-5-2 的悬挑梁纵筋分解图，根据跨度情况可将悬挑梁分为三种：第一种为 $l<4h_b$，纵筋配置一排的情况；第二种为 $4h_b \leqslant l<5h_b$，且纵筋配置两排的情况；第三种为 $l \geqslant 5h_b$，且纵筋配置两排的情况（l 为悬挑梁净跨，h_b 为悬挑梁根部净高）。

② 当 $l<4h_b$，纵筋配置一排时，上部纵筋全部伸至悬挑梁末端向下弯折不小于 $12d$；

当 $4h_b \leqslant l<5h_b$ 且纵筋配置两排时，第一排纵筋中至少两根角筋且不少于第一排纵筋根数 1/2 的纵筋伸至悬挑梁末端弯折不小于 $12d$，第一排其余纵筋在梁外端附近 45°下弯

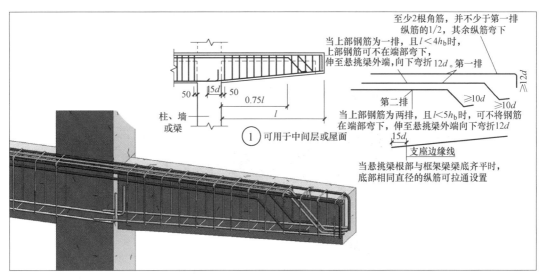

图 6-5-2　普通楼层悬挑梁钢筋构造

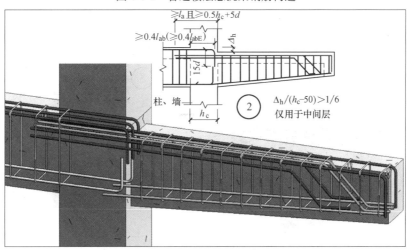

图 6-5-3　楼层悬挑梁钢筋构造（悬挑部分降标高一）

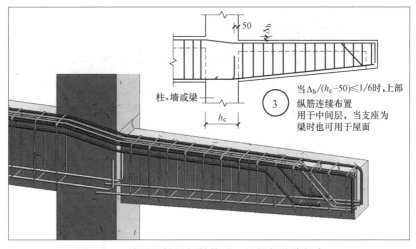

图 6-5-4　楼层悬挑梁钢筋构造（悬挑部分降标高二）

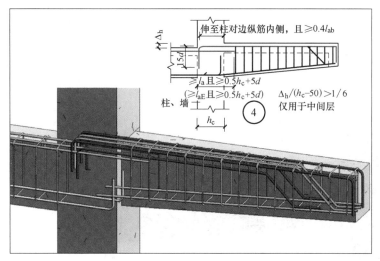

图 6-5-5 楼层悬挑梁钢筋构造（跨内降标高一）

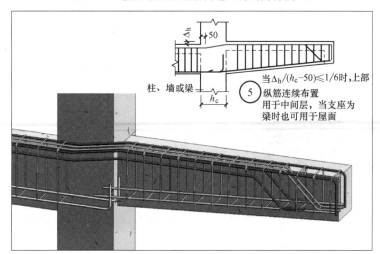

图 6-5-6 楼层悬挑梁钢筋构造（跨内降标高二）

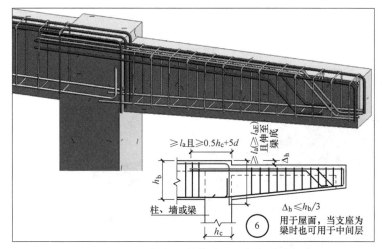

图 6-5-7 屋面悬挑梁钢筋构造（悬挑部分降标高）

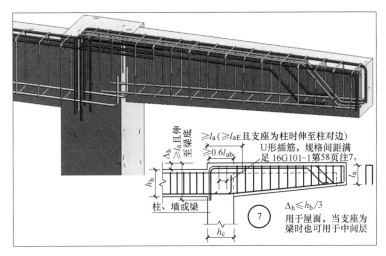

图 6-5-8　屋面悬挑梁钢筋构造（跨内降标高）

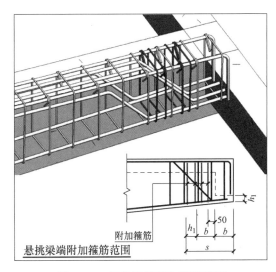

图 6-5-9　悬挑梁端附加箍筋范围

至梁底，再水平弯折不小于 $10d$ 至梁末端（此处可从梁端以水平弯折 $10d$ 倒推出纵筋 $45°$ 下弯的位置）。第二排纵筋全部伸至悬挑梁末端弯折不小于 $12d$。

当 $l \geqslant 5h_b$ 且纵筋配置两排时，第一排纵筋处理办法同 $4h_b \leqslant l < 5h_b$，第二排纵筋全部伸至 $0.75l$ 处以 $45°$ 角下弯至梁底，后水平弯折不小于 $10d$ 至悬挑梁末端（当水平弯折 $10d$ 和 $0.75l$ 处下弯不能全部满足时，应和设计沟通明确做法）。

梁上部设有三排纵筋时，其伸出长度由设计注明。图 6-5-3～图 6-5-8 所示的悬挑梁②～⑦及图 6-5-1 所示的纯悬挑梁的端部做法均与上述做法相同，只有悬挑梁根部纵筋锚固稍有区别。

③ 图 6-5-3～图 6-5-6 所示的楼层悬挑梁②～⑤及图 6-5-1 所示的纯悬挑梁 XL 根部的上部纵筋锚固构造可参照框架梁 KL，悬挑梁底部纵筋直锚进入支座 $15d$ 即可。图 6-5-7 和图 6-5-8 所示的节点⑥、⑦为屋面悬挑梁变标高的构造，标高较高一侧梁上部纵筋伸至

支座对边向支座内弯折 l_a 并伸至梁底。若悬挑梁面标高相对屋面框架梁较高，因屋面悬挑梁上部纵筋只有一个保护层厚度的混凝土进行包裹，混凝土对钢筋的粘结强度较低，所以设置 U 形插筋以增强对悬挑梁上部纵筋的横向约束作用，U 形插筋直径不小于 $d/4$（d 为悬挑梁上部纵筋的最大直径），间距不大于 $5d$ 且不大于 100mm。屋面悬挑梁底部纵筋直锚进入支座 $15d$ 即可。

常规情况下悬挑梁为非抗震构件，但是当结构计算需考虑竖向地震作用时，上图节点中的所有 l_{ab}、l_a 均采用 l_{abE} 和 l_{aE}。**《高层建筑混凝土结构技术规程》（JGJ 3—2010）第 4.3.2 条第 3、4 款规定：高层建筑中的大跨度、长悬臂结构，7 度（0.15g）、8 度抗震设计时应计入竖向地震作用。9 度抗震设计时应计算竖向地震作用。**

④ 如图 6-5-9 所示，当悬挑梁端部有次梁搁置时，悬挑梁端部需设置附加箍筋，设置范围为 $b+h_1$（b 为次梁宽度，h_1 为次梁底到悬挑梁底部的距离）。但应注意悬挑梁的箍筋应贯通设置（支座钢筋贯通设置，类似参考本章 6.2.9 节"主次梁斜交箍筋构造"）。

6.6 框架扁梁钢筋构造

6.6.1 框架扁梁中柱节点钢筋构造

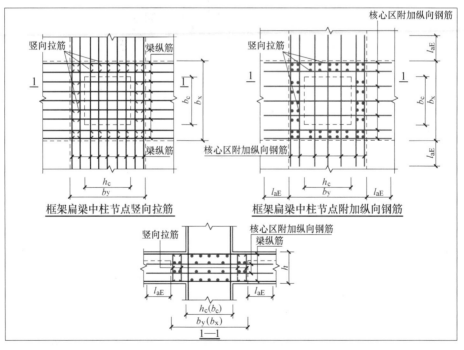

图 6-6-1 框架扁梁中柱节点钢筋构造（二维）

关于图 6-6-1、图 6-6-2 所示的框架扁梁中柱节点钢筋构造：

① 普通矩形截面梁的高宽比 h/b 一般取 2.0～3.5；当梁宽大于梁高时，梁就称为扁梁，因此框架扁梁的外形特点是扁梁的宽度通常超过柱子横截面宽度。采用扁梁做法一般是因为对建筑楼层净高有所限制，但在结构上来说并不经济。

图 6-6-2 框架扁梁中柱节点钢筋构造（三维）

② 框架扁梁上部贯通筋的连接位置、非贯通筋的伸出长度要求可参考框架梁做法。穿过柱子横截面的框架扁梁下部纵筋可在柱内锚固，锚固构造可参考框架梁下部纵筋。未穿过柱子横截面的框架扁梁下部纵筋应贯通节点区。但是下部纵筋在节点之外连接时，连接位置宜避开箍筋加密区，并位于支座 $l_{ni}/3$ 范围之内连接。（具体可参照框架梁下部纵筋在节点外连接的做法）

③ 当支座为中柱时，框架扁梁应在梁柱节点及双向扁梁十字相交范围（即上图 $b_x \times b_y$ 范围）沿两个扁梁方向设置核心区附加纵筋。其沿高度方向的位置位于扁梁上下纵筋之间，当设置多层时应沿高度方向均匀布置。附加纵筋两边分别从与之垂直的扁梁边缘伸出 l_{aE}。因此，核心区双向附加纵筋的下料长度分别为（$b_x + 2l_{aE}$）和（$b_y + 2l_{aE}$）。

④ 当支座为中柱时，在扣除柱子横截面区域之后的 $b_x \times b_y$ 范围，应沿柱子一周布置竖向拉筋。拉筋应同时勾住双向扁梁的上下层双向钢筋，拉筋末端采用135°弯钩，平直段长度为 $10d$。

6.6.2 框架扁梁边柱节点钢筋构造（一）

关于图 6-6-3、图 6-6-4 所示的框架扁梁边柱节点钢筋构造：

① 图 6-6-3、图 6-6-4 所示的框架扁梁边柱节点的特点是柱与边梁同宽。框架扁梁上部贯通筋的连接位置、非贯通筋的伸出长度要求可参考框架梁做法。框架扁梁上下部纵筋在边梁和边柱内能直锚时采用直锚构造，直锚要求同框架梁。边梁和柱宽不能满足直锚要求时应采用弯锚，弯锚应伸至边梁对边，且水平投影段长度不小于 $0.6l_{abE}$。

② 框架扁梁核心区附加纵筋在边梁和边柱位置的锚固同扁梁上下部纵筋，核心区附加纵筋自边梁和柱边缘伸出长度为 l_{aE}。因此，在边梁和边柱位置（柱与边梁同宽）核心区附加纵筋的下料长度为锚固长度＋l_{aE}。

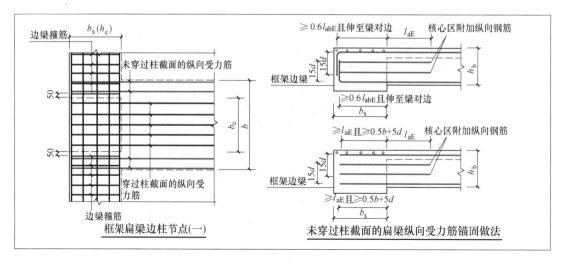

图 6-6-3　框架扁梁边柱节点钢筋构造一（二维）

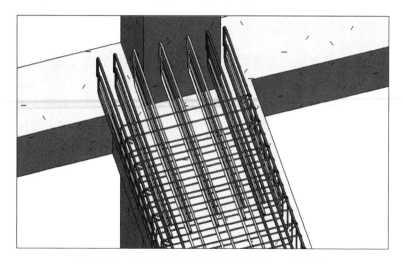

图 6-6-4　框架扁梁边柱节点钢筋构造一（三维）

6.6.3　框架扁梁边柱节点钢筋构造（二）

关于图 6-6-5、图 6-6-6 所示的框架扁梁边柱节点钢筋构造：

① 图 6-6-5、图 6-6-6 所示的框架扁梁边柱节点的特点是柱宽超出梁宽不小于 100mm。框架扁梁纵筋连接、非贯通筋的伸出长度、上下部纵筋锚固、核心区附加纵筋伸出长度及锚固等构造均同框架扁梁在边柱（柱与边梁同宽）位置的钢筋构造。

② 当柱宽超出梁宽不小于 100mm 时，在超出的宽度范围需设置 U 形箍筋（U 形箍筋用于增强对未穿过柱截面的纵向受力钢筋的横向约束作用）和竖向拉筋。U 形箍筋伸至柱边缘位置后继续伸入柱内 l_{aE}，U 形箍筋间距未做要求，但具体施工时可参考扁梁箍筋加密区间距设置或由设计指定。竖向拉筋应同时勾住扁梁纵筋和 U 形箍筋，拉筋末端采用 135°弯钩，平直段长度为 $10d$。

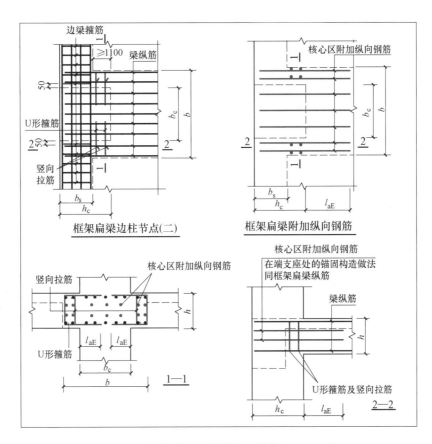

图 6-6-5 框架扁梁边柱节点钢筋构造二（二维）

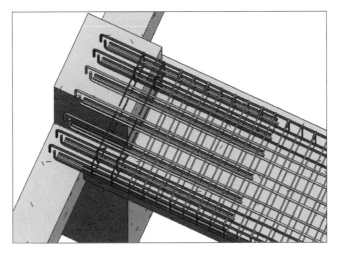

图 6-6-6 框架扁梁边柱节点钢筋构造二（三维）

6.6.4 框架扁梁箍筋加密构造

关于图 6-6-7 所示的框架扁梁箍筋构造，箍筋加密设置自支座边缘起或从垂直的扁梁

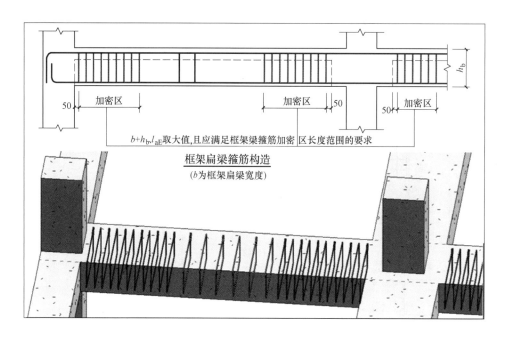

图 6-6-7　框架扁梁箍筋构造

边缘起开始布置，加密区范围为 $b+h_b$ 和 l_{aE} 两者取大值（b 为扁梁宽，h_b 为扁梁高），并同时满足框架梁箍筋加密区长度范围的要求。

6.7　框支梁钢筋构造

6.7.1　框支梁 KZL 纵筋连接与锚固构造

关于图 6-7-1 所示的框支梁 KZL 纵筋连接与锚固构造：

① 因建筑功能要求下部大空间，上部部分竖向构件不能直接连续贯通落地，而需通过水平转换结构与下部竖向构件连接。当布置的转换梁支撑上部的剪力墙的时候，转换梁叫框支梁，支撑框支梁的柱子就叫做转换柱（11G101-1 称为框支柱）。

② 框支梁纵向钢筋连接宜采用机械连接，同一截面内钢筋接头的截面面积不应超过全部纵筋截面面积的 50%，接头位置应避开上部墙体开洞部位、梁上托柱部位及受力较大部位。

③ 关于纵筋锚固，框支梁上部第一排纵筋应伸至转换柱对边的纵向钢筋内侧向下弯折 h_b-c+l_{aE}（h_b 为框支梁高，c 为上部纵筋保护层），即伸至梁底后继续往下伸不小于 l_{aE}。上部第二排纵筋伸至第一排纵筋弯钩内侧并弯折不小于 $15d$，同时保证伸至转换柱内的纵筋总长度不小于 l_{aE}。应注意两排纵筋水平投影段长度均不小于 $0.4l_{abE}$，弯钩间应保持一定净距以保证混凝土对钢筋的粘结强度。

对于框支梁下部各排纵筋，应伸至上部纵筋弯钩内侧并向上弯折不小于 $15d$，同时保证伸至转换柱内的纵筋总长度不小于 l_{aE}，水平投影段长度均不小于 $0.4l_{abE}$。

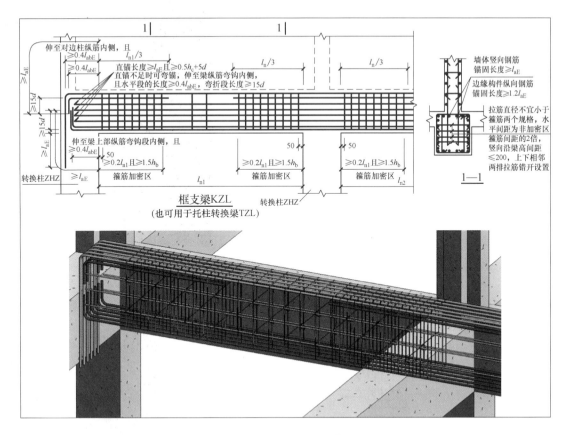

图 6-7-1　框支梁 KZL 钢筋构造

对于框支梁侧面纵向钢筋,当转换柱满足纵筋直锚要求时直锚即可,纵筋伸入柱内不小于 l_{aE},且不小于 $0.5h_c+5d$。不能满足直锚要求时可弯锚,弯锚应伸至梁纵筋弯钩内侧,且水平投影段长度不小于 $0.4l_{abE}$,弯折不小于 $15d$。

④ 关于框支梁端箍筋加密的设置,加密范围为 $\max(0.2l_{ni},1.5h_b)$,箍筋布置自柱边的起步距离为 50mm。梁内应在每层侧面纵筋沿水平方向布置拉筋,拉筋直径不小于箍筋两个规格,水平间距为非加密区箍筋间距的两倍,竖向沿梁高间距不大于 200mm(根据侧面纵筋布置即可),上下相邻两排拉筋应错开设置。

6.7.2　框支柱纵筋连接与锚固构造

关于图 6-7-2、图 6-7-3 所示的转换柱 ZHZ 钢筋构造:

转换柱的纵筋连接应采用机械连接,柱底部纵筋连接同框架柱,纵筋中心距不小于80mm,净距不小于 50mm。转换柱顶部设置有剪力墙时,柱纵筋能向上延伸的应延伸至上层剪力墙楼板顶(即采用能通则通的原则)。对于不能向上延伸的纵筋应在柱顶向框支梁或板内弯折,弯折长度为自柱边缘算起伸入框支梁或板内不小于 l_{aE}。柱顶弯折收头的纵筋应伸至柱顶且在梁高范围内的竖直长度不小于 $0.5l_{abE}$。转换柱的箍筋布置可采用对纵筋"隔一拉一"的原则。

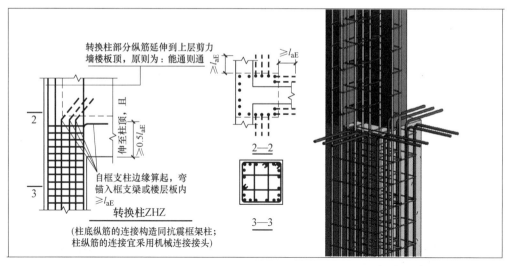

图 6-7-2　转换柱 ZHZ 钢筋构造（一）

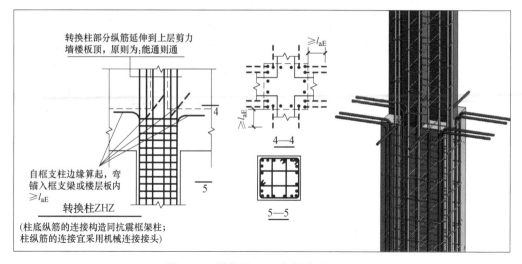

图 6-7-3　转换柱 ZHZ 钢筋构造（二）

6.7.3　框支梁 KZL 上部墙体开洞构造与托柱转换梁箍筋加密构造

关于图 6-7-4～图 6-7-6 所示的框支梁 KZL 上部墙体开洞部位的加强构造：

如图 6-7-4 所示，当洞宽 $B \leqslant 2h_1$，且 $h_1 \geqslant h_b/2$ 时（h_1 为洞口下边缘至框支梁顶面的距离，h_b 为框支梁高），应在洞口下边缘设置补强暗梁，暗梁配筋由设计指定（钢筋层次关系参考"剖面 1-1"），暗梁纵筋应自洞口两侧边缘起分别锚入墙内不小于 $1.2l_{aE}$。洞口两侧边缘构件插筋、连接等构造参照剪力墙边缘构件的相关构造。

如图 6-7-5 所示，当洞宽 $B > 2h_1$，且 $h_1 < h_b/2$ 时，应在洞口下边缘设置补强钢筋，补强配筋由设计指定（钢筋层次关系参考"剖面 2-2"），补强钢筋应自洞口两侧边缘起分别锚入墙内不小于 $1.2l_{aE}$。洞口两侧边缘构件插筋、连接等构造参照剪力墙边缘构件的相关构造。洞口两侧边缘下部应对框支梁箍筋进行加密，加密范围为以洞口两侧边缘为中心

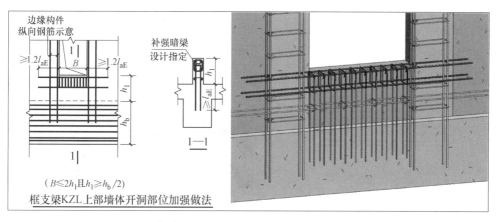

图 6-7-4　框支梁 KZL 上部墙体开洞部位加强做法（一）

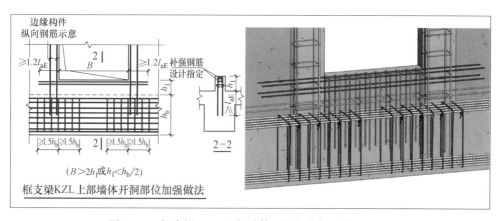

图 6-7-5　框支梁 KZL 上部墙体开洞部位加强做法（二）

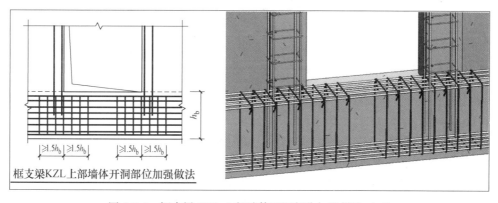

图 6-7-6　框支梁 KZL 上部墙体开洞部位加强做法（三）

线，向两边各加密不小于 $1.5h_b$。

如图 6-7-6 所示，当框支梁顶部直接设置洞口时，洞口两侧边缘下部应对框支梁箍筋进行加密，加密范围为以洞口两侧边缘为中心线，向两边各加密不小于 $1.5h_b$。洞口两侧边缘构件插筋、连接等构造参照剪力墙边缘构件的相关构造。

如图 6-7-7 所示，托柱转换梁 TZL 的托柱位置应对箍筋进行加密，加密范围为柱两侧边缘向外不小于 $1.5h_b$＋柱宽的范围。

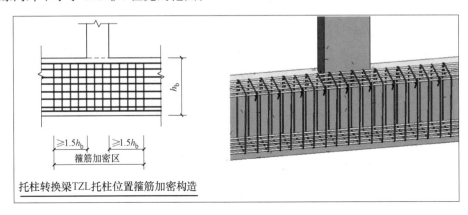

图 6-7-7　托柱转换梁 TZL 托柱位置箍筋加密构造

6.8　井字梁钢筋构造

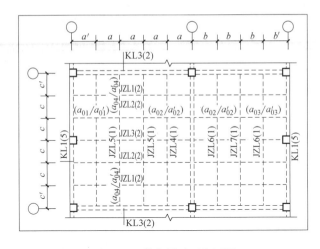

图 6-8-1　井字梁平面布置图

关于图 6-8-1～图 6-8-4 所示的井字梁及其配筋构造：

① 井字梁区格由双向板演变而来。混凝土双向板周边均为支座，双向配筋发挥双向受力性能。当双向跨度较大时，板厚加大自重相应加大，此时将大跨度双向板演变为双向区格和区格上部较薄的板，构成双向区格的等高截面梁即为图 6-8-1 和图 6-8-2 所示的井字梁。井字梁既能满足双向大跨度构件的强度与刚度需求，又能以较轻自重获得较好经济指标。井字梁区格的内力分布与双向板内力分布规律相似，在同一区格内的两向相交的井字梁，短跨梁的内力相对长跨梁较大。所以当为连续区格时，中间支座部位梁上部负弯矩分布值长跨梁通常反而比短跨小，相应梁端支座上部抵抗负弯矩的非贯通筋延伸长度长跨通常不长于短跨。井字梁端部构造配筋可参照非框架梁设置，但宜做加强处理。

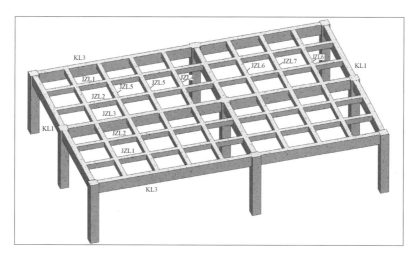

图 6-8-2　井字梁三维结构图

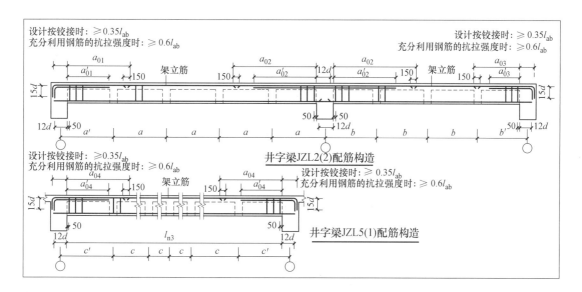

图 6-8-3　井字梁配筋构造图（二维）

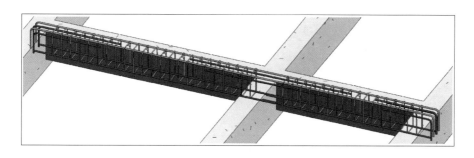

图 6-8-4　井字梁配筋构造图（三维）

② 如图 6-8-3 和图 6-8-4 所示，当设计无具体说明时，井字梁上、下部纵筋均短跨在下，长跨在上。当井字梁上部设置有通长筋时，连接位置宜位于跨中 $l_{ni}/3$ 范围内；井字梁下部纵筋连接位置宜位于支座 $l_{ni}/4$ 范围内，且同一连接区段内钢筋接头面积百分率不宜大于 50%。当梁纵筋采用绑扎搭接接长时，搭接范围内箍筋直径不小于 $d/4$（d 为搭接钢筋最大直径），间距不宜大于 100mm 及 $5d$（d 为搭接钢筋最小直径）。井字梁纵向钢筋锚固、架立筋、侧面纵向钢筋等构造可参考非框架梁。井字梁上部非贯通筋从支座边缘的伸出长度由设计指定。

③ 井字梁纵横向相交时，短跨井字梁的箍筋应贯通设置，在长跨梁搁置的位置应设置附加箍筋，设置原则同框架梁。

6.9　本章总结

如图 6-9-1 和图 6-9-2 所示，本章梁钢筋构造主要由基础梁（JL 和 JCL）、框架梁 KL、屋面框架梁 WKL、非框架梁 L、悬挑梁 XL、框架扁梁、框支梁 KZL 和转换柱、井字梁组成。读者可依据表 6-9-1 和图 6-9-1、图 6-9-2 对不同构件间的类似构造、同个构件不同部位的构造、同个构件同个部位不同做法的构造进行往复对比学习。

梁相关钢筋构造区别对比表　　　　　　　　　　　表 6-9-1

构造要点（或构件）	对比部位（或构件）
基础梁 JL 和基础次梁 JCL	1. 与 KL、WKL 在结构受力上的区别； 2. 与 KL、WKL 纵筋连接位置的区别； 3. 与 KL、WKL 非贯通筋设置位置以及伸出长度的区别； 4. 与 KL、WKL 附加箍筋、附加吊筋的构造区别； 5. 与 KL、WKL 竖向加腋构造区别； 6. 与 KL、WKL 箍筋布置方式的区别； 7. 等截面外伸构造与悬挑梁钢筋构造的区别； 8. JL 和 JCL 之间关于上述钢筋构造的区别
框架梁 KL	1. 与 WKL、L、KZL 纵筋在端支座位置锚固构造的区别； 2. 与 L 上下部纵筋连接位置的区别； 3. 与 WKL、L 在中间支座变标高、变截面位置钢筋构造的区别； 4. KL 水平加腋与竖向加腋的区别； 5. 与剪力墙连梁 LL 的区别
折梁构造	水平折梁与竖向折梁的区别
悬挑梁	1. 不同悬挑长度时悬挑梁纵筋构造的区别； 2. 楼层悬挑梁与屋面悬挑梁的区别
框架扁梁	1. 中柱节点钢筋构造与边柱节点钢筋构造的区别； 2. 边柱节点中，边柱比边梁宽与边柱扁梁同宽钢筋构造的区别
转换柱 ZHZ	转换柱 ZHZ 与框架柱 KZ 钢筋构造的区别
井字梁 JZL	与非框架梁在端支座纵筋锚固、纵筋连接、非贯通筋伸出长度方面的区别

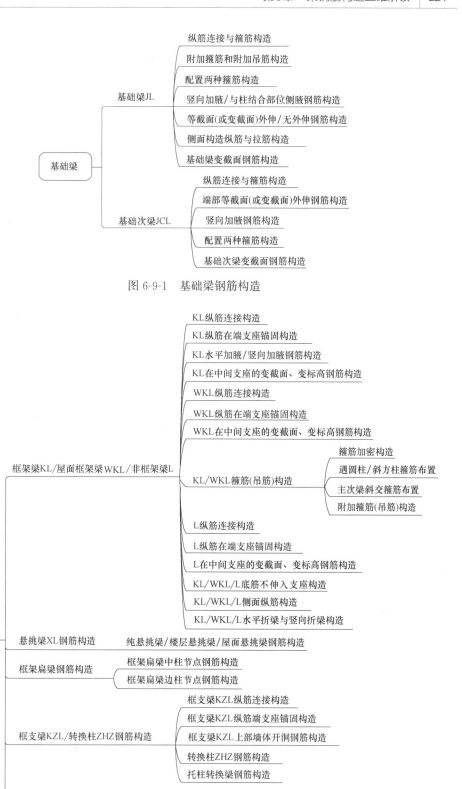

图 6-9-1　基础梁钢筋构造

图 6-9-2　楼层梁树状图

本 章 习 题

1. 关于框架梁纵筋连接位置，下列说法正确的是（　　）。

A. 上部通长筋位于跨中 $l_{ni}/3$；下部通长筋位于支座 $l_{ni}/3$ 范围

B. 上部通长筋位于跨中 $l_{ni}/3$；下部通长筋位于支座 $l_{ni}/4$ 范围

C. 上部通长筋位于跨中 $l_{ni}/2$；下部通长筋位于支座 $l_{ni}/3$ 范围

D. 上部通长筋位于跨中 $l_{ni}/2$；下部通长筋位于支座 $l_{ni}/4$ 范围

2. 框架梁架立筋与非贯通筋搭接长度为（　　）。

A. $15d$ 　　　　B. 150mm 　　　　C. $12d$ 　　　　D. 200mm

3. 当支座宽度满足框架梁纵筋直锚要求时，纵筋伸入支座长度为（　　）。

A. l_{aE} 　　　　　　　　　　B. $0.5h_c+5d$

C. 伸至支座对边 　　　　　　　D. A、B、C 都不对

4. 框架梁竖向加腋时，底筋的锚固长度为（　　）。

A. 从腋边起算不小于 l_{aE} 　　　　　　B. 从柱边起算不小于 l_{aE}

C. 从腋边起算 l_{aE} 且不小于 $0.5h_c+5d$ 　D. 从柱边起算 l_{aE} 且不小于 $0.5h_c+5d$

5. 当某一中间支座两侧的楼层框架梁底标高不同，且支座宽度不能满足纵筋直锚要求时，下列说法正确的是（　　）。

A. 若高差/(柱宽−50mm) 小于 1/6 时，梁底纵筋必须采用斜弯通过构造

B. 两侧梁底纵筋可分别在柱内弯锚

C. 较高一侧梁底筋从柱边伸入直至满足 l_{aE}，较低一侧梁底筋在柱内弯锚

D. 以上说法都对

6. 当某一中间支座两侧的屋面框架梁截面宽度不同，且支座宽度不能满足纵筋直锚要求时，下列说法正确的是（　　）。

A. 梁上部纵筋伸至支座对边弯折 $15d$；梁底纵筋伸至支座对边弯折 $15d$

B. 梁上部纵筋伸至支座对边弯折 l_{aE}；梁底纵筋伸至支座对边弯折 $15d$

C. 梁上部纵筋伸至支座对边弯至梁底；梁底纵筋伸至支座对边弯折 $15d$

D. 以上说法都不对

7. 梁侧面构造纵筋在支座锚固长度取（　　）。

A. $15d$ 　　　　B. 150mm 　　　　C. $20d$ 　　　　D. 200mm

8. 水平抗震框架折梁阴角位置的纵筋伸过钢筋交叉点在梁内锚固长度取（　　）。

A. l_{aE} 且伸至梁对边弯折不小于 150mm 　B. l_{aE} 且伸至梁对边弯折不小于 $12d$

C. l_{aE} 且伸至梁对边弯折不小于 $15d$ 　　D. l_{aE} 且伸至梁对边弯折不小于 $20d$

9. 某二级抗震框架结构，框架扁梁在梁端位置的箍筋加密区长度取（　　）。

A. 扁梁宽度＋扁梁高度 　　　　　B. $1.5h_b$ 且不小于 500mm

C. $2.0h_b$ 且不小于 500mm 　　　　D. A、B、C 都不对

10. 关于框支梁上部第一排纵筋在端支座的锚固构造，下列说法正确的是（　　）。

A. 框支梁纵筋伸至转换柱对边弯折 l_{aE}，水平投影段长度不小于 $0.6l_{abE}$

B. 框支梁纵筋伸至转换柱对边弯折 l_{aE}，水平投影段长度不小于 $0.4l_{abE}$

C. 框支梁纵筋伸至转换柱对边弯至梁底后继续下伸 l_{aE}，水平投影段长度不小于 $0.6l_{abE}$

D. 框支梁纵筋伸至转换柱对边弯至梁底后继续下伸 l_{aE}，水平投影段长度不小于 $0.4l_{abE}$

第7章

板钢筋构造三维解读

7.1 梁板式筏形基础平板钢筋构造

7.1.1 梁板式筏形基础平板 LPB 钢筋构造

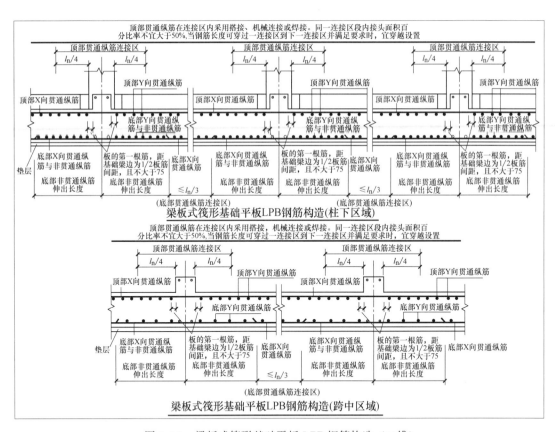

图 7-1-1 梁板式筏形基础平板 LPB 钢筋构造（二维）

图 7-1-1 为梁板式筏形基础平板 LPB 钢筋构造，图 7-1-2 为梁板式筏形基础平板。

梁板式筏形基础的受力形式可理解为倒置的有梁楼盖板。基础平板同一层面的双向交叉钢筋，何向纵筋在下，何向纵筋在上，应按具体设计说明由设计进行确定。

梁板式筏形基础底板的底部贯通纵筋，可在跨中位置非贯通纵筋伸出长度的范围之外（跨中不大于 $l_n/3$ 区域）进行搭接连接、机械连接或焊接；顶部贯通纵筋，可在基础梁两

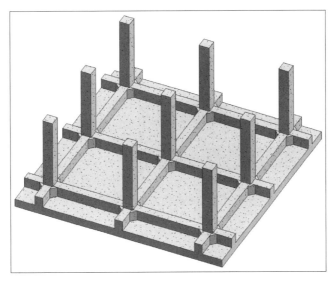

图 7-1-2 梁板式筏形基础平板

侧 1/4 净跨长度范围＋基础梁宽度范围内连接。顶部贯通纵筋在连接区内可采用搭接、机械连接或焊接。同一连接区段内接头面积百分率不宜大于 50%。当钢筋长度可穿过一连接区到下一连接区连接并满足要求时，宜穿越设置。

梁边第一根板筋的起步距离应距离基础梁（或基础次梁）边缘 1/2 板筋间距且不大于 75mm。基础平板的底部非贯通筋的伸出长度由设计确定。

7.1.2 梁板式筏形基础平板 LPB 端部与外伸部位钢筋构造

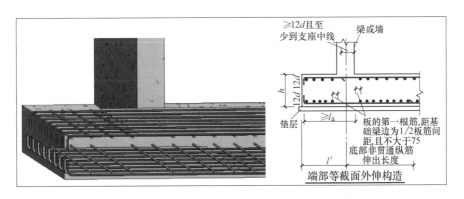

图 7-1-3 梁板式筏形基础平板 LPB 端部等截面外伸构造

图 7-1-3～图 7-1-5 分别为梁板式筏形基础平板端部等截面外伸、变截面外伸以及无外伸构造。

① 关于图 7-1-3 所示的端部等截面外伸构造。当梁板式筏形基础的端部等截面外伸时，若从基础主梁（或墙）内边算起的外伸长度满足直锚要求时，板的下部和上部纵筋均伸至板端部上下弯折 12d。若从基础主梁（或墙）内边算起的外伸长度不满足直锚要求时，板上部纵筋仍伸至板端部向下弯折 12d，但板底筋需伸至板端部向上弯折 15d，且从梁（墙）内边算起弯折前的水平投影段长度不小于 $0.6l_{ab}$。

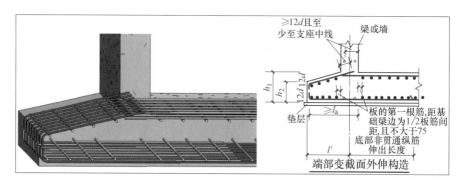

图 7-1-4　梁板式筏形基础平板 LPB 端部变截面外伸构造

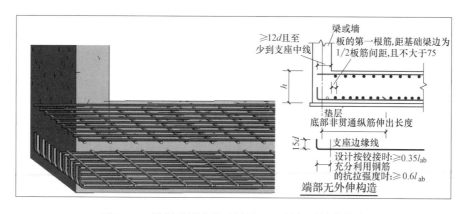

图 7-1-5　梁板式筏形基础平板 LPB 端部无外伸构造

梁边第一根板筋的起步距离应距离基础梁（或基础次梁）边缘 1/2 板筋间距且不大于 75mm。基础平板的底部非贯通筋的伸出长度由设计确定。

该构造应结合本章 7.2 节 7.2.5 中图 7-2-13 和图 7-2-14 所示的板端部侧边封边构造进行处理。当板边缘侧边封边构造采用"纵筋弯钩交错封边方式"进行处理时，纵筋应上下弯折且保证弯折段互相搭接 150mm，而不是上下弯折 12d 或 15d。

该构造中板面筋中的部分钢筋伸至梁或墙内锚固，锚固长度为不小于 12d 且至少到支座中心线；部分纵筋伸至板边缘弯折 12d。上部纵筋均为板的贯通纵筋，具体哪一部分需在梁或墙内锚固、哪一部分钢筋需伸至板端部弯折，可与设计沟通，由设计确定。

② 关于图 7-1-4 所示的端部变截面外伸构造。除了板外伸部位的面筋和内跨板面筋在梁或墙位置分别锚固 $\max(12d，1/2 \text{支座宽})$ 外，其余构造均与等截面外伸构造相同，此处不再赘述。

③ 关于图 7-1-5 所示的端部无外伸构造。当板的端部无外伸（板端有梁或墙）时，板底筋伸至支座对边向上弯折 15d（设计按铰接时弯折前水平投影段长度不小于 $0.35l_{ab}$；设计按充分利用钢筋抗拉强度时不小于 $0.6l_{ab}$），板面筋伸至梁或墙内不小于 12d 且至少到支座中心线。

梁边第一根板筋的起步距离应距离基础梁（或基础次梁）边缘 1/2 板筋间距且不大于 75mm。基础平板的底部非贯通筋的伸出长度由设计确定。

7.1.3　梁板式筏形基础平板 LPB 变截面部位钢筋构造

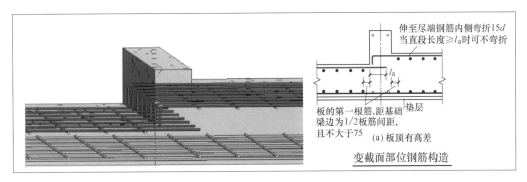

图 7-1-6　梁板式筏形基础平板 LPB 变截面部位钢筋构造

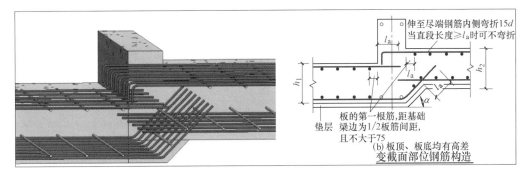

图 7-1-7　梁板式筏形基础平板 LPB 变截面部位钢筋构造

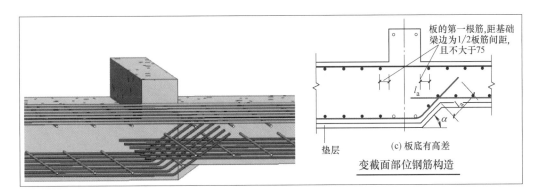

图 7-1-8　梁板式筏形基础平板 LPB 变截面部位钢筋构造

图 7-1-6～图 7-1-8 分别为梁板式筏形基础平板变截面部位钢筋构造。

① 关于图 7-1-7 所示的板底和板顶均有高差时的钢筋构造。板顶高差部位，标高较高的板面钢筋伸至基础梁对边钢筋内侧向下弯折 $15d$（当直段长度不小于 l_a 时可不弯折）；标高较低的板面钢筋从梁外边线起算伸入梁和板内 l_a。板底高差部位，标高较低的板底钢筋随坡度向上弯折，伸至坡顶后继续往上延伸 l_a；标高较高板底钢筋从坡顶位置算起伸入低标高板内 l_a。

梁边第一根板筋的起步距离应距离基础梁（或基础次梁）边缘 1/2 板筋间距且不大于 75mm。

② 关于图 7-1-6 所示的板顶有高差和图 7-1-8 所示的板底有高差时钢筋构造。板顶或板底单面有高差时，其钢筋构造均同图 7-1-7 所示的板顶、板底高差位置钢筋构造。

板底高差坡度 α 可为 45° 或 60° 角。

当梁板式筏形基础平板的变截面形式与上述构造不符时，其构造应由设计确定。

7.2 平板式筏形基础平板钢筋构造

7.2.1 平板式筏形基础平板钢筋构造

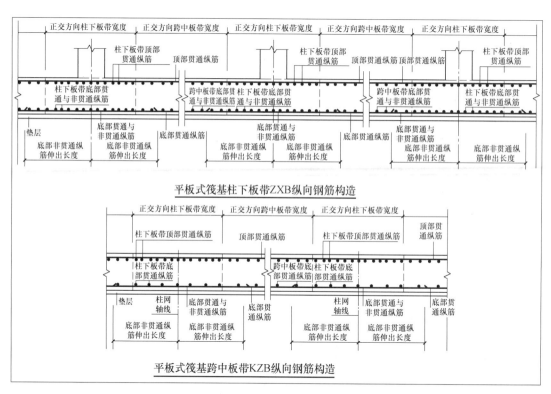

图 7-2-1 平板式筏形基础板带钢筋构造（二维）

图 7-2-1～图 7-2-3 所示分别为平板式筏形基础板带钢筋构造和平板钢筋构造。

① 平板式筏形基础的平面注写表达方式分为两种，一种为图 7-2-1 所示通过柱下板带和跨中板带进行表达；另一种即为图 7-2-2 所示的按基础平板进行表达。虽然图 7-2-1 所示的柱下板带 ZXB、跨中板带 KZB 和图 7-2-2 所示的基础平板 BPB 所表达的方式以及部分构造稍有区别，但两者表达的内容可以相同（即均是平板式筏形基础的钢筋构造）。当整片板式筏形基础配筋比较规律时，宜采用 BPB 的表达方式进行设计和平面注写。

② 关于图 7-2-1 所示的平板式筏基础柱下板带 ZXB 和跨中板带 KZB 纵向钢筋构造。基础平板的柱下板带、跨中板带中同一层面的双向交叉纵筋，何向纵筋在下，何向纵筋在

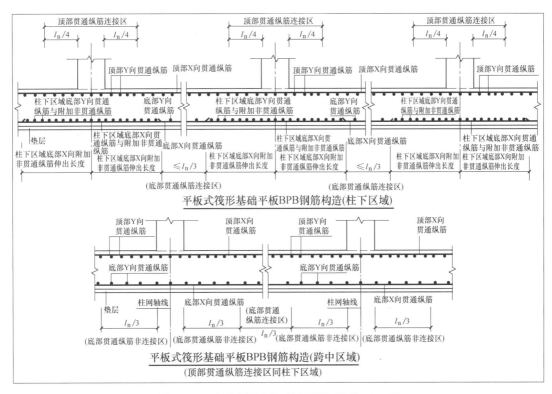

图 7-2-2　平板式筏形基础平板钢筋构造（二维）

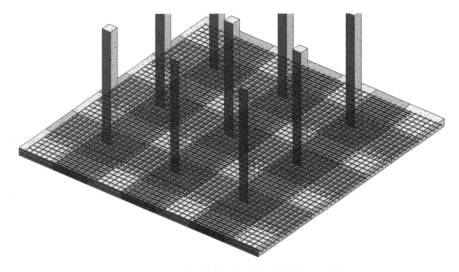

图 7-2-3　平板式筏形基础钢筋构造（三维）

上，应按具体设计说明。

　　柱下板带与跨中板带的底部贯通纵筋，可在跨中位置 1/3 净跨长度范围内搭接连接、机械连接或焊接；柱下板带及跨中板带的顶部贯通纵筋，可在柱轴网线附近 1/4 净跨长度范围内搭接连接、机械连接或焊接。

不同配置的底部贯通纵筋，应在两毗邻跨中钢筋配置较小一跨的跨中连接区域连接（即配置较大一跨的底部贯通纵筋需越过其标注的跨数终点或起点伸至毗邻跨的跨中区域连接）。

柱下板带的底部非贯通筋从跨内的伸出长度由设计进行标注。

③ 关于图 7-2-2 所示的平板式筏基础平板 BPB 钢筋构造。基础平板中同一层面的双向交叉纵筋，何向纵筋在下，何向纵筋在上，应按具体设计说明。

基础平板的底部贯通纵筋，可在跨中区域非贯通纵筋伸出长度的范围之外（跨中不大于 $l_n/3$ 区域）进行搭接连接、机械连接或焊接；基础平板的顶部贯通纵筋，可在柱轴网线两侧 1/4 净跨长度范围和柱宽范围内进行搭接连接、机械连接或焊接。

柱中心线下的基础平板底部附加非贯通筋从跨内的伸出长度由设计进行标注。

7.2.2 平板式筏形基础平板（ZXB、KZB、BPB）变截面部位钢筋构造

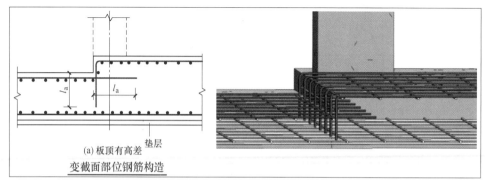

图 7-2-4 平板式筏形基础平板（ZXB、KZB、BPB）板顶高差部位钢筋构造

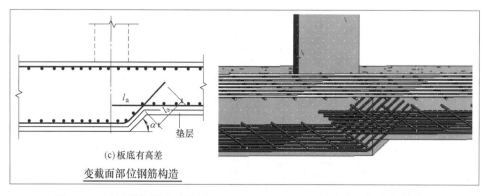

图 7-2-5 平板式筏形基础平板（ZXB、KZB、BPB）板底高差部位钢筋构造

图 7-2-4～图 7-2-6 所示分别为平板式筏形基础平板顶部有高差、底部有高差、顶部和底部均有高差时的钢筋构造。

① 关于图 7-2-6 所示的板底和板顶均有高差时的钢筋构造。板顶高差部位，标高较高的板面钢筋伸至板端弯折向下至低标高板顶时，继续向下延伸 l_a；标高较低的板面钢筋从柱外边线起算伸入高标高板内 l_a。板底高差部位，标高较低的板底钢筋随坡度向上弯折，伸至坡顶后继续往上延伸 l_a；标高较高板底钢筋从坡顶位置算起伸入低标高板内 l_a。

当板底和板顶均有高差时，板底的坡底位置线和板顶的高差位置线之间的水平投影距

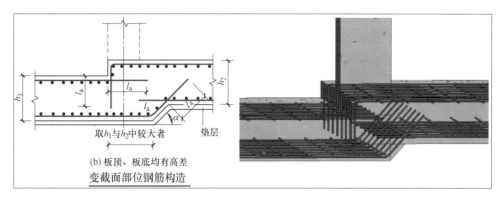

图 7-2-6　平板式筏形基础平板（ZXB、KZB、BPB）板底、板顶均有高差时钢筋构造

离不小于两块板中较大的板厚值。

② 关于图 7-2-4 所示的板顶有高差和图 7-2-5 所示的板底有高差时钢筋构造。板顶单面有高差时，其钢筋构造同图 7-2-6 所示的板顶高差位置钢筋构造。

板底单面有高差时，其钢筋构造同图 7-2-6 所示的板底高差位置钢筋构造。板底单面有高差和上下均有高差的区别在于上下均有高差时需控制板底的坡底位置线和板顶的高差位置线之间的水平投影距离不小于两块板中较大的板厚值，而板底单面有高差时无此要求，只需从柱边起坡即可。

板底高差坡度 α 可为 45°或 60°角。

当平板式筏形基础平板的变截面形式与上述构造不符时，其构造应由设计确定。

7.2.3　平板式筏形基础平板（ZXB、KZB、BPB）变截面部位中间层钢筋构造

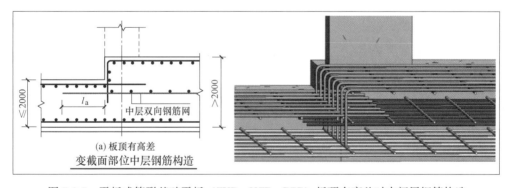

图 7-2-7　平板式筏形基础平板（ZXB、KZB、BPB）板顶有高差时中间层钢筋构造

图 7-2-7～图 7-2-9 所示分别为平板式筏形基础平板（ZXB、KZB、BPB）板顶有高差时高差位置中间层钢筋构造、板底有高差时高差位置中间层钢筋构造、上下均有高差时高差位置中间层钢筋构造。

① 当板厚大于 2000mm 时，应在板中设置中间层双向钢筋网，中间层钢筋的直径不宜小于 12mm，间距不宜大于 300mm。当设置中间层钢筋网时，高差位置的板顶和板底钢筋构造均同本节 7.2.2 中不设中间层钢筋网时的板顶和板底高差位置钢筋构造。

② 关于图 7-2-7 所示的板顶有高差时变截面部位中间层钢筋构造。当板底相平且单边

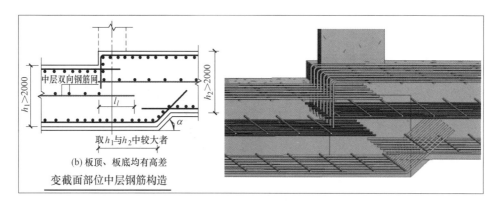

图 7-2-8　平板式筏形基础平板（ZXB、KZB、BPB）板顶、板底均有高差时中间层钢筋构造

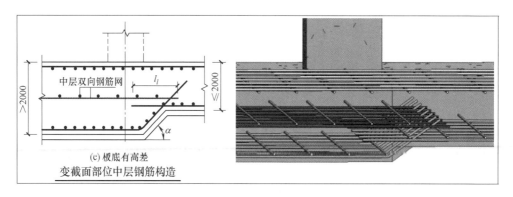

图 7-2-9　平板式筏形基础平板（ZXB、KZB、BPB）板底有高差时中间层钢筋构造

板厚大于 2000mm 时，较厚的板内需设置中间层双向钢筋网。从高差位置线算起中间层钢筋需伸入板厚较小的板内 l_a。

③ 关于图 7-2-8 所示的板顶和板底均有高差时变截面部位中间层钢筋构造。当板上下均有高差且两侧板厚均大于 2000mm 时，两侧板内均需设置中间层钢筋网。标高较高的板中间层钢筋伸至板端截断，标高较低的板筋伸入两板的交汇区与高标高板的中间层钢筋形成长度为 l_l 的非接触搭接。

当板底和板顶均有高差时，板底的坡底位置线和板顶的高差位置线之间的水平投影距离不小于两块板中较大的板厚值。

④ 关于图 7-2-9 所示的板底有高差时变截面部位中间层钢筋构造。当板顶相平且单边板厚大于 2000mm 时，较厚的板内需设置中间层双向钢筋网。中间层板筋伸入两板的交汇区与板底标高较高的板底筋形成长度为 l_l 的非接触搭接。

7.2.4　平板式筏形基础平板（ZXB、KZB、BPB）等截面外伸或无外伸时钢筋构造

图 7-2-10～图 7-2-12 所示分别为平板式筏形基础平板（ZXB、KZB、BPB）端部构造和端部等截面外伸构造。

① 关于图 7-2-10 和图 7-2-11 所示的端部无外伸构造。当平板式筏形基础端部为外墙或梁时，板底筋伸至端部往上弯折 15d，板面筋伸入外墙或梁内不小于 12d 且至少到墙或

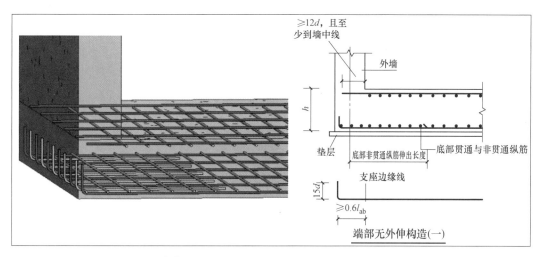

图 7-2-10 平板式筏形基础平板（ZXB、KZB、BPB）端部无外伸构造（一）

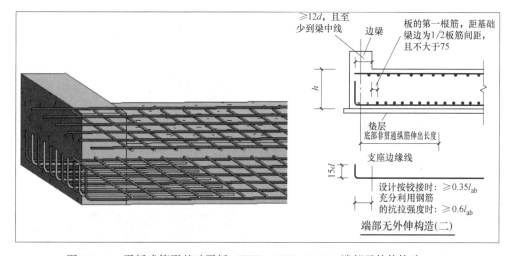

图 7-2-11 平板式筏形基础平板（ZXB、KZB、BPB）端部无外伸构造（二）

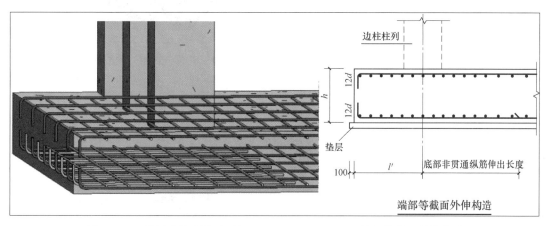

图 7-2-12 平板式筏形基础平板（ZXB、KZB、BPB）端部等截面外伸构造

梁的中心线。若端部为墙，需控制板底筋弯折前的水平投影段长度不小于 $0.6l_{ab}$；若端部为梁，设计按铰接时需控制板底筋弯折前的水平投影段长度不小于 $0.35l_{ab}$，设计充分利用钢筋抗拉强度时需控制板底筋弯折前的水平投影段长度不小于 $0.6l_{ab}$；板顶部钢筋从梁边的起步距离为 1/2 板筋间距且不大于 75mm。

当端部为墙时，若设计要求采用墙外侧纵筋与底板纵筋搭接的做法时，需将板底筋伸至端部弯折并向上延伸至板顶（详见第 5 章 5.1 节 5.1.1 相关内容）。

② 当板从边柱的柱列等截面外伸时，板上下部纵筋均需伸至板端上下弯折 12d。板的等截面外伸钢筋构造需要配合图 7-2-13 和图 7-2-14 所示的板端部侧边封边构造进行处理。当板边缘侧边封边构造采用"纵筋弯钩交错封边方式"进行处理时，纵筋应上下弯折且保证弯折段互相搭接 150mm，而不是上下弯折 12d。

7.2.5 平板式筏形基础平板（ZXB、KZB、BPB）边缘侧面封边构造和中间层钢筋端部构造

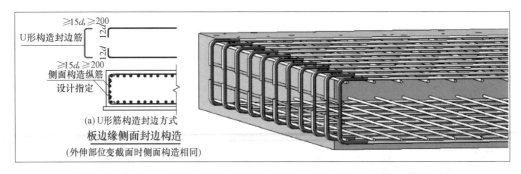

图 7-2-13 平板式筏形基础平板（ZXB、KZB、BPB）边缘侧面封边构造（一）

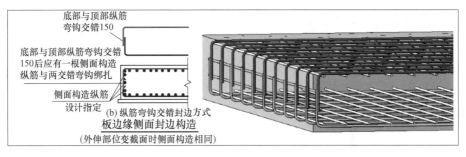

图 7-2-14 平板式筏形基础平板（ZXB、KZB、BPB）边缘侧面封边构造（二）

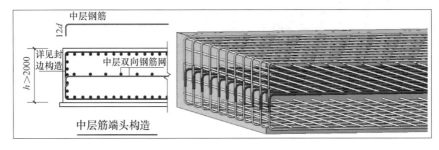

图 7-2-15 平板式筏形基础平板（ZXB、KZB、BPB）中间层钢筋端头构造

图 7-2-13～图 7-2-15 分别为平板式筏形基础平板（ZXB、KZB、BPB）边缘侧边封边构造和中间层钢筋端部构造。

① 关于图 7-2-13 和图 7-2-14 所示的板边缘侧边封边构造。当采用"U 形筋构造封边方式"进行板端侧边封边处理时，板的上下部纵筋上下弯折 12d，侧边 U 形构造封边筋上下均弯折不小于 15d 且不小于 200mm，与板上下部纵筋形成弯折搭接。封边后需在板侧边的 U 形筋内侧边设置构造纵筋，该构造纵筋的规格、数量及布置间距由设计指定。

当采用"纵筋弯钩交错封边方式"进行板端侧边封边处理时，纵筋应上下弯折且保证弯折段互相搭接 150mm。封边后需在上下纵筋弯折相互搭接的 150mm 高度范围内设置一根侧面构造纵筋并与弯钩绑扎。侧面构造纵筋的规格由设计指定。

② 当板厚大于 2000mm 时，板内需设置中间层钢筋网，中间层钢筋在板端部向下弯折 12d 进行收头处理。整个板厚范围的端部封边构造同图 7-2-13 和图 7-2-14 所示的构造。

7.3 有梁楼盖板钢筋构造

7.3.1 单（双）向板配筋方式

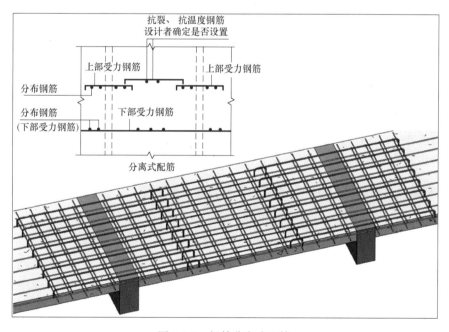

图 7-3-1　板筋分离式配筋

关于图 7-3-1、图 7-3-2 所示的板分离式配筋、部分贯通式配筋构造：

① 如图 7-3-1 所示，分离式配筋指下部钢筋单向或双向贯通，上部钢筋只在支座位置布置支座负筋，在无支座负筋的板中间区域配置抗裂或抗温度钢筋。如图 7-3-2 所示，部分贯通式配筋指板的上下双层钢筋单向或双向均贯通设置，除此之外在板顶部再设置支座附加筋（支座负筋）。

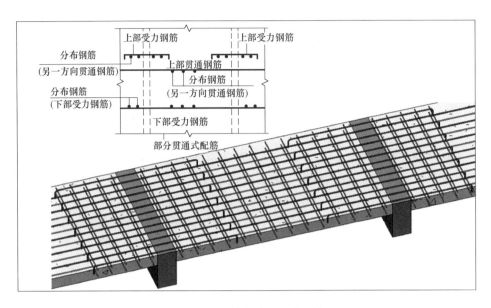

图 7-3-2　板筋部分贯通式配筋

《混凝土结构设计规范》（GB 50010—2010）第 9.1.8 条规定：**"在温度、收缩应力较大的现浇板区域，应在板的表面双向配置防裂构造钢筋。配筋率均不宜小于 0.10%，间距不宜大于 200mm。防裂构造钢筋可利用原有钢筋贯通布置，也可另行设置钢筋并与原有钢筋按受拉钢筋的要求搭接或在周边构件中锚固"**。

② 抗裂构造钢筋、抗温度筋自身及其与受力主筋搭接长度为 l_l。部分贯通式配筋中，板上下贯通筋可兼作抗裂构造筋和抗温度筋。当下部贯通筋兼作抗温度钢筋时，其在支座的锚固由设计者确定。分布筋自身及与受力主筋、构造钢筋的搭接长度为 150mm；当分布筋兼作抗温度筋时，其自身及与受力主筋、构造钢筋的搭接长度为 l_l，其在支座的锚固按受拉要求考虑。在搭接范围内，相互搭接的纵筋与横向钢筋的每个交叉点均应进行绑扎。

7.3.2　有梁楼盖板和屋面板的贯通纵筋及非贯通纵筋构造

关于图 7-3-3 所示的有梁楼盖板和屋面板的贯通纵筋及非贯通纵筋构造：

① 当板上部设置贯通纵筋时，上部贯通纵筋的连接区位于跨中 $l_n/2$ 位置，下部贯通纵筋连接区宜位于距离支座 $l_n/4$ 位置。板贯通纵筋在同一连接区段内的钢筋接头百分率不宜大于 50%，当相邻等跨或不等跨的上部贯通纵筋配置不同时，应将钢筋配置较大者越过其标注的跨数终点或起点伸出至相邻跨的跨中连接区域连接。除搭接外，板纵筋连接也可根据钢筋直径、现场实际情况、设计要求等因素考虑采用机械连接或焊接连接。对于同一层面的双向交叉纵筋何向在下何向在上应按具体设计说明，当设计未注明时，可采用短跨纵筋设置在外侧、长跨纵筋设置在内侧的方式或与设计沟通明确做法。板上下部纵筋从支座边的起步距离为 1/2 板筋间距。

② 对于非贯通纵筋，其伸出支座长度由设计确定。当设计只标注长度而未确定伸出支座的长度从何处计算时，钢筋深化设计人员可采用自支座中心线伸出的长度进行下料（见 16G101-1 第 41 页非贯通纵筋相关构造要求）。为了防止浇筑混凝土时人或设备压低上

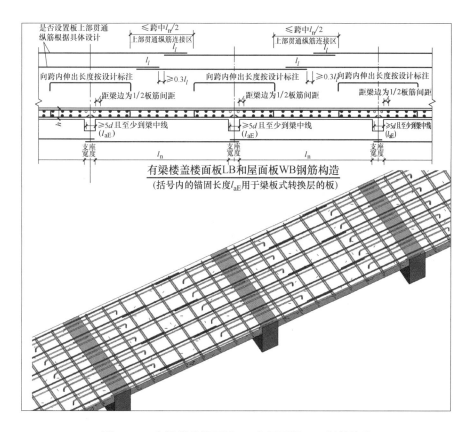

图 7-3-3 有梁楼盖楼面板 LB 和屋面板 WB 钢筋构造

部非贯通筋，使板的有效厚度减小导致承载能力不足，应在非贯通筋端部设置朝下的弯钩，并将其支在现浇板底部模板上，此时弯钩下料长度为板厚减去板筋上部保护层。当采取布置马凳等措施支撑板上部非贯通筋且能保证施工时不被人或设备压低时，弯钩下料长度可直接取板厚扣除板筋上下两个保护层厚度。

③ 板底筋在中间支座位置的锚固，应将板筋直锚进入支座不小于 5d 且至少到梁中线（中间支座为梁和墙时均如此）。梁板式转换层的板底筋在中间支座锚固取 l_{aE}。为防止钢筋加工误差和现场绑扎施工时钢筋纵向位置不准确导致锚固一边过长一边不足的情况发生，钢筋深化设计人员在下料时应注意可将单边锚固长度增加 25mm（即总下料长度增加 50mm）。

7.3.3 不等跨板纵筋连接构造

如图 7-3-4 所示，对于不等跨板上部贯通纵筋连接构造（一），中间支座左右两侧长短跨板的上部贯通纵筋非连接区均按长跨板的 1/3 净跨取值，即中间支座板上部贯通纵筋非连接区在长跨一侧按本跨的 1/3 净跨取值，短跨一侧（支座另一侧）仍按长跨的 1/3 净跨取值。若短跨一侧的跨度值减去该跨两端的非连接区后，剩余的长度（连接区长度）仍满足全部贯通纵筋 50% 搭接的条件（即连接区长度仍 $\geq 1.3l_l$），则上部贯通纵筋可继续在短跨连接区内按 50% 搭接百分率进行搭接。但当钢筋长度足够时，钢筋应能通则通，保证现浇板结构的整体性。

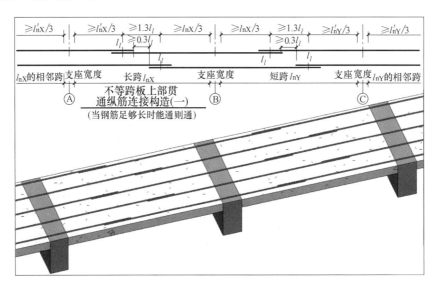

图 7-3-4　不等跨板上部贯通纵筋连接构造（一）

如图 7-3-5 所示，对于不等跨板上部贯通纵筋连接构造（二），短跨一侧的跨度值减去该跨两端的非连接区后，剩余的长度（连接区长度）不能满足全部贯通纵筋分两批50%搭接的条件（即连接区长度<$1.3l_l$），则上部贯通纵筋一批次（50%）在短跨连接区连接，另一批次（50%）贯通短跨在下一跨连接区连接。当钢筋长度足够时，所有钢筋均应能通则通，保证现浇板结构的整体性。

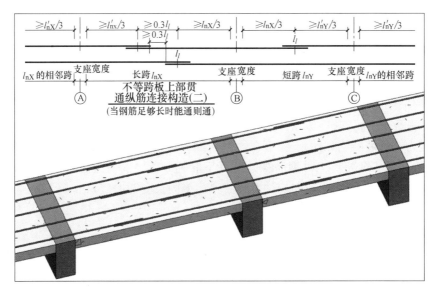

图 7-3-5　不等跨板上部贯通纵筋连接构造（二）

如图 7-3-6 所示，对于不等跨板上部贯通纵筋连接构造（三），短跨一侧的跨度值小于该跨两端的非连接区长度之和（即短跨特别短的情况），所有纵筋均贯通短跨在下一跨连接区连接。

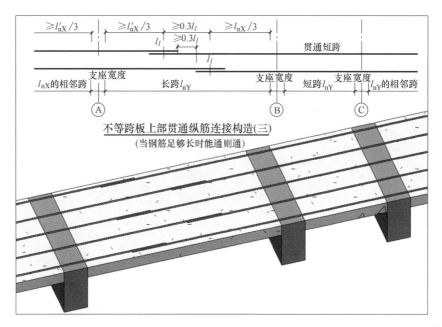

图 7-3-6　不等跨板上部贯通纵筋连接构造（三）

7.3.4　纵向钢筋非接触搭接构造

关于图 7-3-7 所示的纵向钢筋非接触搭接构造：

钢筋搭接的实质，是混凝土在搭接长度范围对钢筋的粘结锚固。为提高混凝土对钢筋的粘结强度，应保证搭接钢筋之间的净距，以使混凝土完全包裹住钢筋。当采用非接触搭接时，钢筋间的净距 $30+d \leqslant a < 0.2l_l$，同时应不大于 $150mm$。接触搭接无法使混凝土完全包裹住钢筋，粘结强度在一定程度上会受到影响，因此通常将搭接接头设置在"受力较小处"。但是接触搭接在实际工程施工过程中有扎丝进行绑扎固定，操作更加方便，所以现场多采用绑扎搭接。

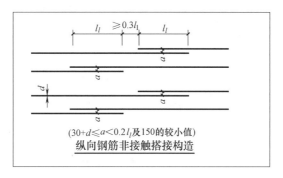

（$30+d \leqslant a < 0.2l_l$ 及 150 的较小值）
纵向钢筋非接触搭接构造

图 7-3-7　纵向钢筋非接触搭接构造

7.3.5　板筋在端支座锚固构造（一）

关于图 7-3-8、图 7-3-9 所示的支座为梁时板筋在支座的锚固构造：

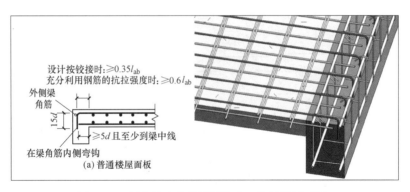

图 7-3-8　板在端支座的锚固构造（普通楼层面板）

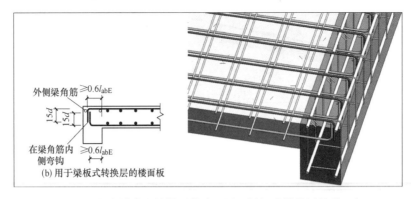

图 7-3-9　板在端支座的锚固构造（用于梁板式转换层的楼面板）

① 如图 7-3-8 所示，对于普通楼层板上部纵筋，当支座宽度满足直锚要求时直锚进入支座即可，当支座不能满足直锚要求时需采用弯锚，即钢筋伸至支座对边弯折 $15d$。但须注意当结构设计端支座按铰接时，弯锚的水平投影段长度应不小于 $0.35l_{ab}$（常规楼板为非抗震构件，因此无需采用 $0.35l_{abE}$）；当结构设计时，端支座需充分利用钢筋抗拉强度则弯锚的水平投影段长度需不小于 $0.6l_{ab}$（关于铰接和充分利用钢筋抗拉强度的解读可参照非框架梁 L）。对于板下部纵筋在端支座的锚固，伸入支座长度不小于 $5d$ 且至少到梁中线。

② 如图 7-3-9 所示，梁板式转换层的楼面板上下层纵筋的锚固构造相同，能直锚时直锚，不能直锚时弯锚，弯锚的水平投影段长度不小于 $0.6l_{abE}$。梁板式转换层的板中 l_{abE} 以及锚固长度 l_{aE} 均按抗震等级四级取值，设计也可根据工程实际情况另行指定。在实际工程中，设计人员常要求地下室顶板和屋面板的上下层纵筋采用类似构造。

7.3.6　板筋在端支座锚固构造（二）

关于图 7-3-10～图 7-3-13 所示的支座为墙时板筋在支座的锚固构造：

① 如图 7-3-10 所示，当端部支座为剪力墙中间层时，若墙宽度能满足直锚，则板上部纵筋伸入墙内 l_a 即可，若剪力墙宽度不能满足直锚要求则需进行弯锚，板上部纵筋伸至墙对边水平分布筋内侧，在和竖向分布筋同一层次位置设置 $15d$ 弯钩，水平投影段长度不小于 $0.4l_{ab}$。底筋伸入支座不小于 $5d$ 且至少到墙中线。当用于梁板式转换层的板时，板下部纵筋锚固同板上部纵筋，l_a、l_{ab} 均改为 l_{aE}、l_{abE}。

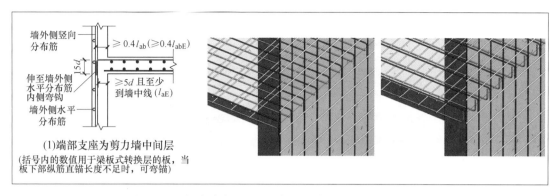

图 7-3-10　板在端支座的锚固构造（端支座为剪力墙中间层）

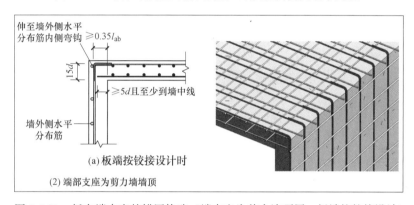

图 7-3-11　板在端支座的锚固构造（端支座为剪力墙顶层，板端按铰接设计）

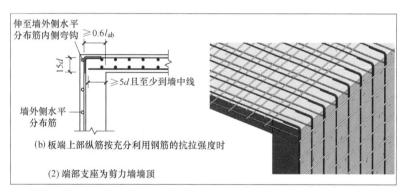

图 7-3-12　板在端支座的锚固构造
（端支座为剪力墙顶层，板端上部筋充分利用钢筋抗拉强度）

② 如图 7-3-11 和图 7-3-12 所示，当端部支座为剪力墙顶时，若支座宽度满足直锚要求，无论结构设计时板端按铰接还是充分利用钢筋抗拉强度，板上部纵筋均直锚进入支座 l_a 即可。支座宽度不能满足直锚要求时，上部纵筋伸至墙对边水平分布筋内侧，在和竖向分布筋同一层次位置设置 $15d$ 弯钩，设计按铰接时水平投影段长度不小于 $0.35l_{ab}$，设计要求充分利用钢筋抗拉强度时水平投影段长度不小于 $0.6l_{ab}$。底筋伸入支座不小于 $5d$ 且至少到墙中线。

如图 7-3-13 所示，当要求板上部纵筋和剪力墙顶外侧竖向分布筋搭接连接时，剪力

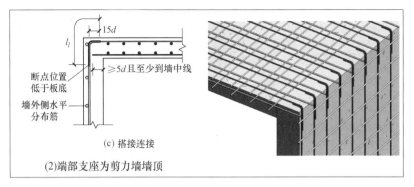

图 7-3-13　板在端支座的锚固构造

（端支座为剪力墙顶层，板筋与墙体竖向筋搭接连接）

墙竖向分布筋在墙顶向内弯折 $15d$，板筋从弯折 $15d$ 的终点位置开始起算，与剪力墙竖向分布筋弯折搭接 l_l，且板筋弯折搭接的截断位置应低于板底。

7.3.7　板翻边 FB 钢筋构造

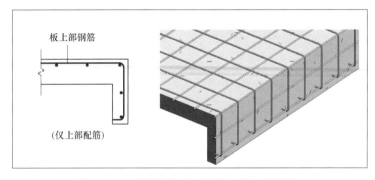

图 7-3-14　板翻边构造（下翻，仅上部配筋）

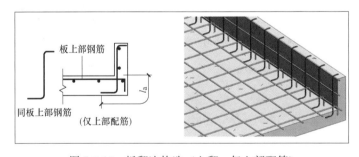

图 7-3-15　板翻边构造（上翻，仅上部配筋）

关于图 7-3-14～图 7-3-17 所示的板翻边构造：

① 如图 7-3-14、图 7-3-15 所示，当板只配置上层钢筋网时，若设置下翻边，则板筋和翻边钢筋连通设置（阳角钢筋连通设置）；若设置上翻边，则翻边钢筋应重新设置并在板内进行锚固（阴角位置双向钢筋应分别锚固），在板内锚固长度（竖直段加弯折段）为 l_a。

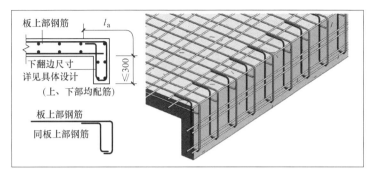

图 7-3-16　板翻边构造（下翻，上下均配筋）

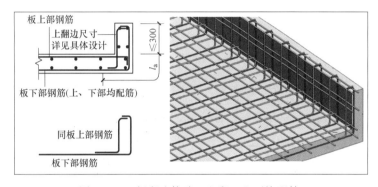

图 7-3-17　板翻边构造（上翻，上下均配筋）

② 如图 7-3-16、图 7-3-17 所示，当板配置双层钢筋网时，阳角位置翻边钢筋与板筋连通设置，阴角位置翻边钢筋在板内弯折锚固，锚固长度（竖直段加弯折段）不小于 l_a。

7.3.8　悬挑板 XB 钢筋构造

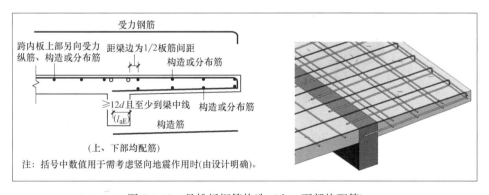

图 7-3-18　悬挑板钢筋构造（上、下部均配筋）

关于图 7-3-18～图 7-3-23 所示的悬挑板钢筋构造：

对于悬挑板上部纵筋，若能和跨内板上部纵筋连通设置，则悬挑板上部纵筋直接由跨内板的上部纵筋伸至悬挑板端部弯折至板底截断即可。不能连通设置时，若支座宽度能满足直锚要求，则悬挑板上部纵筋直锚进入支座 l_a，纵筋在悬挑板端部弯折至板底截断；若支座宽度不能满足直锚要求则采用弯锚，悬挑板上部纵筋伸至梁对边纵筋内侧弯折 $15d$，

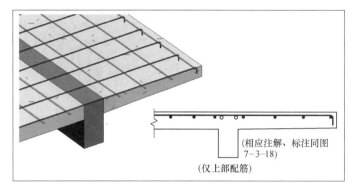

图 7-3-19　悬挑板钢筋构造（仅上部配筋）

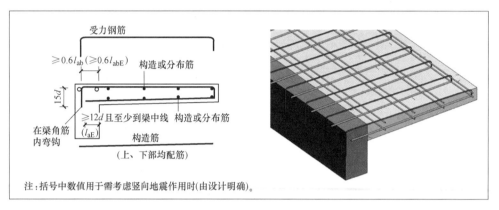

图 7-3-20　纯悬挑板钢筋构造（上、下部均配筋）

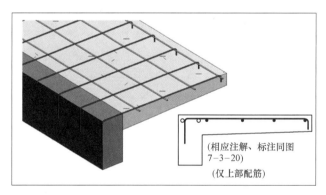

图 7-3-21　纯悬挑板钢筋构造（仅上部配筋）

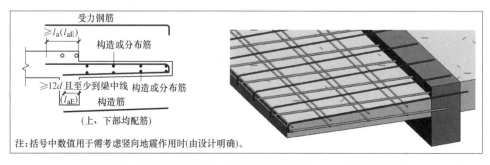

图 7-3-22　悬挑板钢筋构造（悬挑部分降标高，上、下部均配筋）

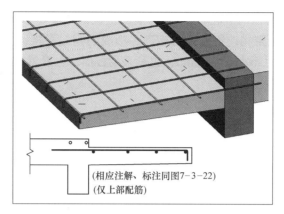

图 7-3-23 悬挑板钢筋构造（悬挑部分降标高，仅上部配筋）

水平投影段长度不小于 $0.6l_{ab}$，纵筋在悬挑板端部弯折至板底截断。若设置板底筋，底筋锚固进入支座不小于 $12d$ 且至少到梁中线，另一边伸至悬挑板端部截断。板受力筋、构造筋、分布筋均从距支座边缘 1/2 板筋间距位置开始布置。当设计注明需要考虑竖向地震作用时，图中标注 l_a、l_{ab} 均改为 l_{aE}、l_{abE}，且底筋锚固长度由不小于 $12d$ 且至少到支座中线变为 l_{aE}。

7.3.9 无支承板端部封边构造

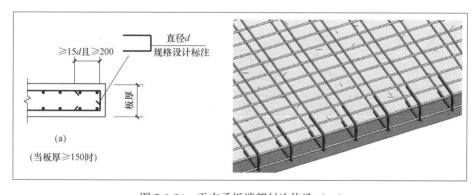

图 7-3-24 无支承板端部封边构造（一）

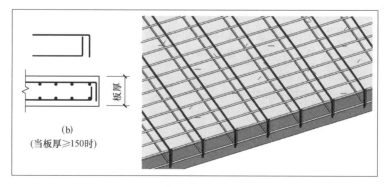

图 7-3-25 无支承板端部封边构造（二）

关于图 7-3-24、图 7-3-25 所示的无支承板端部封边构造，《混凝土结构设计规范》

（GB 50010—2010）第 9.1.10 条规定："**当混凝土板的厚度不小于 150mm 时，对板的无支承的端部，宜设置 U 形构造钢筋并与板顶、板底的钢筋搭接，搭接长度不宜小于 U 形构造钢筋直径的 15 倍且不小于 200mm；也可采用板面、板底钢筋分别向下、上弯折搭接的形式。**"

7.3.10 折板钢筋构造

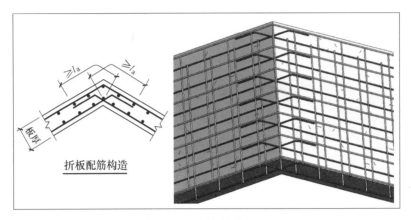

图 7-3-26 折板构造（一）

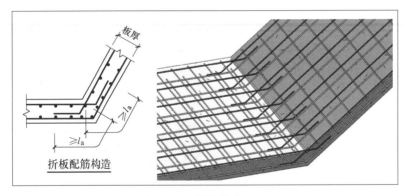

图 7-3-27 折板构造（二）

如图 7-3-26、图 7-3-27 所示的折板构造，折板钢筋的设置原则为阳角位置钢筋贯通设置，阴角位置板筋自双向钢筋交叉位置算起伸入板内不小于 l_a，当考虑竖向地震作用时取 l_{aE}。当钝角的角度大于等于 160°时，阴角位置钢筋也可贯通设置。

7.4 无梁楼盖板钢筋构造

7.4.1 柱上板带 ZSB 纵向钢筋构造

关于图 7-4-1～图 7-4-3 所示的无梁楼盖板的柱上板带和跨中板带钢筋构造：

① 柱上板带上部贯通纵筋的连接区位于轴线跨度减去两端上部非贯通纵筋延伸长度后剩下的跨中部分，下部贯通纵筋连接区与其正交方向的柱上板带的宽度相同。板贯通纵

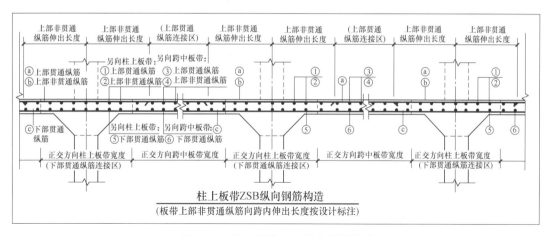

图 7-4-1 柱上板带 ZSB 纵向钢筋构造

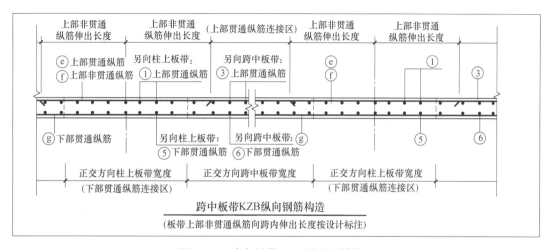

图 7-4-2 跨中板带 KZB 纵向钢筋构造

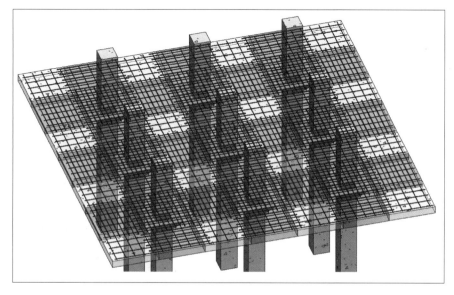

图 7-4-3 无梁板钢筋构造

筋在同一连接区段内的钢筋接头百分率不宜大于50%，当相邻等跨或不等跨的上部贯通纵筋配置不同时，应将钢筋配置较大者越过其标注的跨数终点或起点伸出至相邻跨的跨中连接区域连接。除搭接外，板贯通纵筋连接也可根据钢筋直径、现场实际情况、设计要求等因素考虑采用机械连接或焊接连接。

② 对于同一层面的双向交叉纵筋何向在下何向在上应按具体设计说明，当设计未注明时，可采用柱上板带钢筋在下侧，跨中板带钢筋在上侧的方式布置或与设计沟通明确做法。抗震设计时，无梁楼盖柱上板带内贯通纵筋搭接长度应为l_{lE}。无柱帽柱上板带的下部贯通纵筋宜在距柱面2倍板厚以外连接，采用搭接时钢筋端部宜设置垂直于板面的弯钩。对于非贯通筋，其从轴线的伸出长度由设计确定。

③ 跨中板带上、下部贯通纵筋连接区、非贯通纵筋自轴线伸出长度同柱上板带。

7.4.2 板带端支座纵向钢筋锚固构造（一）

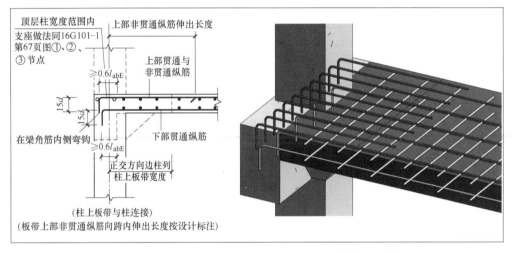

图 7-4-4 板带端支座纵向钢筋构造（柱上板带与柱连接）

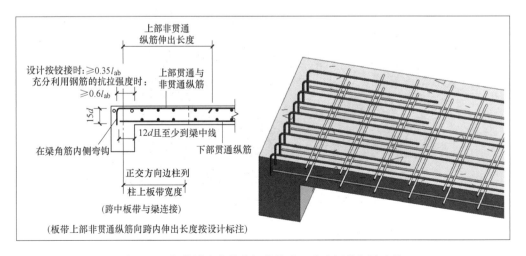

图 7-4-5 板带端支座纵向钢筋构造（跨中板带与梁连接）

关于图 7-4-4、图 7-4-5 所示的柱上板带、跨中板带在端支座的锚固构造：

① 如图 7-4-4，楼层无梁板的柱上板带上部贯通纵筋在端支座位置锚固时，若支座宽度（不包含柱帽范围）满足直锚要求，则纵筋锚固进入支座不小于 l_{aE} 即可；若不能满足直锚要求则需采用弯折 $15d$ 的弯锚构造，弯锚的水平投影段长度需不小于 $0.6l_{abE}$。板带下部纵筋的锚固同上部纵筋。

② 无梁板柱上板带的上部贯通纵筋在顶层柱宽度范围（与板带纵向垂直的宽度范围）锚固时，纵筋的锚固构造和柱纵筋构造参照第 4 章 4.4.1 节图 4-4-1～图 4-4-3 所示的屋面框架梁与边角柱的纵筋互锚节点①、②、③。

③ 如图 7-4-5 所示，跨中板带上部贯通纵筋在支座的锚固可参照有梁楼板上部纵筋的锚固构造。跨中板带底筋在支座的锚固长度应不小于 $12d$ 且至少到梁中线。

7.4.3　板带端支座纵向钢筋锚固构造（二）

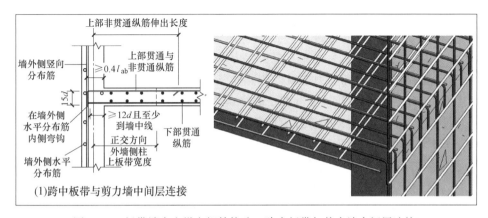

图 7-4-6　板带端支座纵向钢筋构造（跨中板带与剪力墙中间层连接）

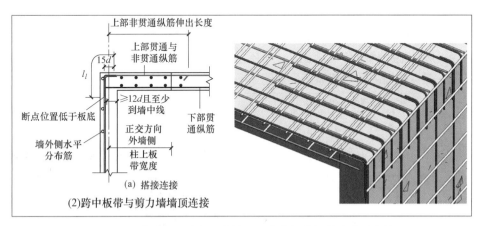

图 7-4-7　板带端支座纵向钢筋构造（跨中板带与剪力墙顶连接一）

关于图 7-4-6～图 7-4-8 所示的跨中板带在端支座的锚固构造（支座为墙）：

① 如图 7-4-6 所示，当跨中板带与剪力墙中间层连接时，板带上部贯通纵筋和非贯通纵筋在剪力墙内的锚固，若剪力墙宽度满足直锚要求，则纵筋锚固进入支座不小于 l_a 即可；若不能满足直锚要求则需采用弯折 $15d$ 的弯锚构造，弯锚的水平投影段长度需不小

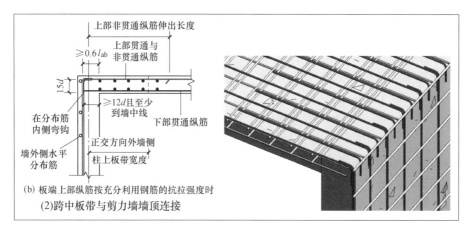

图 7-4-8　板带端支座纵向钢筋构造（跨中板带与剪力墙顶连接二）

于 $0.4l_{ab}$。板带下部贯通纵筋锚入剪力墙 $12d$ 且至少到墙中线。非贯通筋从支座边缘的伸出长度由设计确定。

② 图 7-4-7、图 7-4-8 均为端部支座为剪力墙顶时跨中板带纵筋在支座锚固构造。如图 7-4-7，当板带上部纵筋和剪力墙顶外侧竖向分布筋搭接连接时，剪力墙竖向分布筋在墙顶向内弯折 $15d$，板带纵筋从弯折 $15d$ 的终点位置开始起算，与剪力墙竖向分布筋弯折搭接 l_l，且板筋弯折搭接的截断位置应低于板底。如图 7-4-8 所示，当设计要求板端上部纵筋按充分利用钢筋的抗拉强度时，板带上部纵筋均直锚进入支座 l_a 即可。若支座宽度不能满足直锚要求时，上部纵筋伸至墙对边水平分布筋内侧，在和竖向分布筋同一层面位置设置 $15d$ 弯钩，水平投影段长度不小于 $0.6l_{ab}$。底筋伸入支座不小于 $12d$ 且至少到墙中线。端部支座为剪力墙顶时跨中板带纵筋在支座的锚固具体采用图 7-4-7、图 7-4-8 中的哪种构造由设计指定。

关于图 7-4-9～图 7-4-10 所示的柱上板带在端支座的锚固构造（支座为墙）：

如图 7-4-9 所示，当柱上板带与剪力墙中间层连接时，板带的上部贯通纵筋和非贯通纵筋在端支座的锚固构造可参考图 7-4-6 所示的跨中板带上部纵筋，$0.4l_{ab}$ 变为 $0.4l_{abE}$；柱上板带下部纵筋锚固同上部纵筋。如图 7-4-10 所示，当柱上板带与剪力墙顶层连接时，

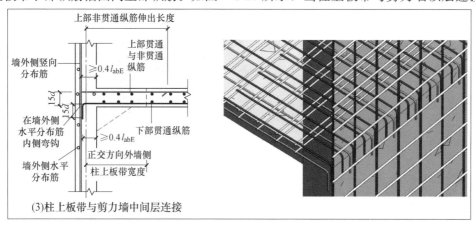

图 7-4-9　板带端支座纵向钢筋构造（柱上板带与剪力墙中间层连接）

板带上部纵筋和剪力墙竖向分布筋需采用搭接连接构造，板带上部纵筋的做法可参考图7-4-7所示跨中板带与剪力墙顶搭接连接时上部纵筋做法，l_l 变为 l_{lE}；板带下部纵筋在端支座的锚固构造同图7-4-9所示的板带下部纵筋锚固构造。

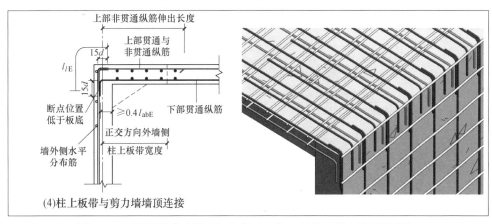

图 7-4-10　板带端支座纵向钢筋构造（柱上板带与剪力墙顶层连接）

7.4.4　板带悬挑端纵向钢筋构造

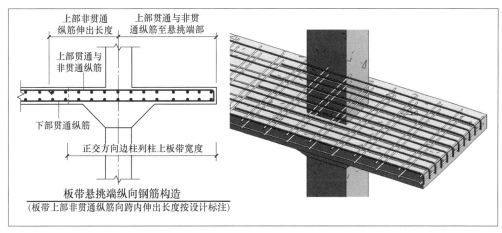

图 7-4-11　板带悬挑端纵向钢筋构造

关于图7-4-11所示的板带悬挑端纵向钢筋构造，通常正交方向的柱上板带宽度对称于柱子轴线，且小于上部贯通纵筋分别向轴线两侧的延伸长度。但当板带有悬挑端时，柱上板带关于边柱外侧的宽度则与悬挑尺寸相同。当悬挑板的尽端未设置挑檐时，上部非贯通纵筋和贯通纵筋应伸至板带尽端下弯至板底截断，下部贯通纵筋伸至板端截断即可。

7.4.5　柱上板带暗梁钢筋构造

关于图7-4-12所示的柱上板带暗梁钢筋构造：

《混凝土结构设计规范》（GB 50010—2010）第11.9.5条规定：**"无柱帽平板宜在柱上板带中设构造暗梁，暗梁宽度可取柱宽加柱两侧各不大于1.5倍板厚。暗梁支座上部纵向钢筋应不小于柱上板带纵向钢筋截面面积的1/2，暗梁下纵向钢筋不宜少于上部纵向**

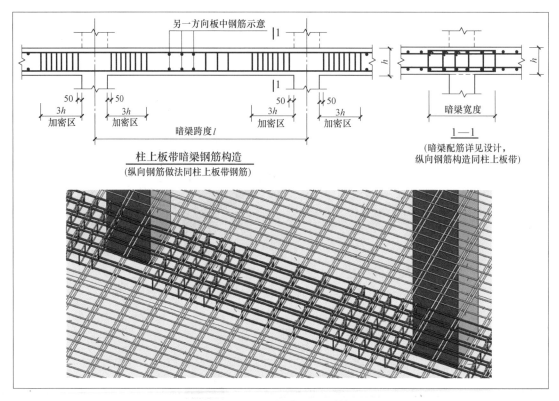

图 7-4-12　柱上板带暗梁钢筋构造

钢筋截面面积的 1/2。

　　暗梁箍筋直径不应小于 8mm，间距不宜大于 3/4 倍板厚，肢距不宜大于 2 倍板厚；支座处暗梁箍筋加密区长度不应小于 3 倍板厚，其箍筋间距不宜大于 100mm，肢距不宜大于 250mm。"

　　暗梁箍筋自支座边缘布置的起步距离为 50mm，箍筋加密区长度不小于 3 倍板厚。

7.4.6　柱帽钢筋构造

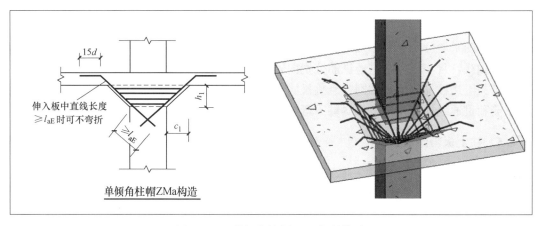

图 7-4-13　单倾角柱帽 ZMa 钢筋构造

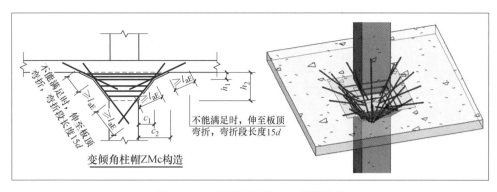

图 7-4-14 变倾角柱帽 ZMa 钢筋构造

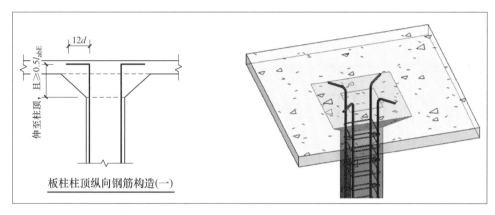

图 7-4-15 板柱柱顶纵向钢筋构造（一）

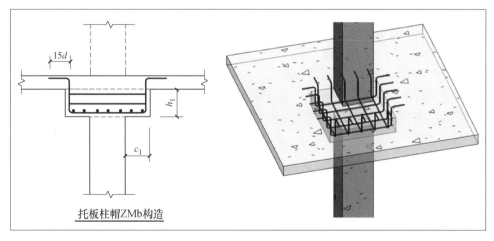

图 7-4-16 托板柱帽 ZMb 钢筋构造

关于图 7-4-13～图 7-4-18 所示的柱帽、托板柱帽、板柱柱顶钢筋构造：

①《混凝土结构设计规范》（GB 50010—2010）第 9.1.12 条规定："**板柱节点可采用带柱帽或托板的结构形式。板柱节点的形状、尺寸应包括 45 度的冲切破坏锥体，并应满足受冲切承载力的要求。**

柱帽的高度不应小于板的厚度 h；托板的厚度不应小于 h/4。柱帽或托板在平面两个

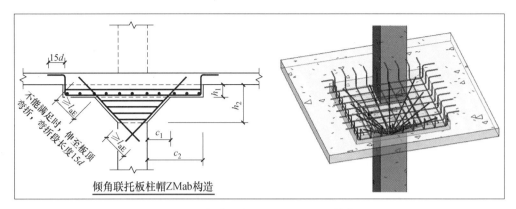

图 7-4-17　倾角联托板柱帽 ZMab 钢筋构造

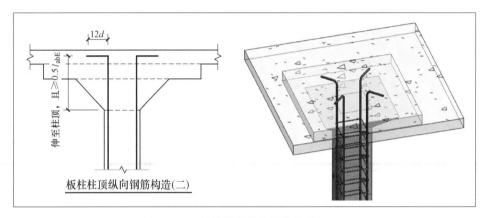

图 7-4-18　板柱柱顶纵向钢筋构造（二）

方向上的尺寸均不宜小于同方向上柱截面宽度 b 与 $4h$ 的和"。

② 图 7-4-13、图 7-4-14、图 7-4-16、图 7-4-17 所示的四种柱帽的钢筋配筋均采用阳角位置钢筋贯通，阴角位置分别锚固的原则。柱帽属于柱的特殊部分，因此柱帽应按柱的抗震等级确定其抗震锚固长度和搭接长度。板柱纵筋在柱顶的锚固，无论是倾角柱帽还是倾角托板柱帽，柱纵筋均应伸至柱顶向板内弯折 $12d$，且从柱帽的底部起算，柱纵筋的竖直段长度不应小于 $0.5l_{abE}$。

7.4.7　抗冲切箍筋、抗冲切弯起筋钢筋构造

关于图 7-4-19、图 7-4-20 所示的抗冲切箍筋、抗冲切弯起筋构造：

①《混凝土结构设计规范》（GB 50010—2010）第 9.1.11 条规定：**"混凝土板中配置抗冲切箍筋或弯起钢筋时，应符合下列构造要求：**

1　板的厚度不应小于 150mm；

2　按计算所需的箍筋及相应的架立钢筋应配置在与 45°冲切破坏锥面相交的范围内，且从集中荷载作用面或柱截面边缘向外的分布长度不应小于 $1.5h_0$；箍筋直径不应小于 6mm，且应做成封闭式，间距不应大于 $h_0/3$，且不应大于 100mm；

3　按计算所需弯起钢筋的弯起角度可根据板的厚度在 30°～45°之间选取；弯起钢筋

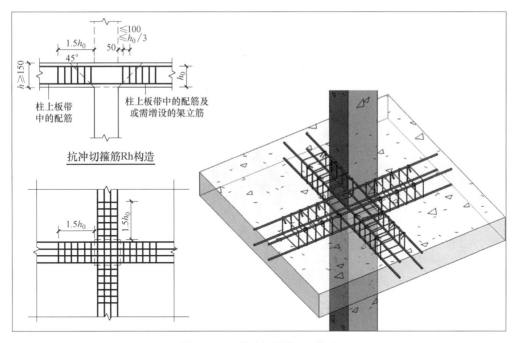

图 7-4-19　抗冲切箍筋 Rh 构造

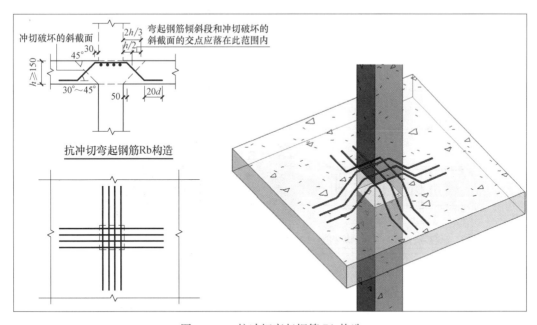

图 7-4-20　抗冲切弯起钢筋 Rb 构造

的倾斜段应与冲切破坏锥面相交，其交点应在集中荷载作用面或柱截面边缘以外 **(1/2～2/3)h 的范围内。弯起钢筋直径不宜小于 12mm，且每一方向不宜少于 3 根"。**

②弯起钢筋顶部的平直段长度为柱宽加 60mm，两边端部平直段长度分别为 20d。在同一位置设置暗梁箍筋，又设置抗冲切箍筋时，应注意两种箍筋的协调配置（按配箍率较大的代替较小的箍筋），无需重复配置。

7.5 板其他钢筋构造

7.5.1 后浇带钢筋构造

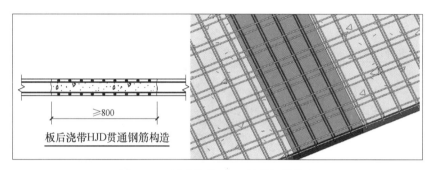

图 7-5-1　板后浇带 HJD 贯通钢筋构造

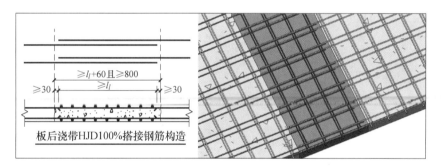

图 7-5-2　板后浇带 HJD100％搭接钢筋构造

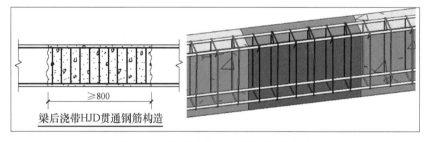

图 7-5-3　梁后浇带 HJD 贯通钢筋构造

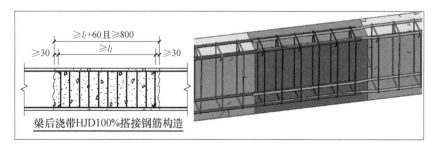

图 7-5-4　梁后浇带 HJD100％搭接钢筋构造

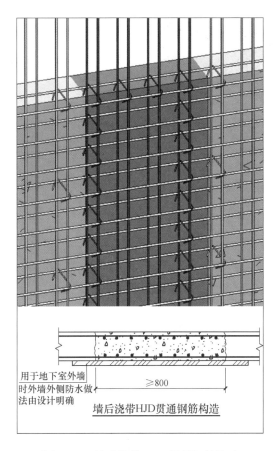

图 7-5-5　墙后浇带 HJD 贯通钢筋构造

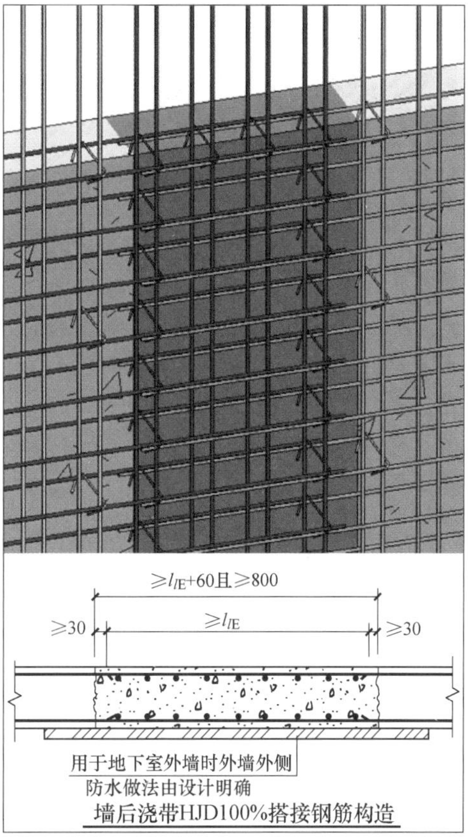

图 7-5-6　墙后浇带 HJD100％搭接钢筋构造

关于图 7-5-1～图 7-5-6 所示的后浇带钢筋构造：

① 板、墙、梁后浇带处钢筋构造有贯通留筋和 100％搭接留筋的方式。无论采用哪种留筋方式只能部分消除因混凝土热胀冷缩导致的硬化收缩。采用 100％搭接留筋方式能更好地化解混凝土构件的硬化收缩。但当现场实际施工过程中场地允许时，采取贯通留筋的方式较为常见。

② 如图 7-5-3、图 7-5-4 所示的梁后浇带位置宜选择距梁端部 1/4～1/3 净跨部位，此部位的负弯矩或正弯矩相比于其最大弯矩值的降幅通常超过 50％，剪力相对最大值降幅通常也不小于 50％。

③ 如图 7-5-5、图 7-5-6 所示的墙体后浇带位置的拉筋布置应注意：后浇带最外围一圈竖向分布筋与水平分布筋的交点位置均应设置拉筋，中间部位的拉筋布置间距可与后浇带两侧的墙体拉筋间距相同。

7.5.2　板内纵筋加强带 JQD 钢筋构造

如图 7-5-7、图 7-5-8 所示为板内纵筋加强构造，板内纵筋加强构造分为纵筋加强（无暗梁）和暗梁加强。无论采用哪种方式，只要设置了纵筋加强构造，则加强纵筋即可替代同位置的板原上下部纵筋。

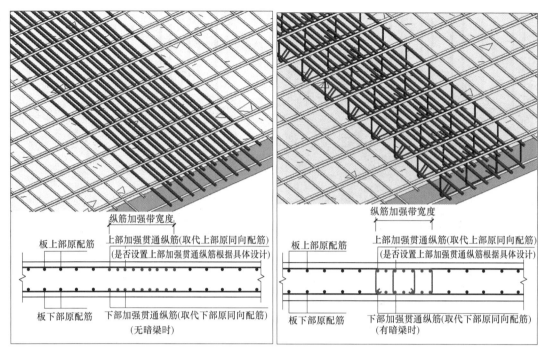

图 7-5-7　板内纵筋加强带 JQD 构造（无暗梁）　　图 7-5-8　板内纵筋加强带 JQD 构造（有暗梁）

7.5.3　板加腋 JY 钢筋构造

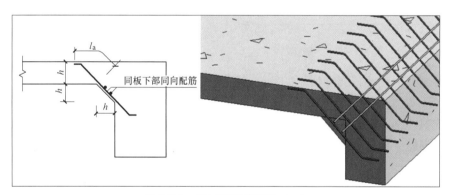

图 7-5-9　板加腋钢筋构造（一）

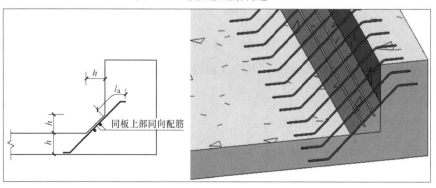

图 7-5-10　板加腋钢筋构造（二）

如图7-5-9、图7-5-10所示的板加腋构造，其腋宽与腋高均与板厚相同，腋部配筋也与板的同向配筋相同。当构造加腋不能满足受力需求时，腋宽、腋高尺寸和腋部配筋应由设计确定。加腋位置的钢筋伸入梁或板内的总长度满足 l_a 即可。

7.5.4 局部升降板（板中升降）钢筋构造（一）

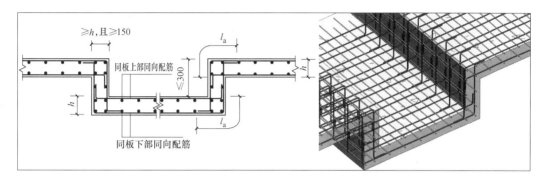

图 7-5-11 局部升降板 SJB 钢筋构造一（板中升降一）

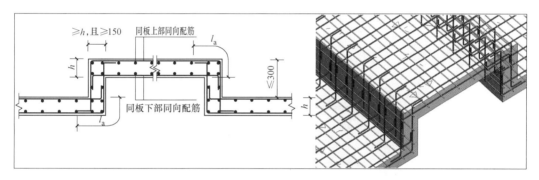

图 7-5-12 局部升降板 SJB 钢筋构造一（板中升降二）

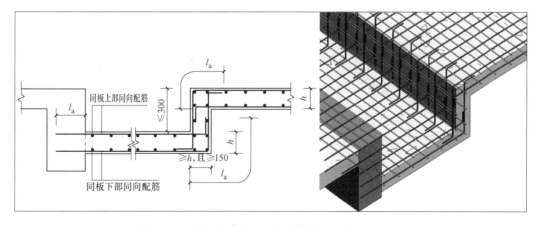

图 7-5-13 局部升降板 SJB 钢筋构造一（侧边为梁一）

关于图7-5-11～图7-5-14所示的局部升降板构造：

图7-5-11、图7-5-12为板中升降构造，图7-5-13、图7-5-14为侧面为梁的板升降构造，四个升降板构造均为构造升降，低位板和高位板的板面高差均不大于300mm，低位

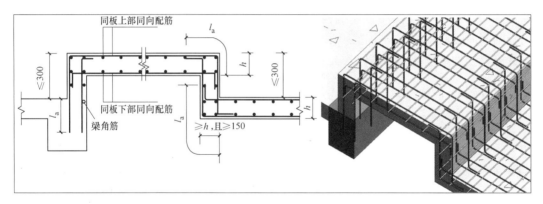

图 7-5-14　局部升降板 SJB 钢筋构造一（侧边为梁二）

板面和高位板底之间的高差不应超出两倍板厚，其竖向截面为刚性截面，宽度为 h。当高差大于 300mm 时应由设计补充配筋构造图。

升降板的钢筋在升降位置构造原则为：阳角位置钢筋贯通设置，阴角位置双向钢筋分别锚固；板筋锚固时钢筋能直锚时直锚，不能直锚时采用弯锚，弯锚时伸入板内的总长度（包括弯折段）不小于 l_a。

7.5.5　局部升降板（板中升降）钢筋构造（二）

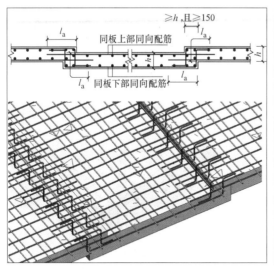

图 7-5-15　局部升降板 SJB 钢筋构造二
（板中升降一）

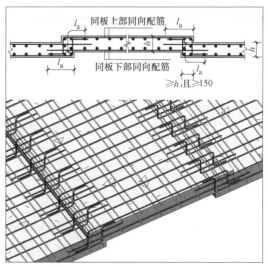

图 7-5-16　局部升降板 SJB 钢筋构造二
（板中升降二）

关于图 7-5-15～图 7-5-18 所示的局部升降板构造：

图 7-5-15～图 7-5-18 的板中升降构造均为板中构造升降，升降幅度均小于板厚。升降板的钢筋在升降位置构造原则为：阳角位置钢筋贯通设置，阴角位置双向钢筋分别锚固。板筋锚固或连接时，钢筋能贯通时贯通布置（贯通布置有高差时，纵筋可斜弯至既定位置；贯通后配筋不足时可补强）；能直锚时直锚，不能贯通也不能直锚时采用弯锚，弯锚时伸入板内的总长度（包括弯折段）不小于 l_a。

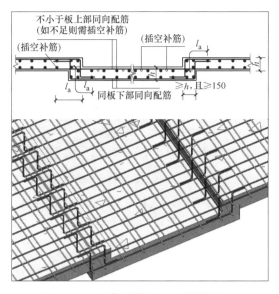

图 7-5-17　局部升降板 SJB 钢筋构造二
（板中升降三）

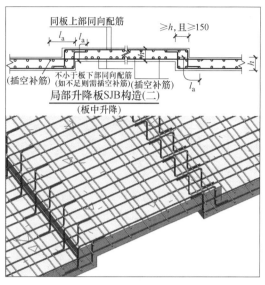

图 7-5-18　局部升降板 SJB 钢筋构造二
（板中升降四）

7.5.6　局部升降板（侧边为梁）钢筋构造（二）

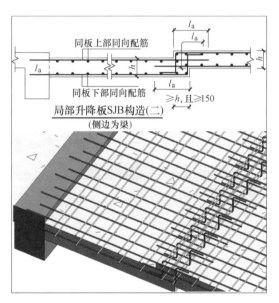

图 7-5-19　局部升降板 SJB 钢筋构造二
（侧边为梁一）

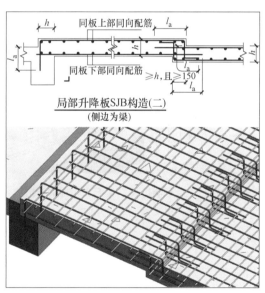

图 7-5-20　局部升降板 SJB 钢筋构造二
（侧边为梁二）

关于图 7-5-19、图 7-5-20 所示的侧边为梁的局部升降板构造：

上图所示升降板构造为一边梁一边板的构造升降，升降幅度均小于板厚。升降板的钢筋在升降位置构造原则为：阳角位置钢筋贯通设置，阴角位置双向钢筋分别锚固。板筋锚固能直锚时直锚，不能直锚时采用弯锚，弯锚时伸入板内的总长度（包括弯折段）不小于 l_a。

7.5.7 板开洞钢筋端部构造（洞口直径不大于300mm）

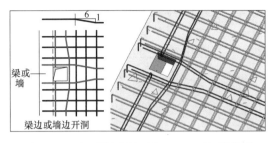

图 7-5-21　矩形洞边长不大于 300 时钢筋构造
（梁边或墙边开洞）

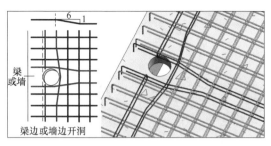

图 7-5-22　圆形洞直径不大于 300 时钢筋构造
（梁边或墙边开洞）

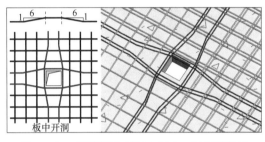

图 7-5-23　矩形洞边长不大于 300 时钢筋构造
（板中开洞）

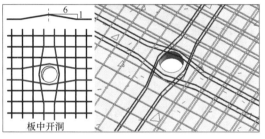

图 7-5-24　圆形洞直径不大于 300 时钢筋构造
（板中开洞）

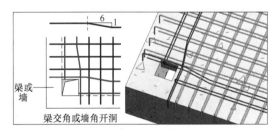

图 7-5-25　矩形洞边长不大于 300 时钢筋构造
（梁交角或墙角开洞）

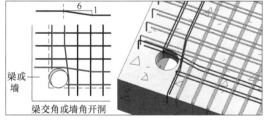

图 7-5-26　圆形洞直径不大于 300 时钢筋构造
（梁交角或墙角开洞）

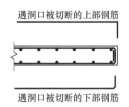
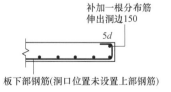

洞边被切断钢筋端部构造

图 7-5-27　洞边被切断钢筋端部构造（存在单、双层钢筋网两种情况）

关于图 7-5-21～图 7-5-27 所示的板中开洞构造：

图 7-5-21～图 7-5-26 均为洞边无集中荷载，且矩形洞口边长、圆形洞口直径均不大于 300mm 时的开洞构造。当矩形洞口边长、圆形洞口直径均不大于 300mm 时，梁边或墙边洞口的三根板筋、板中洞口边的四根板筋、梁交角或墙角位置洞口边的两根板筋应采取 1/6 的斜率斜弯绕过洞口。

如图 7-5-27 所示，当板开洞位置配置双层钢筋网时，上、下层钢筋网分别在洞边位置向下、向上弯折至板底和板顶后截断；当板开洞位置配置单层钢筋网时，下层钢筋网在洞边位置向上弯至板顶后继续向板内弯折 $5d$，在板顶钢筋折角的内部设置一根补强钢筋，两侧分别伸入洞边板内 150mm。

7.5.8 板开洞钢筋端部构造（洞口尺寸大于 300mm 但不大于 1000mm）

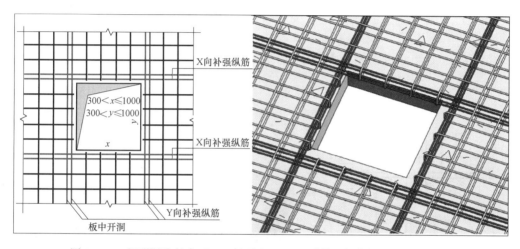

图 7-5-28 矩形洞边长大于 300 但不大于 1000 时补强钢筋构造（板中开洞）

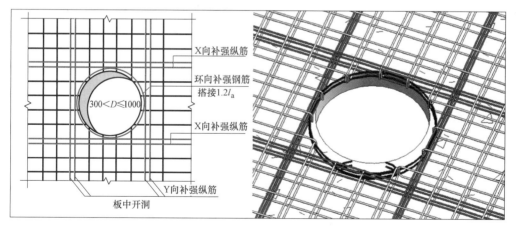

图 7-5-29 圆形洞口直径大于 300 但不大于 1000 时补强钢筋构造（板中开洞）

关于图 7-5-28～图 7-5-32 所示的板中开洞构造：

图 7-5-28～图 7-5-31 均为洞边无集中荷载，且矩形洞口边长、圆形洞口直径均大于 300mm 但不大于 1000mm 时的开洞构造。当矩形洞口边长、圆形洞口直径均大于 300mm 但不大于 1000mm 时，板中洞口边的四边、梁边或墙边洞口的三边应设置加强钢筋。

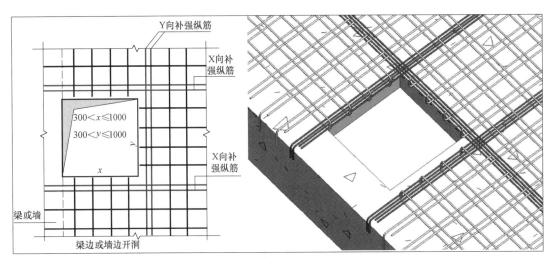

图 7-5-30　矩形洞边长大于 300 但不大于 1000 时补强钢筋构造（梁边或墙边开洞）

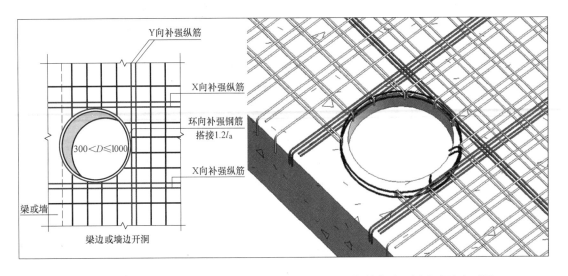

图 7-5-31　圆形洞口直径大于 300 但不大于 1000 时补强钢筋构造（梁边或墙边开洞）

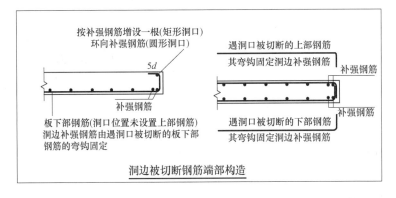

图 7-5-32　洞边被切断钢筋端部构造（存在单、双层钢筋网两种情况）

如图 7-5-32 所示，当板开洞位置配置双层钢筋网时，上、下层钢筋网在洞边位置向下、上弯折至板底和板顶截断。在钢筋端部上下弯折的阴角位置各设置两根补强钢筋。当板开洞位置配置下部单层钢筋网时，下层钢筋网在洞边位置上弯至板顶后继续向板内弯折 $5d$。钢筋端部向上弯折的阴角位置设置两根补强钢筋，向板内弯折阴角位置，圆洞设置环向补强筋（搭接 $1.2l_a$），矩形洞口各边设置一根补强钢筋。

当设计注写补强钢筋时，应按注写的规格、数量与长度值补强。当设计未注写时，X 向、Y 向分别按每边配置两根直径不小于 12mm 且不小于同向被切断纵向钢筋总面积的 50% 补强，补强钢筋与被切断钢筋布置在同一层面，两根补强钢筋之间的净距为 30mm；环向上下各配置一根直径不小于 10mm 的钢筋补强。补强钢筋的强度等级与被切断钢筋相同。X、Y 向补强纵筋伸入支座的锚固方式同板中钢筋，当不伸入支座时，设计应标注。

7.5.9 悬挑板阳角放射筋 Ces 构造

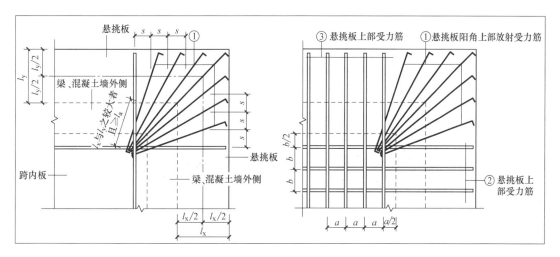

图 7-5-33 悬挑板阳角放射筋 Ces 构造一（二维）

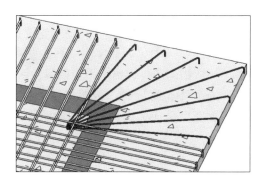

图 7-5-34 悬挑板阳角放射筋 Ces 构造一（三维）

关于图 7-5-33～图 7-5-36 所示的悬挑板阳角放射筋构造：

① 如图 7-5-33、图 7-5-34 所示，当悬挑板有跨内板时，悬挑位置的板放射受力筋应和跨内板纵筋位于同一层面。悬挑板放射受力筋应向下斜弯到跨内板纵筋下部与两筋交叉并向跨内平伸，自支座外边缘位置起伸入支座和跨内的总长度不小于悬挑板两个方向跨度

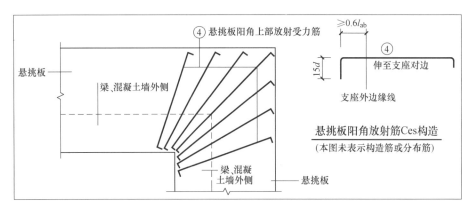

图 7-5-35　悬挑板阳角放射筋 Ces 构造二（二维）

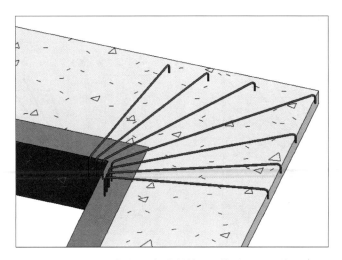

图 7-5-36　悬挑板阳角放射筋 Ces 构造二（三维）

最大值且不小于 l_a。

②　如图 7-5-35、图 7-5-36 所示，悬挑板无跨内板时放射受力筋直接在支座锚固。支座宽度满足直锚要求时可直锚，但应注意支座位置混凝土能否提供直锚所需的粘结强度（即纵筋混凝土保护层厚度是否不小于 $5d$）。若支座不能满足直锚要求或不具备直锚条件，应采用伸到支座对边弯折 $15d$ 的弯锚构造，弯锚水平投影段长度不小于 $0.6l_{ab}$。

③　放射受力筋间距以悬挑板跨中位置度量，板端位置钢筋弯折长度可参考普通楼层板面附加筋弯折长度取值。需要考虑竖向地震作用时悬挑板阳角放射筋构造做法由设计确定。

7.5.10　悬挑板阴角钢筋构造

关于图 7-5-37、图 7-5-38 所示的悬挑板阴角钢筋构造：

悬挑板阴角钢筋构造可采用图 7-5-37 所示的由跨内板双向纵筋分别伸出阴角边线 l_a 形成阴角补强钢筋网，也可采取图 7-5-38 所示的在板上部悬挑受力筋下面设置两根间距不大于 100mm 的补强钢筋，自阴角位置算起两边分别伸入板内不小于 l_a。从钢筋深化设计人员下料角度分析，第二种构造更为简洁，现场绑扎更方便，用料不易混乱。

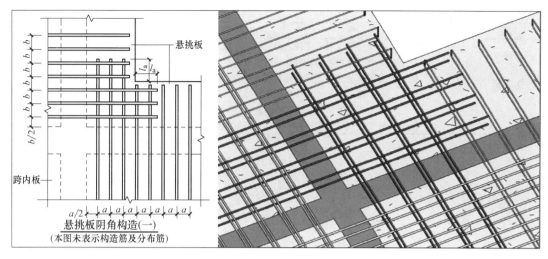

图 7-5-37 悬挑板阴角钢筋构造一

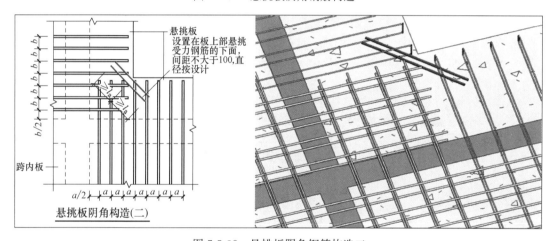

图 7-5-38 悬挑板阴角钢筋构造二

7.6 本章总结

如图 7-6-1 所示，本章板钢筋构造主要由梁板式筏形基础平板、平板式筏形基础平板、有梁楼盖板、无梁楼盖板和板其他钢筋构造组成。读者可依据表 7-6-1 和图 7-6-1 对不同构件间的类似构造、同个构件不同部位的构造、同个构件同个部位不同做法的构造进行往复对比学习。

板相关钢筋构造区别对比表 表 7-6-1

构造要点(或构件)	对比部位(或构件)
梁板式筏形基础平板、平板式筏形基础平板	1. 与楼层板(有梁楼盖板和无梁楼盖板)在结构受力形式上的区别； 2. 与楼层板贯通筋连接位置的区别； 3. 与楼层板非贯通筋位置、形状、伸出长度的区别； 4. 与楼层悬挑板钢筋构造的区别； 5. 与楼层板端部封边构造的区别； 6. 梁板式筏形基础平板和平板式筏形基础平板之间关于上述各构造的区别

续表

构造要点(或构件)	对比部位(或构件)
楼层板	1. 有梁楼盖板和无梁楼盖板贯通筋在端支座(墙和梁)锚固构造的区别; 2. 分离式配筋和部分贯通式配筋的区别; 3. 有梁楼盖板和无梁楼盖板贯通筋连接位置的区别; 4. 有梁楼盖板和无梁楼盖板非贯通筋长度的区别; 5. 柱上板带暗梁与KL钢筋构造的区别; 6. 板中开洞时,洞口尺寸不同时钢筋构造的区别

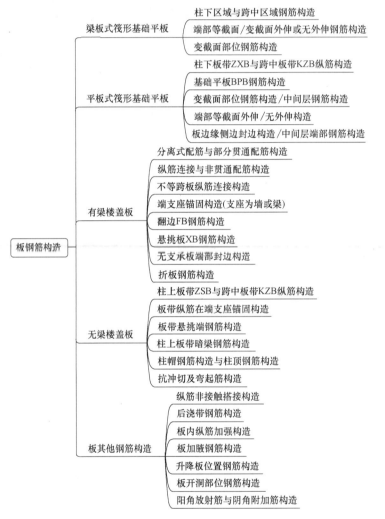

图 7-6-1　板钢筋构造图

本 章 习 题

1. 关于普通有梁楼盖板通长钢筋的连接位置，下列说法正确的是（　　）。

A. 上部通长筋位于跨中 $l_{ni}/3$；下部通长筋位于支座 $l_{ni}/3$ 范围

B. 上部通长筋位于跨中 $l_{ni}/3$；下部通长筋位于支座 $l_{ni}/4$ 范围

C. 上部通长筋位于跨中 $l_{ni}/2$；下部通长筋位于支座 $l_{ni}/3$ 范围

D. 上部通长筋位于跨中 $l_{ni}/2$；下部通长筋位于支座 $l_{ni}/4$ 范围

2. 关于抗裂构造钢筋和抗温度筋的说法正确的是（　　）。

A. 抗裂构造钢筋、抗温度筋自身及其与受力主筋搭接长度为 l_l。

B. 部分贯通式配筋中，板上下贯通筋不可兼作抗裂构造筋和抗温度筋。

C. 当下部贯通筋兼作抗温度钢筋时，其在支座的锚固长度为 l_a。

D. 分布筋与受力主筋、构造钢筋的搭接长度均为 l_l。

3. 当有梁楼盖板支座负筋无尺寸界线且直接在钢筋线下方标注"1500"，表示（　　）。

A. 支座负筋每侧从支座边缘伸出 1500mm

B. 支座负筋每侧自支座中心线伸出 1500mm

C. 支座负筋包含支座宽度在内的总长度为 1500mm

D. 支座负筋不包含支座宽度在内的总长度为 1500mm

4. 板底筋在支座位置的锚固长度为（　　）。

A. $5d$　　　B. $12d$　　　C. $5d$ 且至少到梁中线　　　D. 不一定

5. 当板筋在剪力墙顶的锚固构造采用与剪力墙竖向分布筋搭接连接构造时，板筋应（　　）。

A. 伸至剪力墙对边弯折 $15d$

B. 与剪力墙外侧竖向筋弯折搭接 l_l

C. 伸至剪力墙对边弯至板底

D. 与剪力墙外侧竖向筋弯折搭接 l_l 或 l_{lE}，且低于板底

6. 双层双向配筋的悬挑板底筋，当不考虑竖向地震作用时，其在支座锚固长度为（　　）。

A. $5d$　　　B. $12d$　　　C. $5d$ 且至少到梁中线　　　D. $12d$ 且至少到支座中线

7. 柱上板带底筋在支座的锚固长度为（　　）。

A. $5d$ 且至少到支座中线　　B. $12d$ 且至少到支座中线

C. l_a 或同面筋　　　　　　　D. 都不对

8. 关于无梁楼盖板的钢筋层次关系，下列说法正确的是（　　）。

A. 柱上板带与跨中板带相交位置，柱上板带钢筋在下，跨中板带钢筋在上

B. 柱上板带与跨中板带相交位置，柱上板带钢筋在上，跨中板带钢筋在下

C. 柱上板带与跨中板带相交位置，柱上板带和跨中板带钢筋可随意放置

D. 以上说法都不对

9. 柱上板带暗梁的箍筋加密区长度为（　　）。

A. 暗梁宽度＋暗梁高度

B. 1.5倍板厚且不小于500mm

C. 2倍板厚且不小于500mm

D. 3倍板厚

10. 当板中矩形洞口两边尺寸均不大于300mm，且板开洞位置只配置单层双向钢筋网时，下列说法正确的是（　　　）。

A. 底筋无法斜弯贯通设置时，底筋应伸至洞边弯折至板顶后继续向板内弯折$5d$

B. 底筋无法斜弯贯通设置时，板上部洞口四周应设置分布筋，每边伸出洞口边缘150mm

C. 满足斜弯通过要求时可斜弯绕过洞口，钢筋贯通设置

D. 以上说法都正确

3

第3篇　钢筋混凝土结构深化设计实例

第8章

柱深化设计

第8～12章所涉及的构件深化设计均指构件中的钢筋深化设计，下文不再重复阐述。钢筋深化设计在满足规范和设计要求的前提下，结合钢筋原材料长度进行优化断料，不仅能提高钢筋工程的施工质量，还可提高钢筋原材料的利用率，在一定程度上能产生较大的经济效益。

钢筋深化设计的成果包括钢筋排布图和钢筋配料单。钢筋深化设计师的使命在于充分领会建筑和结构设计师的设计意图，并以通俗易懂的图形和文字语言将设计师的意图准确传达给施工现场的钢筋工人。因此，钢筋深化设计的成果要求通俗易懂，能让现场工人或班组长快速看懂并准确领会。钢筋深化设计师在绘制排布图和书写钢筋配料单时也应注意表达信息的完整性、准确性以及复杂程度。

8.1 柱深化设计成果

柱钢筋深化设计成果包含柱纵筋连接示意图、柱平面编号定位图、柱纵筋截面定位图、柱钢筋配料表。

（1）柱纵筋连接示意图

柱纵筋连接示意图（图8-1-1）用于准确表达每个楼层柱子纵筋优化断料的思路和钢筋连接点的具体位置，可帮助现场钢筋工长或工人明确每一楼层纵筋连接方案。该图包含的信息包括楼层标高、层高、楼层净高、连接区与非连接区位置、基础插筋高度、每层柱纵筋伸出楼面高度、每层柱纵筋长度、变截面处纵筋连接方式等信息。

（2）柱平面编号定位图

平面编号定位图中的柱子编号与钢筋配料单中柱编号、加工完成的钢筋半成品料牌编号一一对应。钢筋加工车间根据配料单中柱编号书写钢筋半成品料牌，料牌包含柱名称和柱编号。现场钢筋绑扎施工时根据料牌编号将半成品钢筋安装在与平面图中柱编号对应的位置。对柱进行编号可使现场钢筋绑扎安装更加便捷，省去人工搜索、识别的时间，提高工作效率。

对柱子进行编号应遵循一定的规律，如从左到右、从上到下依次递增或根据现场施工顺序按特定规律进行递增编号。柱子编号不可无序无规律，否则可能因查找编号等原因人为降低工作效率。

当同种柱子布置在不同位置，因其位置的特殊性或与之连接构件的不同等原因，钢筋下料方式可能会有差异，此时同名称柱子编号应有所区分。如图8-1-2中1♯KZ1与2♯

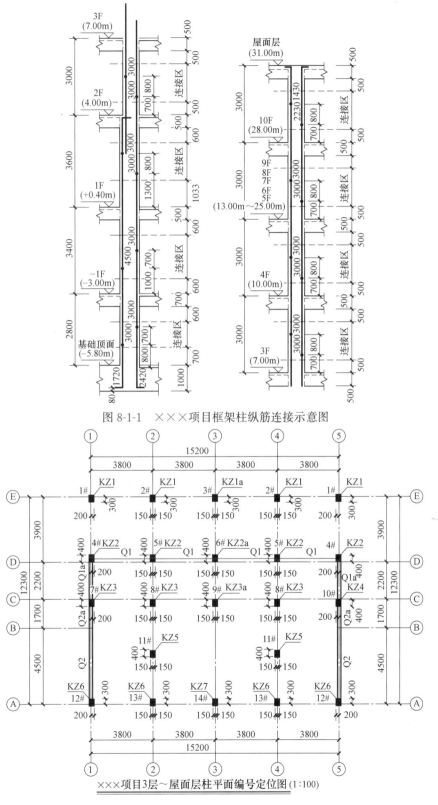

图 8-1-1 ×××项目框架柱纵筋连接示意图

×××项目3层~屋面层柱平面编号定位图 (1:100)

图 8-1-2 ×××项目柱子平面编号定位图

KZ1 名称相同但位置不同，1♯KZ1 为角柱，2♯KZ1 为边柱，两者柱顶纵筋与梁纵筋互锚方式相同，且互锚的纵筋数量不一样，所以两个柱子的下料方式也不一样，其编号应有所区别。4♯KZ2 和 5♯KZ2、7♯KZ3 和 8♯KZ3、12♯KZ6 和 13♯KZ6 也是属于柱名称相同但下料不同的情况。图 8-1-2 中两个 11♯KZ5，若其上层柱子截面不同或配筋不同，可能导致本层两个 KZ5 下料方式不一样，出现这种情况时本层两个 KZ5 编号应有所区别。

（3）柱纵筋截面定位图

当柱纵筋存在多种下料长度、多种下料方式或同种下料长度对应多种钢筋直径时，应对每根纵筋进行编号并在柱截面图中定位。这种方式简单快捷，可提高施工现场柱钢筋安装效率。下面三种情况的柱纵筋通常需要在截面内进行定位编号：

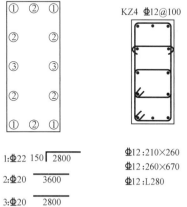

基础插筋：如图 8-1-3 所示，基础插筋（或梁上起柱、墙上起柱插筋）伸出基础顶面通常有高低之分。若基础高度较高，部分纵筋伸至基础底部，部分纵筋伸入基础一个锚固长度，可能导致纵筋下料有 4 种或大于 4 种长度，此时需要绘制柱纵筋截面定位图。

图 8-1-3　×××项目 KZ4 纵筋截面定位图（基础插筋）

上下层柱变截面：如图 8-1-4 所示，当上层柱截面变小时，部分纵筋可往上伸并与上柱纵筋连接，部分纵筋需在变截面位置封顶截断，上柱重新插筋。此时柱纵筋下料长度可能存在多种情况，需对纵筋进行编号定位。

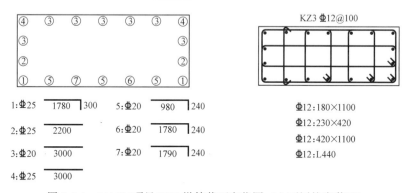

图 8-1-4　×××项目 KZ3 纵筋截面定位图（上下层柱变截面）

顶层柱纵筋：如图 8-1-5 所示，当柱位于顶层时，柱纵筋需要在顶部进行封顶处理或与梁纵筋互锚，可能存在多种下料长度，或同种下料长度存在多种直径的钢筋，此时需对纵筋进行编号定位。

（4）柱钢筋配料表

柱钢筋配料表用以准确表述特定项目、特定部位、特定构件的详细钢筋配料信息，料表中应包含钢筋使用部位、构件名称、钢筋级别、直径、形状、尺寸、连接方式、下料长度、数量、间距等详细信息。配料表可直接指导钢筋加工车间进行钢筋半成品加工，并与钢筋半成品料牌、柱平面编号定位图和纵筋截面定位图配合指导现场钢筋绑扎施工。柱箍

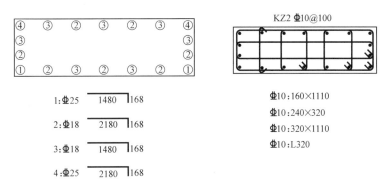

图 8-1-5 ×××项目 KZ2 纵筋截面定位图（顶层纵筋封顶）

筋应在备注栏注明间距。

钢筋配料表

使用部位：×××项目14#楼6层(17.20～20.00m)					构件：框架柱KZ		
构件名称	级直别径	钢筋简图	下料(mm)	根件数×数	总根数	备注	
5#KZ2	Φ25	套 3000 丝	3000	4×2	8		
	Φ18	3000	3000	14×2	28		
	Φ10	160 ⌐1100⌐	2700	30×2	60	@100高2450+550(25+5)	
	Φ10	240 ⌐310⌐	1280	60×2	120	同上	
	Φ10	310 ⌐1100⌐	3000	30×2	60	同上	
	Φ10	⌐310⌐	510	30×2	30	同上	

图 8-1-6 ×××项目 KZ5 钢筋配料表

8.2 柱深化设计实例

8.2.1 实例一

×××项目含一栋现浇框架-剪力墙结构住宅楼，地下 2 层，地上 10 层，层高表如图 8-2-4 所示。该住宅楼抗震等级为四级，基础为桩承台＋梁板式筏形基础，以基础作为上部主体结构的嵌固端。现要求对图 8-2-1 和图 8-2-2 中所示的 3♯KZ1 钢筋进行深化设计并配料。

已知与 3♯KZ1 相关的设计信息：

① 柱截面尺寸、起止标高与配筋信息如图 8-2-3 所示。

② 3♯KZ1 底部为单桩承台，承台高 1000mm，单桩承台三向配筋均为Φ18@150，承台混凝土强度等级为 C35，承台底面和侧面保护层取 40mm。

③ 柱子混凝土强度等级地下室为 C35，一层及以上均为 C30。

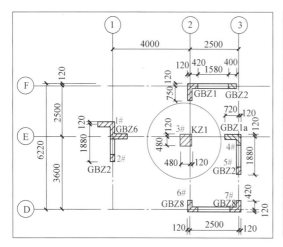

图 8-2-1 基础~二层柱平面定位图

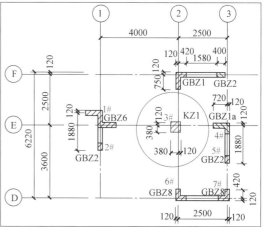

图 8-2-2 二层~屋面柱平面定位图

柱大样图	![600×600]	![500×500]

柱名称	KZ1	KZ1
起止标高	基础顶面~2F (−5.800m~4.000m)	2F~屋面层 (4.000m~31.400m)
纵筋	4Φ20(角筋)+12Φ16	4Φ20(角筋)+8Φ16
箍筋	Φ10@100/200	Φ10@100/200

图 8-2-3 柱大样图

屋面层	31.000	
10F	28.000	3000
9F	25.000	3000
8F	22.000	3000
7F	19.000	3000
6F	16.000	3000
5F	13.000	3000
4F	10.000	3000
3F	7.000	3000
2F	4.000	3000
1F	0.400	3600
−1F	−3.000	3400
−2F	−5.800	2800
层号	标高(m)	层高(mm)

图 8-2-4 楼层表

④ 地下室环境类别按二 a 类，主体结构环境类别按一类。

⑤ 与 3#KZ1 相连的框架梁除负一层梁高为 700mm，其余均为 500mm。

⑥ 3#KZ1 周围的楼板厚度，除第一层、屋面层为 130mm，其余均为 110mm。

⑦ 柱纵筋连接采用电渣压力焊。

1. 柱纵筋连接示意图

对每个楼层（包括基础插筋）的柱纵筋进行断料之前，应根据工程的嵌固部位、地下室顶板位置、层高、净高、柱截面尺寸等信息确认柱纵筋的连接区和非连接区位置。

因纵筋连接区和相邻纵筋连接点的错开高度并非是一个特定值，而是一个数值区间，即柱纵筋连接位置存在可调范围，所以纵筋的下料长度就有了根据原材料长度进行优化断料的可能。在确定连接区和非连接区位置的基础上，结合纵筋原材料长度进行整体统筹策划、优化断料，绘制柱纵筋连接示意图（图 8-2-5）。框架柱纵筋连接示意图是本住宅楼框架柱纵筋的整体连接方案，体现了框架柱纵筋的优化断料和连接思路。

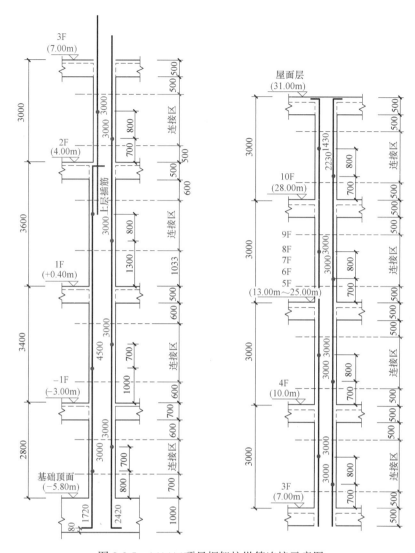

图 8-2-5 ×××项目框架柱纵筋连接示意图

柱纵筋优化断料应结合考虑连接区和非连接区位置、钢筋原材料长度。若钢筋原材料长度为 9000mm，在满足连接区要求的基础上，优化断料方案可为 3×3000mm、2×4500mm、6000mm＋3000mm；若钢筋原材料长度为 12000mm，在满足连接区要求的基础上，优化断料方案可为 2×6000mm、3×4000mm、4×3000mm、2×4500mm＋3000mm、3×2500mm＋4500mm。单根钢筋断料长度小于 2500mm 时，现场短料较多，易混乱，易浪费，不建议采用。

该住宅楼的竖向构件除了框架柱还有剪力墙边缘构件。因为两类构件的纵筋连接构造要求不同，为防止施工现场两类构件预留纵筋长度悬殊太大、长短不一导致现场钢筋连接混乱，在对框架柱纵筋的连接方案进行统筹策划时应协调考虑剪力墙边缘构件的纵筋连接方案，尽量使两类构件纵筋在同一楼层伸出楼板面高度相同，以使每个楼层上竖向构件的预留纵筋更加简单、清爽、美观，避免纵筋连接混乱。若因工程实际情况无法达到上述要求，钢筋深化设计人员应对特殊部位进行标注，避免现场施工产生差错。

2. 基础插筋优化配料

（1）柱插筋下料长度计算

① 根据框架柱纵筋连接示意图，KZ3纵筋从基础顶面伸出高度短桩为800mm，长桩为1500mm。

② 基础混凝土强度等级为C35，查规范可知柱纵筋在基础内的锚固长度 $l_{aE}=32d$（$\Phi20$ 锚固长度为640mm，$\Phi16$ 锚固长度为512mm），基础高度为1000mm，满足直锚要求。因此柱所有纵筋均伸至基础底部弯折 $\max(6d，150mm)$，$\Phi20$ 和 $\Phi16$ 钢筋底部弯折长度均取150mm。

③ 承台底部保护层取40mm，承台三向配筋均为 $\Phi18@150$，柱纵筋弯折后放置于承台底部钢筋网上，因此柱纵筋底部需扣除厚度为 $40mm+2×18mm=76mm$，以80mm计。所以，柱纵筋在基础内锚固的竖直段长度 $=1000mm-80mm=920mm$。

所以，短桩基础插筋下料长度＝纵筋伸出基础顶面高度＋纵筋在基础内锚固的竖直段长度＋底部弯折长度 $=800mm+920mm+150mm=1870mm$；

长桩基础插筋下料长度＝纵筋伸出基础顶面高度＋纵筋在基础内锚固的竖直段长度＋底部弯折长度 $=1500mm+920mm+150mm=2570mm$。

$1870mm+2570mm=4440mm$，采用9000mm原材料进行下料，采用 $2×4500mm$ 的断料方案。4440mm比4500mm短60mm，原材料利用率较高。

柱纵筋底部坐于承台底部时，纵筋弯钩可能位于承台纵向钢筋之上或横向钢筋之上，两个方向钢筋在高度上相差一个钢筋直径 d，加之考虑施工现场基础底部标高误差，所以在计算基础插筋下料长度时往往不考虑钢筋的弯曲调整值。

（2）柱插筋定位

如图8-2-6所示，将柱子左下角1♯位置的角部纵筋设为长桩，因框架柱相邻纵筋高低需错开，所以3♯、5♯、7♯、9♯、11♯、13♯、15♯位置均为长桩，2♯、4♯、6♯、8♯、10♯、12♯、14♯、16♯位置均为短桩。

由上述计算与分析可得出：3♯KZ1的基础插筋根据钢筋直径和下料长度共分为3种情况，第一种情况为1♯、5♯、9♯、13♯位置2570mm的 $\Phi20$ 插筋（共4根）；第二种情况为2♯、4♯、6♯、8♯、10♯、12♯、14♯、16♯位置1870mm的 $\Phi16$ 插筋（共8根）；第三种情况为3♯、7♯、11♯、15♯位置2570mm的 $\Phi16$ 插筋（共4根）。最终结果可简化为柱纵筋截面定位图中的1♯、2♯、3♯钢筋（见图8-2-8×××项目3♯KZ1钢筋配料表）。

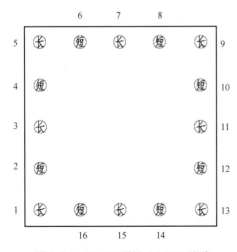

图8-2-6　×××项目3♯KZ1基础插筋定位分析图

（3）箍筋计算

图8-2-7为柱子箍筋宽度计算分析图。本工程地下室柱子所处环境类别为二a类，所以3♯KZ1地下室钢筋保护层厚度 $c=25mm$。柱子箍筋开口135°弯钩平直段长度取 $\max(10d，75mm)=100mm$（即按 $10d$ 计算），钢筋

135°弯曲调整增加 1.9d，其余三个 90°弯折弯曲调整各扣减 2d，共计增加下料长度（10d ＋1.9d）×2－3×2d＝17.8d。拉筋 135°弯钩平直段长度取 max(10d，75mm)＝100mm，135°弯曲调整增加 1.9d，拉筋同时拉住纵筋和箍筋。

3#KZ1 箍筋下料长度如下（a 与 b 相等）：

① 最外围大箍筋下料长度＝（a－2c）×2 ＋（b－2c）×2＋17.8d＝（600mm－2×25mm）×2＋（600mm － 2 × 25mm） × 2 ＋ 17.8 × 10＝2380mm。

柱基础插筋时，基础上部设置 2 组复合定位箍，基础内部设置 2 个非复合箍，所以柱基础插筋时最外围大箍数量为 4 个。

② 内部复合小箍下料长度＝[e＋（2×D/2）＋2d]×2 ＋（b－2c）×2＋17.8d＝170mm×2 ＋（600mm－2×25mm）×2＋17.8×10＝1620mm。

（其中，e＝（a－2c－2d－2×D/2）/4 ＝（600mm－2×25mm－2×10mm－2×10mm)/4＝127.5mm，取 130mm。所以，复合小箍宽度＝e＋（2×D/2）＋2d＝130mm＋（2×10mm)＋（2×8mm)＝166mm，取 170mm。)

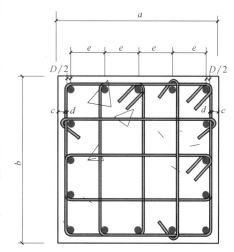

图 8-2-7 柱子箍筋宽度计算分析图
a—柱宽；b—柱长；c—钢筋保护层；d—箍筋直径；D—纵筋直径；e—纵筋间距

柱基础插筋时，只有基础上部设置 2 组复合定位箍，所以小箍数量为 4 个。

③ 拉筋下料长度＝a－2c＋2d＋2×1.9d＋2×10d＝600mm－2×25mm＋2×10mm＋2×1.9×10mm＋2×100mm＝810mm。

柱基础插筋时，只有基础上部设置 2 组复合定位箍，所以拉筋数量为 4 个。

（4）柱基础插筋配料表

根据前述（1）、（2）、（3）部分绘制钢筋配料表，如图 8-2-8 所示。柱纵筋截面定位图可绘制在料表中，两者配合使用指导现场柱钢筋绑扎施工。因为在实际工程中可能存在某些纵筋不坐底，只下插一个锚固长度的情况，所以下料时备注栏应注明插筋的下插深度。

3. 负二层柱钢筋优化配料

（1）纵筋下料长度计算

基础插筋伸出基础顶面的高度位于负二层柱纵筋连接区范围内，负二层层高为 2800mm，长、短桩均采用 3000mm 长的纵筋往上焊接，则负一层的长、短桩钢筋伸出楼板面高度均位于负一层柱纵筋连接区范围内（见图 8-2-5 框架柱纵筋连接示意图）。长短桩高低错开高度为 700mm，满足柱纵筋焊接连接需错开不小于 35d 且不小于 500mm 的要求。

钢筋原材料长度为 9000mm，采用 3×3000mm 的断料方案，无钢筋废料产生。因本层柱纵筋长、短桩均采用 3000mm 的钢筋往上焊接，所以无需绘制柱纵筋截面定位图，依次在预留的插筋端部往上焊接 3000mm 纵筋即可。

（2）箍筋计算

箍筋尺寸同基础插筋部位箍筋尺寸，此处不重复计算。对于负二层箍筋的数量，3#KZ1 配置的箍筋为Φ10@100/200，所以箍筋数量计算应包含下部加密区、中部非加密区、

钢筋配料表

使用部位：×××项目-2层柱基础插筋配料(−5.800m)					构件：KZ/GBZ	
构件名称	级别直径	钢筋简图	下料(mm)	根数×件数	总根数	备注
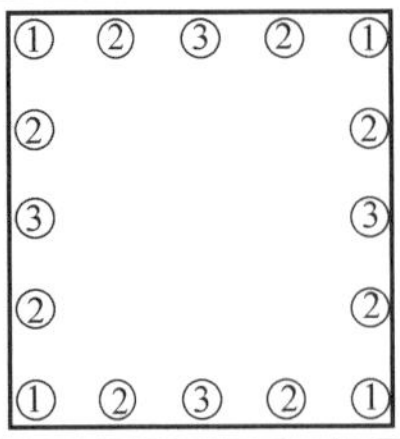 （柱截面钢筋布置图）①②③②① ② ③ ② ① ② ③ ② ①		1：Φ20　150⌐2420 2：Φ16　150⌐1720 3：Φ16　150⌐2420	KZ1 Φ10@100/200（箍筋布置图）	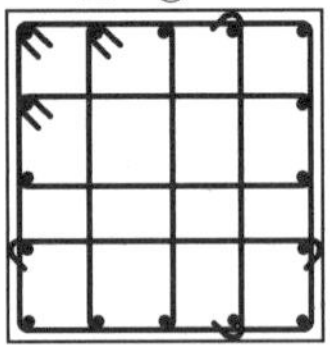		Φ10:170×550 Φ10:550×550 Φ10: L570
3#KZ1	Φ16	150⌐插筋1720	1870	8	8	下插920
	Φ20	150⌐插筋2420	2570	4	4	同上
	Φ16	150⌐插筋2420	2570	4	4	同上
	Φ10	550⌐550	2380	2	2	
	Φ10	170⌐550	1620	4	4	
	Φ10	570	810	4	4	
	Φ10	550⌐550	2380	2	2	基础内2个非复合箍

图 8-2-8　×××项目 3♯KZ1 基础插筋配料表

上部加密区和梁柱节点区四个区段。

① 下部加密区：嵌固部位位于基础顶面，所以此处加密区高度为 $H_n/3=700mm$（H_n 为柱子净高），箍筋从基础顶部的起步距离为 50mm。

数量＝（700mm−50mm）/100mm＋1＝8 组。

② 上部加密区和梁柱节点区：上部加密区高度取 $\max(H_n/6, h_c, 500mm)=600mm$（$h_c$ 为柱长边尺寸），梁柱节点区高度为 700mm，上部箍筋布置到负一层楼板面以下 50mm 位置。

数量＝（600mm＋700mm−50mm）/100mm＋1＝13 组。

③ 中部非加密区：非加密区高度＝层高−下部加密区高度−上部加密区高度−梁柱节点高度＝2800mm−700mm−600mm−700mm＝800mm。

数量＝800mm/200mm−1＝3 组。

所以，3♯KZ1 负二层箍筋总数＝8＋13＋3＝24 组。

（3）负二层柱钢筋配料表

根据前述（1）、（2）部分绘制钢筋配料表，如图 8-2-9 所示。因基础插筋配料时已配制本层的 2 组定位箍，理论上本层箍筋只需配 22 组即可。但是本层钢筋配料表中箍筋数量应包含上一层（负一层）的 2 道定位箍，所以料表中箍筋数量仍为 24 组。

4. 负一层柱钢筋优化配料

（1）纵筋下料长度计算

负二层纵筋伸出负一层楼板面的高度位于负一层柱纵筋连接区范围内，负一层层高为

钢筋配料表

构件名称	级别直径	钢筋简图	下料(mm)	根数×件数	总根数	备注
使用部位:×××项目-2层柱筋配料(-5.800~-3.000m)						构件:KZ/GBZ
3#KZ1	Φ20	3000	3000	4	4	
	Φ16	3000	3000	12	12	
	Φ10	170 ⌐550	1620	48	48	层高2.8m,梁700mm,下8+中3+上6+梁7,@100/200
	Φ10	550 ⌐550	2380	24	24	同上
	Φ10	⌐570	810	48	48	同上

图 8-2-9　×××项目 3#KZ1 负二层钢筋配料表

3400mm。若长、短桩仍采用 3000mm 长的纵筋往上焊接,则一层位置短桩伸出楼板面高度位于一层柱纵筋非连接区范围,不符合规范要求。

本层可采用 2×4500mm 与 3×3000mm 结合的断料方案,短桩上接 4500mm 的纵筋,长桩上接 3000mm 的纵筋,即本层的长桩在一层变为短桩,本层的短桩在一层变为长桩。长、短桩交替处理后,纵筋伸出一层楼板面高度均位于一层柱纵筋连接区范围内(见图 8-2-5 框架柱纵筋连接示意图),长短桩高低错开 800mm,满足柱纵筋焊接连接需错开不小于 35d 且不小于 500mm 的要求。钢筋原材料长度为 9000mm,采用 2×4500mm 与 3×3000mm 结合的断料方案,无钢筋废料产生。

长、短桩交替处理后,纵筋长、短桩定位分布如图 8-2-10 所示。1#、5#、9#、13# 位置为 3000mm 长Φ20 纵筋,3#、7#、11#、15# 位置为 3000mm 长Φ16 纵筋,2#、4#、6#、8#、10#、12#、14#、16# 位置为 4500mm 长Φ16 纵筋。最终结果可简化为图 8-2-11 柱纵筋截面定位图中的 1#、2#、3# 钢筋。

(2)箍筋计算

负一层箍筋的计算尺寸同基础插筋部位、负二层柱的箍筋尺寸,此处不重复计算(见基础插筋的箍筋计算)。对于负一层箍筋的数量,3#KZ1 配置的箍筋为Φ10@100/200,所以箍筋数量的计算应包含下部加密区、中部非加密区、上部加密区和梁柱节点区四个区段。

① 下部加密区:下部加密区高度取 $\max(H_n/6,$ h_c, 500mm)=600mm(h_c 为柱长边尺寸),箍筋从负一层楼面的起步距离为 50mm。

数量=(600mm-50mm)/100mm+1=7 组。

② 上部加密区和梁柱节点区:上部加密区高度

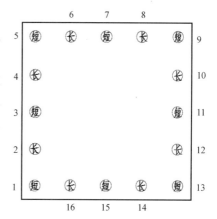

图 8-2-10　×××项目 3#KZ1 负一层柱纵筋定位分析图

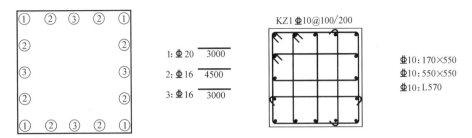

图 8-2-11 ×××项目 3♯KZ1 负一层纵筋截面定位图

取 $\max(H_n/6, h_c, 500\text{mm}) = 600\text{mm}$，梁柱节点区高度为 500mm，上部布置到首层楼板面以下 50mm 位置。

数量＝（600mm＋500mm－50mm）/100mm＋1＝12 组。

③ 中部非加密区：非加密区高度＝层高－下部加密区高度－上部加密区高度－梁柱节点高度＝3400mm－600mm－600mm－500mm＝1700mm。

数量＝1700mm/200mm－1＝7 组。

所以，3♯KZ1 负一层箍筋总数＝7＋12＋7＝26 组。

（3）负一层柱钢筋配料表

根据前述（1）、（2）部分绘制钢筋配料表，如图 8-2-11 所示。因本层对柱的纵筋连接进行了调整，所以需绘制柱纵筋截面定位图。纵筋截面定位图和配料表配合使用指导现场钢筋绑扎施工。

钢筋配料表

使用部位：×××项目-1层柱筋配料（-3.000～0.400m）						构件：KZ/GBZ
构件名称	级直别径	钢筋简图	下料(mm)	根件数×数	总根数	备注
① ② ③ ② ① ② ② ③ ③ ② ② ① ② ③ ② ① 1:Φ20 ⎯3000⎯ 2:Φ16 ⎯4500⎯ 3:Φ16 ⎯3000⎯			KZ1 Φ10@100/200 Φ10:170×550 Φ10:550×550 Φ10:L570			
3#KZ1	Φ20	3000	3000	4	4	
	Φ16	3000	3000	4	4	
	Φ16	4500	4500	8	8	
	Φ10	170 550	620	52	52	层高3.4m,梁500mm,下7+中7+上7+梁5,@100/200
	Φ10	550 550	2380	26	26	同上
	Φ10	570	810	52	52	同上

图 8-2-12 ×××项目 3♯KZ1 负一层钢筋配料表

5. 一层柱钢筋优化配料

（1）一层柱纵筋下料长度计算

一层柱截面尺寸为 $600mm \times 600mm$，二层柱截面尺寸为 $500mm \times 500mm$，因此该柱在二层楼面位置存在变截面的情况。根据图 8-2-1 和图 8-2-2 两张柱平面定位图可知 3♯KZ1 的上侧和右侧均上下层对齐，左侧和下侧位置各发生柱截面内缩 100mm 的变截面。所以 3♯KZ1 在该位置的变截面情况和柱纵筋分布情况如图 8-2-13 中间小图所示。

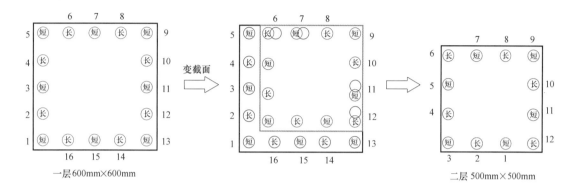

图 8-2-13 ×××项目 3♯KZ1 变截面位置纵筋定位分析图

由图 8-2-13 变截面位置纵筋定位分析图的中间位置两层柱截面重叠的分析图中可以看出，一层柱纵筋在二层楼面位置的处理可分为两种情况：

第一种情况：如上图中的 6♯、7♯、8♯、9♯、10♯、11♯、12♯位置的纵筋，即本层柱纵筋位置与上层柱纵筋位置重叠或相近，则下层柱纵筋可直接往上伸至上层柱内或稍作斜弯伸入上层柱内与上柱纵筋连接。（此处应注意，当下柱纵筋与上柱纵筋位置相近时，判断下柱纵筋是否可以斜弯进入上层柱，可参考 16G101-1 第 68 页柱纵筋变截面位置斜弯构造的要求，即 $\Delta/h_b \leqslant 1/6$。同时应该考虑现场施工是否方便。）

第二种情况：如上图 1♯、2♯、3♯、4♯、5♯、14♯、15♯、16♯位置的纵筋，即本层柱纵筋在对应位置封顶处理（本层柱纵筋伸至柱顶弯折指定长度后截断），上柱在上层楼面指定位置（如图中二层柱的 1♯、2♯、3♯、4♯、5♯纵筋）重新插筋以连接上柱纵筋。

对于第一种情况，考虑到层高和连接区的问题，本层采用 $3 \times 3000mm$ 的断料方案，即 6♯、7♯、8♯、9♯、10♯、11♯、12♯位置的纵筋上部全部焊接 3000mm 的纵筋伸至上柱内。

对于第二种情况：

① 1♯、5♯、13♯位置为 $\Phi20$ 的短桩。考虑到柱纵筋弯折后弯钩与梁纵筋的层次关系，为避免两个构件钢筋发生碰撞，柱纵筋上部封顶时扣除保护层 70mm。本层长、短桩伸出楼板面高度分别为 2100mm 和 1300mm。纵筋弯折长度为 $12d$，钢筋 90°弯曲延伸率按 $2d$ 计。

所以 1♯、5♯、13♯位置纵筋下料长度＝层高－短桩伸出楼面高度－上部封顶保护层＋弯折长度 $12d$－钢筋 90°弯曲调整值＝3600mm－1300mm－70mm＋240mm－40mm＝2430mm（竖直段 2230mm，弯折 240mm）。

② 3♯、15♯位置为 $\Phi16$ 的短桩。

所以，3♯、15♯位置纵筋下料长度＝层高－短桩伸出楼面高度－上部封顶保护层＋

弯折长度 12d－钢筋 90°弯曲调整值＝3600mm－1300mm－70mm＋190mm－30mm＝2390mm，（竖直段 2230mm，弯折 190mm。）

③ 2#、4#、14#、16#位置为Φ16 的长桩。柱纵筋上部封顶扣除保护层 70mm，长桩伸出楼板面高度为 2100mm。

所以，2#、4#、14#、16#位置纵筋下料长度＝层高－长桩伸出楼面高度－上部封顶保护层＋弯折长度 12d－钢筋 90°弯曲调整值＝3600mm－2100mm－70mm＋190mm－30mm＝1590mm，（竖直段 1430mm，弯折 190mm。）

一层柱 1-16#位置的纵筋最终结果可简化为图 8-2-14 中的 1-5#钢筋。

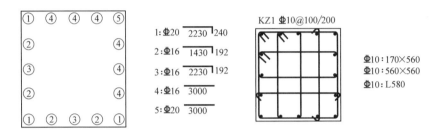

图 8-2-14　×××项目 3#KZ1 变截面位置纵筋定位图

（2）二层柱插筋下料长度计算

在本层柱混凝土浇捣前，应将二层柱插筋绑扎施工完毕，即上层柱插筋和本层钢筋同时施工，所以习惯将上层柱的插筋配料放在本层柱的钢筋配料表中。

如图 8-2-13 右侧 500mm×500mm 柱子定位分析图所示，1#、3#、5#位置为短桩插筋，其中 3#位置为Φ20 的短桩插筋，1#、3#位置为Φ16 的短桩插筋。2#、4#位置为Φ16 的长桩插筋。二层柱纵筋长、短桩伸出楼板面高度分别为 1500mm、700mm。为防止钢筋加工误差或下插施工误差导致纵筋下插深度不足，此处纵筋下插深度取 1.2 l_{aE}＋50mm。

① 1#、5#位置Φ16 短桩插筋下料长度＝二层短桩伸出楼板面高度＋下插深度（1.2l_{aE}＋50mm）＝700mm＋1.2×32d＋50mm＝1360mm（d 取 16mm，下插 660mm）；

② 3#位置Φ20 短桩插筋下料长度＝二层短桩伸出楼板面高度＋下插深度（1.2l_{aE}＋50mm）＝700mm＋1.2×32d＋50mm＝1520mm（d 取 20mm，下插 820mm）；

③ 2#、4#位置Φ16 长桩插筋下料长度为＝二层长桩伸出楼板面高度＋下插深度（1.2l_{aE}＋50mm）＝1500mm＋1.2×32d＋50mm＝2160mm（d 取 16mm，下插 660mm）。

二层柱 1-5#位置的纵筋最终结果可简化为图 8-2-15 中的 1-3#钢筋。

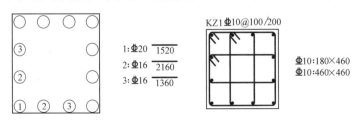

图 8-2-15　×××项目 3#KZ1 二层柱插筋定位图

（3）箍筋计算

一层及以上柱所处环境类别按一类，柱箍筋保护层取 20mm。箍筋的尺寸计算可参考基础插筋部位箍筋尺寸算法，此处不重复计算。最外围大箍筋尺寸为 560mm×560mm，内部复合小箍尺寸为 170mm×560mm，拉筋尺寸为 580mm。关于二层柱定位箍筋，最外围大箍筋尺寸为 460mm×460mm，内部复合小箍尺寸为 180mm×460mm。

对于一层箍筋的数量，3#KZ1 配置的箍筋为 $\Phi10@100/200$，所以箍筋数量的计算应包含下部加密区、中部非加密区、上部加密区和梁柱节点区四个区段。

① 下部加密区：一层柱下部位于地下室顶面，因此下部加密区高度取 $H_n/3＝$（3600mm－500mm)/3＝1033mm。箍筋从一层楼面的起步距离为 50mm。

数量＝(1033mm－50mm)/100mm+1＝11 组，扣除已计入负一层料单的本层 2 组定位箍，本层箍筋下部加密区数量按 9 组计。

② 上部加密区和梁柱节点区：上部加密区高度取 $\max(H_n/6，h_c，500mm)＝600mm$（$h_c$ 为柱长边尺寸），梁柱节点区高度为 500mm，上部布置到 2 层楼板面以下 50mm 位置。

数量＝(600mm+500mm－50mm)/100mm+1＝12 组

③ 中部非加密区：非加密区高度＝层高－下部加密区高度－上部加密区高度－梁柱节点高度＝3600mm－1033mm－600mm－500mm＝1467mm。

数量＝1467mm/200mm－1＝6 组。

所以，一层箍筋总数＝9+12+6＝27 组，二层定位箍筋按 2 组计入本层料单。

（4）一层柱纵筋、二层柱插筋配料表

根据前述（1）、（2）、（3）部分绘制一层柱钢筋和二层柱插筋配料表，如图 8-2-16、图 8-2-17 所示。纵筋截面定位图和配料表配合使用指导现场钢筋绑扎施工。

钢筋配料表

使用部位：×××项目1层柱筋配料(0.400～4.000m)				构件：KZ/GBZ	
构件名称	级别直径	钢筋简图	下料(mm)	根件数×数 总根数	备注
① ④ ④ ④ ⑤ ② ③ ④ ① ② ③ ② ①		1:$\Phi20$ $\overline{2230}$ 240 2:$\Phi16$ $\overline{1430}$ 192 3:$\Phi16$ $\overline{2230}$ 192 4:$\Phi16$ $\overline{3000}$ 5:$\Phi20$ $\overline{3000}$		KZ1$\Phi10@100/200$ $\Phi10$:170×560 $\Phi10$:560×560 $\Phi10$:L580	
3#KZ1	$\Phi16$	$\overline{1430}$ 190	1590	4	4
	$\Phi20$	$\overline{2230}$ 240	2430	3	3
	$\Phi16$	$\overline{2230}$ 190	2390	2	2
	$\Phi16$	$\overline{3000}$	3000	6	6
	$\Phi20$	$\overline{3000}$	3000	1	1
	$\Phi10$	170 $\boxed{560}$	1640	54	54	层高3.6m,梁500mm,下9+中6+上7+梁5,@100/200
	$\Phi10$	560 $\boxed{560}$	2420	27	27	同上
	$\Phi10$	$\boxed{580}$	820	54	54	同上

图 8-2-16　×××项目 3#KZ1 一层钢筋配料表

钢 筋 配 料 表

使用部位:×××项目2层柱筋插筋(4.000m)					构件:KZ/GBZ	
构件名称	级直别径	钢筋简图	下料(mm)	根数×件数	总根数	备注
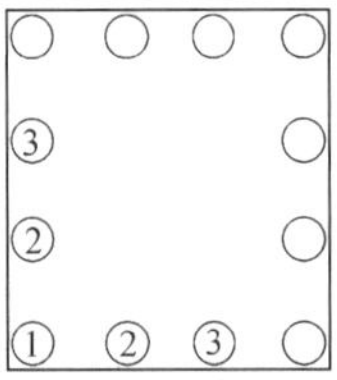		1:Φ20 1520 2:Φ16 2160 3:Φ16 1360		KZ1 Φ10@100/200 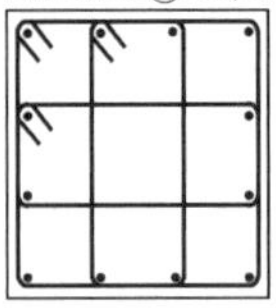		Φ10:180×460 Φ10:460×460
3#KZ1	Φ16	1360	1360	2	2	下插660
	Φ20	1520	1520	1	1	下插820
	Φ16	2160	2160	2	2	下插660
	Φ10	180 460	1460	4	4	
	Φ10	460 460	2020	2	2	

图 8-2-17 ×××项目 3♯KZ1 二层柱插筋配料表

6. 二～九层柱钢筋优化配料

(1) 纵筋下料长度计算

二～九层为标准层，此部分只计算二层柱钢筋，其余楼层参考二层。

一层纵筋和本层插筋伸出二层楼板面高度均位于本层柱纵筋的连接区范围内，二层层高为 3000mm，长、短桩均采用 3000mm 的纵筋往上焊接，则长、短桩钢筋伸出三层楼板面高度均位于三层柱纵筋的连接区范围内（见图 8-2-5 框架柱纵筋连接示意图）。长短桩高低错开 800mm，满足柱纵筋焊接连接需错开不小于 35d 且不小于 500mm 的要求。

钢筋原材料长度为 9000mm，采用 3×3000mm 的断料方案，无钢筋废料产生。因本层柱纵筋长、短桩均采用 3000mm 的钢筋往上焊接，所以无需绘制柱纵筋截面定位图，依次在预留的钢筋端部往上焊接 3000mm 纵筋即可。

(2) 箍筋计算

本层柱截面尺寸为 500mm×500mm，环境类别按一类。箍筋尺寸计算方法参考基础插筋部位箍筋尺寸算法，此处不重复计算。最外围大箍筋尺寸为 460mm×460mm，内部复合小箍尺寸为 180mm×460mm。

对于二层箍筋的数量，因 3♯KZ1 配置的箍筋为Φ10@100/200，所以箍筋数量的计算应包含下部加密区、中部非加密区、上部加密区和梁柱节点区四个区段。

①下部加密区：下部加密区高度取 max(H_n/6，h_c，500mm)＝500mm，箍筋从楼板顶部的起步距离为 50mm。

数量＝(500mm－50mm)/100mm＋1＝6 组

② 上部加密区和梁柱节点区：上部加密区高度取 max(H_n/6，h_c，500mm)＝500mm，梁柱节点区高度为 500mm。上部布置到三层楼板面以下 50mm 位置。

数量＝(500mm＋500mm－50mm)/100mm＋1＝11 组

③ 中部非加密区：非加密区高度＝层高－下部加密区高度－上部加密区高度－梁柱

节点高度＝3000mm－500mm－500mm－500mm＝1500mm。

数量＝1500mm/200mm－1＝6 组。

所以，3♯KZ1 二层箍筋总数＝6＋11＋6＝23 组（包含三层定位箍筋）。

（3）二～九层柱钢筋配料表

根据前述（1）、（2）部分绘制钢筋配料表，如图 8-2-18 所示。因一层柱钢筋配料时已配制本层的 2 组定位箍，理论上本层箍筋只需配 21 组即可。但本层钢筋配料表中箍筋应包含三层的 2 组定位箍，所以料表中箍筋数量仍为 23 组。

钢筋配料表

使用部位：×××项目2层～9层柱筋配料(4.000~28.000m)						构件：KZ/GBZ
构件名称	级直 别径	钢筋简图	下料 (mm)	根×件 数×数	总 根数	备 注
3#KZ1	Φ20	3000	3000	4	4	
	Φ16	3000	3000	8	8	
	Φ10	180 ⌐460⌐	1460	46	46	层高3m,梁500mm, 下6+中6+上6+梁5, @100/200
	Φ10	460 ⌐460⌐	2020	23	23	同上

图 8-2-18 ×××项目 3♯KZ1 二层柱钢筋配料表

7. 顶层（十层）柱钢筋优化配料

（1）纵筋下料长度计算

顶层柱子纵筋需作封顶处理。3♯KZ1 为中柱，屋面板厚 130mm＞100mm，与该柱相连的框架梁高度均为 500mm＞$0.5l_{abE}$，所以该柱在顶层的封顶可采用 16G101-1 第 68 页的节点 2 构造，即纵筋伸至柱顶向板内弯折 12d。

3♯KZ1 纵筋伸出 10 层楼板面的长、短桩高度分别为 1500mm、700mm（见图 8-2-5 框架柱纵筋连接示意图）。考虑到柱顶纵筋弯折段与梁纵筋的层次关系，为避免两个构件钢筋发生碰撞，柱纵筋上部封顶时扣除保护层 70mm。在顶层位置柱纵筋的下料长度可分为以下四种情况：

第一种情况，如图 8-2-19 中 3♯、9♯ 位置的纵筋，即 Φ20 的短桩；

第二种情况，如图 8-2-19 中 6♯、12♯ 位置的纵筋，即 Φ20 的长桩；

第三种情况，如图 8-2-19 中 1♯、5♯、7♯、11♯位置的纵筋，即 Φ16 的短桩；

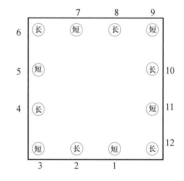

图 8-2-19 ×××项目 3♯KZ1
顶层纵筋定位分析图

第四种情况，如图 8-2-19 中 2♯、4♯、8♯、10♯ 位置的纵筋，即 Φ16 的长桩。

① 对于第一种情况，纵筋下料长度＝层高－短桩伸出楼面高度－上部封顶保护层＋弯折长度 12d－钢筋 90°弯曲调整值＝3000mm－700mm－70mm＋240mm－2×20mm＝2430mm，（竖直段 2230mm，弯折 240mm）。

② 对于第二种情况，纵筋下料长度＝层高－长桩伸出楼面高度－上部封顶保护层＋弯折长度 12d－钢筋 90°弯曲调整值＝3000mm－1500mm－70mm＋240mm－2×20mm＝1630mm，（竖直段 1430mm，弯折 240mm）。

③ 对于第三种情况，纵筋下料长度＝层高－短桩伸出楼面高度－上部封顶保护层＋弯折长度 12d－钢筋 90°弯曲调整值＝3000mm－700mm－70mm＋190mm－2×16mm＝2390mm，（竖直段 2230mm，弯折 190mm）。

④ 对于第四种情况，纵筋下料长度＝层高－长桩伸出楼面高度－上部封顶保护层＋弯折长度 12d－钢筋 90°弯曲调整值＝3000mm－1500mm－70mm＋190mm－2×16mm＝1590mm，（竖直段 1430mm，弯折 190mm）。

十层柱 1-12♯位置的纵筋最终结果可简化为图 8-2-20 中的 1-4♯钢筋。

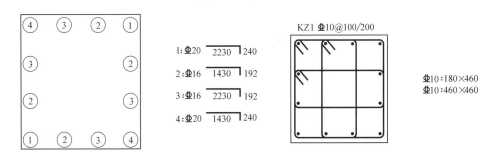

图 8-2-20　×××项目 3♯KZ1 十层柱纵筋定位分析图

（2）箍筋计算

本层柱截面尺寸为 500mm×500mm，环境类别按一类。箍筋尺寸计算方法参考基础插筋部位箍筋尺寸算法，此处不重复计算。最外围大箍筋尺寸为 460mm×460mm，内部复合小箍尺寸为 180mm×460mm。

对于十层箍筋的数量，因 3♯KZ1 配置的箍筋为Φ10@100/200，所以箍筋数量的计算应包含下部加密区、中部非加密区、上部加密区和梁柱节点区四个区段。

① 下部加密区：下部加密区高度取 $\max(H_n/6, h_c, 500mm)=500mm$，箍筋从楼板顶部的起步距离为 50mm。

数量＝(500mm－50mm)/100mm＋1＝6 组，扣除已计入九层料单的本层 2 组定位箍，本层箍筋下部加密区数量按 4 组计。

② 上部加密区和梁柱节点区：上部加密区高度取 $\max(H_n/6, h_c, 500mm)=$ 500mm，梁柱节点区高度为 500mm。上部布置到屋面板以下 50mm 位置。

数量＝(500mm＋500mm－50mm)/100mm＋1＝11 组。

③ 中部非加密区：非加密区高度＝层高－下部加密区高度－上部加密区高度－梁柱节点高度＝3000mm－500mm－500mm－500mm＝1500mm。

数量＝1500mm/200mm－1＝6 组。

所以，负二层箍筋总数＝4＋11＋6＝21 组。

（3）二层柱钢筋配料表

根据前述（1）、（2）部分绘制钢筋配料表，如图 8-2-21 所示。纵筋截面定位图和配料表配合使用指导现场钢筋绑扎施工。

钢筋配料表

构件名称	级别直径	钢筋简图	下料(mm)	根数×件数	总根数	备注
3#KZ1	Φ16	1430 ⌐190	1590	4	4	
	Φ20	1430 ⌐240	1630	2	2	
	Φ20	2230 ⌐240	2430	2	2	
	Φ16	2230 ⌐190	2390	4	4	
	Φ10	180 ⌐460	1460	42	42	层高3m，梁500mm，下6+中6+上6+梁5,@100/200
	Φ10	460 ⌐460	2020	21	21	同上

使用部位:×××项目10层～屋面层柱筋配料(28.000～31.000m)　　构件:KZ/GBZ

KZ1Φ10@100/200

Φ10:180×460
Φ10:460×460

1:Φ20 2230 ⌐240
2:Φ16 1430 ⌐192
3:Φ16 2230 ⌐192
4:Φ20 1430 ⌐240

图 8-2-21　×××项目 3#KZ1 十层柱插筋配料表

8.2.2　实例二

×××项目含一栋框架结构住宅，地下架空 1 层，地上 4 层，层高表如图 8-2-23 所示。该住宅楼抗震等级为三级，基础为独立基础，嵌固部位位于基础顶面。现要求对图 8-2-22 中所示的 3#KZ3 钢筋进行深化设计并配料。

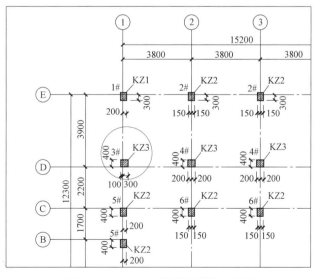

图 8-2-22　基础～屋面柱平面定位图

层号	标高H	层高(m)
屋面	12.20	
4F	9.300	2.90
3F	6.400	2.90
2F	3.500	2.90
1F	0.000	3.50
−1F	−1.600	1.60

图 8-2-23　层高表

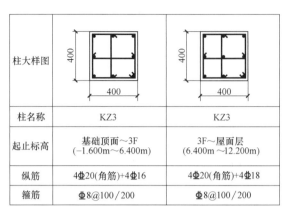

柱大样图		
柱名称	KZ3	KZ3
起止标高	基础顶面～3F (−1.600m～6.400m)	3F～屋面层 (6.400m～12.200m)
纵筋	4Φ20(角筋)+4Φ16	4Φ20(角筋)+4Φ18
箍筋	Φ8@100/200	Φ8@100/200

图 8-2-24　柱大样图

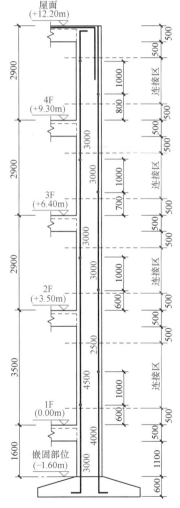

图 8-2-25　×××项目
框架柱纵筋连接
示意图

已知与 3♯KZ3 相关的设计信息：

① 柱截面尺寸、起止标高与配筋信息如图 8-2-24 所示。

② 3♯KZ3 底部为独立基础，基础高度 600mm，独立基础底部配置单层双向Φ16@150 钢筋网，独立基础混凝土强度等级为 C30，独立基础底部保护层取 70mm。

③ 柱子混凝土强度等级均为 C30。

④ 地下架空一层环境类别按二 a 类，一层及以上环境类别按一类。

⑤ 与 3♯KZ3 相连的纵横向框架梁尺寸均为240mm× 500mm，梁顶与每层柱顶平，梁中线与柱中线对齐。X 向框架梁上部设置三根通长筋。

⑥ 3♯KZ3 周围的楼板厚度均为 110mm。

⑦ 柱纵筋连接采用电渣压力焊。

1. 柱纵筋连接示意图

本住宅楼工程的纵筋连接方案如图 8-2-25 所示。柱纵筋优化断料应结合考虑连接区和非连接区位置、钢筋原材料长度。本工程采购的钢筋原材料长度为 12000mm，在满足连接区要求的基础上，断料方案可为 2×6000mm、3×4000mm、4×3000mm、2×4500mm＋3000mm、3×2500mm＋4500mm。单根钢筋断料长度小于 2500mm 时，现场短料较多，易混乱，易浪费，不建议采用。

2. 基础插筋优化配料

（1）柱插筋下料长度计算

本住宅楼架空层净高为 1100mm，柱子截面尺寸为 400mm×400mm，楼层净高/柱截面长边尺寸＝1100mm/ 400mm＝2.75＜4，所以该柱属于短柱，纵筋不应在架空层柱净高范围内连接。因此，3♯KZ3 基础插筋应跃过架空层伸至一层连接区与一层纵筋进行连接。

① 根据框架柱纵筋连接示意图，3♯KZ3 纵筋从基础顶面跃过架空层伸出一层楼板面的短桩取 600mm，长桩取 1600mm。

② 基础混凝土强度等级为 C30，查规范可知柱纵筋在基础内的锚固长度为 37d（Φ20 锚固长度为 740mm，Φ16 锚固长度为 590mm），基础高度为 600mm，不能满足直锚要求。因此柱所有纵筋均伸至基础底部弯折 15d，Φ20 和 Φ16 钢筋底部弯折长度分别为 300mm 和 240mm。

③ 独立基础底部保护层厚度为 70mm，基础底部配置 Φ16@150 单层双向钢筋网，因此考虑柱基础插筋底部弯折部位的保护层厚度为 70mm＋2×16mm＝102mm，以 100mm 计。所以柱纵筋弯锚的竖直段长度＝600mm－100mm＝500mm，满足 16G101-3 中要求竖直段长度不小于 $0.6l_{aE}$ 的要求。架空层层高 h＝1600mm。基础插筋下料长度＝纵筋伸出基础顶面高度＋纵筋在基础内锚固的竖直段长度＋底部弯折长度。

将柱子左下角位置的纵筋设为长桩，位置编号为 1♯，并沿顺时针方向依次递增编号。则 4 根 Φ20 角筋均为长桩，4 根 Φ16 中部筋均为短桩，长桩 90°弯折段长度取 300mm，短桩 90°弯折段长度取 240mm（见图 8-2-26 ×××项目 3♯KZ3 基础插筋定位分析图）。

所以，短桩基础插筋下料长度＝纵筋伸出首层楼面高度＋架空层层高＋柱纵筋弯锚的竖直段长度＋底部弯折长度＝600mm＋1600mm＋500mm＋240mm＝2940mm，（竖直段 2700mm，弯折 240mm）。

长桩基础插筋下料长度＝纵筋伸出首层楼面高度＋架空层层高＋柱纵筋弯锚的竖直段长度＋底部弯折长度＝1600mm＋1600mm＋500mm＋300mm＝4000mm，（竖直段 3700mm，弯折 300mm）。

对于 2940mm 的插筋下料长度，12000mm 的原材料可采用 4×3000mm 的断料方案，每根插筋产生 60mm 的废料，原材料利用率较高。对于 4000mm 的插筋下料长度，12000mm 的原材料可采用 3×4000mm 的断料方案，无钢筋废料产生。

柱纵筋底部坐于承台底部时，纵筋弯钩可能位于承台纵向钢筋之上或横向钢筋之上，两个方向钢筋在高度上相差一个钢筋直径 d，加之考虑施工现场基础底部标高误差，所以在计算基础插筋下料长度时往往不考虑钢筋的弯曲调整值。

（2）柱插筋定位

如图 8-2-26 所示，将柱子左下角位置的纵筋设为长桩，位置编为 1♯，并沿顺时针方向依次递增编号。框架柱相邻纵筋高低需错开，所以 1♯、3♯、5♯、7♯位置的插筋均为长桩，2♯、4♯、6♯、8♯位置的插筋均为短桩。

由上述计算与分析可知：3♯KZ3 基础插筋根据钢筋直径和下料长度共分为两种情况：

第一种情况为 1♯、3♯、5♯、7♯位置 4000mm 长的 Φ20 插筋（共 4 根）；

第二种情况为 2♯、4♯、6♯、8♯位置 2940mm 长

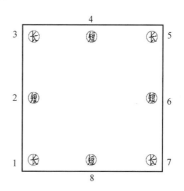

图 8-2-26 ×××项目 3♯KZ3 基础插筋定位分析图

的Φ16插筋（共 4 根）。

最终结果可简化为柱纵筋截面定位图中的 1#、2#钢筋（见图 8-2-27 ×××项目 3#KZ3基础插筋配料表）。

（3）箍筋计算

本住宅楼工程框架柱箍筋复合方式较为简单，双向均为大箍筋中间加一个拉筋。架空层柱子所处环境类别为二 a 类，所以 3#KZ3 架空层的钢筋保护层厚度 $c=25$mm。柱子箍筋开口 135°弯钩平直段长度取 max（10d，75mm）＝80mm（即按 10d 计算），钢筋 135°弯曲调整增加 1.9d，其余三个 90°弯折弯曲调整各扣减 2d，共计增加下料长度（10d＋1.9d）×2－3×2d＝17.8d。拉筋 135°弯钩平直段长度取 max（10d，75mm）＝80mm，135°弯曲调整增加 1.9d，拉筋同时拉住纵筋和箍筋。

3#KZ3 箍筋下料长度如下（a 为柱短边尺寸，b 为柱长边尺寸）：

① 箍筋下料长度＝（$a-2c$）×2＋（$b-2c$）×2＋17.8d＝（400mm－2×25mm）×2＋（400mm－2×25mm）×2＋17.8×8＝1540mm。

② 拉筋下料长度＝$a-2c+2d$＋2×1.9d＋2×10d＝400mm－2×25mm＋2×8mm＋2×1.9×8mm＋2×80mm＝560mm。

3#KZ3 基础插筋位置的箍筋主要由基础内部非复合箍、架空层箍筋和一层定位箍筋三部分组成，每部分箍筋数量如下：

基础内部非复合箍：设置 2 道大箍筋（不含拉钩）；

架空层箍筋：架空层的柱子属于短柱，箍筋需要全高加密，数量＝（层高－100mm）/间距＋1＝（1600mm－100mm）/100mm＋1＝16 组；

一层定位箍筋：一层定位箍筋设置 2 组（一层环境类别按一类，保护层取 20mm）。

（4）柱基础插筋配料表

根据前述（1）、（2）、（3）部分绘制钢筋配料表，如图 8-2-27 所示。基础插筋应在备注栏注明下插深度。

3. 一层柱钢筋优化配料

（1）柱纵筋下料长度计算

基础插筋伸出基础顶面高度位于一层柱纵筋连接区范围内，一层层高为 3500mm。若长、短桩均采用 3000mm 长的纵筋往上焊接，则一层柱纵筋伸出二层楼板面高度位于柱底部纵筋非连接区范围，不符合规范要求。若长、短桩均采用 4500mm 长的纵筋往上焊接，则一层柱纵筋伸出二层楼板面高度位于柱上部纵筋非连接区范围，不符合规范要求。

经综合考虑和分析，本层可采用 3×2500mm＋4500mm 的断料方案，短桩上接 4500mm 的纵筋，长桩上接 2500mm 的纵筋，即本层的长桩在上层变为短桩，本层的短桩在上层变为长桩。长、短桩交替处理后，一层柱纵筋伸出二层楼板面高度均位于二层柱纵筋连接区范围内（见图 8-2-25 框架柱纵筋连接示意图），长短桩高低错开 1000mm，满足柱纵筋焊接连接需错开不小于 35d 且不小于 500mm 的要求。钢筋原材料长度为 12000mm，采用 3×2500mm＋4500mm 的断料方案，无钢筋废料产生。

长、短桩交替处理后，纵筋长、短桩定位分布如图 8-2-28 所示。1#、3#、5#、7#位置为 2500mm 长Φ20 短桩，2#、4#、6#、8#位置为 4500mm 长Φ16 长桩。最终结果可简化为图 8-2-29 中的 1#、2#钢筋。

钢 筋 配 料 表

使用部位；×××项目柱基础插筋、负一层钢筋配料(−1.600m)						构件：KZ	
构件名称	级别直径	钢筋简图	下料(mm)	根数×件数	总根数	备 注	
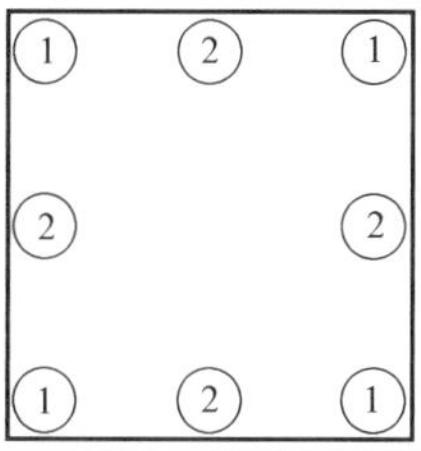 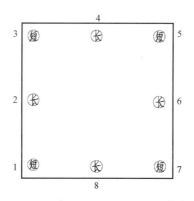		1: Φ20 300⌐3700 2: Φ16 240⌐2700		KZ3 Φ8@100/200 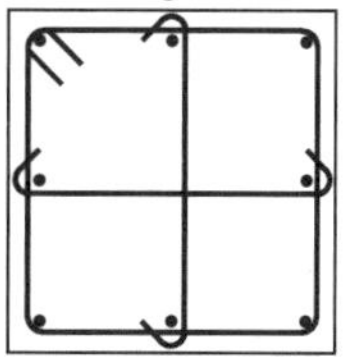 Φ8: 350×350 Φ8: L370			
KZ3	Φ16	240⌐插筋2700	2940	4	4	下插500	
	Φ20	300⌐插筋3700	4000	4	4	同上	
	Φ8	350 350	1540	16	16	层高1.6m，梁500mm，中11+梁5，@100	
	Φ8	370	560	32	32	同上	
	Φ8	350 350	1540	2	2	基础内非复合箍2道	
	Φ8	360 360	1580	2	2	一层定位箍筋2组	
	Φ8	380	570	4	4	同上	

图 8-2-27 ×××项目 3♯KZ3 基础插筋配料表

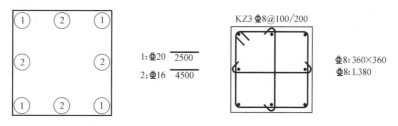

图 8-2-28 ×××项目 3♯KZ3 一层柱纵筋定位分析图

KZ3 Φ8@100/200

1: Φ20 2500
2: Φ16 4500

Φ8: 360×360
Φ8: L380

图 8-2-29 ×××项目 3♯KZ3 一层纵筋截面定位图

（2）箍筋计算

一层柱所处环境类别为一类，所以 3♯KZ3 一层的钢筋保护层厚度 $c=20$mm。柱子箍筋开口135°弯钩平直段长度取 max$(10d, 75\text{mm})=80\text{mm}$（即按$10d$计算），钢筋135°弯曲调整增加$1.9d$，其余三个90°弯折弯曲调整各扣减$2d$，共计增加下料长度$(10d+1.9d)\times2-3\times2d=17.8d$。拉筋135°弯钩平直段长度取 max$(10d, 75\text{mm})=80\text{mm}$，135°弯曲调整增加$1.9d$，拉筋同时拉住纵筋和箍筋。

3#KZ3箍筋下料长度如下（a为柱短边尺寸，b为柱长边尺寸）：

① 箍筋下料长度$=(a-2c)\times2+(b-2c)\times2+17.8d=(400\text{mm}-2\times20\text{mm})\times2+(400\text{mm}-2\times20\text{mm})\times2+17.8\times8=1580\text{mm}$。

② 拉筋下料长度$=a-2c+2d+2\times1.9d+2\times10d=400\text{mm}-2\times20\text{mm}+2\times8\text{mm}+2\times1.9\times8\text{mm}+2\times80\text{mm}=570\text{mm}$。

对一层柱箍筋的数量，3#KZ3配置的箍筋为Φ8@100/200，所以箍筋数量的计算应包含下部加密区、中部非加密区、上部加密区和梁柱节点区四个区段。

① 下部加密区：下部加密区高度取 max$(H_n/6, h_c, 500\text{mm})=500\text{mm}$，箍筋从一层楼板面顶部的起步距离为50mm。

数量$=(500\text{mm}-50\text{mm})/100\text{mm}+1=6$组。

② 上部加密区和梁柱节点区：上部加密区高度取 max$(H_n/6, h_c, 500\text{mm})=500\text{mm}$，梁柱节点区高度为500mm，上部布置到二层楼板面以下50mm位置。

数量$=(500\text{mm}+500\text{mm}-50\text{mm})/100\text{mm}+1=11$组。

③ 中部非加密区：非加密区高度＝层高－下部加密区高度－上部加密区高度－梁柱节点高度$=3500\text{mm}-500\text{mm}-500\text{mm}-500\text{mm}=2000\text{mm}$。

数量$=2000\text{mm}/200\text{mm}-1=9$组。

所以，3#KZ3一层箍筋总数$=6+11+9=26$组。

（3）一层柱钢筋配料表

根据前述（1）、（2）部分绘制钢筋配料表，如图8-2-30所示。因基础插筋配料时已配制本层的2组定位箍，理论上本层箍筋只需配24组即可。但本层钢筋配料表中应包含

钢 筋 配 料 表

使用部位：×××项目一层柱钢筋配料(0.000m)					构件：KZ	
构件名称	级别直径	钢筋简图	下料(mm)	根数×件数	总根数	备注
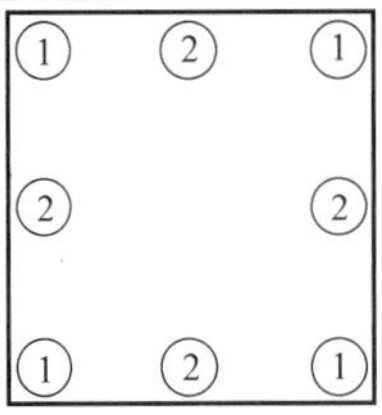		1:Φ20 ——2500—— 2:Φ16 ——4500——	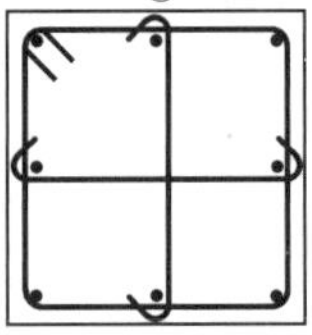			KZ3 Φ8@100/200 Φ8:360×360 Φ8:L380
KZ3	Φ20	——2500——	2500	4	4	
	Φ16	——4500——	4500	4	4	
	Φ8	360⌐360⌐	1580	26	26	层高3.5m,梁500mm, 下6+中9+上6+梁5, @100/200
	Φ8	⌐380	570	52	52	同上

图8-2-30　×××项目3#KZ3一层柱钢筋配料表

二层的 2 组定位箍，所以料表中箍筋数量仍为 26 组。

4. 二层柱钢筋优化配料

（1）柱纵筋下料长度计算

二层柱纵筋直径为 $\Phi16$，三层柱纵筋直径为 $\Phi18$，所以二层柱钢筋施工时应采用 16G101-1 中第 63 页的 "图 2" 节点，将三层的大直径钢筋往下跃过二层柱顶非连接区后到连接区位置即可连接。如图 8-2-31 所示，若一层的柱纵筋在二层留置的长、短桩钢筋端头位置较低，则采用此构造可能造成同一根纵筋同一连接区内有两个钢筋连接接头，且两个接头间只有一小段 $\Phi16$ 的纵筋（如图 8-2-32 中红色纵筋），上部变为 $\Phi18$ 的纵筋。

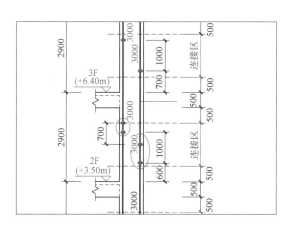

图 8-2-31 大直径钢筋下伸连接示意图

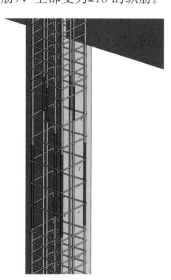

图 8-2-32 大直径钢筋下伸连接效果图

为避免同一根纵筋同一个连接区内产生两个钢筋接头且两个接头之间竖向距离很短，从而给现场施工造成麻烦，可采取将三层 $\Phi18$ 的纵筋直接替换本层 $\Phi16$ 的纵筋，即本层的配筋由原来的 $4\Phi20$（角筋）＋$4\Phi16$ 改为 $4\Phi20$（角筋）＋$4\Phi18$。

一层柱纵筋伸出二层楼板面高度位于二层柱纵筋连接区范围内，二层层高为 2900mm，长、短桩均采用 3000mm 的纵筋往上焊接，则二层柱纵筋伸出三层楼板面高度位于三层柱纵筋连接区范围内（见图 8-2-25 框架柱纵筋连接示意图）。长短桩高低错开 1000mm，满足柱纵筋焊接连接需错开不小于 $35d$ 且不小于 500mm 的要求。

钢筋原材料长度为 12000mm，采用 4×3000mm 的断料方案，无钢筋废料产生。因本层柱纵筋长、短桩均采用 3000mm 的钢筋往上焊接，所以无需绘制柱纵筋截面定位图，依次在预留的纵筋端部往上焊接 3000mm 纵筋即可。

（2）箍筋计算

二层柱子环境类别按一类，箍筋尺寸计算方法参考一层柱箍筋计算，此处不重复计算。

对于二层柱的箍筋数量，因 3♯KZ3 配置的箍筋为 $\Phi8@100/200$，所以箍筋数量的计算应包含下部加密区、中部非加密区、上部加密区和梁柱节点区四个区段。

①下部加密区：下部加密区高度取 max（$H_n/6$，h_c，500mm）＝500mm，箍筋从二层楼板面顶部的起步距离为 50mm。

数量＝(500mm－50mm)/100mm＋1＝6组。

②上部加密区和梁柱节点区：上部加密区高度取 $\max(H_n/6, h_c, 500mm)=500mm$，梁柱节点区高度为500mm。上部布置到三层楼板面以下50mm位置。

数量＝(500mm＋500mm－50mm)/100mm＋1＝11组

③中部非加密区：非加密区高度＝层高－下部加密区高度－上部加密区高度－梁柱节点高度＝2900mm－500mm－500mm－500mm＝1400mm。

数量＝1400mm/200mm－1＝6组。

所以，3♯KZ3二层箍筋总数是6＋11＋6＝23组。

（3）二层柱钢筋配料表

根据前述（1）、（2）部分绘制钢筋配料表，如图8-2-33所示。

钢筋配料表

使用部位：×××项目二层柱钢筋配料(3.500m)					构件：KZ		
构件名称	级直别径	钢筋简图	下料(mm)	根数×件数	总根数	备注	
KZ3	$\Phi20$	3000	3000	4	4		
	$\Phi18$	3000	3000	4	4	上层$\Phi18$纵筋替换本层$\Phi16$	
	$\Phi8$	360〔360〕	1580	23	23	层高2.9m,梁500mm,下6+中6+上6+梁5,@100/200	
	$\Phi8$	〔380〕	570	46	46	同上	

图8-2-33　×××项目3♯KZ3二层柱钢筋配料表

5. 三层柱钢筋优化配料

二层柱纵筋由4$\Phi20$（角筋）＋4$\Phi16$改为4$\Phi20$（角筋）＋4$\Phi18$后，三层的层高、净高、配筋等信息均与二层相同，因此此处不对三层的纵筋下料长度、箍筋尺寸和数量作重复计算，参考二层即可。三层的钢筋配料表如图8-2-34所示。

钢筋配料表

使用部位：×××项目三层柱钢筋配料(6.400m)					构件：KZ		
构件名称	级直别径	钢筋简图	下料(mm)	根数×件数	总根数	备注	
KZ3	$\Phi20$	3000	3000	4	4		
	$\Phi18$	3000	3000	4	4		
	$\Phi8$	360〔360〕	1580	23	23	层高2.9m,梁500mm,下6+中6+上6+梁5,@100/200	
	$\Phi8$	〔380〕	570	46	46	同上	

图8-2-34　×××项目3♯KZ3三层柱钢筋配料表

6. 顶层（四层）柱钢筋优化配料

（1）柱纵筋下料长度计算

3♯KZ3为边柱，与其相连的纵横向框架梁宽度均为240mm，梁顶与柱顶平，梁中线与柱中线对齐，与其相连的 X 向框架梁上部设有三根通长筋。3♯KZ3 顶部钢筋采用 16G101-1 第 67 页"节点 5"的构造方式进行配料，如图 8-2-35 所示。

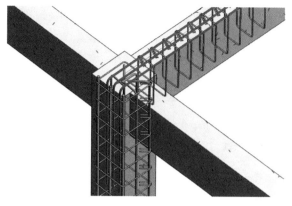

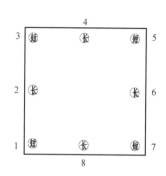

图 8-2-35 柱顶钢筋处理效果图 　　　　图 8-2-36 柱纵筋定位分析图

结合图 8-2-35 和图 8-2-36 分析可知，3♯KZ3 顶层的纵筋下料分为以下四种情况：

第一种情况为图 8-2-36 中 1♯、3♯位置Φ20 的短桩纵筋，伸至柱顶截断；

第二种情况为图 8-2-36 中 2♯位置Φ18 的长桩纵筋，伸至柱顶截断；

第三种情况为图 8-2-36 中 4♯、6♯、8♯位置Φ18 的长桩纵筋，伸至柱顶梁通长筋的底部弯折 12d；

第四种情况为图 8-2-36 中 5♯和 7♯位置Φ20 的长桩纵筋，伸至柱顶梁通长筋的底部弯折 12d。

① 对于第一种情况，四层纵筋伸出楼板面的长、短桩高度分别为 1800mm 和 800mm。纵筋伸至柱顶扣除保护层厚度 25mm（屋面环境类别按二 a 类）。

所以，1♯、3♯位置Φ20 纵筋下料长度＝层高－短桩伸出楼面高度－顶部保护层＝2900mm－800mm－25mm＝2080mm。

② 对于第二种情况，考虑纵筋伸至柱顶扣除保护层厚度 25mm。

所以 2♯位置Φ18 纵筋下料长度＝层高－长桩伸出楼面高度－顶部保护层＝2900mm－1800mm－25mm＝1080mm。

③ 对于第三种情况，纵筋伸至柱顶梁通长筋的底部弯折 12d，纵筋顶部扣除保护层 70mm，钢筋 90°弯曲调整值取 2d。

所以，4♯、6♯、8♯位置Φ18 纵筋下料长度＝层高－长桩伸出楼面高度－顶部保护层＋弯折长度 12d－钢筋 90°弯曲调整值＝2900mm－1800mm－70mm＋220mm－40mm＝1210mm（竖直段 1030mm，弯折 220mm）。

④ 对于第四种情况，纵筋伸至柱顶梁通长筋的底部弯折 12d，纵筋顶部扣除保护层 70mm，钢筋 90°弯曲调整值取 2d。

所以，5♯、7♯位置Φ20 纵筋下料长度＝层高－短桩伸出楼面高度－顶部保护层＋弯折长度 12d 钢筋 90°弯曲调整值＝2900mm－800mm－70mm＋240mm－40mm＝2230mm（竖直段 2030mm，弯折 240mm）。

考虑到所有钢筋弯钩全部朝向柱内可能导致柱内钢筋过于拥挤或发生相互碰撞的情况，可将 5♯、7♯纵筋的顶部弯钩朝板内弯折（板厚 110mm＞100mm，可向板内弯折）。

1♯~8♯位置的纵筋最终结果可简化为如图8-2-37所示的1♯~4♯钢筋。

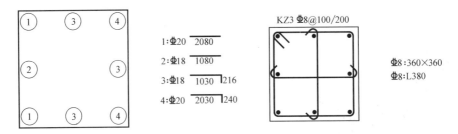

图8-2-37 ×××项目3♯KZ顶层柱纵筋截面定位图

（2）箍筋计算

顶层柱环境类别按一类，箍筋尺寸计算方法参考一层柱箍筋计算，此处不重复计算。

对于顶层柱箍筋的数量，因3♯KZ3配置的箍筋为Φ8@100/200，所以箍筋数量的计算应包含下部加密区、中部非加密区、上部加密区和梁柱节点区四个区段。

① 下部加密区：下部加密区高度取 $\max(H_n/6, h_c, 500mm)=500mm$，箍筋从四层楼板面顶部的起步距离为50mm。

数量＝（500mm－50mm）/100mm＋1＝6组，扣除已计入三层料表的本层2组定位箍筋，四层下部加密区箍筋按4组计。

② 上部加密区和梁柱节点区：上部加密区高度取 $\max(H_n/6, h_c, 500mm)=500mm$，梁柱节点区高度为500mm。上部布置到屋面板顶部以下50mm位置。

数量＝（500mm＋500mm－50mm）/100mm＋1＝11组

③ 中部非加密区：非加密区高度＝层高－下部加密区高度－上部加密区高度－梁柱节点高度＝2900mm－500mm－500mm－500mm＝1400mm。

数量＝1400mm/200mm－1＝6组。

所以，3♯KZ3顶层箍筋总数＝4＋11＋6＝21组。

（3）顶层柱钢筋配料表

根据前述（1）、（2）部分绘制钢筋配料表，如图8-2-38所示。

7. 柱子钢筋优化配料总结

（1）实例一、实例二特点分析

两个实例的钢筋深化设计思路相同，但其中涉及的具体构造不同。

实例一中3♯KZ1的钢筋深化设计涉及柱的基础插筋构造（基础高度满足柱纵筋的直锚要求）、长短桩互相转换配料、变截面位置纵筋构造、中柱的柱顶处理构造和复合箍筋的计算方式。实例二中3♯KZ3的钢筋深化设计涉及柱的基础插筋构造（基础高度不满足柱纵筋的直锚要求）、长短桩互相转换配料、上柱钢筋直径大于下柱的处理方式、边角柱的柱顶钢筋构造。

（2）基础插筋做法

① 柱子纵筋在基础位置的插筋长度，应根据基础高度情况加以区分，明确基础高度是否满足柱纵筋直锚要求。若满足直锚要求，是否所有纵筋都需要设置弯钩，还是纵筋从基础顶面伸入基础内一个直锚长度即可。柱子在基础内的插筋做法除了按照规范要求外，常有设计图纸对插筋的构造提出特殊要求的情况，所以在进行柱子钢筋优化配料前应明确

钢筋配料表

构件名称	级别直径	钢筋简图	下料(mm)	根数	件数×数	总根数	备注

使用部位：×××项目四层柱钢筋配料(9.300m)　　　　　　　　构件：KZ

1:Φ20 2080
2:Φ18 1080
3:Φ18 1030 216
4:Φ20 2030 240

KZ3 Φ8@100/200

Φ8：360×360
Φ8：L380

构件名称	级别直径	钢筋简图	下料(mm)	根数	件数×数	总根数	备注
KZ3	Φ18	1030 ⌐215	1210	3		3	
	Φ18	1080	1080	1		1	
	Φ20	2030 ⌐240	2230	2		2	
	Φ20	2080	2080	2		2	
	Φ8	360 360	1580	21		21	层高2.9m,梁500mm,下6+中6+上6+梁5, @100/200
	Φ8	380	570	42		42	同上

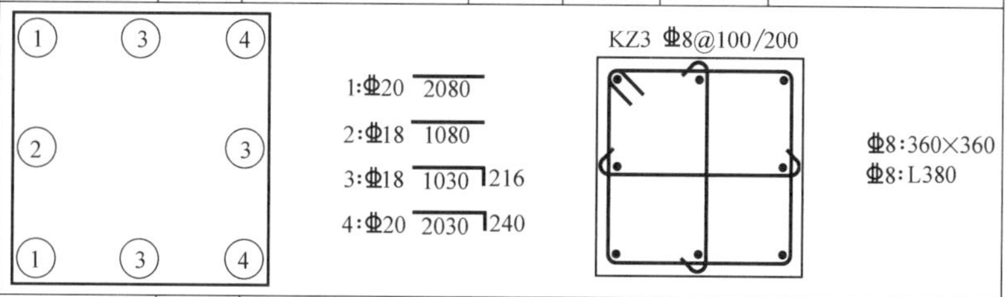

图 8-2-38　×××项目 3♯KZ3 顶层柱钢筋配料表

基础插筋做法。同时，插筋下料时应考虑相邻两根钢筋连接点之间错开的高度在规范要求的基础上适当增高，以防止施工误差或加工误差导致相邻连接点错开距离不满足规范要求（楼层纵筋下料也需考虑该问题）。

② 柱子纵筋在基础内的插筋下料长度是否需要进行优化，应结合钢筋原材料长度、插筋锚固条件、层高、上部连接区位置等条件进行综合判断。插筋下料长度根据原材料长度能优化时尽量优化，若无法优化则按照规范要求进行配料即可，但注意应使产生的钢筋废料尽量短。无论是否进行优化，都应该考虑插筋是否过高，现场施工操作是否方便。

③ 插筋配料长度应结合钢筋直径考虑下料长度不宜过长，下料长度过长导致插筋完成后伸出基础顶面的自由高度太高，除了不方便施工之外，也可能导致插筋重心不稳，东倒西歪。一般情况下，直径为 14mm 钢筋自由高度建议不大于 3000mm，直径为 16mm、18mm、20mm 钢筋自由高度建议不大于 4000mm（楼层纵筋下料也需考虑该问题）。

（3）柱纵筋断料整体统筹优化

确定基础插筋做法后，应综合考虑柱子的嵌固部位、所有楼层的层高、楼层净高、钢筋连接区等因素对柱子纵筋进行整体统筹优化断料。这一过程是之后进行每一楼层钢筋配料的基础，是柱子纵筋总体优化设计思路的体现，也是决定柱子纵筋配料能否节约钢筋原材料的关键环节。若因受到层高、净高等因素的限制，导致某一楼层无法实现优化下料，则应该考虑使钢筋废料尽量短，或与其他没有优化的钢筋根据原材料的长度进行互补，避免产生废料。

（4）柱纵筋长度统一调整

实际工程施工时，若柱纵筋连接采用电渣压力焊，则每一次焊接都会将钢筋融化变短

$1d \sim 2d$，加之施工时有一定施工误差，导致施工到某一楼层后柱纵筋长、短桩伸出楼板面高度参差不齐，甚至出现纵筋伸出楼板面高度低于连接区下部界线，位于非连接区位置的情况。为了避免纵筋长、短桩伸出楼板面高度参差不齐的情况发生，或为了防止纵筋连接位置在连接区之外，通常施工至一定楼层高度后通过切割的方式调整钢筋端头留置位置，然后对这一楼层的所有纵筋下料长度整体加长一定数值，防止上一楼层纵筋端头参差不齐或在连接区之外。

所以，钢筋深化设计人员应及时关注施工现场的柱纵筋施工情况，在整体统筹优化断料的基础上及时对某一楼层纵筋下料长度进行调整。但统一调整的纵筋下料长度通常无法满足优化配料的要求。

（5）复合小箍筋尺寸

实例一中涉及复合箍筋的内部小箍尺寸计算。当柱子箍筋采用复合箍时，箍筋的复合应根据 16G101-1 中第 70 页的相应复合方式采用或根据设计文件要求的复合方式进行施工。沿复合箍周边，箍筋的局部重叠不宜多余两层，因此配料时应避免采用两个尺寸相同的箍筋部分叠加的方式进行复合。复合小箍筋的尺寸算法可参考案例一中相关内容，当柱子内部复合小箍种类较多，为避免现场施工错拿乱用，可将单边尺寸相差 30mm 之内的小箍调整成同一尺寸的小箍筋，以减少箍筋种类。

（6）短柱

实例二中架空层出现短柱的情况。当楼层净高较小或者柱截面长边尺寸较大（两者可能同时出现）时易出现短柱的情况。当柱子为短柱时，柱的净高范围箍筋应全高加密，且纵筋不应在净高范围连接。钢筋深化设计人员应注意，当层高较小和某个柱截面尺寸特别大时要判断是否有短柱出现。也可结合层高判断柱子变为短柱的截面尺寸临界值，通过临界值的方式能比较快速地统计某一施工段或某一楼层的短柱数量及分布情况。

（7）边角柱顶部构造

实例二中的 3#KZ3 为边柱。具体工程中都会有边、角柱的情况出现，当出现边角柱时，在柱顶位置除了要明确构造做法以确定下料尺寸外，还应注意柱子纵筋和梁贯通筋、非贯通筋之间的钢筋层次关系，以避免柱子纵筋弯折段互相发生碰撞、柱纵筋与梁钢筋发生碰撞的情况产生。所以当具体工程施工至柱顶时，钢筋深化设计人员应根据现场的实际桩长，并结合先行设计好的钢筋层次关系进行实量实配。

（8）适用范围

以上柱子钢筋深化设计方法同样适用其他竖向笼状构件的钢筋深化设计，如剪力墙的边缘构件等。这些构件虽然本质上并不相同，构造要求也不相同，但深化设计配料的方法相通。

第9章

剪力墙深化设计

9.1 剪力墙深化设计成果

剪力墙钢筋深化设计包括边缘构件钢筋深化设计和剪力墙身钢筋深化设计两部分内容（此处所指剪力墙身包含了剪力墙梁）。边缘构件钢筋深化设计成果包含边缘构件纵筋连接示意图、边缘构件平面编号定位图、边缘构件纵筋截面定位图、边缘构件钢筋配料单。边缘构件构造要求与柱不同，但下料方式和成果均与柱类似，所以此处主要阐述剪力墙身的钢筋深化设计成果。

剪力墙身钢筋深化设计成果包含剪力墙身竖向分布筋连接示意图、剪力墙身平面编号定位图、剪力墙身钢筋配料表。

1. 剪力墙身竖向分布筋连接示意图

剪力墙身竖向分布筋连接示意图（图 9-1-1）与柱纵筋连接示意图类似，用于准确表达每个楼层剪力墙竖向分布筋断料优化的思路和钢筋连接方式、位置。该图包含的信息包括楼层标高、层高、楼层净高、连接区与非连接区位置、基础插筋高度、每层竖向分布筋下料长度、伸出楼板面高度等信息。

2. 剪力墙平面编号定位图

剪力墙平面编号定位图如图 9-1-2 所示，其编号原则、作用与柱子平面编号定位图相同，此处不再赘述。

3. 剪力墙钢筋配料表

剪力墙钢筋配料表（图 9-1-3）用以准确表述特定项目、特定部位、特定构件的详细钢筋配料信息，料表中应包含钢筋使用部位、构件名称、钢筋级别、直径、形状、尺寸、下料长度、数量、间距等详细信息。

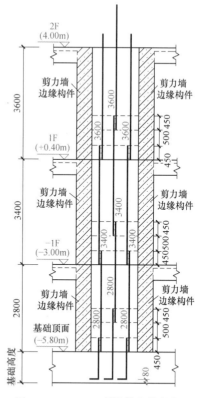

图 9-1-1 ×××项目剪力墙竖向
分布筋连接示意图

剪力墙钢筋配料表中应包含剪力墙水平分布筋、竖向分布筋、拉筋等配料信息，当墙顶设置暗梁、加强筋或剪力墙开洞时，料表中还应包含墙顶暗梁、墙顶加强筋或洞口加强筋的配料信息。备注栏内应注明钢筋名称，按间距设置的钢筋应注明布置间距。

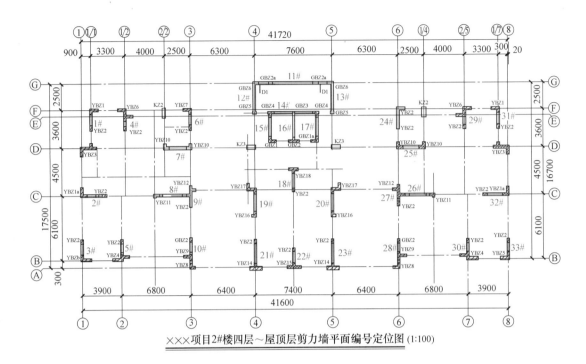

图 9-1-2 ×××项目剪力墙平面编号定位图

钢筋配料表

项目名称:×××项目14#楼6层(17.20～20.20m)						构件: 剪力墙	
构件名称	级直别径	钢筋简图	下料(mm)	根数	件数	总根数	备注
1#	Φ8	120 ⌐3690⌐ 120	3898	30		30	水平筋@200
	Φ8	3400	3400	28		28	竖向筋@200
	Φ6	220	340	45		45	Φ6@450,梅花形
	Φ16	3760	3763	2		2	楼层加强通长筋
2#	Φ8	120 ⌐3090⌐ 120	3298	15		15	水平筋@200
	Φ8	120 ⌐3090⌐ 120	3298	15		15	水平筋@200
	Φ8	3400	3400	24		24	竖向筋@200
	Φ6	220	340	40		40	Φ6@450,梅花形
	Φ16	3150 ⌐240	3358	2		2	楼层加强通长筋

图 9-1-3 ×××项目剪力墙钢筋配料表

9.2 剪力墙深化设计实例

9.2.1 实例一

×××项目含一栋现浇剪力墙结构住宅楼，地下 2 层，地上 10 层，层高表如图 9-2-3 所示。该住宅楼抗震等级为二级，基础为桩承台＋梁板式筏形基础。现要求对图 9-2-1 和图 9-2-2 中所示的 2♯剪力墙钢筋进行深化设计并配料。

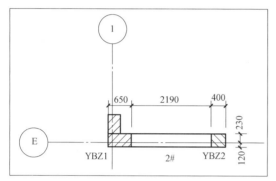

图 9-2-1　基础～一层剪力墙平面定位图

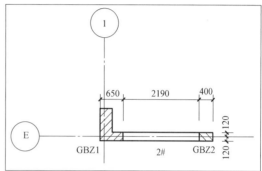

图 9-2-2　一层～屋面剪力墙平面定位图

已知与 2♯剪力墙相关的设计信息：

① 2♯剪力墙负二层、负一层墙厚为 350mm，一层及以上墙厚均为 240mm。

② 地下室剪力墙配筋为竖向双排⊈10@200，水平双排⊈8@200，拉筋ϕ6@600×600 矩形布置。主体结构剪力墙配筋为竖向双排⊈8@200，水平双排⊈8@200，拉筋ϕ6@600×600 矩形布置。

③ 剪力墙混凝土强度等级负二层、负一层为 C35，一层及以上均为 C30。

④ 剪力墙抗震等级均为二级，负二层、负一层为剪力墙的底部加强部位。

⑤ 剪力墙在负一层顶部、顶层顶部设 2⊈18 通长加强筋。

⑥ 基础为桩承台＋梁板式筏形基础，混凝土强度等级为 C35。

⑦ 2♯剪力墙底部为四桩承台，承台高 1100mm，承台底部配置⊈20@150 单层双向钢筋网，承台底部和四周保护层均取 50mm。

⑧ 地下室环境类别按二 a 类，主体结构环境类别按一类。

⑨ 与 2♯剪力墙相连的楼板厚度均按 120mm 计。

⑩ 剪力墙竖向钢筋连接采用绑扎搭接。

屋面层	31.000	
10F	28.000	3000
9F	25.000	3000
8F	22.000	3000
7F	19.000	3000
6F	16.000	3000
5F	13.000	3000
4F	10.000	3000
3F	7.000	3000
2F	4.000	3000
1F	0.400	3600
底部加强部位 -1F	-3.000	3400
-2F	-5.800	2800
层号	标高(m)	层高(mm)

图 9-2-3　楼层表

1. 剪力墙竖向分布筋连接

图 9-2-4 为 2♯剪力墙竖向分布筋连接示意图。地下室剪力墙和基础混凝土强度等级均为 C35，剪力墙为二级抗震，采用 HRB400 钢筋时，剪力墙竖向分布筋在基础内的锚固长度取 37d＝370mm。基础高度为 1100mm，扣除承台底部保护层 50mm 和承台底部钢筋网高度 40mm 后仍可满足竖向钢筋的直锚要求。因此剪力墙竖向分布筋的基础插筋可采用 16G101-3 第 64 页"墙身竖向分布钢筋在基础中构造"中剖面 1-1"隔二下一"的做法。

实例一地下室剪力墙和上部主体结构剪力墙的竖向分布筋分别为Φ10 和Φ8，竖向连接采用搭接连接方式。Φ10、Φ8 钢筋现场施工采用盘螺钢筋，因盘螺钢筋可按需求随意调直切取，所以剪力墙的竖向分布筋采用小直径钢筋搭接连接时无需根据钢筋原材料长度进行优化断料，只需按规范要求采用"层高＋搭接长度"的方式进行下料即可。但若剪力墙竖向钢筋直径较大，采用机械连接或焊接时，大直径钢筋只有线材，此时剪力墙竖向钢筋需按照柱纵筋断料优化的方式进行优化。

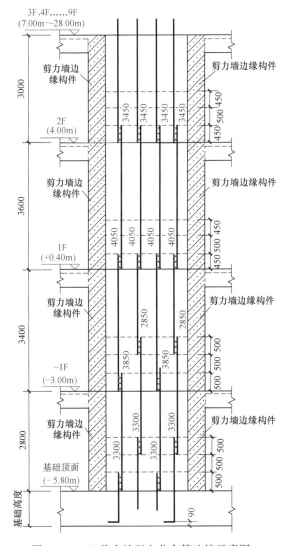

图 9-2-4　2♯剪力墙竖向分布筋连接示意图

该住宅楼工程剪力墙抗震等级均为二级，地下室两层为剪力墙的底部加强区域，地上一层及以上为剪力墙的非底部加强区域，因此地下室两层剪力墙竖向分布筋需考虑采用50%的搭接率进行搭接，一层及以上剪力墙竖向分布筋可采用100%的搭接率进行搭接。规范要求剪力墙竖向分布筋搭接长度取 $1.2l_{aE}$，为防止实际施工时因加工误差或施工误差（插筋下坠）导致搭接长度不足 $1.2l_{aE}$，可将竖向分布筋的搭接长度在规范要求的基础上加长 $50\sim100\,\text{mm}$。地下两层理论搭接长度为 $1.2l_{aE}=1.2\times37\times10\,\text{mm}=444\,\text{mm}$，加长并取整后取 $500\,\text{mm}$。上部主体理论搭接长度为 $1.2l_{aE}=1.2\times40\times8\,\text{mm}=384\,\text{mm}$（不同直径搭接连接时，搭接长度按小直径钢筋计算），加长并取整后取 $450\,\text{mm}$。

剪力墙在顶层的顶部无边框梁，所以剪力墙竖向分布筋顶部构造可采用 16G101-1 第 74 页"剪力墙竖向筋顶部构造"中的第 2 个节点。

2. 基础插筋配料

（1）插筋下料长度计算

关于插筋数量，剪力墙身长度为 2190mm，剪力墙竖向分布筋的起步距离从边缘构件纵筋位置算起一个间距长度，如图 9-2-5 所示。若边缘构件箍筋为 Φ8，纵筋为 Φ18，保护层取 20mm，则左右两个边缘构件贴近墙身的纵筋之间距离为 2190mm＋（20mm＋8mm＋9mm）×2=2264mm，剪力墙身竖向分布筋根数为 [（2264mm－200mm×2）/200＋1]×2=22 根。

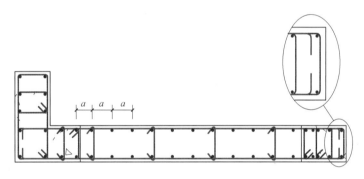

图 9-2-5　剪力墙配筋剖面图

根据前述第一部分可知，剪力墙竖向分布筋在基础内的锚固长度为 370mm。基础高度 1100mm，扣除承台底部保护层 50mm 和承台底部钢筋网高度 40mm 后，可供墙插筋锚固的高度为 1010mm，仍可满足竖向钢筋的直锚要求。因此剪力墙竖向分布筋的基础插筋可采用 16G101-3 第 64 页"墙身竖向分布钢筋在基础中构造"中剖面 1-1"隔二下一"的做法。如图 9-2-6 剪力墙插筋示意图所示，图中绿色插筋需伸至基础底部钢筋网上，红色和黄色插筋只需直锚进入基础 l_{aE}。

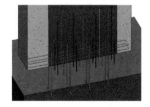

图 9-2-6　剪力墙插筋示意图（未设置基础内部横向分布筋）

由图 9-2-6 可知，剪力墙竖向分布筋的下料长度分为以下四种情况：

第一种情况为需伸至基础底部钢筋网的长插筋 4 根；

第二种情况为需伸至基础底部钢筋网的短插筋 4 根；

第三种情况为直锚进入基础 l_{aE} 的长插筋 7 根；

第四种情况为直锚进入基础 l_{aE} 的短插筋 7 根。

① 对于第一种情况，伸至基础底部钢筋网的长插筋下料长度＝基础内部竖直段长度＋底部弯折长度 $\max(6d，150mm)$＋2 个搭接长度＋错开距离 500mm＝（1100mm－50mm－40mm）＋150mm＋1000mm＋500mm＝2660mm（竖直段 2510mm，弯折 150mm）。数量 4 根。

② 对于第二种情况，伸至基础底部钢筋网的短插筋下料长度＝基础内部竖直段长度＋底部弯折长度 $\max(6d，150mm)$＋搭接长度＝（1100mm－50mm－40mm）＋150mm＋500mm＝1660mm（竖直段 1510mm，弯折 150mm）。数量 4 根。

③ 对于第三种情况，直锚进入基础的长插筋下料长度＝基础内部锚固长度 $37d$＋2 个搭接长度＋错开距离＝370mm＋1000mm＋500mm＝1870mm。数量 7 根。

④ 对于第四种情况，直锚进入基础的短插筋下料长度＝基础内部锚固长度 $37d$＋搭接长度＝370mm＋500mm＝870mm。数量 7 根。

（2）基础内水平分布筋与上部水平定位筋下料长度计算

剪力墙竖向分布筋在基础内插筋时，需在基础内部设置间距不大于 500mm 且不少于 2 道水平分布筋和拉结筋，基础内水平分布筋的做法可同墙身水平筋。2♯剪力墙基础插筋时基础内设 2 道水平分布筋，基础上部设 2 道水平分布筋作定位之用，所以基础插筋时需水平分布筋共 4 道（8 根）。

如图 9-2-5 所示，剪力墙水平筋端部做法采用伸至边缘构件的最外侧纵筋内部弯折 $10d$，因此剪力墙水平分布筋端部弯折段考虑扣除保护层 50～70mm，此处按 70mm 计。钢筋 90°弯折的弯曲调整值按 $2d$ 计。

所以，墙身水平筋下料长度＝墙身长度＋边缘构件长度－端部保护层＋端部弯折长度－钢筋 90°弯曲调整值＝2190mm＋650mm＋400mm－2×70mm＋2×10×8mm－2×2×8mm＝3228mm，取 3230mm（水平段长度 3100mm，弯钩长度 80mm）。

（3）拉筋计算

基础内 2 道水平分布筋对应竖向设 2 道拉筋，水平间距及布置方式按上部墙身拉筋。根据图 9-2-5 可知，基础内共需拉筋 4×2＝8 个。基础上部作定位用的拉筋计入负二层墙身拉结筋中，此处不单独计算。

若拉筋两边全设 135°弯钩，则拉筋两个弯钩平直段末端之间距离很小，现场施工无法放置并勾住剪力墙的双向分布筋，所以拉筋按 16G101-1 第 62 页"拉结筋构造"中一边 90°弯钩，一边 135°弯钩的拉筋构造，拉筋弯钩平直段长度取 $5d$。拉筋需同时勾住剪力墙的竖向分布筋和水平分布筋。拉筋 135°弯钩弯曲调整增加 $1.9d$，90°弯钩弯曲调整增加 $0.5d$。地下室环境类别按二 a 类，剪力墙保护层取 20mm，拉筋计算图如图 9-2-7 所示。

所以，拉筋下料长度＝剪力墙身厚度－墙身两侧保护层＋$2d$＋$1.9d$＋$0.5d$＋弯钩长度＝350mm－2×20mm＋2×6mm＋1.9×6mm＋0.5×6mm＋2×5×6mm＝396.4mm，计 400mm。

（4）基础插筋配料表

根据前述（1）、（2）、（3）部分绘制钢筋配料表，如图 9-2-8 所示。基础插筋应注明下插深度。

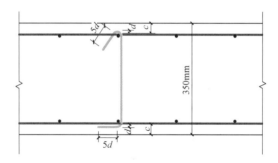

图 9-2-7 拉筋计算图

钢筋配料表

使用部位：×××项目剪力墙基础插筋配料(−5.800m)							构件：剪力墙
构件名称	级别直径	钢筋简图	下料(mm)	根数×件数		总根数	备注
2#剪力墙	Φ10	150 ┃插筋 2510	2660	4		4	竖向筋，下插1010
	Φ10	150 ┃插筋 1510	1660	4		4	同上
	Φ10	‾‾1870‾‾	1870	7		7	竖向筋，下插370
	Φ10	‾‾870‾‾	870	7		7	同上
	Φ8	80┏‾3100‾┓80	3230	8		8	水平筋，基础内2道(4根)，上部2道(4根)
	Φ6	┗‾320‾┛	400	8		8	拉筋，水平间距600

图 9-2-8 ×××项目2♯剪力墙基础插筋配料表

3. 负二层剪力墙钢筋配料

（1）竖向分布筋下料长度计算

基础插筋已按50％的搭接百分率按规范要求高低相互错开，所以负二层的剪力墙竖向分布筋只需在插筋的基础上往上搭接连接即可。但应注意，往上搭接连接的竖向分布筋需满足上下层钢筋搭接长度和搭接错开距离的要求。

如图 9-2-4 所示，2♯剪力墙负二层竖向分布筋下料长度＝层高＋搭接长度＝2800mm＋500mm＝3300mm。数量 22 根（参考基础插筋根数计算）。

（2）水平分布筋下料长度计算

水平分布筋下料长度为 3230mm，其中水平段长度 3100mm，弯折长度 80mm（参考基础插筋部分水平分布筋下料长度计算）。

剪力墙水平分布筋下部的起步距离为基础顶面以上 50mm 位置，往上布置至负一层楼板面以下 50mm 位置。所以，水平筋数量＝［(层高−2×50mm)/200mm＋1］×2＝30根（15 道）。

（3）拉筋计算

拉筋下料长度为400mm，具体计算方式参考基础插筋部分拉筋计算，此处不重复计算。

2♯剪力墙拉筋布置方式为矩形布置，矩形布置的方式和范围详见第五章节相关内容。矩形布置拉筋间距为600×600，即拉筋水平间距为600mm，竖向间距为600mm，在单位间距范围内（即600×600范围内）有4个拉筋，如图9-2-9所示。

因拉筋在层高范围内由底部板顶向上第二排水平筋位置开始布置，至顶部板底向下第一排水平筋处终止。所以，竖向设置拉筋道数＝（层高－底部起步距离－顶部起步距离）/间距＋1＝（2800mm－250mm－250mm）/600mm＋1＝5道。

拉筋在墙肢长度范围均在第一排竖向分布筋位置开始布置。所以，一道拉筋包含的个数＝（墙肢长度－左右两边起步距离）/间距＋1＝（2190mm－2×200mm）/600mm＋1＝4个。

所以，2♯剪力墙负二层需配置拉筋个数＝5×4＝20个。

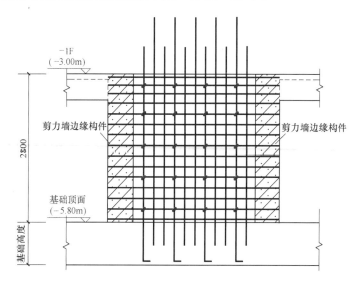

图 9-2-9　拉筋矩形布置图

（4）负二层剪力墙钢筋配料表

根据前述（1）、（2）、（3）部分绘制钢筋配料表，如图9-2-10所示。因基础插筋配料时已配制本层2道水平定位筋，理论上本层水平筋配13道（26根）即可。但本层钢筋料表中水平筋数量应包含上一层（负一层）的2道水平定位筋，所以料表中水平筋数量仍为30根（15道）。

4. 负一层剪力墙钢筋配料

（1）竖向分布筋下料长度计算

因2♯剪力墙从底到顶抗震等级均为二级，负二层和负一层为剪力墙的底部加强区域，一层及以上为剪力墙的非底部加强区域，所以剪力墙竖向分布筋在一层及以上位置可在采用100%搭接百分率进行搭接连接。同时，负二层和负一层剪力墙为350mm厚，一层及以上剪力墙为240mm厚，根据图9-2-1和图9-2-2可知，图9-2-11红框范围内的纵筋需进行封顶处理并重新进行插筋，插筋完成效果图如图9-2-12所示。（也可视具体情况采

钢筋配料表

使用部位：×××项目剪力墙负二层钢筋配料（−5.800m～−3.000m）构件：剪力墙						
构件名称	级别直径	钢筋简图	下料(mm)	根数×件数	总根数	备注
2#剪力墙	⏀10	3300	3300	22	22	竖向分布筋
	⏀8	80⌐3100⌐80	3230	30	30	水平分布筋
	Φ6	⌐320⌐	400	20	20	拉筋，矩形600×600

图 9-2-10 ×××项目 2♯剪力墙负二层钢筋配料表

用以 1/6 斜率往上伸的变截面构造，本案例采用封顶处理构造）。

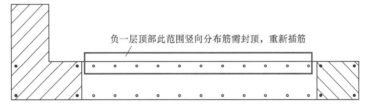

图 9-2-11 竖向分布筋处理情况图

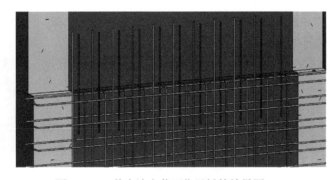

图 9-2-12 剪力墙变截面位置插筋效果图

根据图 9-2-4 剪力墙竖向分布筋连接示意图可知，2♯剪力墙负一层的竖向分布筋下料长度分为四种情况：

第一种情况是负一层底部为短桩，上部不封顶处理；

第二种情况是负一层底部为长桩，上部不封顶处理；

第三种情况是负一层底部为短桩，上部封顶处理；

第四种情况是负一层底部为长桩，上部封顶处理的。

① 对于第一种情况，负一层底部为短桩，上部不封顶，竖向分布筋下料长度＝层高＋搭接长度＝3400mm＋450mm＝3850mm。数量 6 根。

② 对于第二种情况，负一层底部为长桩，上部不封顶，竖向分布筋下料长度＝层高－1000mm＋搭接长度＝3400mm－1000mm＋450mm＝2850mm。数量 5 根。

③ 对于第三种情况，负一层底部为短桩，上部封顶处理，竖向分布筋顶部需设 $12d$ 弯折，弯折段放置于板筋底部，弯折段顶部扣除保护层按 40mm 计，钢筋 90°弯曲调整值

取 $2d$。

竖向分布筋下料长度＝层高－上部弯钩保护层＋弯钩长度－钢筋 90°弯曲调整值＝3400mm－40mm＋12×10mm－2×10mm＝3460mm（竖直段 3360mm，弯折 120mm）。数量 5 根。

④ 对于第四种情况，负一层底部为长桩，上部封顶处理，竖向分布筋下料长度＝层高－1000mm－上部弯钩保护层＋弯钩长度－钢筋 90°弯曲调整值＝3400mm－1000mm－40mm＋12×10mm－2×10mm＝2460mm（竖直段 2360mm，弯折 120mm）。数量 6 根。

第三、四种情况，上部对竖向分布筋需重新进行插筋。因现场浇筑负一层剪力墙混凝土时，需将一层Φ8 插筋绑扎施工完毕，即一层插筋施工和负一层剪力墙钢筋绑扎属同一施工段，所以Φ8 插筋应放置于负一层料单中。插筋深度为 $1.2l_{aE}$＝1.2×40×8mm＝384mm，计 380mm（已对上部搭接长度作加长处理，插筋深度按理论取值即可）。所以插筋下料长度＝下插深度＋上部搭接长度＝380mm＋450mm＝830mm。

（2）水平分布筋下料长度计算

水平分布筋下料长度为 3230mm，其中水平段长度 3100mm，弯钩长度 80mm（参考基础插筋部分水平分布筋下料长度计算）。

剪力墙水平分布筋下部的起步距离为楼板面以上 50mm 位置，往上布置至一层楼板面以下 50mm 位置。所以，水平分布筋数量＝［（层高－2×50mm）/200mm＋1］×2＝36根（18 道）。

扣除顶部设置一道水平加强筋，2♯剪力墙负一层水平筋数量按 34 根（17 道）计。

（3）墙顶加强筋下料长度计算

剪力墙顶部加强筋作用同剪力墙顶部暗梁，所以墙顶加强筋在边缘构件内的锚固长度可参照暗梁纵筋在边缘构件内的锚固方式。加强筋弯锚时两边弯折段端部各扣除保护层 70mm，钢筋 90°弯曲调整值取 $2d$。

所以，2♯剪力墙负一层顶部加强筋（2Φ18）下料长度＝墙肢长度＋两端边缘构件尺寸－两端保护层＋两端弯钩长度－钢筋 90°弯曲调整值＝2190mm＋650mm＋400mm－2×70mm＋2×15×18mm－2×2×18mm＝3570mm（水平段长度 3100mm，弯钩长度 270mm）。数量 2 根。

（4）拉筋计算

拉筋下料长度为 400mm，计算方式参考基础插筋部分拉筋计算，此处不重复计算。

竖向需设置拉筋道数＝（层高－底部起步距离－顶部起步距离）/间距＋1＝（3400mm－250mm－250mm）/600mm＋1＝6 道。一道包含 4 个拉筋。所以，2♯剪力墙负一层需配置拉筋个数＝6×4＝24 个。

（5）负一层剪力墙钢筋配料表

根据前述（1）、（2）、（3）、（4）部分绘制钢筋配料表，如图 9-2-13 所示。

5. 一层剪力墙钢筋配料

（1）竖向分布筋下料长度计算

一层及以上竖向分布筋均按 100％搭接百分率往上搭接，所以，2♯剪力墙一层竖向分布筋下料长度＝层高＋搭接长度＝3600mm＋450mm＝4050mm。数量 22 根。

（2）水平分布筋下料长度计算

钢筋配料表

	使用部位：×××项目剪力墙负一层钢筋配料(−3.000m～−0.400m)					构件：剪力墙	
构件名称	级别 直径	钢筋简图	下料(mm)	根数件数	总根数	备注	
2#剪力墙	Φ10	⎯⎯3850⎯⎯	3850	6	6	竖向分布筋	
	Φ10	⎯⎯2850⎯⎯	2850	5	5	同上	
	Φ10	⎯⎯3360⎯⎯⌐120	3460	5	5	同上	
	Φ10	⎯⎯2360⎯⎯⌐120	2460	6	6	同上	
	Φ10	⎯⎯830⎯⎯	830	11	11	插筋，下插380mm	
	Φ8	80⌐3100⌐80	3230	36	36	水平分布筋	
	Φ18	270⌐3100⌐270	3570	2	2	顶部加强筋	
	Φ6	⌐320⌐	400	24	24	拉筋，矩形600×600	

图 9-2-13　×××项目 2♯剪力墙负一层钢筋配料表

水平分布筋下料长度为 3230mm，其中水平段长度 3100mm，弯钩长度 80mm。

剪力墙水平分布筋下部的起步距离为楼板面以上 50mm 位置，往上布置至上层楼板面以下 50mm 位置。所以，水平筋数量＝[(层高−2×50mm)/200mm＋1]×2＝38 根(19 道)。

（3）拉筋计算

一层环境类别按一类，剪力墙保护层按 15mm 取值，一层拉筋宽度为 220mm，下料长度为 300mm，计算方式参考基础插筋部分的拉筋下料长度计算，此处不重复计算。

竖向需设置拉筋道数：(层高−底部起步距离−顶部起步距离)/间距＋1＝(3600mm−250mm−250mm)/600mm＋1＝6 道。一道包含 4 个拉筋，所以一层 2♯剪力墙需配置拉筋 6×4＝24 个。

（4）一层剪力墙钢筋配料表

根据前述（1）、（2）、（3）部分绘制钢筋配料表，如图 9-2-14 所示。

6. 二～九层剪力墙钢筋配料

二～九层为标准层，钢筋配料均相同，此处只对 2♯剪力墙二层剪力墙进行钢筋配料。

（1）竖向分布筋下料长度计算

二层及以上竖向分布筋均按 100%搭接百分率往上搭接，所以，2♯剪力墙二层竖向分布筋下料长度＝层高＋搭接长度＝3000mm＋450mm＝3450mm。数量 22 根。

（2）水平分布筋下料长度计算

水平分布筋下料长度为 3230mm，其中水平段长度 3100mm，弯钩长度 80mm。

剪力墙水平分布筋下部的起步距离为楼板面以上 50mm 位置，往上布置至上层楼板面以下 50mm 位置。所以，水平筋数量＝[(层高−2×50mm)/200mm＋1]×2＝32

钢 筋 配 料 表

构件名称	级直别径	钢筋简图	下料(mm)	根数×件数	总根数	备　注
2#剪力墙	Φ8	4050	4050	22	22	竖向分布筋
	Φ8	80 ⌐3100⌐ 80	3230	38	38	水平分布筋
	Φ6	⌐220⌐	300	24	24	拉筋,矩形600×600

使用部位:×××项目剪力墙一层钢筋配料(0.400m～4.000m)　　构件:剪力墙

图 9-2-14　×××项目 2# 剪力墙一层钢筋配料表

根(16 道)。

(3) 拉筋计算

二层拉筋下料长度为 300mm,计算方式参考基础插筋部分拉筋计算,此处不重复计算。

竖向需设置拉筋道数=(层高－底部起步距离－顶部起步距离)/间距+1=(3000mm－250mm－250mm)/600mm+1=5 道。一道包含 4 个拉筋,所以,2# 剪力墙二层需配置拉筋个数=5×4=20 个。

(4) 二～九层剪力墙钢筋配料表

根据前述 (1)、(2)、(3) 部分绘制钢筋配料表,如图 9-2-15 所示。

钢 筋 配 料 表

构件名称	级直别径	钢筋简图	下料(mm)	根数×件数	总根数	备　注
2#剪力墙	Φ8	3450	3450	22	22	竖向分布筋
	Φ8	80 ⌐3100⌐ 80	3230	32	32	水平分布筋
	Φ6	⌐220⌐	300	20	20	拉筋,矩形600×600

使用部位:×××项目剪力墙二～九层钢筋配料(4.000m～28.000m)　　构件:剪力墙

图 9-2-15　×××项目 2# 剪力墙二～九层钢筋配料表

7. 顶层 (十层) 剪力墙钢筋配料

(1) 竖向分布筋下料长度计算

2# 剪力墙竖向分布筋需在顶部进行封顶处理,竖向分布筋伸至顶部向楼板内弯折 12d,弯折段放置于板筋底部,此处弯折段顶部扣除保护层按 40mm 计。所以,2# 剪力墙顶层竖向分布筋下料长度=层高-上部弯钩保护层+弯钩长度－钢筋 90°弯曲调整值=3000mm－40mm+12×8mm－2×8mm=3040mm (竖直段 2960mm,弯钩 100mm)。数量 22 根。

(2) 水平分布筋下料长度计算

水平分布筋下料长度为 3230mm，其中水平段长度 3100mm，弯钩长度 80mm。

剪力墙水平分布筋下部的起步距离为楼板面以上 50mm 位置，往上布置至屋面板以下 50mm 位置。所以，水平筋数量＝[（层高－2×50mm）/200mm＋1]×2＝32 根（16 道）。

扣除顶部设置 1 道水平加强筋，再扣除已计入九层料单的本层 2 道水平定位筋，顶层 2♯剪力墙水平筋数量按 26 根（13 道）计。

（3）拉筋计算

顶层拉筋下料长度为 300mm，计算方式参考基础插筋部分拉筋计算，此处不重复计算。

竖向需设置拉筋道数＝（层高－底部起步距离－顶部起步距离）/间距＋1＝（3000mm－250mm－250mm）/600mm＋1＝5 道。一道包含 4 个拉筋，所以，2♯剪力墙顶层需配置拉筋个数＝5×4＝20 个。

（4）墙顶加强筋下料长度计算

2♯剪力墙顶层顶部顶加强筋（2Φ18）下料长度、数量同 2♯剪力墙负一层顶部加强筋，此处不重复计算。

（5）顶层剪力墙钢筋配料表

根据前述（1）、（2）、（3）、（4）部分绘制钢筋配料表，如图 9-2-16 所示。

钢 筋 配 料 表

使用部位:×××项目剪力墙顶层钢筋配料（28.000m～31.000m）					构件:剪力墙		
构件名称	级直别径	钢筋简图	下料(mm)	根数×件数	总根数	备 注	
2#剪力墙	Φ8	2960 ⌐100	3040	22	22	竖向分布筋	
	Φ8	80 ⌐ 3100 ⌐ 80	3230	26	32	水平分布筋	
	Φ8	270 ⌐ 3100 ⌐ 270	3570	2	2	顶部加强筋	
	Φ6	⌐220⌐	300	20	20	拉筋,矩形600×600	

图 9-2-16 ×××项目 2♯剪力墙顶层钢筋配料表

9.2.2 实例二

×××项目含一栋现浇剪力墙结构住宅楼，地下 2 层，地上 10 层，层高表如图 9-2-19 所示。该住宅楼抗震等级为三级，基础为桩承台＋梁板式筏形基础。现要求对图 9-2-17 和图 9-2-18 中所示的 6♯剪力墙钢筋进行深化设计并配料。

已知与 6♯剪力墙相关的设计信息：

① 6♯剪力墙负二层、负一层墙厚为 350mm，一层及以上墙厚均为 240mm。

② 地下室剪力墙配筋为竖向双排Φ8@150，水平双排Φ8@150，拉筋Φ6@600×600 梅花形布置。主体结构剪力墙配筋为竖向双排Φ8@150，水平双排Φ8@150，拉筋Φ6@600×600 梅花形布置。

③ 剪力墙混凝土强度等级均为 C30，抗震等级为三级。

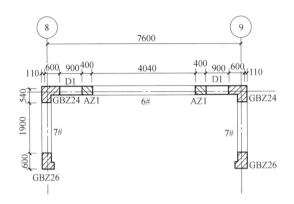

图 9-2-17　基础～一层剪力墙平面定位图

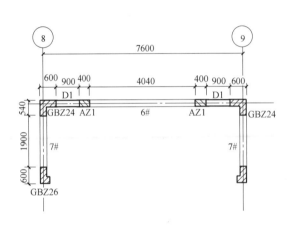

图 9-2-18　一层～屋面剪力墙平面定位图

屋面层	31.000	
10F	28.000	3000
9F	25.000	3000
8F	22.000	3000
7F	19.000	3000
6F	16.000	3000
5F	13.000	3000
4F	10.000	3000
3F	7.000	3000
2F	4.000	3000
1F	0.400	3600
−1F	−3.000	3400
−2F	−5.800	2800
层号	标高(m)	层高(mm)

底部加强部位

图 9-2-19　楼层表

④ 剪力墙在负一层和顶层顶部设暗梁。负一层顶暗梁宽 350mm，高 400mm，上下纵筋各 3⏀16，箍筋⏀8@150。顶层顶部暗梁宽 240mm，高 400mm，上下纵筋各 2⏀16，箍筋⏀8@150。

⑤ 基础为桩承台＋梁板式筏形基础，混凝土强度等级为 C30。

⑥ 6♯剪力墙底部为大承台，承台高度 2000mm，承台底部配置⏀20@150 单层双向钢筋网。承台底部及四周保护层均取 50mm。

⑦ 地下室环境类别按二a类，主体结构环境类别按一类。

⑧ 从基础至屋面剪力墙均设洞口，洞口位置见平面图，洞口尺寸：洞宽 900mm，洞高 1100mm，洞底相对于楼层高差 1100mm。

⑨ 洞口上下设暗梁，负二层、负一层暗梁宽 350mm，高 250mm，上下纵筋各 2⏀16，箍筋⏀8@150。一层及以上暗梁宽 240mm，高 250mm，上下纵筋各 2⏀16，箍筋⏀8@150。

⑩ 与 2♯剪力墙相连的楼板厚度均按 120mm 计。剪力墙竖向钢筋连接采用绑扎搭接。

1. 剪力墙竖向分布筋连接

图 9-2-20 为 6♯剪力墙竖向分布筋连接示意图。剪力墙和基础混凝土强度等级均为

C30，剪力墙为三级抗震，采用 HRB400 钢筋时，剪力墙竖向分布筋在基础内的锚固长度取 $37d=296$mm，按 300mm 计。基础高度为 2000mm，扣除承台底部保护层 50mm 和承台底部钢筋网高度 40mm 后仍可满足竖向钢筋的直锚要求。因此剪力墙竖向分布筋的基础插筋可采用 16G101-3 第 64 页"墙身竖向分布钢筋在基础中构造"中剖面 1-1"隔二下一"的做法。

实例二剪力墙竖向分布筋为Φ8，采用搭接连接。现场施工时Φ8 钢筋采用盘螺钢筋，无需考虑根据原材料长度进行优化断料，只需按规范要求采用"层高＋搭接长度"的方式进行下料。

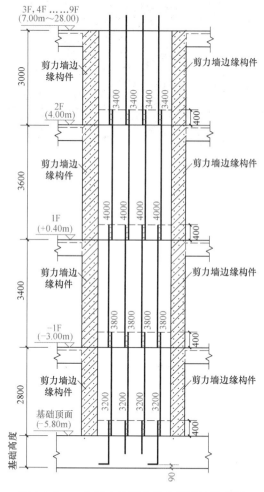

图 9-2-20　6♯剪力墙竖向分布筋连接示意图

该住宅楼工程剪力墙抗震等级均为三级，所以 6♯剪力墙从基础顶面至顶层竖向分布筋均采用 100％搭接率进行搭接。规范要求剪力墙竖向分布筋搭接长度取 $1.2l_{aE}$，为防止实际施工时因加工误差或施工误差（插筋下坠）导致搭接长度不足 $1.2l_{aE}$，可考虑将竖向分布筋搭接长度在规范要求的基础上加长 50～100mm。竖向分布筋理论搭接长度为 $1.2l_{aE}=1.2\times37\times8mm=355$mm，加长并取整后取 400mm。剪力墙在顶层顶部无边框梁，所以剪力墙竖向分布筋顶部构造可采用 16G101-1 第 74 页"剪力墙竖向筋顶部构造"

中的第 2 个节点构造。

如图 9-2-21 所示，6♯剪力墙竖向分布筋连接分为两种情况，第一种情况为墙身未开洞位置的竖向分布筋，只需按照图 9-2-20 的连接方式往上连接即可；第二种情况为墙身开洞位置的竖向筋，负二层墙身开洞时可将基础插筋直接伸至矩形洞底位置弯折，负一层及以上墙身开洞时可将下层洞口上方的竖向分布筋直接伸至上层矩形洞底位置弯折，即剪力墙开洞时竖向分布筋在楼层位置无需设置搭接。

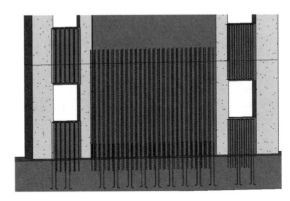

图 9-2-21　6♯剪力墙竖向分布筋连接分析图
（未设置基础内部横向分布筋）

2. 基础插筋配料

（1）插筋下料长度计算

关于插筋数量，如图 9-2-22 所示，剪力墙身被剪力墙的边缘构件和暗柱分成三段，左右两段剪力墙长度为 900mm，中间段剪力墙长度为 4040mm，参考"案例一"中关于竖向分布筋数量的算法，可得出左右两段长度 900mm 的剪力墙应分别布置 12 根竖向分布筋，中间段长度为 4040mm 的剪力墙应布置 54 根竖向分布筋。

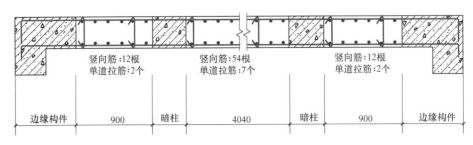

图 9-2-22　6♯剪力墙竖向分布筋布置图

结合图 9-2-21 和图 9-2-22 可知，6♯剪力墙竖向分布筋的插筋下料长度分为四种情况：

第一种情况为左右两段 900mm 长剪力墙共 8 根插筋伸至基础底部钢筋网弯折，上部伸至洞底弯折；

第二种情况为左右两段 900mm 长剪力墙共 16 根插筋直锚进入基础 l_{aE}，上部伸至洞底弯折；

第三种情况为中间段 4040mm 长剪力墙共 18 根插筋伸至基础底部钢筋网弯折，上部预留搭接长度；

第四种情况为中间段 4040mm 长剪力墙共 36 根插筋直锚进入基础 l_{aE}，上部预留搭接长度。

① 对于第一种情况，插筋下部坐底，上部伸至矩形洞底暗梁纵筋的下部弯折，弯折段顶部扣除保护层 50mm（竖向分布筋与暗梁纵筋钢筋层次关系见图 9-2-25 和图 9-2-26），弯折长度按剪力墙厚度扣除两个侧面保护层取值，钢筋 90°弯折弯曲调整值取 2d。

所以，插筋下料长度＝基础内竖直段长度＋底部弯折长度 max(6d，150mm)＋基础上部竖直段长度＋上部弯折长度－上部钢筋 90°弯曲调整值＝(2000mm－50mm－40mm)＋150mm＋(1100mm－50mm)＋(350mm－2×20mm)－2×8mm＝3400mm（下弯折 150mm，竖直段 2960mm，上弯折 310mm）。数量 8 根。

② 对于第二种情况，插筋插入基础内部 l_{aE}，上部伸至洞底弯折。

所以，插筋下料长度＝基础内锚固长度＋基础上部竖直段长度＋上部弯折长度－上部钢筋 90°弯曲调整值＝300mm＋(1100mm－50mm)＋(350mm－2×20mm)－2×8mm＝1640mm（竖直段 1350mm，上弯折 310mm）。数量 16 根。

③ 对于第三种情况，插筋下部坐底，上部预留搭接长度。

所以，插筋下料长度＝基础内竖直段长度＋底部弯折长度 max(6d，150mm)＋上部搭接长度＝(2000mm－50mm－40mm)＋150mm＋400mm＝2460mm（下弯折 150mm，竖直段 2310mm）。数量 18 根。

④ 对于第四种情况，插筋插入基础内部 l_{aE}，上部预留搭接长度。

所以，插筋下料长度＝基础内锚固长度＋上部搭接长度＝300mm＋400mm＝700mm。数量 36 根。

（2）基础内水平分布筋与上部水平定位筋下料长度计算

6♯剪力墙竖向分布筋在基础内插筋时，需在基础内部设置间距不大于 500mm 且不少于 2 道水平分布筋和拉结筋，基础内部水平分布筋的做法可同墙身水平筋。6♯剪力墙底部基础高度为 2000mm，插筋时基础内设 3 道（6 根）水平分布筋，基础上部设 2（4 根）道水平分布筋作定位之用。

剪力墙水平筋端部做法采用 16G101-1 第 71 页"转角墙（三）"的构造做法，即剪力墙外侧水平筋伸至转角位置和与其垂直的墙体外侧水平筋搭接，剪力墙内侧水平筋伸至转角柱对边的纵筋内侧弯折 15d。外侧水平分布筋端部弯折保护层按理论扣除，取 20mm；内侧水平分布筋端部弯折扣除保护层 70mm，钢筋 90°弯曲调整值取 2d。

① 基础内部 3 道（6 根）内外侧水平分布筋和基础上部墙体内侧 2 根水平分布筋端部均按弯折 15d 计算。

所以，水平筋下料长度＝墙身长度＋边缘构件长度＋暗柱长度－端部保护层＋端部弯折长度－钢筋 90°弯曲调整值＝(2×900mm＋4040mm)＋(2×710mm＋2×400mm)－2×70mm＋2×15×8mm－2×2×8mm＝8128mm，取 8130mm（水平段长度 7920mm，左右弯折长度 120mm）。数量 8 根。

② 基础上部墙体外侧水平分布筋端部考虑采用 100％搭接，查 16G101-1 第 60 页表"纵向受拉钢筋搭接长度 l_l"可知搭接长度为 56d，转角柱两侧墙体各弯折 28d＝224mm，取 250mm。端部弯折段保护层按理论扣除，取 20mm。

所以，墙身外侧水平分布筋下料长度＝墙身长度＋边缘构件长度＋暗柱长度－端部保护层＋端部弯折长度－钢筋90°弯曲调整值＝(2×900mm＋4040mm)＋(2×710mm＋2×400mm)－2×20mm＋2×250mm－2×2×8mm＝8488mm，取8490mm（水平段长度8020mm，左右弯折长度250mm）。数量2根。

（3）拉筋计算

基础内3道水平分布筋对应竖向设3道拉筋，水平间距及布置方式按上部墙身拉筋。根据图9-2-22可知设置1道水平筋时共需配置11个拉筋，所以基础内共需拉筋11×3道＝33个。基础上部作定位用的拉筋计入6♯剪力墙负二层拉结筋中，此处不单独计算。

若拉筋两边全设135°弯钩，因拉筋两个弯钩平直段末端之间距离很小，现场施工时无法放置并勾住剪力墙的双向分布筋，所以拉筋按16G101-1第62页"拉结筋构造"中一边90°弯钩，一边135°弯钩的拉筋构造，拉筋弯钩平直段长度取5d。拉筋需同时勾住剪力墙的竖向分布筋和水平分布筋。拉筋135°弯钩弯曲调整增加1.9d，90°弯钩弯曲调整增加0.5d。地下室环境类别按二a类，剪力墙保护层取20mm（拉筋计算图如图9-2-23所示）。

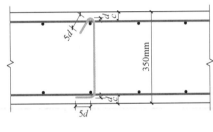

图9-2-23 拉筋计算图

所以，拉筋下料长度＝剪力墙身厚度－墙身两侧保护层＋2d＋1.9d＋0.5d＋弯钩长度＝350mm－2×20mm＋2×6mm＋1.9×6mm＋0.5×6mm＋2×5×6mm＝396.4mm，计400mm。

（4）基础插筋配料表

根据前述（1）、（2）、（3）部分绘制钢筋配料表，如图9-2-24所示。基础插筋应注明下插深度。

3. 负二层剪力墙钢筋配料

（1）竖向分布筋下料长度计算

从基础至顶层墙体竖向分布筋均按100％搭接百分率往上搭接连接，所以6♯剪力墙中间段4040mm长未开洞墙体的竖向分布筋下料长度＝层高＋搭接长度＝2800mm＋400mm＝3200mm。数量54根。

6♯剪力墙左右两边900mm长墙体上设矩形洞口，洞口下方竖向分布筋直接由基础插筋上伸至洞口底部，洞口上方竖向分布筋由洞口顶部直接伸至负一层洞口底部。本层洞顶到上层洞底的高度＝层高－本层洞底相对于楼层高差－洞高＋上层洞底相对于楼层高差＝层高－洞高。洞高1100mm，洞口底部相对于楼层高差1100mm，竖向分布筋上下端部伸至洞口边缘弯折段保护层取50mm（竖向分布筋与暗梁纵筋钢筋层次关系见图9-2-25和图9-2-26），弯折长度为剪力墙厚度扣除侧面两个保护层，钢筋90°弯曲调整值取2d。

所以，负二层洞口顶部竖向分布筋下料长度＝本层洞顶到上层洞底的高度－端部保护层＋端部弯折长度－钢筋90°弯曲调整值＝2800mm－1100mm－2×50mm＋2×310mm－2×2×8mm＝2188mm，取2190mm（竖直段1600mm，上下弯折310mm）。数量24根。

（2）水平分布筋下料长度计算

6♯剪力墙左右两边900mm长度墙体开洞，洞口两侧均为转角柱和暗柱，所以墙体水平分布筋共有以下两种情况：

钢 筋 配 料 表

构件名称	级别直径	钢筋简图	下料(mm)	根数×件数	总根数	备注
使用部位：×××项目剪力墙基础插筋配料(−5.800m)					构件:剪力墙	
6#剪力墙	Φ8	150 ⌐插筋2960 ⌐310	3400	8	8	竖向筋,下插1910
	Φ8	插筋1350 ⌐310	1640	16	16	竖向筋,下插300
	Φ8	150 ⌐插筋2310	2460	18	18	竖向筋,下插1910
	Φ8	插筋 700	700	36	36	竖向筋,下插300
	Φ8	120⌐ 7920 ⌐120	8130	8	8	水平筋,基础内3道(6根),基础上2根
	Φ8	250⌐ 8020 ⌐250	8490	2	2	水平筋,基础上2根
	Φ6	⌐ 320 ⌐	400	33	33	拉筋,水平间距600

图 9-2-24 ×××项目 6♯剪力墙基础插筋配料表

第一种情况为在洞口高度范围，墙体水平筋伸至左右两边暗柱端部；

第二种情况为在洞口高度范围之外，墙体水平筋伸至左右两边转角柱端部。

6♯剪力墙在负二层层高范围内共需配置水平筋数量＝[（层高－上下部起步距离）/150mm＋1]×2＝[（2800mm－2×50mm）/150mm＋1]×2＝38 根（19 道）。

① 对于第一种情况，洞口高度范围内考虑水平筋起步距离为距离洞口上下边缘 1/2 水平筋间距位置。

所以，洞口高度范围内水平筋数量＝[（洞高－洞口上下部起步距离）/150mm＋1]×2＝[（1100mm－2×75mm）/150mm＋1]×2＝14 根（7 道）。

洞口高度范围之内的墙体内外侧水平筋，端部均伸至暗柱对边纵筋内侧弯折10d（具体构造做法见 16G101-1 第 71 页"端部有暗柱时剪力墙水平分布筋端部做法"），端部弯折段保护层取 70mm，钢筋 90°弯曲调整值取 2d。

所以，洞口高度范围的墙体水平筋下料长度＝中间段墙身长度＋暗柱长度－端部保护层＋端部弯折长度－钢筋 90°弯曲调整值＝4040mm＋2×400mm－2×70mm＋2×10×8mm－2×2×8mm＝4828mm，计 4830mm（水平段长度 4700mm，左右弯折长度 80mm）。

② 对于第二种情况，洞口高度范围之外的墙体内外侧水平筋共 38－14＝24 根（12 道，内外侧做法不同，各 12 根）。洞口高度范围之外的墙体外侧水平筋下料长度为 8490mm（水平段长度 8020mm，左右弯折长度 250mm）。洞口高度范围之外的墙体内侧水平筋下料长度为 8130mm（水平段长度 7920mm，左右弯折长度 120mm）。计算方式参考 6♯剪力墙基础插筋部分的水平筋计算方式，此处不重复计算。

（3）暗梁配筋计算

洞口上下部设 350mm×250mm 暗梁，暗梁上下部纵筋各为 2Φ16，箍筋Φ8@150。暗梁纵筋锚固长度取 37d＝592mm，取 600mm。洞口一侧转角柱长度 710mm，另一侧为暗柱和墙身，均可满足暗梁纵筋的直锚要求。

所以，暗梁上下纵筋下料长度＝洞宽＋洞口两侧直锚长度＝900mm＋2×600mm＝2100mm，数量16根（每层4道洞口暗梁）。

地下室环境类别按二 a 类，暗梁箍筋上下保护层按20mm计。暗梁箍筋左右两侧钢筋层次关系如图9-2-25和图9-2-26所示，箍筋左右两侧位置与剪力墙竖向分布筋位于同一层次，所以暗梁箍筋左右两侧保护层厚度＝理论厚度＋剪力墙水平筋直径＝20mm＋8mm＝28mm，计30mm（若箍筋左右两侧竖直段在空间上和墙体水平筋位于同一层次，则墙体水平分布筋无法拉通布置，暗梁上下纵筋也会因墙体竖向分布筋的位置导致无法拉通布置。剪力墙暗梁钢筋与剪力墙双向分布筋的层次关系详见第五章节 AL 和 LL 相关内容）。

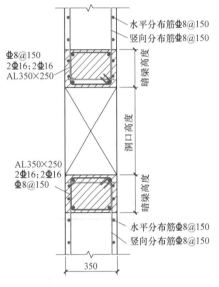

图 9-2-25 洞口暗梁配筋图

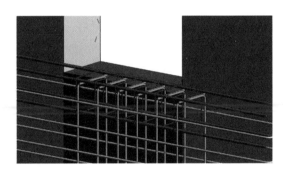

图 9-2-26 洞口暗梁钢筋层次关系
三维效果图

暗梁箍筋开口135°弯钩平直段长度取 max($10d$，75mm)＝80mm（即按 $10d$ 计算），钢筋135°弯曲调整增加 $1.9d$，其余三个90°弯折弯曲调整各扣减 $2d$，共计增加下料长度（$10d＋1.9d$）$×2－3×2d＝17.8d$。

所以，暗梁箍筋下料长度＝（暗梁高－上下保护层）×2＋（暗梁宽－左右保护层）×2＋$17.8d$＝（250mm－2×20mm）×2＋（350mm－2×30mm）×2＋17.8×8mm＝1142mm，取1140mm。

暗梁箍筋从暗柱和转角柱边起步距离为50mm，所以箍筋数量＝[（900mm－2×50mm)/150mm＋1]×4＝24个（每层4道洞口暗梁）。

（4）拉筋计算

拉筋下料长度为400mm，计算方式可参考基础插筋部分拉筋计算，此处不重复计算。

6♯剪力墙拉筋布置方式为梅花形布置，梅花形布置的方式和范围详见第五章节相关内容。梅花形布置拉筋间距为600×600，即拉筋水平间距为600mm，竖向间距为600mm，此时需要在四个拉筋的中间再加一个拉筋形成梅花形布置方式。所以在单位间距范围内（即600×600范围内）有5个拉筋。6♯剪力墙负二层需配置拉筋个数为79个，此处不再计算。

（5）负二层剪力墙钢筋配料表

根据前述（1）、（2）、（3）、（4）部分绘制钢筋配料表，如图 9-2-27 所示。因基础插筋配料时计入本层 2 道水平定位筋，理论上本层非洞口高度范围的内外侧水平筋只需各配 10 根即可。但本层钢筋料表中的水平筋应包含上一层（负一层）的 2 道水平定位筋，所以料表中非洞口高度范围水平筋数量内外侧仍为各 12 根。

钢 筋 配 料 表

使用部位：×××项目剪力墙负二层钢筋配料（-5.800m～-3.000m）						构件：剪力墙
构件名称	级别直径	钢筋简图	下料(mm)	根数×件数	总根数	备 注
6#剪力墙	Φ8	⊔ 3200	3200	54	54	竖向筋，@150
	Φ8	310⌐ 1600 ¬310	2190	24	24	竖向筋(洞顶)，@150
	Φ8	80⌐ 4700 ¬80	4830	14	14	水平筋(洞高范围)，@150
	Φ8	250⌐ 8020 ¬250	8490	12	12	水平筋(非洞高范围)，@150
	Φ8	120⌐ 7920 ¬120	8130	12	12	水平筋(非洞高范围)，@150
	Φ6	⌐320¬	400	79	79	拉筋，梅花形@600×600
洞口AL	Φ16	2100	2100	4×4	16	暗梁纵筋
	Φ8	290□210	1140	6×4	24	箍筋，@150

图 9-2-27 ×××项目 6♯剪力墙负二层钢筋配料表

4. 负一层剪力墙钢筋配料

（1）竖向分布筋下料长度计算

因 6♯剪力墙负一层墙厚为 350mm，一层及以上均为 240mm，所以负一层顶部存在剪力墙变截面的情况，同时负一层顶部设置有 350mm×400mm 暗梁。

对于 6♯剪力墙负一层竖向分布筋的处理存在以下四种情况：

第一种情况为中间段 4040mm 未开洞墙体内侧竖向筋按 100％搭接率往上搭接，伸出一层楼面预留 400mm 搭接长度；

第二种情况为中间段 4040mm 未开洞墙体外侧竖向筋按 100％搭接率往上搭接，伸至暗梁纵筋下部弯折 $12d$，一层按 100％搭接率和 400mm 的预留搭接长度重新插筋（也可视具体情况采用以 1/6 斜率往上伸的变截面构造，本案例采用封顶处理构造）；

第三种情况为左右两边 900mm 墙体洞口上部墙体内侧竖向筋直接伸至上层洞口底部的暗梁纵筋下部弯折；

第四种情况为左右两边 900mm 长墙体洞口上部墙体外侧竖向筋伸至暗梁纵筋下部弯折 $12d$，一层按 100％搭接率和 400mm 的预留搭接长度重新插筋。

变截面位置竖向分布筋的处理和钢筋层次关系见图 9-2-28 和图 9-2-29。

① 对于第一种情况，竖向分布筋均按 100％搭接率往上搭接连接。

所以，竖向分布筋下料长度＝层高＋搭接长度＝3400mm＋400mm＝3800mm。数量 27 根。

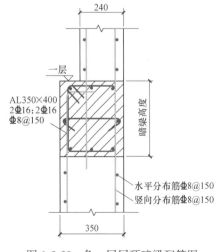

图 9-2-28　负一层层顶暗梁配筋图

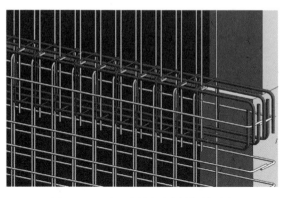

图 9-2-29　负一层层顶暗梁钢筋层次
关系三维效果图

② 对于第二种情况，竖向分布筋按 100% 搭接率往上搭接并伸至暗梁纵筋下部弯折 12d（12d＝96mm，计 100mm），顶部弯折段扣除保护层 50mm，钢筋 90°弯曲调整值取 2d。

所以，竖向分布筋下料长度＝层高－顶部保护层＋弯折长度－钢筋 90°弯曲调整值＝3400mm－50mm＋100mm－2×8mm＝3434mm，取 3430mm（竖直段 3350mm，弯折 100mm）。数量 27 根。

③ 对于第三种情况，墙体内侧竖向筋直接伸至上层洞口底部的暗梁纵筋下部弯折。本层洞顶到上层洞底的高度＝层高－洞高。竖向分布筋上下端部伸至洞口边缘弯折扣除保护层 50mm（竖向分布筋与暗梁纵筋钢筋层次关系见图 9-2-25 和图 9-2-26），弯折长度为剪力墙厚度扣除侧面两个保护层，钢筋 90°弯曲调整值取 2d。

所以，负一层洞口顶部内侧竖向分布筋下料长度＝本层洞顶到上层洞底的高度－端部保护层＋端部弯折长度－钢筋 90°弯曲调整值＝3400mm－1100mm－2×50mm＋2×310mm－2×2×8mm＝2788mm，取 2790mm（竖直段 2200mm，上下弯折 310mm）。数量 12 根。

④ 对于第四种情况，外侧竖向筋上部伸至暗梁纵筋下部弯折 12d（12d＝96mm，计 100mm），顶部和底部弯折均扣除保护层 50mm（竖向分布筋与暗梁纵筋钢筋层次关系见图 9-2-25 和图 9-2-26），下部弯折长度为剪力墙厚度扣除侧面两个保护层，钢筋 90°弯曲调整值取 2d。

所以，负一层洞口顶部外侧竖向分布筋下料长度＝层高－洞底相对楼层高差－洞高－端部保护层＋端部弯折长度－钢筋 90°弯曲调整值＝3400mm－1100mm－1100mm－2×50mm＋310mm＋100mm－2×2×8mm＝1478mm，取 1480mm（下弯折 310mm，竖直段 1100mm，上弯折 100mm）。数量 12 根。

⑤ 一层按 100% 搭接率和 400mm 的预留搭接长度重新插筋，插筋下插深度取 $1.2l_{aE}＝1.2×37d＝360mm$。

所以，上部插筋下料长度＝下插深度＋搭接长度＝360mm＋400mm＝760mm。数量 39 根（三段墙体外侧全部需要重新插筋，数量为 6＋27＋6＝39 根）。

（2）水平分布筋下料长度计算

墙体水平分布筋分为洞口高度范围内和洞口高度范围之外两种情况，洞口高度范围内墙体水平筋需伸至左右两边暗柱对边的纵筋内侧，洞口高度范围之外墙体水平筋伸至左右两边转角柱端部。

所以，6♯剪力墙在负一层层高范围内共需配置水平筋数量＝[（层高－上下部起步距离）/150mm＋1]×2＝[（3400mm－2×50mm)/150mm＋1]×2＝46根（23道）。

如图 9-2-28 和图 9-2-29 所示，暗梁上下部纵筋拉通设置，当剪力墙水平筋位置与暗梁上下部纵筋重叠时，可取消此位置的墙体水平筋，并以暗梁纵筋替代之，但暗梁高度范围内水平筋照常布置。若暗梁配有腰筋，则腰筋也可替代剪力墙水平分布筋。所以，负一层水平筋总数按 42 根（21 道）计。洞口高度范围布置 14 根（7 道，算法参考负二层水平筋数量计算），洞口高度范围之外布置 28 根（14 道，内外侧做法不同，各 14 根）。

洞口高度范围内的墙体内外侧水平筋下料长度均为 4830mm（水平段长度 4700mm，左右弯折长度 80mm），数量 14 根。

洞口高度范围之外的墙体外侧水平筋下料长度为 8490mm（水平段长度 8020mm，左右弯折长度 250mm），数量 14 根。

洞口高度范围之外的墙体内侧水平筋下料长度为 8130mm（水平段长度 7920mm，左右弯折长度 120mm），数量 14 根。

计算方式参考 6♯剪力墙基础插筋部分的水平筋，此处不重复计算。

（3）暗梁配筋计算

① 对于洞口暗梁，纵筋下料长度为 2100mm，数量 16 根（每层 4 道洞口暗梁）。箍筋下料长度为 1140mm，数量 24 个（每层 4 道洞口暗梁）。算法参考负二层暗梁，此处不重复计算。

② 对于负一层顶 350mm×400mm 暗梁，纵筋在墙体长度范围拉通布置，端部按框架节点锚固在转角柱中，锚固长度取 $37d=592$mm，取 600mm。两侧转角柱长度为 710mm，均满足暗梁纵筋的直锚要求。

所以，暗梁上下纵筋下料长度＝墙体长度＋暗柱长度＋两侧直锚长度＝2×900mm＋4040mm＋2×400mm＋2×600mm＝7840mm，数量 6 根。

层顶暗梁箍筋层次关系和下料长度算法均同矩形洞口上下部暗梁，此处不重复计算。其下料长度为 1440mm。暗梁箍筋从暗柱和转角柱边起步距离为 50mm，中间段墙体箍筋数量＝（4040mm－2×50mm）/150mm＋1＝27 个，所以，层顶暗梁箍筋总数＝6＋27＋6＝39 个。

（4）拉筋计算

拉筋下料长度为 400mm，计算方式可参考基础插筋部分拉筋计算，此处不重复计算。

负一层拉筋由两部分组成，一部分为暗梁拉筋，一部分为剪力墙拉筋，两者拉筋下料长度相同。暗梁拉筋布置间距按箍筋间距两倍计算，剪力墙拉筋按梅花形@600×600 布置。负一层 6♯剪力墙暗梁配置拉筋 20 个，墙身配置拉筋 70 个，共需配置拉筋 90 个。

（5）负一层剪力墙钢筋配料表

根据前述（1）、（2）、（3）、（4）部分绘制钢筋配料表，如图 9-2-30 所示。

5. 一层剪力墙钢筋配料

（1）竖向分布筋下料长度计算

钢筋配料表

使用部位:×××项目剪力墙负一层钢筋配料(−3.000m～−0.400m)						构件:剪力墙
构件名称	级别 直径	钢筋简图	下料 (mm)	根 数× 件 数	总根 数	备　注
6#剪力墙	Φ8	3800	3800	27	27	竖向筋,@150
	Φ8	3350 ┐100	3430	27	27	同上
	Φ8	310┌ 2200 ┐310	2790	12	12	竖向筋(洞顶),@150
	Φ8	310┌ 1100 ┐100	1480	12	12	同上
	Φ8	插筋 760	760	39	39	竖向筋,下插360
	Φ8	80┌ 4700 ┐80	4830	14	14	水平筋(洞高范 围),@150
	Φ8	250┌ 8020 ┐250	8490	14	14	水平筋(非洞高范 围),@150
	Φ8	120┌ 7920 ┐120	8130	14	14	水平筋(非洞高范 围),@150
	Φ6	┌ 320 ┐	400	90	90	拉筋,梅花形 @600×600
洞口AL	Φ16	2100	2100	4×4	16	暗梁纵筋
	Φ8	290 ▢ 210	1140	6×4	24	箍筋,@150
层顶暗梁	Φ16	7840	7840	6	6	暗梁纵筋
	Φ8	290 ▢ 360	1440	39	39	箍筋,@150

图 9-2-30　×××项目 6#剪力墙负一层钢筋配料表

　　一层墙体竖向分布筋均按 100％搭接率往上搭接连接,所以 6#剪力墙中间段
4040mm 未开洞墙体的竖向分布筋下料长度＝层高＋搭接长度＝3600mm＋400mm＝
4000mm,数量 54 根。

　　6#剪力墙左右两边 900mm 开洞墙体,墙体外侧内缩 110mm(负一层截面宽度为
350mm,一层截面宽度为 240mm)。洞口底部相对于楼层高差 1100mm,竖向分布筋上端
伸至洞口边缘弯折考虑扣除保护层 50mm,弯折两端扣除保护层 15mm(主体环境类别为
一类,剪力墙钢筋保护层取 15mm)。

　　所以,一层洞口变截面一侧下部竖向钢筋下料长度＝洞底与楼板面高差值−弯折段上
部保护层＋弯折段长度−钢筋 90°弯曲调整值＝1100mm−50mm＋210mm−2×8mm＝
1244mm,取 1240mm(竖直段 1050mm,弯折 210mm)。数量 12 根。

　　6#剪力墙左右两边 900mm 开洞墙体,一层竖向分布筋由洞口顶部直接伸至二层洞
口底部。本层洞顶到上层洞底的高度＝层高−洞高。洞高 1100mm,洞口底部相对于楼层
高差 1100mm,虽然地上主体结构环境类别按一类,剪力墙理论保护层按 15mm 计,但竖
向分布筋上下端部伸至洞口边缘仍考虑扣除保护层 50mm(竖向分布筋与暗梁纵筋钢筋层
次关系见图 9-2-25 和图 9-2-26),弯折长度为剪力墙厚度扣除侧面两个保护层,钢筋 90°弯

曲调整值取 $2d$。

所以，一层洞口顶部竖向分布筋下料长度＝本层洞顶到上层洞底的高度－端部保护层＋端部弯折长度－钢筋 90°弯曲调整值＝3600mm－1100mm－2×50mm＋2×210mm－2×2×8mm＝2788mm，取 2790mm（竖直段 2400mm，上下弯折 210mm）。数量 24 根。

（2）水平分布筋下料长度计算

墙体水平分布筋分为洞口高度范围内和洞口高度范围之外两种情况，洞口高度范围内墙体水平筋需伸至左右两边暗柱对边的纵筋内侧，洞口高度范围之外墙体水平筋伸至左右两边转角柱端部。

所以，6♯剪力墙在一层层高范围内共需配置水平筋总数＝[（层高－上下部起步距离）/150mm＋1]×2＝[（3600mm－2×50mm）/150mm＋1]×2＝48 根（24 道）。其中洞口高度范围内布置 14 根（7 道，算法参考负二层水平筋数量计算），洞口高度范围之外布置 34 根（17 道，内外侧做法不同，各 17 根）。

洞口高度范围内的墙体内外侧水平筋下料长度均为 4830mm（水平段长度 4700mm，左右弯折长度 80mm），数量 14 根。

洞口高度范围之外的墙体外侧水平筋下料长度为 8280mm（水平段长度 7810mm，左右弯折长度 250mm），数量 17 根。

洞口高度范围之外的墙体内侧水平筋下料长度为 7910mm（水平段长度 7700mm，左右弯折长度 120mm），数量 17 根。

水平筋下料长度计算方式参考 6♯剪力墙基础插筋部分的水平筋计算，此处不重复计算。

（3）暗梁配筋计算

对于洞口暗梁，纵筋下料长度为 2100mm，数量 16 根（每层 4 道洞口暗梁）。

地上主体结构环境类别按一类，暗梁箍筋上下保护层取 15mm。暗梁箍筋左右两侧钢筋层次关系如图 9-2-25 和图 9-2-26 所示，所以，保护层厚度＝理论厚度＋剪力墙水平筋直径＝15mm＋8mm＝23mm，计 25mm。柱子箍筋开口 135°弯钩平直段长度取 max（$10d$，75mm）＝80mm（即按 $10d$ 计算），钢筋 135°弯曲调整增加 $1.9d$，其余三个 90°弯折弯曲调整各扣减 $2d$，共计增加下料长度 $(10d＋1.9d)×2－3×2d＝17.8d$。

所以，暗梁箍筋下料长度＝（暗梁高－上下保护层）×2＋（暗梁宽－左右保护层）×2＋$17.8d$＝（250mm－2×15mm）×2＋（240mm－2×25mm）×2＋17.8×8mm＝962mm，计 960mm。数量 24 个（每层 4 道洞口暗梁）。

（4）拉筋计算

因一层及以上剪力墙厚度为 240mm，所以拉筋宽度变为 220mm（环境类别按一类，理论保护层 15mm），下料长度为 300mm，具体计算方式可参考基础插筋部分拉筋计算，此处不重复计算。

6♯剪力墙拉筋布置方式为梅花形布置，梅花形布置的方式和范围详见第五章节相关内容。梅花形布置拉筋间距为 600×600，即拉筋水平间距为 600，竖向间距为 600，此时需要在四个拉筋的中间再加一个拉筋形成梅花形布置方式。所以在单位间距范围内（即 600×600 范围内）有 5 个拉筋。一层 6♯剪力墙需配置拉筋个数为 99 个。

（5）一层剪力墙钢筋配料表

根据前述（1）、（2）、（3）、（4）部分绘制钢筋配料表，如图 9-2-31 所示。

钢筋配料表

构件名称	级别直径	钢筋简图	下料(mm)	根数	件数×根数	总根数	备　注
使用部位：×××项目剪力墙一层钢筋配料(0.400m～4.000m) 构件：剪力墙							
6#剪力墙	Φ8	4000	000	54		54	竖向筋，@150
	Φ8	1050 ⌐210	1240	12		12	竖向筋，@150
	Φ8	210⌐ 2400 ⌐210	2790	24		24	竖向筋(洞顶)，@150
	Φ8	80⌐ 4700 ⌐80	4830	14		14	水平筋(洞高范围)，@150
	Φ8	250⌐ 7810 ⌐250	8280	17		17	水平筋(非洞高范围)，@150
	Φ8	120⌐ 7700 ⌐120	7910	17		17	水平筋(非洞高范围)，@150
	Φ6	⌐220⌐	300	99		99	拉筋，梅花形@600×600
洞口AL	Φ16	2100	2100	4×4		16	暗梁纵筋
	Φ8	190⌐220	960	6×4		24	箍筋，@150

图 9-2-31　×××项目 6#剪力墙一层钢筋配料表

6. 二～九层剪力墙钢筋配料

二～九层为标准层，6#剪力墙钢筋配料均相同，此处只对二层剪力墙进行钢筋配料。

（1）竖向分布筋下料长度计算

二层及以上竖向分布筋均按 100% 搭接百分率往上搭接连接，所以 6#剪力墙中间段 4040mm 未开洞墙体的竖向分布筋下料长度＝3000mm＋400mm＝3400mm。数量 54 根。

6#剪力墙左右两边 900mm 开洞墙体，本层竖向分布筋由洞口顶部直接伸至上层洞口底部。本层洞顶到上层洞底的高度＝层高－洞高。洞高 1100mm，洞口底部相对于楼层高差 1100mm，虽然地上主体结构环境类别按一类，剪力墙理论保护层按 15mm 计，但竖向分布筋上下端部伸至洞口边缘弯折仍考虑扣除保护层 50mm（竖向分布筋与暗梁纵筋钢筋层次关系见图 9-2-25 和图 9-2-26），弯折长度为剪力墙厚度扣除侧面两个保护层，钢筋 90°弯曲调整值取 $2d$。

所以，二层洞口顶部竖向分布筋下料长度＝本层洞顶到上层洞底的高度－端部保护层＋端部弯折长度－钢筋 90°弯曲调整值＝3000mm－1100mm－2×50mm＋2×210mm－2×2×8mm＝2188mm，取 2190mm（竖直段 1800mm，上下弯折 210mm）。数量 24 根。

（2）水平分布筋下料长度计算

墙体水平分布筋分为洞口高度范围内和洞口高度范围之外两种情况，洞口高度范围内墙体水平筋需伸至左右两边暗柱对边的纵筋内侧，洞口高度范围之外墙体水平筋伸至左右两边转角柱端部。

所以，6#剪力墙在二层层高范围内共需配置水平筋总数＝[（层高－上下部起步距离)/150mm＋1]×2＝[（3000mm－2×50mm)/150mm＋1]×2＝40 根（20 道）。其中洞口高度范围内布置 14 根（7 道，算法参考负二层水平筋数量计算），洞口高度范围之外布置 26 根（13 道，内外侧做法不同，各 13 根）。

洞口高度范围内的墙体内外侧水平筋下料长度均为 4830mm（水平段长度 4700mm，左右弯折长度 80mm），数量 14 根。

洞口高度范围之外的墙体外侧水平筋下料长度为 8280mm（水平段长度 7810mm，左右弯折长度 250mm），数量 13 根。

洞口高度范围之外的墙体内侧水平筋下料长度为 7910mm（水平段长度 7700mm，左右弯折长度 120mm），数量 13 根。

计算方式参考 6♯剪力墙基础插筋部分的水平筋计算，此处不重复计算。

（3）暗梁配筋计算

对于洞口暗梁，纵筋下料长度为 2100mm，数量 16 根（每层 4 道暗梁）。暗梁箍筋下料长度为 960mm，数量 24 个（每层 4 道暗梁）。具体计算方法参照一层，此处不重复计算。

（4）拉筋计算

二层拉筋下料长度为 300mm，计算方式参考基础插筋部分拉筋计算，此处不重复计算。

6♯剪力墙拉筋布置方式为梅花形布置，梅花形布置的方式和范围详见第五章节相关内容。梅花形布置拉筋间距为 600×600，即拉筋水平距为 600，竖向间距为 600，此时需要在四个拉筋的中间再加一个拉筋形成梅花形布置方式。所以在单位间距范围内（即 600×600 范围内）有 5 个拉筋。二层 6♯剪力墙需配置拉筋个数为 79 个。

（5）二～九层剪力墙钢筋配料表

根据前述（一）、（二）、（三）、（四）部分绘制钢筋配料表，如图 9-2-32 所示。

钢筋配料表

使用部位：×××项目剪力墙二～九层钢筋配料(4.000m～28.000m) 构件：剪力墙

构件名称	级别直径	钢筋简图	下料(mm)	根数	总根数	备　注
6#剪力墙	Φ8	3400	3400	54	54	竖向筋，@150
	Φ8	210⌐1800⌐210	2190	24	24	竖向筋(洞顶)，@150
	Φ8	80⌐4700⌐80	4830	14	14	水平筋(洞高范围)，@150
	Φ8	250⌐7810⌐250	8280	13	13	水平筋(非洞高范围)，@150
	Φ8	120⌐7700⌐120	7910	13	13	水平筋(非洞高范围)，@150
	Φ8	220	300	79	79	拉筋，梅花形@600×600
洞口AL	Φ16	2100	2100	4×4	16	暗梁纵筋
	Φ8	190 220	960	6×4	24	箍筋，@150

图 9-2-32　×××项目 6♯剪力墙二层钢筋配料表

7. 顶层（十层）剪力墙钢筋配料

（1）竖向分布筋下料长度计算

竖向分布筋均按 100％搭接百分率往上搭接连接，顶层顶部设置 240mm×400mm 暗梁。对于 6♯剪力墙顶层竖向分布筋的处理存在以下两种情况：

第一种情况为中间段 4040mm 未开洞墙体竖向分布筋按 100％搭接率往上搭接，伸至墙顶暗梁纵筋下部向板内弯折 12d；

第二种情况为左右两边 900mm 墙体洞口上部墙体竖向分布筋往上伸至墙顶暗梁纵筋下部向板内弯折 12d。

顶层顶部竖向分布筋和暗梁钢筋的处理和钢筋层次关系见图 9-2-33 和图 9-2-34。

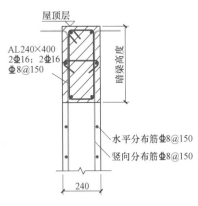

图 9-2-33　顶层暗梁配筋图

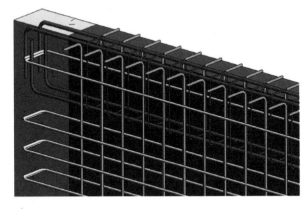

图 9-2-34　顶层暗梁钢筋层次关系三维效果图

① 对于第一种情况，竖向分布筋均按 100％搭接百分率往上搭接连接，并伸至暗梁纵筋下部弯折 12d（12d＝96mm，计 100mm）。顶部暗梁宜位于屋面板双向钢筋下部，同时屋面板上部环境类别为二 a 类，所以暗梁顶部保护层按 40mm 计，竖向分布筋顶部弯折段扣除保护层 80mm，钢筋 90°弯曲调整值取 2d。

所以，竖向分布筋下料长度＝层高－顶部保护层＋弯折长度－钢筋 90°弯曲调整值＝3000mm－80mm＋100mm－2×8mm＝3004mm，取 3000mm（竖直段 2920mm，弯折 100mm）。数量 54 根。

② 对于第二种情况，竖向分布筋上部伸至暗梁纵筋下部弯折 12d（12d＝96mm，计 100mm），顶部弯折段扣除保护层 80mm，底部弯折扣除保护层 50mm（竖向分布筋与暗梁纵筋钢筋层次关系见图 9-2-33 和图 9-2-34），下部弯折长度为剪力墙厚度扣除侧面两个保护层，钢筋 90°弯曲调整值取 2d。

所以，顶层洞口上部竖向分布筋下料长度＝层高－洞底相对于楼层高差－洞高－上下端部保护层＋上下端部弯折长度－钢筋 90°弯曲调整值＝3000mm－1100mm－1100mm－50mm－80mm＋210mm＋100mm－2×2×8mm＝948mm，取 950mm（下弯折 210mm，竖直段 670mm，上弯折 100mm）。数量 24 根。

（2）水平分布筋下料长度计算

墙体水平分布筋分为洞口高度范围内和洞口高度范围之外两种情况，洞口高度范围内墙体水平筋需伸至左右两边暗柱对边的纵筋内侧，洞口高度范围之外墙体水平筋伸至左右两边转角柱端部。

因顶层与二～九层层高相同，所以顶层共需配置水平筋总数为 40 根（20 道）。如图 9-2-33 和图 9-2-34 所示，暗梁上下部纵筋拉通设置，当剪力墙水平筋位置与暗梁上下纵筋重叠时，可取消此位置的墙体水平筋，并以暗梁纵筋替代之，但暗梁高度范围内水平筋照常布置。所以顶层水平筋总数按 36 根（18 道）计。洞口高度范围内布置 14 根（7 道，算法参考负二层水平筋数量计算），洞口高度范围之外布置 22 根（11 道），扣除已计入九层料单的本层 2 道水平定位筋，6♯剪力墙顶层洞口高度范围之外的水平筋数量按 18 根计（9 道，内外侧做法不同，各 9 根）。

洞口高度范围内的墙体内外侧水平筋下料长度均为 4830mm（水平段长度 4700mm，左右弯折长度 80mm），数量 14 根。

洞口高度范围之外的墙体外侧水平筋下料长度为 8280mm（水平段长度 7810mm，左右弯折长度 250mm），数量 9 根。

洞口高度范围之外的墙体内侧水平筋下料长度为 7910mm（水平段长度 7700mm，左右弯折长度 120mm），数量 9 根。

计算方式参考 6♯剪力墙基础插筋部分的水平筋计算，此处不重复计算。

（3）暗梁配筋计算

① 对于洞口暗梁，纵筋下料长度为 2100mm，数量 16 根（每层 4 道暗梁）。箍筋下料长度为 960mm，数量 24 个（每层 4 道暗梁）。算法参考负二层暗梁计算，此处不重复计算。

② 对于层顶 240mm×400mm 暗梁，纵筋在墙体长度范围拉通布置，端部按屋面框架节点锚固在转角柱中，该锚固节点做法采用 16G101-1 第 67 页节点 5 的锚固构造，1.7l_{aE}=1006mm，取 1010mm。纵筋弯锚考虑扣除端部保护层 70mm，钢筋 90°弯曲调整值取 2d。

所以，层顶暗梁上部纵筋下料长度＝墙体长度＋转角柱长度＋暗柱长度－端部保护层＋纵筋弯折段长度－钢筋 90°弯曲调整值取 $2d$＝$2×900$mm＋4040mm＋$2×600$mm＋$2×400$mm－$2×70$mm＋$2×1010$mm－$2×2×16$mm＝9656mm，取 9660mm（水平段 7700mm，左右弯折 1010mm），数量 2 根。

暗梁下部纵筋下料长度为 7840mm，数量 2 根（算法参考负一层顶部暗梁纵筋计算）。

层顶暗梁箍筋上部扣除保护层 40mm，下部 15mm，左右两侧保护层考虑钢筋层次关系各扣除 25mm，层顶暗梁箍筋层次关系和下料长度算法均同矩形洞口上下部暗梁，此处不再赘述，其下料长度为 1212mm，取 1210mm。暗梁箍筋数量同负一层顶部暗梁，$6＋27＋6＝39$ 个。

（4）拉筋计算

拉筋下料长度为 300mm，计算方式可参考基础插筋部分拉筋计算，此处不重复计算。

顶层拉筋由两部分组成，一部分为暗梁拉筋，一部分为剪力墙拉筋，两者拉筋下料长度相同。暗梁拉筋布置间距按箍筋间距两倍计算，剪力墙拉筋按梅花形@600×600 布置。顶层 6♯剪力墙暗梁配置拉筋 19 个，墙身配置拉筋 56 个，共需配置拉筋 74 个。

（5）顶层剪力墙钢筋配料表

根据前述（1）、（2）、（3）部分绘制钢筋配料表，如图 9-2-35 所示。

8. 剪力墙钢筋配料总结

（1）实例一、实例二特点分析

两个实例的钢筋深化设计思路相同，但涉及的具体构造不同。

实例一中 2♯剪力墙钢筋深化设计涉及墙体竖向分布筋基础插筋构造、二级抗震时剪

钢 筋 配 料 表

使用部位：×××项目剪力墙顶层钢筋配料(28.000m～31.000m)构件：剪力墙

构件名称	级别直径	钢筋简图	下料(mm)	根件数×数	总根数	备　注
6#剪力墙	Φ8	2920 ⌐100	3000	54	54	竖向筋，@150
	Φ8	210 ⌐670 ⌐100	950	24	24	竖向筋(洞顶)，@150
	Φ8	80 ⌐4700 ⌐80	4830	14	14	水平筋(洞高范围)，@150
	Φ8	250 ⌐7810 ⌐250	8280	9	9	水平筋(非洞高范围)，@150
	Φ8	120 ⌐7700 ⌐120	7910	9	9	水平筋(非洞高范围)，@150
	Φ6	⌐	300	74	74	拉筋，梅花形@600×600
洞口AL	Φ16	2100	2100	4×4	16	暗梁纵筋
	Φ8	190 □ 220	960	6×4	24	箍筋，@150
层顶暗梁	Φ16	1010 ⌐7700 ⌐1010	9660	2	2	暗梁纵筋
	Φ16	7840	7840	2	2	暗梁纵筋
	Φ8	190 □ 345	1210	39	39	箍筋，@150

图 9-2-35　×××项目6♯剪力墙顶层钢筋配料表

力墙底部加强部位和非底部加强部位竖向分布筋连接构造、上下层墙体变截面时竖向分布筋连接构造、竖向分布筋顶层封顶构造、水平分布筋在端部矩形暗柱和 L 形柱中的构造、层顶设水平加强筋时剪力墙水平分布筋的计算、拉筋矩形布置的做法等。

实例二中 6♯剪力墙钢筋深化设计涉及墙体竖向分布筋基础插筋构造、三级抗震时剪力墙竖向分布筋的连接构造、上下层墙体变截面时竖向分布筋连接构造、顶层封顶构造、水平分布筋在转角暗柱中的构造、剪力墙层顶设暗梁时暗梁做法、剪力墙顶设暗梁时墙体水平筋数量计算、墙体开洞时双向分布筋做法、洞口暗梁钢筋构造、拉筋梅花形布置的做法等。

（2）基础插筋做法

① 剪力墙竖向分布筋在基础位置的插筋长度，应根据基础高度情况加以区分，明确基础高度是否满足竖向分布筋的直锚要求。若满足直锚要求，应结合设计要求和规范做法明确竖向分布筋是否插入基础一个直锚长度即可还是需要采用"隔二下一"的做法，以及明确当采用"隔二下一"做法时底部的弯钩长度。若竖向分布筋需要坐底，则需要考虑钢筋底部弯钩的保护层厚度，通常为基础底部的保护层厚度加上双向钢筋网的厚度。剪力墙竖向分布筋在基础内的插筋做法除了按照规范要求外，常有设计图纸对插筋的构造提出特殊的要求，所以在进行剪力墙钢筋配料应提前明确基础插筋做法。

② 若剪力墙水平筋和竖向筋的直径均不大于 12mm，钢筋原材料可考虑采购盘钢，则钢筋配料时可不必考虑根据钢筋原材料长度进行优化断料，只需按照规范要求和构件尺

寸等进行配料，并根据需要对盘钢进行调直断料。若剪力墙钢筋直径大于 12mm，钢筋原材料通常采购线材，所以钢筋配料时应考虑在符合规范和设计要求的基础上根据原材料长度进行优化配料。直径为 14mm 的钢筋通常采用绑扎搭接连接，优化配料难度较大，但直径大于 14mm 时，通常采用焊接或机械连接，此时尤其需要考虑对钢筋下料长度进行优化。若剪力墙竖向分布筋需采用 50％错开连接，则应结合钢筋直径考虑钢筋伸出基础顶面或楼板面高度不宜过高，若钢筋伸出基础顶面或楼板面高度过高，除了不方便施工之外，也可能导致插筋重心不稳，东倒西歪。一般情况下，直径为 14mm 钢筋自由高度建议不大于 3000mm，直径为 16mm、18mm、20mm 钢筋自由高度建议不大于 4000mm。

（3）剪力墙竖向分布筋及插筋下料长度调整

若剪力墙竖向分布筋采用搭接连接时，下料长度通常为"层高＋搭接长度"。但为了防止实际施工完成的楼板面或基础顶面的标高有误差（标高偏低）导致上层搭接长度不足，或下层绑扎搭接时施工误差（搭接长度过长）导致上层搭接长度不足，或因钢筋加工时存在误差导致搭接长度不足，常对剪力墙的竖向分布筋搭接长度在理论长度的基础上加长 50～100mm。具体加长的长度根据竖向分布筋的理论下料长度确定，主要考虑加长后下料长度取整，加工车间在加工断料时度量更加方便快捷。如某剪力墙竖向分布筋理论下料长度为 4030mm，可考虑对下料长度加长 70mm，取 4100mm。若竖向分布筋采用焊接或机械连接，则可参考柱子纵筋下料方式，相邻两根钢筋之间错开的高度应在规范要求的基础上适当增高，以防止施工误差或加工误差导致相邻连接点错开距离不满足规范要求。

剪力墙的竖向分布筋在基础插筋时直锚进入基础 l_{aE}，底部有一定高度悬空，或者剪力墙上下层变截面时，上层竖向分布筋需重新插筋。上述两种插筋下料时均应在理论长度的基础上进行适当加长，以防止插筋下坠导致搭接长度不足或连接位置不符合规范要求。

（4）水平分布筋或竖向分布筋端部弯折时需考虑扣除的保护层厚度

如剪力墙水平分布筋端部在矩形暗柱或 L 形暗柱中的做法，通常将水平分布筋伸至暗柱对边纵筋内侧弯折 10d，此时水平筋配料时端部弯折扣除的保护层需考虑钢筋层次关系，而不能根据理论扣除 20mm 或 15mm。若水平筋在暗柱对边纵筋内侧设弯折，则端部根据暗柱的实际配筋（主要考虑暗柱箍筋和纵筋直径）情况考虑扣除保护层 50～80mm。现场实际施工时水平筋应达到两端的弯折部分不会顶牢暗柱纵筋，两端仍留有 10～20mm 活动空间的效果，以防止施工误差（如暗柱钢筋骨架向墙中心偏位）导致水平筋无安装空间。

剪力墙底部或顶部设置暗梁时，竖向分布筋的端部若需在暗梁上部纵筋的下部或下部纵筋的上部设弯折时，也需考虑钢筋层次关系扣除端部保护层 50～80mm，以防止暗梁绑扎施工时存在标高误差导致竖向分布筋无法安装。

（5）暗梁箍筋两侧需考虑扣除的保护层厚度

当剪力墙顶设暗梁或连梁时，应注意暗梁或连梁的箍筋和纵筋与剪力墙双向分布筋的钢筋层次关系（详见第五章节 LL 部分相关内容）。暗梁或连梁的箍筋在两侧与墙体竖向分布筋在空间上位于同一层次，暗梁或连梁的腰筋与墙体水平分布筋在空间上位于同一层次，暗梁或连梁的纵筋则位于箍筋内部。因此配置此类暗梁或连梁箍筋时应注意两侧需考虑扣除的保护层厚度，若按理论扣除保护层则现场无法施工。

第10章

梁深化设计

10.1 梁深化设计成果

梁钢筋深化设计成果包括梁平面编号定位图、梁钢筋排布图、梁钢筋配料表。

1. 梁平面编号定位图

梁平面编号定位图如图 10-1-1 所示，其编号原则和作用与柱、墙平面编号定位图相同，此处不再赘述。

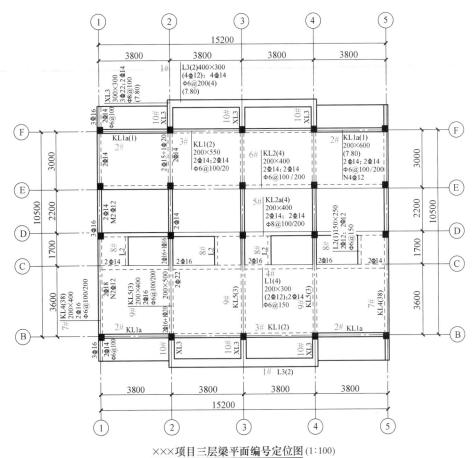

×××项目三层梁平面编号定位图 (1:100)

图 10-1-1　×××项目梁平面编号定位图

2. 梁钢筋排布图

配筋较复杂的梁常需绘制梁钢筋排布图（图 10-1-2），排布图和配料表、设计图纸配合指导现场梁钢筋绑扎施工。梁钢筋排布图包含梁集中标注和原位标注中的所有配筋信息，排布图从上到下依次为上部贯通筋、架立筋、上部非贯通筋、侧面纵筋、底部贯通筋、箍筋和拉筋。

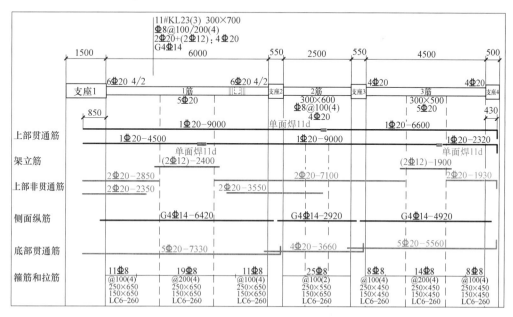

图 10-1-2 梁钢筋排布图

3. 梁钢筋配料表

梁钢筋配料表（图 10-1-3）用以准确表述特定项目、特定部位梁的详细钢筋配料信息，料表中应包含钢筋使用部位、构件名称、钢筋级别、直径、形状、尺寸、下料长度、

钢筋配料表

使用部位：×××项目1#楼2层(7.40m)					构件：梁	
构件名称	级别直径	钢筋简图	下料(mm)	根件数×数	总根数	备注
8#KL23 (1～2)	Φ20	6680	6680	2	2	上1排(支坐1—支座2)
	Φ20	2470	2470	1	1	上1排(支座1右)
	Φ20	2040	2040	4	4	上2排(支座1右)2,(支座2左)2
	Φ22	6780	6780	3	3	底1排(跨1)
	Φ22	6780	6780	3	3	底2排(跨1)
	Φ14	450 45° 340 635 280	2140	2	2	
	Φ8	200 500	1540	44	44	1跨 @100/150(2)[9+26+9]

图 10-1-3 梁钢筋配料表

数量、间距等详细信息。梁钢筋配料表包含的钢筋信息和梁钢筋排布图相同，配料表的备注栏内应注明钢筋安装的具体位置，按间距设置的钢筋应注明布置间距。

10.2 梁深化设计实例

10.2.1 实例一

×××项目含一栋框架结构住宅，如图 10-2-1 所示，11♯KL23 为地下室负一层主楼位置的框架梁，现要求对 11♯KL23 钢筋进行深化设计并配料。

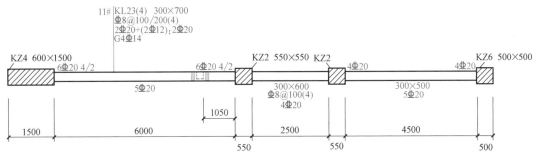

图 10-2-1　11♯KL23 平面图

已知与 11♯KL23 相关的设计信息：

① 本住宅楼框架中，梁混凝土强度等级为 C30，柱混凝土强度等级为 C35。

② 该框架抗震等级为三级。

③ 地下室环境类别为二 a 类。

④ 直径 16～22mm 的钢筋连接采用单面焊，直径 16mm 以下的钢筋采用搭接连接。

⑤ 主梁上有次梁搁置时，主梁箍筋照常布置，次梁两侧各加密 3 道箍筋，箍筋规格同主梁，间距为 50mm。

1. 梁上部贯通筋配料

梁上部贯通筋为 2Φ20，三跨梁的梁顶均无变截面和变标高的情况，因此梁上部两根贯通筋可以贯通三跨，贯通过程中应注意钢筋的连接位置。

对于梁上、下部纵筋在支座内的锚固方式，梁混凝土强度等级为 C30，柱混凝土强度等级为 C35，梁钢筋锚固在柱内，由柱的混凝土对梁钢筋产生握裹力并起到锚固效果，因此，一般情况下设计未特别注明时应按柱的混凝土强度等级确定梁纵筋的锚固长度（或与设计沟通确定）。结合柱混凝土强度等级、钢筋级别和抗震等级，查 16G101-1 第 58 页"受拉钢筋抗震锚固长度 l_{aE}"表可知梁纵筋在柱内锚固长度为 $34d = 680mm$。如图 10-2-1 所示，KZ4 沿梁长度方向尺寸为 1500mm，而梁纵筋在柱内直锚时除了满足锚固长度外，还应伸过柱中线 5d，所以 KL23 上下部纵筋在柱内锚固长度为 max（34d，1500mm/2＋5×20mm）＝850mm，如图 10-2-2 所示。KZ6 沿梁长度方向尺寸为 500mm，不满足直锚要求，需进行弯锚，如图 10-2-3 所示。

梁上部贯通筋下料时应进行优化，即需要根据原材料长度进行优化断料。直径 14mm

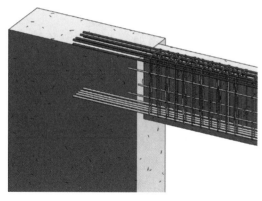

图 10-2-2　梁纵筋在端支座直锚

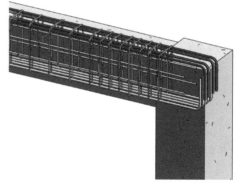

图 10-2-3　梁纵筋在端支座弯锚

及以上的钢筋现场全部考虑采购 9000mm 长线材，直径小于 14mm 的钢筋现场采购盘钢。在锚固、连接位置等符合规范要求的基础上，梁上部贯通筋能直接利用钢筋原材料长度时应利用原材料，不能直接利用原材料时应进行优化断料，9000mm 钢筋原材料的优化断料方案可为 3×3000mm、2×4500mm、6000mm＋3000mm。经分析，上部两根贯通筋中，其中一根贯通筋从左至右依次采用 9000mm、6600mm（不含弯折）连接贯通，另一根贯通筋从左至右依次采用 4500mm、9000mm、2320mm（不含弯折）连接贯通。最后一段钢筋因总下料长度是定值，所以无法优化。钢筋采用单面焊连接时，规范要求为 10d，为防止钢筋加工误差和现场施工误差，钢筋单面焊长度取 11d，钢筋 90°弯曲调整值取 2d。根据上述分析绘制如图 10-2-4 所示的梁上部贯通筋连接示意图。

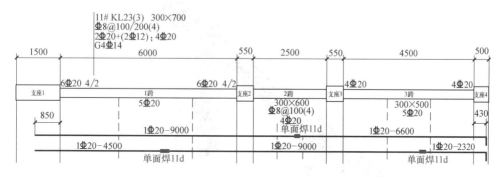

图 10-2-4　梁上部贯通筋连接示意图

所以，其中一根贯通筋最后一段平直段长度为 6600mm 的钢筋下料长度＝平直段长度＋弯折长度－钢筋 90°弯曲调整值＝6600mm＋15×20mm－2×20mm＝6860mm（平直段 6600，弯折 300mm）；

另一根贯通筋最后一段平直段长度为 2320mm 的钢筋下料长度＝平直段长度＋弯折长度－钢筋 90°弯曲调整值＝2320mm＋15×20mm－2×20mm＝2580mm（平直段 2320，弯折 300mm）。

2. 梁上部非贯通筋配料

关于梁上部非贯通筋伸出支座的长度：端支座非贯通筋伸出长度，第一排取本跨净跨的 1/3，第二排取本跨净跨的 1/4；中间支座非贯通筋伸出支座长度，第一排取左右两跨较大净跨值的 1/3，第二排取左右两跨较大净跨值的 1/4。

（1）支座 1 非贯通筋配料

支座 1 上部第一排非贯通筋下料长度＝直锚长度＋非贯通筋伸出支座长度＝max（34d，1500mm/2＋5×20mm）＋6000mm/3＝2850mm，数量 2 根。

支座 1 上部第二排非贯通筋下料长度＝直锚长度＋非贯通筋伸出支座长度＝max（34d，1500mm/2＋5×20mm）＋6000mm/4＝2350mm，数量 2 根。

（2）支座 2 非贯通筋配料

支座 2 两侧梁净跨值分别为 6000mm 和 2500mm，所以支座 2 右侧第一排非贯通筋伸出长度为第 1 跨净跨值的 1/3，取 2000mm。而支座 3 两侧梁净跨值分别为 2500mm 和 4500mm，所以支座 3 左侧第一排非贯通筋伸出长度为第 3 跨净跨值的 1/3，取 1500mm。若支座 2 和支座 3 的非贯通筋分别单独设置，则在第 2 跨内有一部分重叠，所以支座 2 的第一排非贯通筋应贯通短跨（第 2 跨）伸至支座 3 右侧，作为支座 3 的上部非贯通筋。如图 10-2-5 所示的上部红色非贯通筋贯通短跨。

所以，支座 2、3 上部第一排非贯通筋下料长度＝非贯通筋伸出支座 2 左边长度＋支座 2 长度＋第 2 跨跨度＋支座 3 长度＋非贯通筋伸出支座 3 右边长度＝2000mm＋550mm＋2500mm＋550mm＋1500mm＝7100mm，数量 2 根。

支座 2 上部第二排非贯通筋下料长度＝非贯通筋伸出支座 2 左边长度＋支座 2 长度＋非贯通筋伸出支座 2 右边长度＝6000mm/4＋550mm＋6000mm/4＝3550mm，数量 2 根。

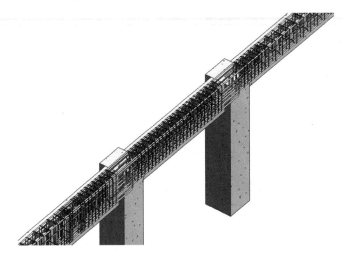

图 10-2-5　梁上部非贯通筋（红色）贯通短跨

（3）支座 4 非贯通筋配料

支座 4 为梁最后一跨端支座位置非贯通筋，所以其伸出支座 4 左边的长度取第 3 跨的净跨值的 1/3。梁纵筋弯锚时，纵筋应伸至支座对边纵筋内侧弯折，考虑钢筋层次关系，梁纵筋弯折段端部保护层取 70mm，所以弯锚的水平段投影长度为 430mm＞$0.4l_{abE}$。钢筋 90°弯曲调整值取 2d。

所以，支座 4 上部第一排非贯通筋下料长度＝非贯通筋伸出支座 4 左边长度＋支座 4 长度－钢筋弯折的端部保护层厚度＋钢筋弯折长度 15d－钢筋 90°弯曲调整值＝4500mm/3＋500mm－70mm＋15×20mm－2×20mm＝2190mm（平直段 1930mm，弯折 300mm），数量2根。

3. 梁上部架立筋配料

如图10-2-6所示，当梁配置4肢箍时，跨中有一段梁复合小箍无贯通筋和非贯通筋将其架立，所以需要设置架立筋（图10-2-6中绿色的钢筋）以构成完整的钢筋骨架。架立筋和非贯通筋的构造搭接长度为150mm，为防止加工误差和施工误差，可将其搭接长度设为200mm。

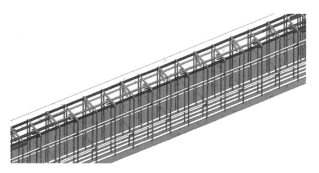

图10-2-6　KL23第1跨架立筋（绿色）

所以，第1跨梁架立筋下料长度＝第1跨跨度－支座1右侧第一排非贯通筋伸出长度－支座2左侧第一排非贯通筋伸出长度＋2×搭接长度＝6000mm－2000mm－2000mm＋2×200mm＝2400mm，数量2根。

第2跨梁因有非贯通筋贯通短跨，所以其跨内复合小箍有非贯通筋将其架立。第3跨存在和第1跨相同的情况。

所以，第3跨梁架立筋下料长度＝第3跨跨度－支座3右侧第一排非贯通筋伸出长度－支座4左侧第一排非贯通筋伸出长度＋2×搭接长度＝4500mm－1500mm－1500mm＋2×200mm＝1900mm，数量2根。

4. 梁侧面纵筋配料

如图10-2-7所示，11♯KL23每跨梁均配置4Φ14侧面构造钢筋，因每跨梁高度均不相同，若侧面纵筋采用连通做法，则侧面纵筋在梁腹板高度范围分布不均匀，也增加施工的操作难度。为方便起见，三跨梁的侧面纵筋均采用分跨锚固的方式进行下料。梁侧面构造钢筋在支座内的锚固长度取$15d$。

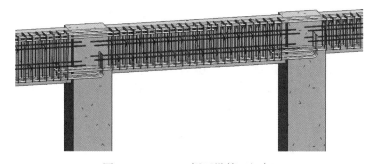

图10-2-7　KL23侧面纵筋（红色）

所以，第1跨梁侧面构造钢筋下料长度＝第1跨净跨值＋2×锚固长度$15d$＝6000mm＋2×15×14mm＝6420mm，数量4根。

第2跨梁侧面构造钢筋下料长度＝第2跨净跨值＋2×锚固长度$15d$＝2500mm＋2×15×14mm＝2920mm，数量4根。

第3跨梁侧面构造钢筋下料长度＝第3跨净跨值＋2×锚固长度$15d$＝4500mm＋2×15×14mm＝4920mm，数量4根。

5. 梁下部纵筋配料

如图 10-2-8 所示，三跨梁的底标高从左到右依次变高，所以三跨梁底筋分别采用分跨锚固的方式进行配料，且每跨梁底筋左右两端的锚固方式均相同，即左支座可直锚，右支座需弯锚（3 跨梁的右支座宽度均无法满足直锚要求）。第 1、2 跨梁底筋右支座弯锚时弯折段保护层均取 70mm，第 3 跨底筋右支座弯锚时弯折段需在上部纵筋的弯钩内侧上弯，否则顶部和底部纵筋在空间位置上会发生冲突（图 10-2-9）。因弯折段在上部纵筋弯折段内侧上弯，考虑到两个弯折段之间需保持一定净距（取 25mm）以确保混凝土对钢筋产生足强度的握裹力，第 3 跨底筋右支座弯锚的弯折段保护层取 120mm。

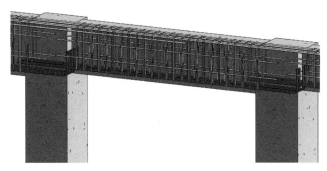
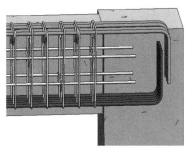

图 10-2-8　KL23 底部纵筋锚固（红色）　　图 10-2-9　KL23 端支座弯锚构造

所以，第 1 跨梁底部纵筋下料长度＝纵筋在支座 1 的直锚长度＋第 1 跨跨度＋支座 2 长度－端部弯折保护层＋钢筋弯折长度 $15d$ － 钢筋 90°弯曲调整值＝ max（$34d$，1500mm/2＋5×20mm）＋6000mm＋550mm－70mm＋15×20mm－2×20mm＝7590mm（平直段 7330mm，弯折 300mm），数量 5 根。

第 2 跨梁底部纵筋下料长度＝纵筋在支座 2 的直锚长度＋第 2 跨跨度＋支座 3 长度－端部弯折保护层＋钢筋弯折长度 $15d$ － 钢筋 90°弯曲调整值＝34×20mm＋2500mm＋550mm－70mm＋15×20mm－2×20mm＝3920mm（平直段 3660mm，弯折 300mm），数量 4 根。

第 3 跨梁底部纵筋下料长度＝纵筋在支座 3 的直锚长度＋第 3 跨跨度＋支座 4 长度－端部弯折保护层＋钢筋弯折长度 $15d$ － 钢筋 90°弯曲调整值＝34×20mm＋4500mm＋500mm－120mm＋15×20mm－2×20mm＝5820mm（平直段 5560mm，弯折 300mm），数量 5 根。

6. 箍筋和拉筋计算

（1）复合箍筋内箍宽度计算

KL23 箍筋为四肢箍，梁上部纵筋单排数量最多设置 4 根，梁下部纵筋单排数量最多设置 5 根，因此梁复合箍筋内部的小箍筋宽度有两种算法：

第一种为梁下部单排 5 根纵筋在箍筋宽度范围内均布，复合小箍设置在内侧三根纵筋外并计算宽度，如图 10-2-10 左图所示；

第二种为梁上部单排 4 根纵筋在箍筋宽度范围内均布，复合小箍设置在内侧两根纵筋外并计算宽度，如图 10-2-10 右图所示。

该梁所处环境类别为二 a 类，保护层取 25mm。

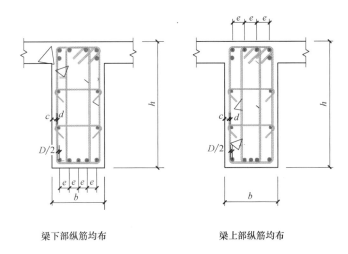

梁下部纵筋均布　　　　　　　梁上部纵筋均布

图 10-2-10　梁复合箍筋尺寸计算对比图

h—梁高；b—梁宽；c—钢筋保护层；d—箍筋直径；D—纵筋直径；e—纵筋间距

① 对于第一种算法，图 10-2-10 左图中梁下部单排 5 根纵筋在箍筋宽度范围内均布，纵筋间距 $e=(b-2c-2d-D)/4=(300mm-2\times25mm-2\times8mm-20mm)/4=53.5mm$。所以纵筋净距 $=53.5mm-20mm=33.5mm$，满足 16G101-1 第 62 页梁下部纵筋的净距 $\max$（25mm，最大纵筋直径 d）的要求。

此时，内部复合小箍筋宽度 $=e\times2+D+2d=143mm$，取 150mm。上部纵筋数量小于下部纵筋数量，间距满足要求，不必验算。

② 对于第二种算法，图 10-2-10 右图中梁上部单排 4 根纵筋在箍筋宽度范围内均布，纵筋间距 $e=(b-2c-2d-D)/3=(300mm-2\times25mm-2\times8mm-20mm)/3=71.3mm$。所以梁下部纵筋净距 $=e/2-D=71.3mm/2-20mm=15.65mm$，不满足 16G101-1 第 62 页梁下部纵筋的净距 $\max$（25mm，最大纵筋直径）的要求。

经分析，梁的复合小箍筋宽度应采用梁下部单排 5 根纵筋在箍筋宽度范围内均布所得出的尺寸，即 150mm。

（2）箍筋下料长度计算

梁箍筋开口 135°弯钩平直段长度取 $\max$（10d，75mm）$=80mm$（即按 10d 计算），钢筋 135°弯曲调整增加 1.9d，其余三个 90°弯折弯曲调整各扣减 2d，共计增加下料长度 $(10d+1.9d)\times2-3\times2d=17.8d$。

1）第 1 跨 300×700 梁截面箍筋下料长度计算：

① 最外围大箍筋下料长度 $=(b-2c)\times2+(h-2c)\times2+17.8d=(300mm-2\times25mm)\times2+(700mm-2\times25mm)\times2+17.8\times8=1942.4mm$，取 1940mm。

② 内部复合小箍下料长度 $=$ 小箍宽度 $\times2+(h-2c)\times2+17.8d=150mm\times2+(700mm-2\times25mm)\times2+17.8\times8=1742.2mm$，取 1740mm。

2）第 2 跨 300×600 梁截面箍筋下料长度计算：

① 最外围大箍筋下料长度 $=(b-2c)\times2+(h-2c)\times2+17.8d=(300mm-2\times25mm)\times2+(600mm-2\times25mm)\times2+17.8\times8=1742.4mm$，取 1740mm。

② 内部复合小箍下料长度＝小箍宽度×2＋$(h-2c)$×2＋17.8d＝150mm×2＋(600mm－2×25mm)×2＋17.8×8＝1542.2mm，取1540mm。

3）第3跨300×500梁截面箍筋下料长度计算：

① 最外围大箍筋下料长度＝$(b-2c)$×2＋$(h-2c)$×2＋17.8d＝(300mm－2×25mm)×2＋(500mm－2×25mm)×2＋17.8×8＝1542.4mm，取1540mm。

② 内部复合小箍下料长度＝小箍宽度×2＋$(h-2c)$×2＋17.8d＝150mm×2＋(500mm－2×25mm)×2＋17.8×8＝1342.2mm，取1340mm。

（3）箍筋数量计算

KL23抗震等级为三级，所以其箍筋加密区长度取max（1.5倍梁高，500mm）。

1）第1跨300×700截面梁箍筋数量计算：

第1跨梁端箍筋加密区长度取max（1.5倍梁高，500mm）＝1050mm，箍筋从支座边的起步距离为50mm。

所以，梁两端加密区箍筋数量＝(1050mm－50mm)/100mm＋1＝11道。

非加密区箍筋数量＝(6000mm－2×1050mm)/200mm－1＝19道。

附加箍筋数量：KL23第一跨距离支座2（KZ2）左侧1050mm位置有240mm×400mm次梁搁置，次梁两侧应分别设3道加密箍筋。如图10-2-11所示，200mm的箍筋布置间距只要在其内部附加2道箍筋（图中红色箍筋），100mm的箍筋布置间距只要在其内部附加1道箍筋（图中红色箍筋），即可满足次梁两侧3个间距50mm的附加箍筋的加密要求。所以KL23第1跨需附加箍筋的数量为3道。同理可得，

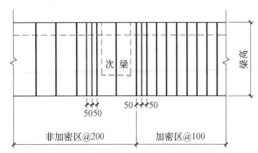

图10-2-11　梁附加箍筋数量计算分析图

150mm的箍筋布置间距只要在其内部附加2道箍筋即可满足上述附加箍筋的加密要求。

2）第2跨300×600截面梁箍筋数量计算：

第2跨梁箍筋为⊈8@100（4），无非加密区。箍筋从支座边的起步距离为50mm。

所以，第2跨梁箍筋数量＝(2500mm－2×50mm)/100mm＋1＝25道。

3）第3跨300×500截面梁箍筋数量计算：

第3跨梁两端箍筋加密区长度取max（1.5倍梁高，500mm）＝750mm，箍筋从支座边的起步距离为50mm。

所以，梁端加密区箍筋数量＝(750mm－50mm)/100mm＋1＝8道。

非加密区箍筋数量＝(4500mm－2×750mm)/200mm－1＝14道。

（4）拉筋下料长度和数量计算

梁拉筋弯钩平直段长度取max（10d，75mm）＝75mm，拉筋端部设135°弯钩，考虑钢筋弯曲调整1.9d，拉筋同时拉住侧面纵筋和箍筋。

所以，拉筋下料长度＝$b-2c+2d+2×1.9d+2×75$mm＝300mm－2×25mm＋2×6mm＋2×1.9×6mm＋2×75mm＝434.8mm，取430mm。

拉筋布置间距按箍筋非加密区间距的 2 倍计算。因梁侧面纵筋为 4Φ14，所以梁每侧拉筋也相应布置 2 层，上下层拉筋相互错开。

1）第 1 跨 300×700 梁拉筋数量计算：

第 1 层拉筋数量＝(6000mm－2×50mm)/400mm＋1＝16 个。

因上下层拉筋相互错开，所以第 2 层拉筋数量＝16－1＝15 个。

2）第 2 跨 300×600 梁截面箍筋数量计算：

第 1 层拉筋数量＝(2500mm－2×50mm)/200mm＋1＝13 个。

因上下层拉筋相互错开，所以第 2 层拉筋数量＝13－1＝12 个。

3）第 3 跨 300×500 梁截面箍筋数量计算：

第 1 层拉筋数量＝(4500mm－2×50mm)/400mm＋1＝12 个。

因上下层拉筋相互错开，所以第 2 层拉筋数量＝12－1＝11 个。

所以，三跨梁纵筋需要拉筋数量为 16＋15＋13＋12＋12＋11＝79 个。

7. 梁钢筋排布图

梁钢筋排布图中钢筋的规格、数量、尺寸均与钢筋配料单中钢筋的规格、数量、尺寸一一对应。梁钢筋排布图可用于指导现场钢筋绑扎施工。

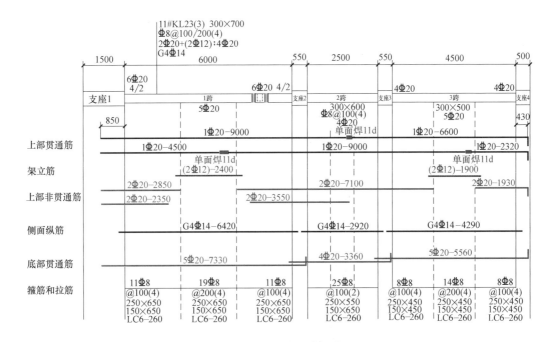

10-2-12　11♯KL23 钢筋排布图

8. 钢筋配料单

钢筋配料单（图 10-2-13）和梁钢筋排布图配合指导现场钢筋绑扎施工，所以为方便施工起见，梁钢筋配料单中应注明每根钢筋在梁中的安装位置，如梁上部贯通筋应注明从哪个支座到哪个支座；非贯通筋应注明属于哪个支座上面的非贯通筋，当非贯通筋设置多排时还应注明属于哪一排；腰筋和底筋分跨锚固时应注明属于哪一跨，箍筋和拉筋应注明每跨的数量。

钢筋配料表

使用部位:×××项目×××号楼负一层					构件:梁	
构件名称	级直 别径	钢筋简图	下料 (mm)	根件 数×数	总 根数	备注
11#KL23 (1～4)	Φ20	9000　6600 单　　300	9000 6860	1	1	上1排(支座1—支座4) 长:15380
	Φ20	4500 9000 2320 单　单　300	4500 9000 2580	1	1	上1排(支座1—支座4) 长:15380
	Φ20	2850	2850	2	2	上1排(支座1右)
	Φ20	2350	2350	2	2	上2排(支座1右)
	Φ20	7100	7100	2	2	上1排(支座2左—支座3右)
	Φ20	3550	3550	2	2	上2排(支座2)
	Φ20	1930 300	2190	2	2	上1排(支座4左)
	Φ12	2400	2400	2	2	架立筋(跨1)
	Φ12	1900	1900	2	2	架立筋(跨3)
	Φ14	6420	6420	4	4	腰筋(跨1)
	Φ14	2920	2920	4	4	腰筋(跨2)
	Φ14	4920	4920	4	4	腰筋(跨3)
	Φ20	7330　300	7590	5	5	底1排(跨1)
	Φ20	3660　300	3920	4	4	底1排(跨2)
	Φ20	5560　300	5820	5	5	底1排(跨3)
	Φ8	650 250	1940	44	44	1跨 @100/200(4)[11+19+11], 附加3
	Φ8	650 150	1740	44	44	1跨 @100/200(4)[11+19+11], 附加3
	Φ8	550 250	1740	25	25	2跨@100(2)[25]
	Φ8	550 150	1540	25	25	1跨 @100/200(4)[11+19+11]
	Φ8	450 250	1540	30	30	3跨@100/200(4)[8+14+8]
	Φ8	450 150	1340	30	30	3跨@100/200(4)[8+14+8]
	Φ6	260	430	79	79	

图 10-2-13　11♯KL23 钢筋配料单

10.2.2 实例二

×××项目含一栋框架结构住宅，如图 10-2-14 所示，3#KL10 为二层主楼框架梁，现要求对框架梁钢筋进行深化设计并配料。

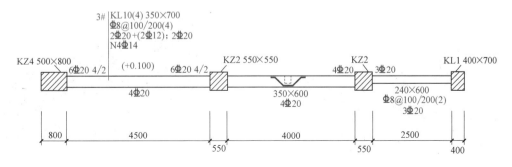

图 10-2-14 3#KL10 平面图

已知与 3#KL10 相关的设计信息：

① 本住宅楼框架中，梁、柱混凝土强度等级均为 C30；

② 该框架抗震等级为三级；

③ 上部主体结构环境类别为一类；

④ 直径 16～22mm 的钢筋连接采用单面焊，直径 16mm 以下的钢筋采用搭接连接；

⑤ 第 2 跨主梁上有 240×400 次梁搁置，主梁箍筋照常布置，主梁在次梁搁置位置设吊筋 2Φ14。

1. 梁上部贯通筋配料

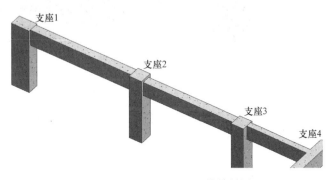

图 10-2-15 3#KL10 三维效果图

如图 10-2-14 和图 10-2-15 所示，KL10 在第 1 跨顶标高增加 100mm，第 2 跨和第 3 跨存在梁截面宽度发生变化的情况，所以该梁除了第 2、3 跨梁边对齐一侧上部贯通筋可拉通 2、3 跨梁布置外，其余位置上部贯通筋均需分跨锚固。

梁、柱混凝土强度均为 C30，结合柱混凝土强度等级、钢筋级别和抗震等级，查 16G101-1 第 58 页"受拉钢筋抗震锚固长度 l_{aE}"表可知梁纵筋在柱内锚固长度为 $37d =$ 740mm。KZ4 长边尺寸为 800mm，KZ2 两边尺寸均为 550mm，KL1 宽度为 400mm，结合锚固长度分析可得各支座纵筋锚固情况。如图 10-2-16 所示，第 1 跨梁纵筋在支座 1 直锚；如图 10-2-17 所示，第 1 跨梁纵筋在支座 2 弯锚，第 2 跨梁纵筋在支座 2 直锚；如图

10-2-18 所示，第 2 跨梁与第 3 跨梁的梁边对齐一侧贯通筋拉通至支座 4 弯锚，不对齐一侧第 2 跨梁贯通筋在支座 3 弯锚，支座 3 上部其中 1 根一排非贯通筋伸至第 3 跨梁内作为第 3 跨梁的贯通筋，并在支座 4 弯锚（此非贯通筋作为第 3 跨贯通筋的分析见箍筋尺寸计算分析部分）。

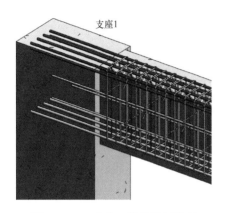

图 10-2-16　支座 1 纵筋锚固情况

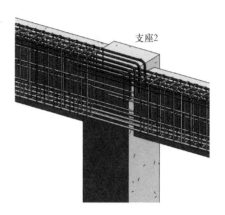

图 10-2-17　支座 2 纵筋锚固情况

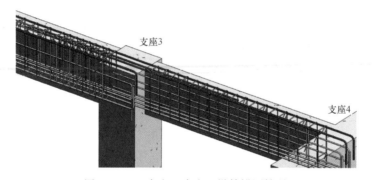

图 10-2-18　支座 3-支座 4 纵筋锚固情况

　　梁上部纵筋在支座弯锚时，纵筋应伸至支座对边纵筋内侧弯折，因此考虑弯折段的保护层均取 70mm。

　　第 1 跨梁上部贯通筋下料长度＝贯通筋在支座 1 的直锚长度＋第 1 跨跨度＋支座 2 长度－端部弯折保护层＋钢筋弯折长度 $15d$ －钢筋 90°弯曲调整值＝37×20mm＋4500mm＋550mm－70mm＋15×20mm－2×20mm＝5980mm（平直段 5720mm，弯折 300mm），数量 2 根。

　　第 2 跨与第 3 跨梁边对齐一侧上部贯通筋下料长度＝贯通筋在支座 2 的直锚长度＋第 2 跨跨度＋支座 3 长度＋第 3 跨跨度＋支座 4 长度－端部弯折保护层＋钢筋弯折长度 $15d$ －钢筋 90°弯曲调整值＝37×20mm＋4000mm＋550mm＋2500mm＋400mm－70mm＋15×20mm－2×20mm＝8380mm（平直段 8120mm，弯折 300mm），数量 1 根。

　　第 2 跨梁另一侧上部贯通筋下料长度＝贯通筋在支座 2 的直锚长度＋第 2 跨跨度＋支座 3 长度－端部弯折保护层＋钢筋弯折长度 $15d$ －钢筋 90°弯曲调整值＝37×20mm＋4000mm＋550mm－70mm＋15×20mm－2×20mm＝5480mm（平直段 5220mm，弯折 300mm），数量 1 根。

第 3 跨梁另一侧上部贯通筋下料长度＝支座 3 左侧的伸出长度（作为支座 3 上部非贯通筋）＋支座 3 长度＋第 4 跨跨度＋支座 4 长度－端部弯折保护层＋钢筋弯折长度 $15d$ －钢筋 90°弯曲调整值＝4000/3mm＋550mm＋2500mm＋400mm－70mm＋15×20mm－2×20mm＝4970mm（平直段 4710mm，弯折 300mm），数量 1 根。

2. 梁上部非贯通筋配料

关于梁上部非贯通筋伸出支座的长度：端支座非贯通筋伸出长度，第一排取本跨净跨值的 1/3，第二排取本跨净跨值的 1/4；中间支座非贯通筋伸出支座长度，第一排取左右两跨较大净跨值的 1/3，第二排取左右两跨较大净跨值的 1/4。

（1）支座 1 非贯通筋配料

支座 1 上部第一排非贯通筋下料长度＝直锚长度＋非贯通筋伸出支座长度＝37×20mm＋4500mm/3＝2240mm，数量 2 根。

支座 1 上部第二排非贯通筋下料长度＝直锚长度＋非贯通筋伸出支座长度＝37×20mm＋4500mm/4＝1865mm，取 1870mm，数量 2 根。

（2）支座 2 非贯通筋配料

支座 2 左右两侧梁面高差 100mm，支座宽度为 500mm，支座两侧梁纵筋应在支座分别锚固。支座 2 两侧梁净跨值分别为 4500mm 和 4000mm，所以支座 2 右侧第一排非贯通筋伸出长度为第 1 跨净跨值的 1/3，取 1500mm，支座 2 右侧第二排非贯通筋伸出长度为第 1 跨净跨值的 1/4，取 1125mm。

所以，支座 2 左侧上部第一排非贯通筋下料长度＝非贯通筋伸出支座 2 左边长度＋支座 2 长度－端部弯折保护层＋钢筋弯折长度 $15d$ －钢筋 90°弯曲调整值＝4500mm/3＋550mm－70mm＋300mm－2×20mm＝2240mm（平直段 1980mm，弯折 300mm），数量 2 根。

支座 2 左侧上部第二排非贯通筋下料长度＝非贯通筋伸出支座 2 左边长度＋支座 2 长度－端部弯折保护层＋钢筋弯折长度 $15d$ －钢筋 90°弯曲调整值＝4500mm/4＋550mm－70mm＋300mm－2×20mm＝1870mm（平直段 1610mm，弯折 300mm），数量 2 根。

支座 2 右侧上部第一排非贯通筋下料长度＝直锚长度＋非贯通筋伸出支座长度＝37×20mm＋4500mm/3＝2240mm，数量 2 根。

支座 2 右侧上部第二排非贯通筋下料长度＝直锚长度＋非贯通筋伸出支座长度＝37×20mm＋4500mm/4＝1865mm，取 1870mm，数量 2 根。

（3）支座 3 非贯通筋配料

支座 3 上部第一排其中一根非贯通筋已经贯通第 3 跨锚固进入支座 4，作为第 3 跨的上部贯通筋，此处不重复计算。

另一根非贯通筋下料长度＝支座长度＋非贯通筋伸出支座左侧长度＋非贯通筋伸出支座右侧长度＝550mm＋(4000mm/3)×2＝3220mm，数量 1 根。

3. 梁上部架立筋配料

如图 10-2-19 所示，3♯KL10 在第 1 跨和第 2 跨设置架立筋，架立筋和非贯通筋的构造搭接长度取 200mm。

第 1 跨梁架立筋下料长度＝第 1 跨跨度－支座 1 右侧第一排非贯通筋伸出长度－支座 2 左侧第一排非贯通筋伸出长度＋2×搭接长度＝4500mm－1500mm－1500mm＋2×

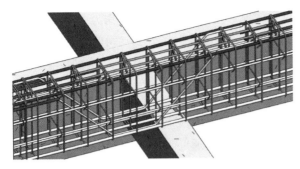

图 10-2-19　KL10 第 2 跨架立筋（绿色）

200mm＝1900mm，数量 2 根。

第 2 跨梁架立筋下料长度＝第 2 跨跨度－支座 2 右侧第一排非贯通筋伸出长度－支座 3 左侧第一排非贯通筋伸出长度＋2×搭接长度＝4000mm－4500mm/3－4000mm/3＋2×200mm＝1570mm，数量 2 根。

4. 梁侧面纵筋配料

KL10 侧面配置受扭钢筋，所以其在支座内的锚固长度为 l_{aE}，锚固方式同框架梁下部纵筋。结合锚固长度和支座长度分析，如图 10-2-20～图 10-2-23 所示，第 1 跨梁侧面纵筋在支座 1 内直锚，在支座 2 内直锚；第 2 跨梁侧面纵筋在支座 2 内直锚，与第 3 跨梁边对齐一侧的侧面纵筋从第 2 跨拉通至第 3 跨并在支座 4 弯锚，与第 3 跨梁边不对齐一侧纵筋在支座 3 直锚；第 3 跨梁与第 2 跨梁边不对齐一侧的侧面纵筋在支座 3 直锚，在支座 4 弯锚。

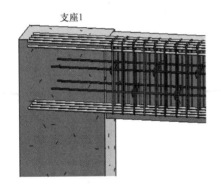

图 10-2-20　侧面纵筋在支座 1 锚固情况

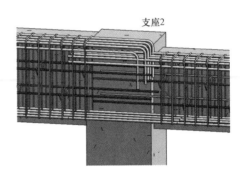

图 10-2-21　侧面纵筋在支座 2 锚固情况

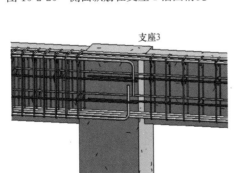

图 10-2-22　侧面纵筋在支座 3 锚固情况

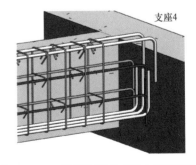

图 10-2-23　侧面纵筋在支座 4 锚固情况

所以，第 1 跨梁侧面纵筋下料长度＝第 1 跨跨度＋2×锚固长度＝4500mm＋2×37×14mm＝5540mm，数量 4 根。

拉通第 2、3 跨梁的侧面纵筋下料长度＝侧面纵筋在支座 2 的直锚长度＋第 2 跨跨度＋支座 3 长度＋第 3 跨跨度＋支座 4 长度－端部弯折保护层＋弯折长度－钢筋 90°弯曲调整值＝37×14mm＋4000mm＋550mm＋2500mm＋400mm－70mm＋15×14mm－2×

14mm＝8080mm（平直段长度7900mm，弯折210mm），数量2根。

第2跨另一侧两根侧面纵筋下料长度＝侧面纵筋在支座2的直锚长度＋第2跨跨度＋侧面纵筋在支座3的直锚长度＝2×37×14mm＋4000mm＝5040mm，数量2根。

第3跨另一侧两根侧面纵筋下料长度＝侧面纵筋在支座3的直锚长度＋第3跨跨度＋支座4长度－端部弯折保护层＋弯折长度－钢筋90°弯曲调整值＝37×14mm＋2500mm＋400mm－70mm＋15×14mm－2×14mm＝3530mm（平直段长度3350mm，弯折210mm），数量2根。

5. 梁下部纵筋配料

第1跨梁底筋在支座1和支座2均可直锚。第2跨其中3根梁底筋可拉通至第3跨并在支座4弯锚，其中1根梁底筋需在支座3弯锚，如图10-2-24所示。

所以，第1跨梁底部纵筋下料长度＝纵筋在支座1的直锚长度＋第1跨跨度＋纵筋在支座2的直锚长度＝2×37×20mm＋4500mm＝5980mm，数量4根。

拉通第2、3跨梁的三根底部纵筋下料长度＝纵筋在支座2的直锚长度＋第2跨跨度＋支座3长度＋第3跨跨度＋支座4长度－端部弯折保护层＋钢筋弯折长度15d－钢筋90°弯曲调整值＝37×20mm＋4000mm＋550mm＋2500mm＋400mm－70mm＋15×20mm－2×20mm＝8380mm（平直段8120mm，弯折300mm），数量3根。

第2跨梁另一根底部纵筋下料长度＝纵筋在支座2的直锚长度＋第2跨跨度＋支座3长度－端部弯折保护层＋钢筋弯折长度15d－钢筋90°弯曲调整值＝37×20mm＋4000mm＋550mm－70mm＋15×20mm－2×20mm＝5480mm（平直段5220mm，弯折300mm），数量1根。

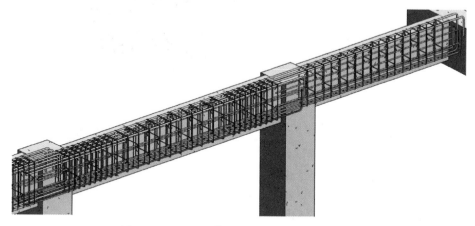

图10-2-24　KL10第2、3跨底部纵筋布置情况

6. 箍筋、吊筋和拉筋计算

（1）复合箍筋内箍宽度计算

KL10箍筋为四肢箍，梁上、下部纵筋单排数量最多均为4根。计算梁复合箍筋内部的小箍筋宽度时，可先将梁上、下部单排4根纵筋在箍筋宽度范围内均布，复合小箍设置在内侧两根纵筋外并计算宽度，如图10-2-25所示。

结合图10-2-25和图10-2-26分析，第2跨和第3跨梁左侧边对齐，则2、3跨梁上下部纵筋中，从左至右的第2根纵筋距梁左侧边分别为130mm和120mm，第3根纵筋距梁

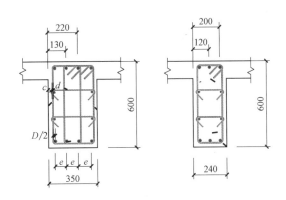

图 10-2-25　梁纵筋定位分析图

c—钢筋保护层；d—箍筋直径；D—纵筋直径；e—纵筋间距

左侧边分别为 220mm 和 200mm，其在空间位置上非常接近。因此可将第 2 跨的上下部第 2 根纵筋伸至第 3 跨作为支座 3 两侧的非贯通筋和第 3 跨的底部贯通筋；将第 2 跨的上下部第 3 根纵筋斜弯伸过支座 3 作为第 3 跨的上、下部贯通筋，如图 10-2-26 中红色钢筋所示。

对于第 2 跨复合箍筋的内部小箍筋宽度，梁上、下部单排 4 根纵筋在箍筋宽度范围内均布，纵筋间距 $e=(b-2c-2d-D)/3=(350mm-2\times20mm-2\times8mm-20mm)/3=91.3mm$。所以梁下部纵筋净距 $=e-D=91.3mm-20mm=71.3mm$，满足 16G101-1 第 62 页梁下部纵筋的净距 max（25mm，最大纵筋直径 d）的要求。

所以，内部复合小箍筋宽度＝纵筋间距＋$D+2d=127.3mm$，取 130mm。

（2）箍筋下料长度计算

梁箍筋开口 135°弯钩平直段长度取 max（$10d$，75mm）－80mm（即按 $10d$ 计算），钢筋 135°弯曲调整增加 1.9d，其余三个 90°弯折弯曲调整各扣减 $2d$，共计增加下料长度（$10d+1.9d$）$\times2-3\times2d=17.8d$。KL10 所处环境类别为一类，保护层取 20mm。

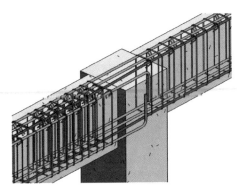

图 10-2-26　梁纵筋定位分析三维效果图

1）第 1 跨 350×700 梁截面箍筋下料长度计算：

① 最外围大箍筋下料长度 $=(b-2c)\times2+(h-2c)\times2+17.8d=(350mm-2\times20mm)\times2+(700mm-2\times20mm)\times2+17.8\times8=2082.4mm$，取 2080mm。

② 内部复合小箍下料长度＝小箍宽度$\times2+(h-2c)\times2+17.8d=130mm\times2+(700mm-2\times20mm)\times2+17.8\times10=1722.4mm$，取 1720mm。

2）第 2 跨 350×600 梁截面箍筋下料长度计算：

① 最外围大箍筋下料长度 $=(b-2c)\times2+(h-2c)\times2+17.8d=(350mm-2\times20mm)\times2+(600mm-2\times20mm)\times2+17.8\times10=1882.4mm$，取 1880mm。

② 内部复合小箍下料长度＝小箍宽度$\times2+(h-2c)\times2+17.8d=130mm\times2+(600mm-2\times20mm)\times2+17.8\times8=1522.4mm$，取 1520mm。

3）第 3 跨 240×600 梁截面箍筋下料长度计算：

箍筋下料长度 $=(b-2c)\times2+(h-2c)\times2+17.8d=(240mm-2\times20mm)\times2+(600mm-2\times20mm)\times2+17.8\times8=1662.4mm$，取 1660mm。

（3）箍筋数量计算

KL10抗震等级为三级，所以其箍筋加密区长度取max（1.5倍梁高，500mm）。

1）第1跨350×700截面梁箍筋数量计算：

第1跨梁两端箍筋加密区长度取max（1.5倍梁高，500mm）＝1050mm，箍筋从支座边的起步距离为50mm。

所以，梁端加密区箍筋数量＝（1050mm－50mm）/100mm＋1＝11道。

非加密区箍筋数量＝（4500mm－2×1050mm）/200mm－1＝11道。

2）第2跨350×600截面梁箍筋数量计算：

第2跨梁两端箍筋加密区长度取max（1.5倍梁高，500mm）＝900mm，箍筋从支座边的起步距离为50mm。

所以，梁端加密区箍筋数量＝（900mm－50mm）/100mm＋1＝10道。

非加密区箍筋数量＝（4000mm－2×900mm）/200mm－1＝10道。

3）第3跨240×600截面梁箍筋数量计算：

第3跨梁右支座为框架梁，设计未说明时该梁端箍筋可不加密。另一梁端箍筋加密区长度取max（1.5倍梁高，500mm）＝900mm，箍筋从支座边的起步距离为50mm。

所以，梁端加密区箍筋数量＝（900mm－50mm）/100mm＋1＝10道。

非加密区箍筋数量＝（2500mm－900mm－50mm）/200mm＝8道。

（4）吊筋下料计算

如图10-2-27所示，第2跨梁上有次梁搁置，并在次梁搁置位置设2Φ14吊筋。因KL10第2跨梁高度为600mm＜800mm，吊筋弯折角度取45°。上部弯折段在梁高度范围内与梁上部纵筋位于同一层次，下部弯折段在梁高度范围内与梁下部纵筋位于同一层次。上部弯折20d，下部水平弯折段按长度比次梁宽100mm取值。

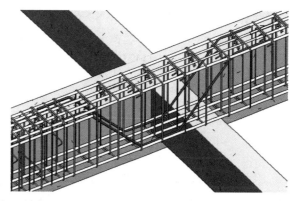

图10-2-27 梁吊筋三维效果图

所以，吊筋下料长度＝上部弯折段长度＋下部弯折段长度＋斜段长度＝（2×20d）＋（次梁宽＋100mm）＋$\sqrt{2}$（梁高－上下保护层－上下箍筋直径）＝（2×20×14mm）＋（240mm＋100mm）＋2×$\sqrt{2}$（600mm－2×20mm－2×8mm）＝2438.6mm，取2440mm。数量2根。

将吊筋弯折的一侧作为外皮，因上部两个弯折的方向与下部相反，相比较于钢筋中心线，钢筋外皮有伸长也有缩短，且伸长值等于缩短值，所以此处不考虑45°弯曲调整值。

（5）拉筋下料长度和数量计算

梁拉筋弯钩平直段长度取max（10d，75mm）＝75mm，拉筋端部设135°弯钩，考虑钢筋弯曲调整1.9d，拉筋同时拉住纵筋和箍筋。

第1、2跨梁拉筋下料长度＝b－2c＋2d＋2×1.9d＋2×75mm＝350mm－2×20mm＋

$2\times6mm+2\times1.9\times6mm+2\times75mm=494.8mm$，取490mm。

第3跨梁拉筋下料长度$=b-2c+2d+2\times1.9d+2\times75mm=240mm-2\times20mm+2\times6mm+2\times1.9\times6mm+2\times75mm=384.8mm$，取380mm。

拉筋布置间距按箍筋非加密区间距的2倍计算。因梁侧面纵筋为4Φ14，所以每侧梁侧面纵筋布置2根，拉筋也相应布置2层，上下层拉筋相互错开。

1）第1跨350×700梁拉筋数量计算：

第1层拉筋数量$=(4500mm-2\times50mm)/400mm+1=12$个。

因上下层拉筋相互错开，所以第2层拉筋数量$=12-1=11$个。

2）第2跨350×600梁拉筋数量计算：

第1层拉筋数量$=(4000mm-2\times50mm)/400mm+1=11$个。

因上下层拉筋相互错开，所以第2层拉筋数量$=11-1=10$个。

3）第3跨240×600梁拉筋数量计算：

第1层拉筋数量$=(2500mm-2\times50mm)/400mm+1=7$个。

因上下层拉筋相互错开，所以第2层拉筋数量$=7-1=6$个。

所以，第1、2跨梁需要拉筋数量为$12+11+11+10=44$个；第3跨梁需要拉筋数量为$7+6=13$个。

7. 梁钢筋排布图

梁钢筋排布图（图10-2-28）中钢筋的规格、数量、尺寸均与钢筋配料单中钢筋的规格、数量、尺寸一一对应。梁钢筋排布图可用于指导现场钢筋绑扎施工。

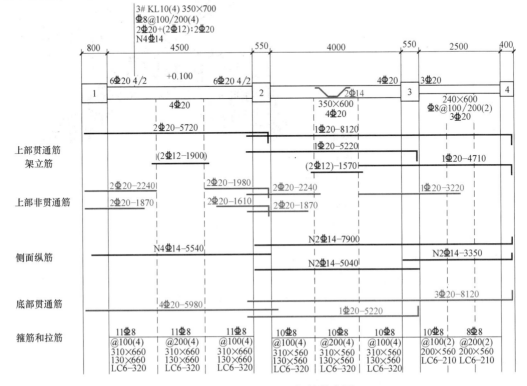

图10-2-28   11♯KL10钢筋排布图

8. 钢筋配料单

钢筋配料表

构件名称	级直别径	钢筋简图	下料(mm)	根数×件数	总根数	备注
3#KL10 (1~4)	Φ20	5720 ⌐300	5980	2	2	上1排(支座1—支座2)
	Φ20	2240	2240	2	2	上1排(支座1右)
	Φ20	1870	1870	2	2	上2排(支座1右)
	Φ20	1980 ⌐300	2240	2	2	上1排(支座2左)
	Φ20	1610 ⌐300	1870	2	2	上2排(支座2左)
	Φ20	8120 ⌐300	8380	1	1	上1排(支座2—支座4)
	Φ20	5220 ⌐300	5480	1	1	上1排(支座2—支座3)
	Φ20	2240	2240	2	2	上1排(支座2右)
	Φ20	1870	1870	2	2	上2排(支座2右)
	Φ20	4710 ⌐300	4970	1	1	上1排(支座3左—支座4)
	Φ20	3220	3220	1	1	上1排(支座3)
	Φ12	1900	1900	2	2	跨1
	Φ12	1570	1570	2	2	跨2
	Φ14	5540	5540	4	4	腰筋(跨1)
	Φ14	5040	5040	2	2	腰筋(跨2)
	Φ14	7900 ⌐210	8080	2	2	腰筋(跨2—跨3)
	Φ14	3350 ⌐210	3530	2	2	腰筋(跨3)
	Φ20	5980	5980	4	4	底1排(跨1)
	Φ20	8120 ⌐300	8380	3	3	底1排(跨2—跨3)
	Φ20	5220 ⌐300	5480	1	1	底1排(跨2)
	Φ8	310 | 660	2080	33	33	1跨 @100/200(4)[11+11+11]
	Φ8	130 | 660	1720	33	33	1跨 @100/200(4)[11+11+11]
	Φ8	310 | 560	1880	30	30	2跨 @100/200(4)[10+10+10]
	Φ8	130 | 560	1520	30	30	2跨 @100/200(4)[10+10+10]
	Φ8	200 | 560	1660	18	18	3跨@100/200(2)[10+8]
	Φ14	545 45° 340 280 770	2440	2	2	2跨
	Φ6	320	490	44	44	
	Φ6	210	380	13	13	

图 10-2-29 11#KL10 钢筋配料单

9. WKL 钢筋深化设计配料

如图 10-2-30 所示,将案例二的 KL10 改为 WKL10,支座 1 的 KZ4 为边柱,其余条件均同案例二。若对 WKL10 钢筋进行深化并配料,应注意明确梁上部纵筋在支座的锚固构造。

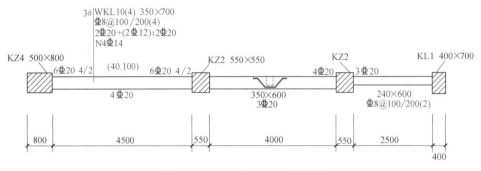

图 10-2-30 11♯WKL10 平面图

WKL10 第 1 跨上部纵筋在端支座(支座 1)的锚固可根据现场施工的实际情况选用 16G101-1 第 67 页节点 1~节点 5 的钢筋构造进行施工,本工程选用节点 5 构造。梁纵筋伸至柱对边纵向钢筋内侧弯折 $1.7l_{aE}$,上下排纵筋应注意弯折后钢筋排与排之间的空间位置关系,钢筋排与排之间应留有一定净距,以确保混凝土对钢筋的握裹力。第一跨梁上部纵筋在支座 2 位置,应伸至柱对边纵向钢筋内侧往下弯折至较低标高的第 2 跨梁顶面位置继续向下伸 l_{aE}。第 1 跨梁上部纵筋在支座内的锚固如图 10-2-31 所示。

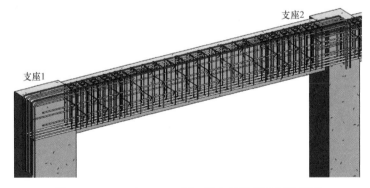

图 10-2-31 11♯WKL10 第 1 跨上部纵筋锚固效果图

WKL10 第 2 跨梁上部纵筋在支座 2 内直锚,锚固长度满足规范要求即可。第 2 跨梁上部纵筋有三根可拉通至第 3 跨并在支座 4 内锚固,另一根纵筋因第 2 跨梁和第 3 跨梁截面宽度发生变化,需在支座 3 内弯锚,其弯锚的弯折长度为 l_{aE}。第 2 跨梁上部纵筋在支座内的锚固如图 10-2-32 所示。

WKL10 除上部纵筋在支座的锚固构造、梁顶部环境类别与案例二中的 KL10 不同之外,其余构造均与 KL10 相同。上部纵筋在下料时端部保护层取值、钢筋弯曲调整值等计算方法可参考案例二,因此,WKL 上部纵筋的下料长度此处不再计算。

10. 梁钢筋深化配料总结

(1)实例一、实例二特点分析

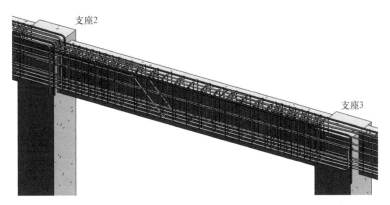

图 10-2-32　11♯WKL10 第 2 跨上部纵筋锚固效果图

两个实例的钢筋深化设计思路相同，但涉及的具体构造不同。

案例一中 11♯KL23 的钢筋深化设计涉及梁贯通筋的优化断料方法、纵筋在超长支座（支座长度大于锚固长度的 2 倍）的锚固构造、纵筋在支座弯锚构造、非贯通筋贯通短跨、架立筋连接构造、梁侧面构造纵筋连接与锚固构造、梁底变标高时两侧纵筋互锚构造、箍筋加密区与非加密区、主梁上有次梁搁置时附加箍筋数量计算、梁柱混凝土强度不同时锚固长度取值方法等。

案例二中 11♯KL10 的钢筋深化设计涉及梁纵筋在常规支座的直锚构造、支座为梁时的锚固构造、梁顶变标高时支座两侧纵筋互锚构造、梁变截面时支座两侧纵筋锚固构造（纵筋能通则通，不能通则锚）、梁侧面受扭钢筋的连接与锚固构造、梁底纵筋的拉通与锚固构造、有次梁搁置时吊筋计算方法等。

（2）纵筋优化断料方法

梁上部贯通筋应在单跨或多跨梁内拉通布置，当贯通筋长度超出钢筋原材料长度时应采用绑扎搭接、焊接、机械连接等方式进行连接，连接位置应位于纵筋连接区范围内。当钢筋需要在连接区段内进行连接时意味着钢筋可能存在断料的需要，所以在深化下料时应注意对断料长度进行优化，以避免钢筋原材料浪费。参考案例一梁上部贯通筋的优化断料方法，能直接利用 9000mm 原材料时尽量不截断，若不能直接利用 9000mm 原材料则考虑优化断料。钢筋原材料长度为 9000mm 时，在满足连接区要求的基础上，断料方案可为 3×3000mm、2×4500mm、6000mm＋3000mm；若钢筋原材料长度为 12000mm，在满足连接区要求的基础上，断料方案可为 2×6000mm、3×4000mm、4×3000mm、2×4500mm＋3000mm、3×2500mm＋4500mm。

对于类似案例二中第 2、3 跨梁的变截面情况，当支座两侧梁存在截面宽度发生变化的情况，梁上、下部贯通筋和非贯通筋应遵循"能通则通，不能通则断"的原则。当本跨梁部分纵筋与下一跨梁纵筋在空间位置上存在一定偏差时，考虑本跨纵筋是否可以在支座内以规范要求的不大于 1/6 的斜率斜弯通过至下一跨梁指定位置。当无法满足规范要求的不大于 1/6 的斜率或者现场施工难度较大时则纵筋断开在支座锚固。对于相邻两跨梁截面宽度发生变化的情况，当情况允许时，本跨梁非贯通筋可伸过支座作为下一跨梁的贯通筋或本跨梁贯通筋伸过支座作为下一跨梁的非贯通筋。

（3）梁侧面纵筋

　　梁侧面纵筋分为侧面构造钢筋和侧面受扭钢筋。侧面构造钢筋在实际施工时可分跨锚固也可通长布置，通长布置时钢筋连接位置不受限制。侧面受扭钢筋在实际施工时可分跨锚固也可通长布置，分跨锚固时锚固方式可参考框架梁的下部纵筋，通长布置时搭接长度取 l_{lE} 或 l_l，连接位置也可参考框架梁下部纵筋。梁侧面纵筋在实际施工时具体采用何种连接方式取决于具体梁的实际情况（如是否存在变截面、变标高等情况以及现场施工是否方便）。

　　（4）底筋锚固方法

　　梁底筋应根据梁跨度、钢筋原材料长度在多跨内能通则通，不能通则在支座锚固或在支座附近连接区范围内连接。当支座两侧梁底标高不同，若纵筋能在支座内以规范要求的不大于 1/6 的斜率斜弯通过至下一跨梁，则纵筋连通布置。当无法满足斜弯通过的要求，则两侧纵筋在支座内分别锚固。当支座宽度不能满足直锚要求时应注意，梁底标高较低一侧梁底筋在支座内弯锚，梁底标高较高一侧梁底筋可直锚（伸过支座至对侧梁内，直至长度达到 l_{aE} 或 l_a）。

第 11 章

板深化设计

11.1 板深化设计成果

板钢筋深化设计成果包括板上下贯通筋排布图、节点布置图、节点详图、钢筋配料表。

1. 板贯通筋排布图

板贯通筋排布图应包含板底筋排布图和板面筋排布图。若贯通筋种类较少，底筋排布图和面筋排布图可绘制在一张图纸中，底筋和面筋通过不同颜色予以区分；贯通筋种类较多时应分别绘制底筋排布图和面筋排布图，以免同一张图中钢筋种类繁杂，难以表述清楚。

排布图（图 11-1-1）中应注明钢筋编号，钢筋的数量、级别、直径、长度、连接方式

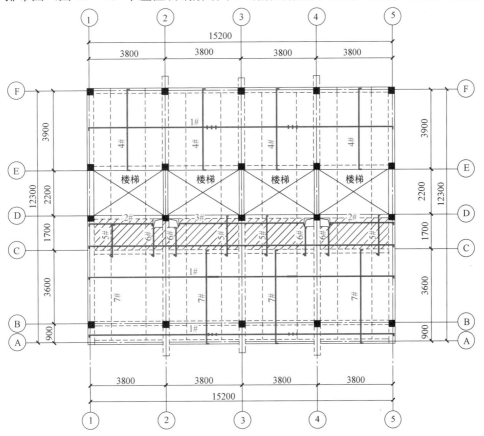

图 11-1-1　板上部贯通筋排布图

可视具体情况选择性标注。编号应遵循一定的规律，如从上到下、从左到右依次递增。排布图中钢筋线应标注布置范围，若布置在本跨（一跨）可不注明。

2. 节点布置图

建筑物周围常会有翻边、飘窗、空调板、檐角、女儿墙等构造。此部分构造常通过节点大样图的形式予以表达，在进行钢筋配料时应对每个节点的布置范围在平面图中进行标注，并配合节点大样图和钢筋配料表指导现场钢筋绑扎施工。

板中常设有支座附加筋、洞口加强筋、阳角放射筋等附加钢筋，因节点布置图中表达内容较少，为简化图纸数量可将上述钢筋绘制在节点布置图中。

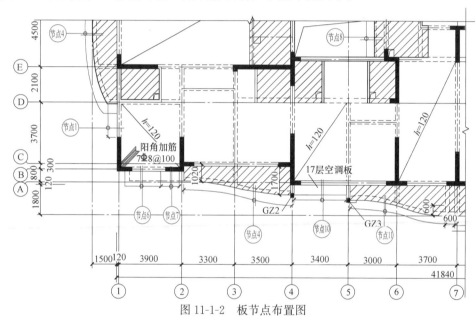

图 11-1-2　板节点布置图

3. 节点大样图

节点大样图用以表达每个建筑节点的详细配筋信息。为使现场工人能快速领会节点钢

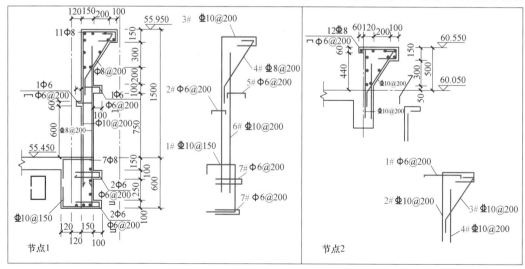

图 11-1-3　板节点详图

筋的组合方式，可在节点大样图边上绘制钢筋分解图，并在分解图中注明每种钢筋的规格、布置间距等信息。节点大样图应和节点布置图配合指导现场节点钢筋绑扎施工。

4. 板钢筋配料表

板钢筋配料表（图 11-1-4）中除了包含板上下部贯通筋外，还应包含板筋绑扎施工阶段应安装的所有钢筋，包括支座附加筋、阳角加筋、洞口加强筋、墙下未设梁时板内加强筋、板内暗梁钢筋、节点钢筋等。配料表中应注明每种钢筋的名称，按间距设置的钢筋应注明布置间距。

钢筋配料表

构件名称	级别直径	钢筋简图	下料 (mm)	根数×件数	总根数	备注
	使用部位：×××项目6#楼2层板(4.10m)					构件：板
1#底筋	Φ8	3650	3650	32	32	@200
2#底筋	Φ8	3350	3350	34	34	@200
1#面筋	Φ8	120⌐ 3420 ⌐120	3630	6	6	@200
2#面筋	Φ8	120⌐ 7420 ⌐120	7630	28	28	@200
支座附加筋	Φ8	80⌐ 2200 ⌐80	2330	77	77	支座加筋@400
阳角加筋	Φ8	80⌐ 1550 ⌐80	1680	28	28	7Φ8@100
节点1						
1#	Φ8	80 / 430 / 750 100⌐460 / 120	1860	24×2	48	Φ8@150
2#	Φ8	120⌐ 760 ⌐100	950	24×2	48	Φ8@150

图 11-1-4 板钢筋配料表

11.2 板深化设计实例

×××项目含一栋框架结构住宅，如图 11-2-1 所示，对该项目×××户型二层结构板进行钢筋深化设计并配料。

已知与×××户型二层结构板相关的设计信息：

① 未注明板面标高均为 4.750m，打斜线区域标高为 4.700m。

② 板混凝土强度等级为 C30，板厚除注明外均为 120mm。

③ 图中所注板面配筋均为附加钢筋，附加 A 和 B 配筋为Φ8@300。板面通长筋为双向Φ8@150，板底通长筋为双向Φ8@150。

④ 板洞口位置设洞口加强筋 2Φ12（上下各一根）。洞口加强筋在板短跨方向拉通短

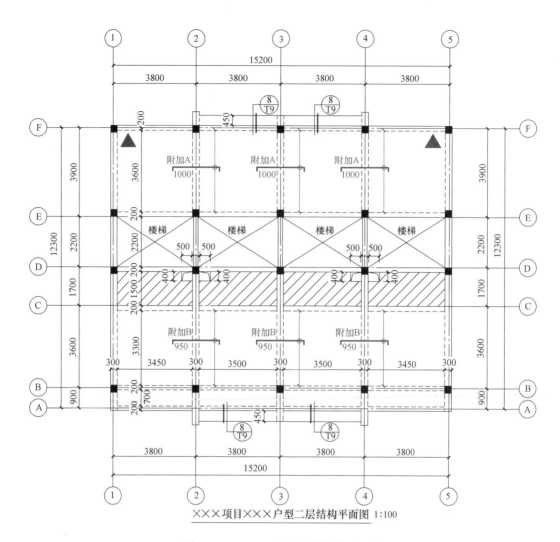

图 11-2-1　×××户型二层结构平面图

跨，两端分别锚入梁内；长跨方向一端伸过梁边 l_{aE}，另一端伸出洞口边缘 l_{aE}。

⑤ 红色三角形位置设阳角加筋 7Φ10@100，长度 1500mm，平行布置。

⑥ 板面筋搭接百分率不应超过 50％。

⑦ 板钢筋绑扎施工时设水泥垫块和水泥马凳，间距 1200mm×1200mm。

1. 板底筋配料

（1）板底筋下料计算

如图 11-2-2 所示，底筋排布图中对每根钢筋进行编号，排布图中钢筋编号与钢筋料表中编号一一对应，排布图与料表结合指导现场板筋绑扎施工。普通楼层板底筋在支座内锚固时，通常伸入支座至少到梁中线且不少于 5d，但实际下料时通常每端增长 20～30mm（总长增加 50mm 左右），以防止钢筋加工误差和现场施工误差导致底筋在支座内锚固长度不足。钢筋深化设计人员应注意，在实际施工时，常有地下室顶板和屋面板底筋在支座内锚固同板面筋的情况。

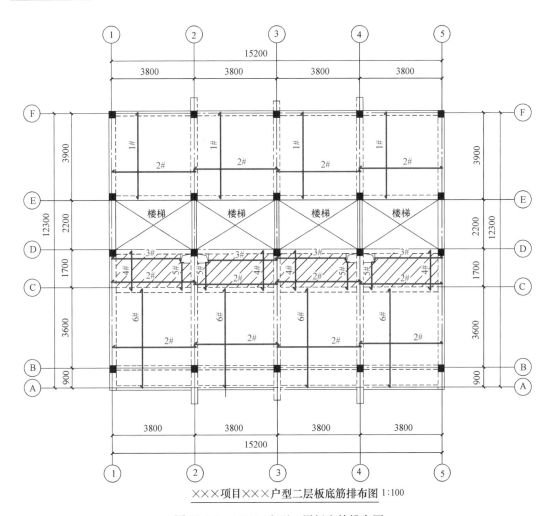

×××项目×××户型二层板底筋排布图 1:100

图 11-2-2　×××户型二层板底筋排布图

该户型板筋直径较小，为防止现场吊车在吊运加工完成的板筋半成品材料时钢筋弯曲严重，板底筋下料时控制其长度不超过 7000mm。同时为了便于现场施工，板底筋跨越板块的数量尽量控制在 2 块或 2 块以内（如图 11-2-2 中的 6♯底筋），且考虑在支座内锚固。此处以 1～2 轴间的 1♯、2♯、3♯、6♯底筋为例进行下料。

由图 11-2-1 可知，1～2 轴×E～F 轴范围的双向板 X 向净跨为 3450mm，Y 向净跨为 3600mm，考虑底筋均在本跨四周的支座内锚固。板筋从支座边缘 1/2 板筋间距处开始布置。

所以，1♯底筋下料长度＝板块 Y 向净跨值＋max（支座宽/2，5d）×2＋50mm＝3600mm＋100mm×2＋50mm＝3850mm。数量＝(3450mm－150mm)/150mm＋1＝23 根。

2♯底筋下料长度＝板块 X 向净跨值＋max（左支座宽/2，5d）＋max（右支座宽/2，5d）＋50mm＝3450mm＋150mm×2＋50mm＝3800mm。数量＝(3600mm－150mm)/150mm＋1＝24 根。

6♯底筋下料长度＝A～B 轴板块 Y 向净跨值＋B～C 轴板块 Y 向净跨值＋B 轴支座宽度＋max（上支座宽/2，5d）＋max（下支座宽/2，5d）＋50mm＝700mm＋3300mm＋

200mm＋100mm×2＋50mm＝4450mm。

数量＝(3450mm－150mm)/150mm＋1＝23根。

3#底筋其中一端伸至洞口边缘往上弯折，弯折长度为板厚减去上下保护层。图中打斜线板块在建筑图中标注为卫生间，所以环境类别按二a类，板筋保护层取20mm。钢筋90°弯曲调整值取2d。

所以3号底筋下料长度＝板净跨值－洞口长边尺寸＋左支座锚固长度－洞边保护层＋洞边弯折长度－钢筋90°弯曲调整值＝3450mm－500mm＋[max(左支座宽/2，5d)＋25mm]－20mm＋(120mm－20mm×2)－2×8mm＝3170mm（平直段3110mm，弯折80mm）。数量＝(400mm－150mm)/150mm＋1＝3根。

其他板块底筋下料长度和数量计算方法均相同，此处不重复计算。应注意的是，当存在几个编号的钢筋下料长度相差在50mm之内的情况且钢筋直径相同时，可将短钢筋适当增长至几种编号的钢筋下料长度相同，不同板块位置钢筋下料长度和钢筋直径相同时编号也相同，以减少钢筋种类，方便现场施工。

（2）板底筋配料单

现场施工时，板底筋排布图和底筋配料单配合使用指导现场板底筋绑扎施工。板底筋排布图用于明确相应编号钢筋的位置，配料单用于明确相应编号钢筋配料数据信息。×××户型二层板底筋配料单如图11-2-3所示。

钢筋配料表

构件名称	级别	直径	钢筋简图	下料(mm)	根数×件数	总根数	备注
使用部位：×××项目×××户型二层板						构件：板	
板底筋 (2F)							
1#	Φ	8	3850	3850	92	92	@150
2#	Φ	8	3800	3800	224	224	@150
3#	Φ	8	3110 |80	3170	12	12	@150
4#	Φ	8	1750	1750	80	80	@150
5#	Φ	8	1225 |80	1290	12	12	@150
6#	Φ	8	4450	4450	92	92	@150

图 11-2-3　×××户型二层板底筋配料单

2. 板面筋配料

如图11-2-4为×××户型二层板面筋排布图。板面筋连接位置位于跨中1/2净跨区域，为保证现浇钢筋混凝土板结构的整体性，板面筋能拉通时应拉通布置（图11-2-4中1#钢筋），当支座两侧相邻板块存在高低差且无法斜弯拉通布置时，面筋可在支座分别锚固（图11-2-4中5#钢筋和7#钢筋）。

该户型二层C～D轴板块标高降低50mm，D～E轴为楼梯间，所以板面筋在Y向无法全部拉通布置。X向板面筋除遇洞口位置外，其余位置均可拉通布置。此处以图11-2-4

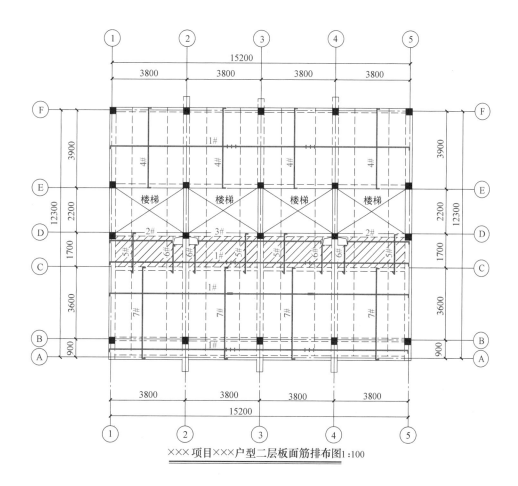

图 11-2-4 ×××户型二层板面筋排布图

中的 1♯、2♯ 以及 1 轴~2 轴区域的 5♯ 面筋为例进行下料。

（1）1♯ 面筋下料长度计算

1♯ 面筋长度较长，中间需在板中 1/2 净跨区域进行搭接连接。因板筋规格为 $\Phi 8$，现场考虑采用盘钢根据需要进行调直断料，无需根据钢筋原材料长度进行优化断料。此处板为非抗震构件，结合混凝土强度等级、钢筋级别查 16G101-1 第 60 页 "纵向受拉钢筋搭接长度 l_l" 可知，该户型二层板搭接长度为 $49d = 392mm$，为防止加工误差和施工误差导致搭接长度不足，下料时搭接长度增加 58mm，取 450mm。板筋在梁内弯锚时，端部弯折段考虑钢筋层次关系取保护层 60mm。

经分析，1♯ 面筋一批次从左至右依次采用 6500mm、4500mm、5390mm 长度的钢筋进行连接，相邻一批次面筋从左至右依次采用 5390mm、4500mm、6500mm 钢筋进行连接，刚好达到所有钢筋连接位置均位于连接区范围内，且相邻搭接段中心距达到 1090mm > $1.3l_l$，满足板筋按 50% 搭接百分率的搭接要求。

（2）2♯ 面筋下料长度计算

2♯ 面筋位于卫生间区域，环境类别按二 a 类，保护层取 20mm。端部遇洞口需弯折，弯折长度为板厚减去上下保护层，弯折端部保护层取 20mm。钢筋 90° 弯曲调整值取 2d。

板筋在梁内弯锚时，端部弯折考虑钢筋层次关系保护层取 60mm。

所以，2#面筋下料长度＝支座宽度－弯锚端部弯折保护层＋弯折长度－钢筋 90°弯曲调整值＋板 X 向净跨－洞口长边尺寸－板筋洞边弯折保护层＋弯折长度－钢筋 90°弯曲调整值＝300mm－60mm＋15×8mm－2×8mm＋3450mm－500mm－20mm＋80mm－2×8mm＝3340mm（平直段 3170mm，两端各弯折 120mm、80mm），数量 3 根。

（3）5#面筋下料长度计算

5#面筋所在板块标高较低，在 C 轴位置支座锚固可采用直锚。此处板为非抗震构件，结合混凝土强度等级、钢筋级别查 16G101-1 第 58 页"受拉钢筋锚固长度 l_a"可知锚固长度为 $35d = 280mm$。板筋在梁内弯锚时，端部弯折考虑钢筋层次关系保护层取 60mm。

所以，5#面筋下料长度＝D轴支座宽度－弯锚端部弯折保护层＋弯折长度－钢筋 90°弯曲调整值＋板 Y 向净跨＋C 轴板筋直锚长度＝200mm－60mm＋120mm－2×8mm＋1500mm＋280mm＝2020mm，（平直段 1920mm，弯折 120mm），数量 20 根。

其他区域板面筋下料长度和数量计算方法均相同，此处不再重复计算。当同一施工段中钢筋位于不同的板块位置但下料长度相同时且钢筋直径相同可编为同个编号，以方便现场施工。

（4）板面筋配料单

现场施工时，板面筋排布图和面筋配料单配合使用指导现场板面筋绑扎施工。板面筋排布图和配料单功能同板底筋。通常在板面筋配料时，同时也将马凳筋计算并书写在板面筋配料表中，但本案例采用水泥马凳故此处不对马凳筋作计算。×××户型二层板面筋配料单如图 11-2-5 所示。

钢 筋 配 料 表

使用部位：×××项目×××户型二层板					构件：板	
构件名称	级别直径	钢筋简图	下料(mm)	根数×件数	总根数	备 注
板面筋(2F)						
1#	Φ8	6395 4500 5290 搭 搭 120 120	6500 4500 5390	56	56	@150搭450总长15300
2#	Φ8	3170 80 120	3340	6	6	@150
3#	Φ8	6250 80 80	6380	3	3	@150
4#	Φ8	3880 120 120	4090	92	92	@150
5#	Φ8	1920 120	2020	80	80	@150
6#	Φ8	1375 80	1440	12	12	@150
7#	Φ8	4480 120 120	4690	92	92	@150

图 11-2-5　×××户型二层板面筋配料单

3. 其他钢筋配料

通常在板筋配料时，除了底筋和面筋外，其他钢筋可单独绘制一张排布图。如板面附加筋（支座负筋）、阳角放射筋（或阳角加筋）、洞口加强筋、墙下无梁加强筋、楼层周围一圈节点钢筋（如翻边、飘窗、空调板、檐角、女儿墙）等。该户型二层板除了底筋和面筋外，可将洞口加强筋、支座负筋、阳角加筋、南北翻边钢筋单独绘制一张排布图并进行配料，如图 11-2-6 所示。

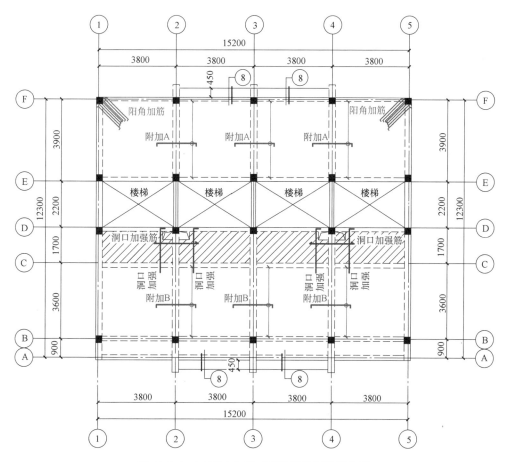

图 11-2-6 ×××户型二层板其他钢筋排布图

（1）板面附加筋（支座负筋）下料长度计算

二层板面附加钢筋配筋均为$\Phi 8@300$，附加 A 两边自支座中线伸出长度为 1000mm，附加 B 两边自支座中线伸出长度为 950mm。支座负筋端部弯折长度取板厚减去上下保护层，钢筋 90°弯曲调整值取 $2d$。支座负筋从支座边缘 1/2 负筋间距处开始布置。

所以，支座负筋（A）下料长度＝平直段长度＋两端弯钩长度－钢筋 90°弯曲调整值＝1000mm×2＋2×（120mm－2×15mm）－2×2×8mm＝2150mm（平直段 2000mm，弯折 90mm）。

支座负筋（A）数量＝[（3600mm－300mm）/300mm＋1]×3＝36 根。

支座负筋（B）下料长度＝平直段长度＋两端弯钩长度－钢筋 90°弯曲调整值＝950mm×2＋2×（120mm－2×15mm）－2×2×8mm＝2050mm（平直段 1900mm，弯折 90mm）。

支座负筋（B）数量＝[（3300mm－300mm）/300mm＋1]×3＝33根。

（2）洞口加强筋下料长度计算

洞口加强筋在板短跨方向拉通短跨，两端分别锚入梁内。长跨方向考虑2轴和4轴两边的洞口加强筋拉通布置。钢筋在梁内弯锚时，弯折段保护层取60mm，钢筋90°弯曲调整值取2d。

所以，短跨方向洞口加强筋下料长度＝D轴支座宽度－弯锚端部弯折保护层＋弯折长度－钢筋90°弯曲调整值＋板Y向净跨＋C轴板筋直锚长度＝200mm－60mm＋180mm－2×12mm＋1500mm＋420mm＝2220mm，（平直段2060mm，弯折180mm），数量4×2＝8根。

长跨方向洞口加强筋下料长度＝支座左侧洞口长边尺寸＋支座宽度＋支座右侧洞口长边尺寸＋2×锚固长度＝500mm＋300mm＋500mm＋2×35×12mm＝2140mm，数量2×2＝4根。

（3）阳角加筋下料长度计算

阳角加筋一端弯折锚入柱和梁内，弯折长度取15d，一端弯折入板内，弯折长度取板厚减去上下保护层15mm。钢筋90°弯曲调整值取2d。

所以，阳角加筋下料长度＝平直段长度＋锚入梁内弯折长度＋弯折入板内长度－钢筋90°弯曲调整值＝15×10mm＋1500mm＋（120mm－2×15mm）－2×2×10mm ＝1700mm（平直段1500mm，两端各弯折150mm、90mm），数量7×2＝14根。

（4）其他钢筋配料单

现场施工时，板其他钢筋排布图和配料单配合使用指导现场板其他钢筋绑扎施工。排布图和配料单功能同板贯通筋。×××户型二层板其他钢筋配料单如图11-2-7所示。

钢 筋 配 料 表

使用部位:×××项目×××户型二层板						构件:板	
构件名称	级别直径	钢筋简图	下料(mm)	根数	件×数	总根数	备 注
其他钢筋(2F)							
附加A	Φ8	90 ⌐2000⌐ 90	2150	36		36	@300
附加B	Φ8	90 ⌐1900⌐ 90	2050	33		33	@300
洞口加强筋	Φ12	2060 ⌐180	2220	8		8	短边
洞口加强筋	Φ12	2140	2140	4		4	长边
阳角加筋	Φ10	150⌐ 1500 ⌐90	1700	14		14	@100

图11-2-7 ×××户型二层板其他钢筋配料单

4. 南北翻边节点钢筋配料

（1）翻边节点钢筋下料计算

南北翻边节点配筋分解图如图11-2-8所示。当节点配筋较为复杂、钢筋形状多样时，可对节点配筋图绘制如图节点8所示的配筋分解图，并对每根钢筋进行编号，注明钢筋规

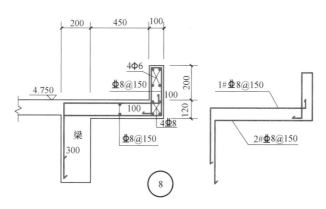

图 11-2-8 ×××户型二层南北翻边节点配筋分解图

格和间距。现场钢筋施工班组结合节点配筋分解图、钢筋料单指导节点钢筋绑扎施工，可加快施工效率，避免差错。

1）1♯钢筋下料计算

1♯钢筋左端在梁对边纵筋内部设 300mm 弯折，端部弯折保护层取 70mm，右端在 2♯钢筋内部弯折 100mm，端部弯折保护层取 40mm，所以 1♯钢筋水平段长度为 640mm。

所以，1♯钢筋下料长度＝300mm＋640mm＋100mm＝1040mm。数量＝[（3500mm－150mm)/150mm＋1]×4＝92 根。

2）2♯钢筋下料计算

2♯钢筋在梁对边纵筋内部设 300mm 弯折，端部弯折保护层取 70mm。翻边位置环境类别按二 a 类，保护层取 20mm。翻边内侧钢筋伸至板底钢筋网上部，端部保护层取 50mm。所以 2♯钢筋水平段长度为 660mm，翻边外侧竖直段 280mm，翻边顶部水平段 60mm，翻边内侧竖直段 250mm。钢筋 90°弯曲调整值取 $2d$。

所以，2♯钢筋下料长度＝300mm＋660mm＋280mm＋60mm＋250mm＋100mm－2×8mm＝1634mm，取 1630mm，数量 92 根。

3）水平板及翻边分布筋计算

该节点水平板位置需设置Φ8@150 水平筋 [（450mm－150mm)/150mm＋1]×2＝6 根，加上翻边底部设 4Φ8，共需Φ8 水平筋 10 根（南北面共计 20 根，上下各 10 根）。上部 10 根Φ8 水平筋参照板面筋在 2 轴和 4 轴梁内锚固，下料长度为 7990mm（水平段 7780mm，两端各弯折 120mm）；下部 10 根Φ8 水平筋参照板底筋在 2 轴和 4 轴梁内锚固，下料长度为 7650mm，此处不再计算。

翻边上部设 4 根ϕ6 分布筋，端部弯折 60mm（翻边厚度扣除保护层）。钢筋 90°弯曲调整值取 $2d$。所以分布筋（4ϕ6）下料长度＝（3800mm×2－300mm－20mm×2)＋60mm×2－2×2×6mm＝7360mm（水平段 7260mm，两端各弯折 60mm）。

（2）钢筋配料单

现场施工时，板节点分布图（图 11-2-6）、节点配筋分解图和节点钢筋配料单配合使用指导现场板节点钢筋绑扎施工。节点分布图用于明确相应位置采用何种节点，配筋分解图用于明确节点钢筋组合方式，配料单用于明确板节点钢筋配料数据信息。×××户型二层板节点钢筋配料单如图 11-2-9 所示。

钢 筋 配 料 表

构件名称	级别直径	钢筋简图	下料(mm)	根件数×数	总根数	备　注
使用部位:×××项目×××户型二层板					构件:板	
节点8配筋(2F)						
1#	Φ8	300 ⌐640¬100	1040	46×2	92	@150
2#	Φ8	660 100⌐250⌐60¬280 300	1630	46×2	92	@150
平板面筋	Φ8	120⌐7780¬120	7990	5×2	10	@150+2Φ8
平板底筋	Φ8	7650	7650	5×2	10	@150+2Φ8
翻边分布筋	Φ6	60⌐7260¬60	7360	4×2	8	4Φ6

图11-2-9　×××户型二层板节点钢筋配料单

板筋配料总结详见具体钢筋的配料过程分析,此处不再重复!

第8章～第11章习题

如下图所示为某框架结构住宅楼的框架梁,现要求对该框架梁 KL-1 的钢筋进行深化设计并配料。

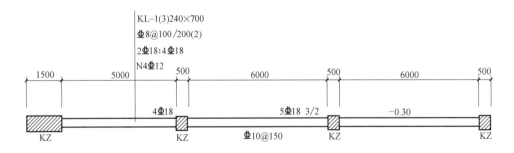

设计说明:

1. 本框架结构抗震等级为三级。

2. 梁柱混凝土强度等级均为 C35。

3. 该框架梁所处环境类别为二 a 类。

4. 直径 16～22mm 的钢筋连接采用单面焊,直径 16mm 以下的钢筋采用搭接连接。

5. 主梁上有次梁搁置时,主梁箍筋照常布置,次梁两侧各加密 3 道箍筋,箍筋规格同主梁,间距为 50mm。

要求:

1. 对上图 KL-1 的钢筋进行手工深化设计配料;

2. 将 KL-1 的钢筋配料信息填写在如下所示的钢筋配料表上。

钢筋配料表

项目名称：　　　　　　　　　　　　使用位置：

构件名称	钢筋简图	钢筋级别	下料长度（mm）	钢筋根数	重量（kg）	备注

第12章

BIM结构深化设计软件运用

建筑信息模型（Building Information Modeling）是以三维数字技术为基础，引领建筑业信息技术走向更高层次的一种新技术，具有强大的三维设计功能，具有三维可视化、协同性和信息可提取性的特点。基于BIM技术的钢筋深化设计，以传统的钢筋手工翻样下料技术为基础，并将翻样技术与BIM技术完美融合，通过深化设计手段达到钢筋精准配料的目的。同时，因BIM具有强大的数据库功能，随时可从中提取有价值的建筑信息，所以基于BIM的钢筋深化设计产物与成果不仅有钢筋精细化配料单，还可以通过BIM深化设计实现结构中钢筋信息的完整表现，并基于此实现对现场技术人员、钢筋班组在钢筋节点构造和细部处理方式等方面的三维仿真交底，同时实现对现场钢筋工程施工质量的高效管控。也可基于BIM钢筋深化设计的电子料单对钢筋工程进行快速计量，并对现场钢筋用料进行信息化、精细化的管理，科学进料，减少废料，实现钢筋原材料利用率最大化。因深化设计生成的电子料单具有较强的可编辑性，且与其他软件具有较强的可兼容性，因此也可基于电子料单，将其与钢筋数控加工设备进行结合，实现从BIM钢筋深化设计到钢筋数控加工一体化流程。

总而言之，利用BIM强大的数据库功能，可为项目前期成本筹划、钢筋原材料进场计划、项目中期的钢筋精细化配料、精细化用料管理、施工质量高效管控，以及后期的钢筋工程量决算等工作提供更加科学化的数据支持，提高工作效率，确保施工质量。本章只对常用的钢筋深化设计软件作简要的深化下料操作介绍。

12.1 Revit 钢筋建模流程

12.1.1 关于 Revit 钢筋建模

使用钢筋工具将钢筋图元（例如钢筋、加强筋或钢筋网）添加到有效的主体（如混凝土梁、柱、结构楼板或基础构件内）。通过创建构件保护层，使构件可以作为钢筋、钢筋集、区域钢筋、路径钢筋和钢筋网的主体。主要绘制方式是将单个钢筋实例放置在有效主体的剖面视图中，在主体的剖面视图中添加钢筋的线性集。必要时可以添加一些参照平面，辅助调整钢筋图元形状。

12.1.2 柱构件钢筋建模

（1）绘图前收集柱构件的相关信息（保护层、柱配筋信息以及其他信息）（图 12-1-1、图 12-1-2）。

环境类别	板、墙		梁、柱	
	≤C25	>C25	≤C25	>C25
一类环境	20	15	25	20
二类环境a	25	20	30	25
二类环境b	30	25	40	35

图 12-1-1

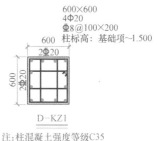

图 12-1-2

（2）添加保护层

① 在快速访问栏点击""转换到三维视图，找到需要布置钢筋的柱构件；

② 单击"结构"选项卡，在"钢筋"面板选择"保护层"工具（图 12-1-3）；

图 12-1-3

③ 选项栏中，使用"拾取图元"或"拾取面"功能选择需要添加保护层的构件，完成上一步操作后在"保护层设置"的下拉菜单栏中选择对应的保护层，如没有相应的保护层，可单击"⋯"按钮，新建一个需要设置的保护层名称及厚度（图 12-1-4）。

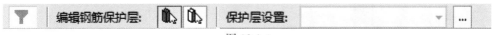

图 12-1-4

（3）创建剖面

① 在项目浏览器，打开"结构平面"中对应的标高，找到相应的柱构件；

② 在快速访问栏单击"◇"，在柱构件的位置绘制一道"剖面 1"（图 12-1-5）；

③ 右击已经绘制好的"剖面 1"，选择"转到视图"；

④ 在"剖面 1"视图中，绘制一个水平剖面"剖面 2"（图 12-1-6）。

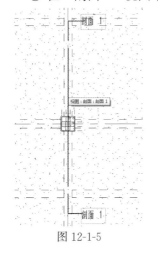

图 12-1-5

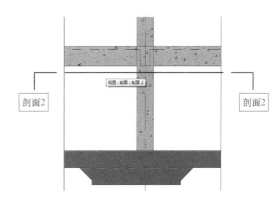

图 12-1-6

（4）创建参照平面

① 在"剖面1"视图中，单击"结构"选项卡，在"工作平面"面板选择"参照平面"工具（图12-1-7）；

图 12-1-7

② 根据相关规范，用参照平面确定竖向钢筋的连接区与非连接区（如图12-1-8所示，此处假设基础顶为嵌固部位，柱纵筋连接区与非连接区等内容参考《16G101-1》第 65 页）；

③ 在"剖面1"视图右击"剖面2"，点击"转到视图"，根据钢筋信息确定箍筋位置（图 12-1-9）。

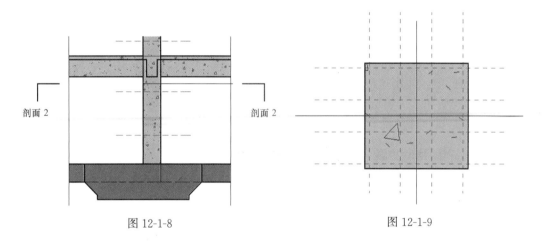

剖面 2　　　　　　　　　　　　　　　剖面 2

图 12-1-8　　　　　　　　　　　　　图 12-1-9

（5）绘制钢筋

① 在"剖面2"，单击"结构"选项卡，在"工作平面"面板选择"钢筋"工具，在右侧"钢筋形状浏览器"选择需要的形状，根据已经布置上去的参照平面将箍筋绘制到构件中（图12-1-10）；

② 在"剖面2"视图右击"剖面1"，点击"转到视图"，继续选择"钢筋"工具，在右侧"钢筋形状浏览器"选择纵筋需要的形状，绘制到构件中并根据参照平面分别断开，柱插筋以及柱顶的弯折应符合规范要求（如图12-1-11。柱顶纵向钢筋构造参考《16G101-1》第 67、68 页；基础插筋构造参考《16G101-3》第 66 页；竖向钢筋的连接参考《16G101-1》第 59 页，此处假设钢筋接头错开百分率为50%）；

③ 再回到"剖面2"，将绘制好的纵向钢筋根据要求（接头错开百分率50%）布置到相应的位置（如图12-1-12所示，一些在"剖面2"中无法调整的纵筋，可以通过在"剖面1"中调整"剖面2"的位置或者"剖面2"的剖视范围，使其可以在"剖面2"中修改）；

④ 纵向钢筋布置完成后，再回到"剖面1"，在"剖面1"位置找到布置好的箍筋，

通过"复制"或者"移动"命令将箍筋布置到规定位置，再选中箍筋，在"修改/结构钢筋"选项卡，根据钢筋信息在"钢筋集"面板调整钢筋的布局（如图12-1-13所示，箍筋的加密区与非加密区构造参考《16G101-1》第64、65页）。

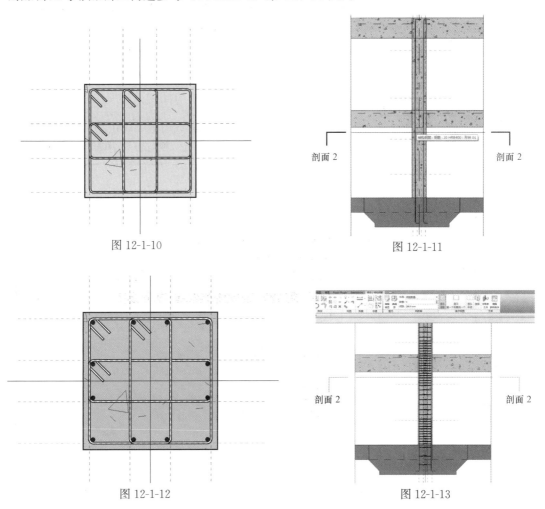

图 12-1-10

图 12-1-11

图 12-1-12

图 12-1-13

（6）设置钢筋图元可见性状态

① 在"项目浏览器"的"三维视图"中创建一个三维的"柱"视图，并双击转到相应视图，框选钢筋所在的构件图元，在"修改/选择多个"选项卡，点击"选择"面板中的"过滤器"（图12-1-14）；

② 在"过滤器"的弹出窗口中，取消除"结构钢筋"外的所有类别，再点击"确定"（如图12-1-15）；

③ 在"属性"栏，点击"视图可见性状态"的"编辑"（图12-1-16）；

④ 在"钢筋图元视图可见性状态"的弹出窗口中，勾选三维视图"柱"视图的"清晰的视图"、"作为实体查看"，点击"确定"完成编辑（图12-1-17）。

（7）调整钢筋锚固方向

① 在"柱"三维视图中，将视角调整为俯视的状态，选中需要调整的钢筋，在"修改/结构钢筋"选项卡，点击"修改"面板中的"旋转"工具（图12-1-18）；

图 12-1-14

图 12-1-15

图 12-1-16

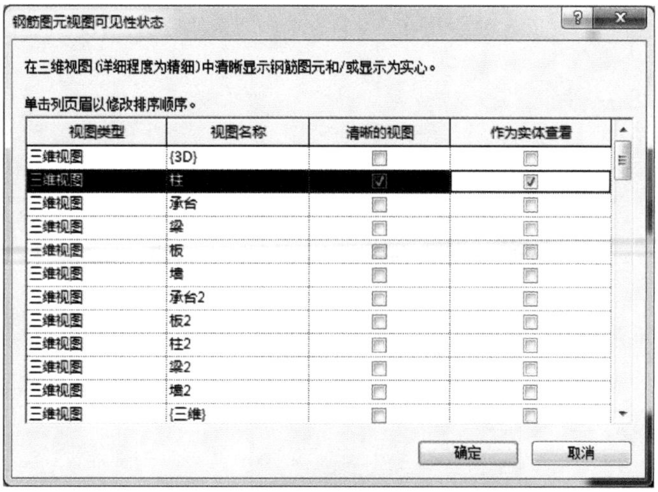

图 12-1-17

② 通过修改旋转中心（纵向钢筋的轴心），并输入相应的角度，达到调整钢筋锚固方向的要求（图 12-1-19）；

③ 柱构件钢筋建模完成。

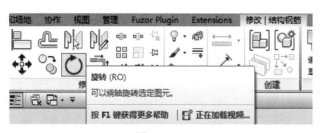

图 12-1-18

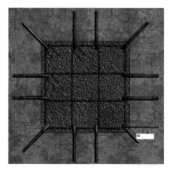

图 12-1-19

12.2 广联达深化下料流程

建模法钢筋下料：

（1）新建项目

① 打开广联达云翻样软件；

② 点击"⌦"，在弹出的窗口中点击"新建工程"；

③ 在新的窗口中输入工程相关信息（图 12-2-1），根据实际情况依次输入完成后点击"确认"即可。

图 12-2-1

（2）导入图纸、分割图纸

① 点击左侧"绘图输入"选项卡，点击"CAD 识别"，在子项目中点击"CAD 草图"（如图 12-2-2）；

② 点击"图纸管理"窗口中的"添加图纸"；

③ 导入完成后，点击"图纸管理"窗口中的"手动分割"，框选图纸，完成后右击确认，弹出"请输入名称窗口"，此时点击被框选图纸的名称，图纸名称即直接输入到窗口中，确认无误后点击"确定"即可，随后重复同样操作完成所有图纸分割（图 12-2-3）。

（3）识别楼层表

① 点击"常用"选项卡，在"CAD 识别"面板中选择"识别楼层表"工具（图 12-2-4）；

② 在图纸中框选楼层表，框选完成后右击确认，弹出"识别楼层表"窗口，确认识别信息，如有问题直接修改，确认无误后点击确定即可（图 12-2-5）。

（4）参数设置

① 在左侧点击"工程设置"选项卡，然后点击上方的"常用"选项卡，在"功能模块"点击楼层设置，首先确认识别的楼层是否有误（图 12-2-6）；

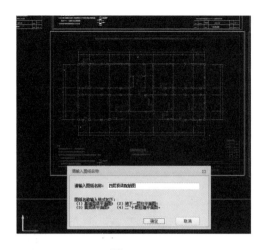

图 12-2-2　　　　　　　　　　　　　　　　　　　图 12-2-3

图 12-2-4

图 12-2-5

② 确认无误后，再根据工程信息修改下方"楼层默认钢筋设置"栏的抗震等级、混凝土标号、保护层厚度等（如图 12-2-7 所示，这里的设置按楼层区分，一层设置好后，需点击上方的其他楼层才能继续设置）；

③ 在"楼层设置"完成后，根据工程的设计总说明修改"工程信息"、"比重设置"、"弯钩设置"、"模数设置"、"计算设置"中的相关信息。

图 12-2-6

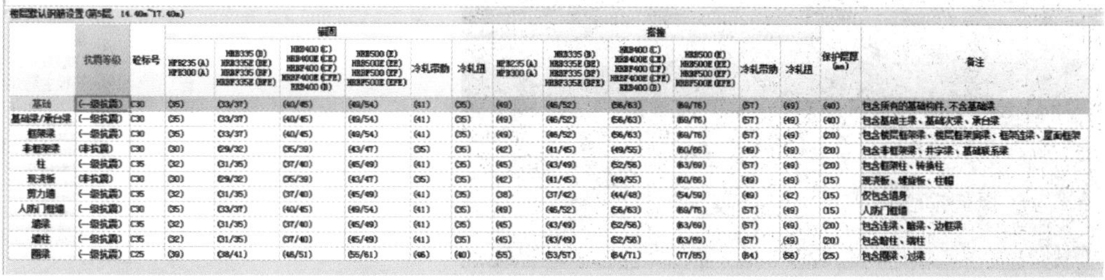

图 12-2-7

（5）识别轴网

① 点击左侧"绘图输入"选项卡，在"CAD 识别"栏中点击"识别轴网"（图 12-2-8）；

② 在"图纸管理"窗口选择含有轴网的图纸（图 12-2-9）；

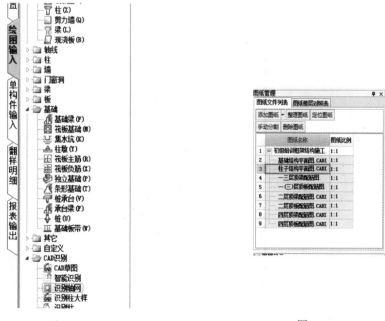

图 12-2-8　　　　　　　　　　　　　　　　图 12-2-9

③ 在上方"常用"选项卡，在"CAD识别"面板点击"提取轴边线"选中图纸中的轴线，右击确认；完成后再点击"提取轴线标识"，选择轴号以及四周的标注，右击确认；最后再点击"识别轴网"右侧的下拉按钮，点击"自动识别轴网"，轴网建立完成（图12-2-10）。

（6）创建基础模型

① 点击左侧"绘图输入"选项卡，在"基础"栏中点击"独立基础"（图12-2-11）；

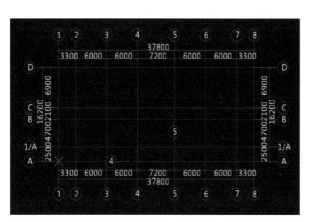

图 12-2-10

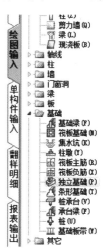

图 12-2-11

② 然后在"构件列表"空白处右击，选择"建立独立基础"（图12-2-12），在右侧"属性编辑器"内编辑对应基础的信息（图12-2-13），完成后，回到"构件列表"右击已经建立完成的独立基础，选择"新建矩形独立基础单元"（如图12-2-12所示，如有其他形状的基础，选择其他两项建立独立基础单元），独立基础单元建立完成后，回到右侧"属性编辑器"窗口，继续输入基础对应的信息（图12-2-14），输入完成后，按照以上操作继续建立其他基础模型；

图 12-2-12

图 12-2-13

③ 点击已经建立的基础单元，根据轴线位置（或者打开选择对应底图），将构件布置到对应的图纸中（图 12-2-15），重复操作，基础模型创建完成。

图 12-2-14

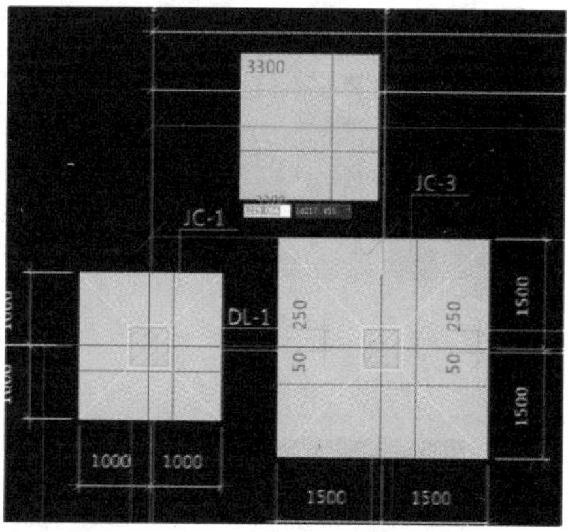

图 12-2-15

（7）创建基础梁模型

① 点击左侧"绘图输入"选项卡，在"基础"栏中点击"基础梁"（图 12-2-16）；

② 在空白处右击，选择"新建矩形基础梁"（如图 12-2-17），在右侧"属性编辑器"内编辑对应基础梁的信息（图 12-2-18）；

图 12-2-16

图 12-2-17

图 12-2-18

③ 点击已经建立的基础梁，根据基础梁图形位置，将构件布置到对应的图纸中（图 12-2-19），重复操作，完成布置。

（8）创建柱构件模型

① 点击左侧"绘图输入"选项卡，在"CAD 识别"栏中点击"识别柱"；

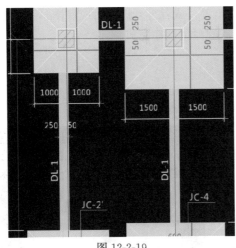

图 12-2-19

② 点击"常用"选项卡，在"CAD 识别"面板点击"识别柱表"，框选 CAD 图中的柱表，右击确认，弹出"识别柱表"窗口，核对窗口中识别的柱构件信息，确认无误后点击"确定"完成模型的建立（图 12-2-20）；

③ 点击已经建立的柱模型（若此时发现识别有误，可以在右侧属性编辑器内直接修改柱参数），根据柱图形位置，将对应构件布置到对应的图纸中（图 12-2-21），重复操作，完成布置。

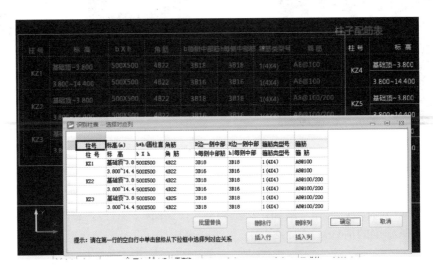

图 12-2-20

（9）创建梁构件模型

① 点击左侧"绘图输入"选项卡，在"CAD 识别"栏中点击"识别梁"；

② 点击"常用"选项卡，在"CAD 识别"面板点击"提取梁边线"，拾取梁边线的图层右击确认，再点击"提取梁标注"，拾取梁的集中标注以及原位标注右击确认，然后点击"识别梁"，将构件布置到图中（如图 12-2-22 所示，这里提取集中标注以及原位标注的时候需根据图纸复杂情况选择分开提取或者自动提取；在"识别梁"时也需根据图纸的复杂情况选择合适的识别方式）；

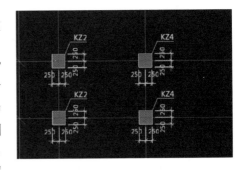

图 12-2-21

③ 梁构件识别完成后，点击"识别原位标注"，完成所有梁构件原位标注的识别（如

图 12-2-23 所示，原位标注的识别需根据图纸的复杂情况选择合适的识别方式）。

（10）创建板构件模型

① 点击左侧"绘图输入"选项卡，在"CAD 识别"栏中点击"识别板"；

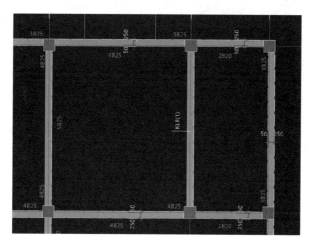

图 12-2-22

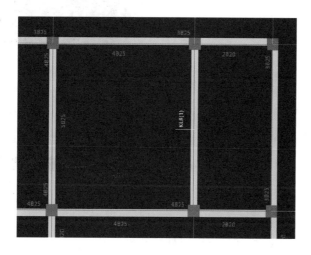

图 12-2-23

② 根据板图纸的信息，在"构件列表"窗口创建对应的板模型（图 12-2-24）；

③ 点击"常用"选项卡，选择"绘制"面板中的"直线"、"点"、"矩形"、"三点画弧"工具将对应的板布置到图中（图 12-2-25）；

④ 板受力筋的布置，点击左侧"绘图输入"选项卡，"CAD 识别"栏中的"识别受力筋"；然后点击上方"常用"选项卡，选择"绘制"中的布置形式（如图 12-2-26 所示，这里使用的是"多板"＋

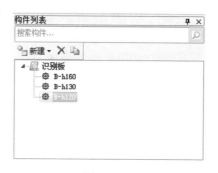

图 12-2-24

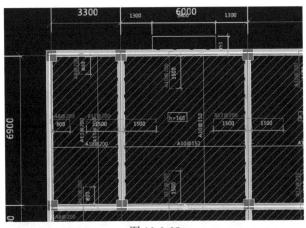

图 12-2-25

"X、Y方向"组合布置钢筋），选择对应的板构件，右击确认，弹出"智能布置"窗口，在窗口中输入对应的钢筋信息（图 12-2-27），输入完成后点击确定完成钢筋布置，重复以上操作完成所有板受力筋的布置；

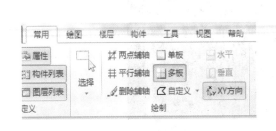

图 12-2-26

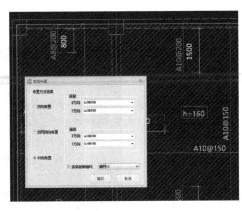

图 12-2-27

⑤ 板负筋的布置，点击左侧"绘图输入"选项卡，"CAD识别"栏中的"识别负筋"；在"构件列表"右击创建需要的负筋，完成后在"属性编辑窗口"编辑图纸对应的钢筋信息（图 12-2-28）；创建完成后，点击上方"常用"选项卡，选择"绘制"面板中合适的布置工具（如图 12-2-29 所示，这里选用的是"划线布置"），划线确定布置的范围，然后左键点击需要布置的方向（图 12-2-30），重复该操作完成所有负筋的布置。

（11）汇总计算、报表输出

① 所有的图形绘制完成后，点击"常用"选项卡，选择"汇总"面板的"汇总计

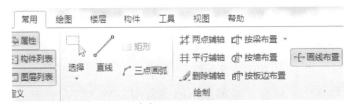

图 12-2-28

算",弹出"汇总计算"的窗口(图 12-2-31),选择需要汇总计算的楼层,点击"确定"开始计算;

图 12-2-29

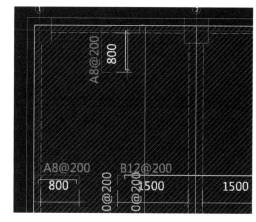

图 12-2-30

② 计算完成后点击左侧"报表输出"选项卡,弹出"设置工程报表范围"(图 12-2-32),在窗口内选择需要导出报表的范围,点击确定;根据需求选择左侧"施工报表"下的分项,然后点击上方"常用"选项卡,在"报表导出"点击"Excel 导出",将结果以 Excel 的形式导出(图 12-2-33)。

图 12-2-31

图 12-2-32

图 12-2-33

12.3　E筋深化下料流程

12.3.1　梁钢筋计算

（1）打开界面、提取数据

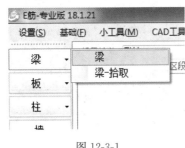

图 12-3-1

① 先打开 CAD 图纸，再打开 E 筋-专业版；

② 在打开的 E 筋-专业版内，点击左侧"梁"按钮，选择"梁"（图 12-3-1），弹出"梁计算"窗口（图 12-3-2）；

③ 在"梁计算"窗口，点击" "按钮，弹出 CAD 界面，此时会有提示音，根据提示音框选集中标注，完成后右击，又会有"尺寸点取"提示音，根据梁跨选取，完成后右击，后续根据提示音依次完成"支座原位"、"下部原位"、"上中原位"、"吊筋位置"、"吊筋标注"信息的拾取（图 12-3-3）；

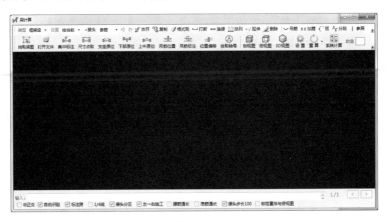

图 12-3-2

图 12-3-3

④ 回到"梁计算"窗口，可以看到已经识别完成的梁简图（图 12-3-4）。

（2）系统计算

① 梁简图识别完成后，核对拾取的信息，如有错误可在上方的工具栏中选择对应的工具重新拾取相关信息；

② 确认梁标注拾取正确后点击" "，软件就会根据拾取的信息，在图中布置出相应的钢筋排布图（图 12-3-5）。

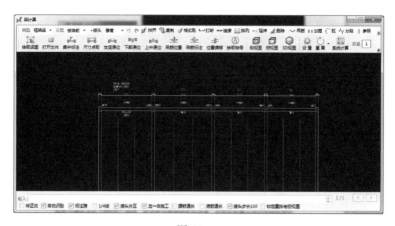

图 12-3-4

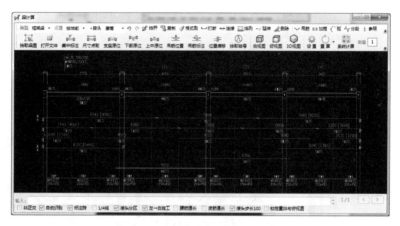

图 12-3-5

（3）生成料表

① 梁计算完成且确认无误后，点击"![生成料表]"，回到 E 筋-专业版，可以看到钢筋料单已经生成（图 12-3-6）；

② 根据以上操作完成所有梁的计算。

12.3.2　板钢筋计算

（1）CAD 绘制钢筋

① 打开 CAD 图纸，点击上方"E 计算"按钮，弹出"钢筋计算工具"窗口，点击"平板筋"选项卡，在窗口中输入要布置的钢筋信息（图 12-3-7）；

② 输入完成后，选择布置"底筋"或"盖筋双向（面筋）"，选中板支座，右击钢筋便会自动生成（图 12-3-8）。

（2）E 筋-专业版操作

① 打开 E 筋-专业版，点击左侧"板"按钮，选择"楼层板"（如图 12-3-9），弹出窗口"数据表文件/板"（图 12-3-10）；

构件名称	编号	级别直径	钢筋简图	下料(长)	构件数量	总数	备注	统计说明
1KL36 (1-5)	20101	Φ20	30 ⌐874 790 796⌐ 30	900 790 822	1	1	上排(通长) 长:24200 单:200	单2
	20101	Φ20	374 690 500 600 / 336 / 30	400 690 500 600 362	1	1	上排(通长) 长:24200 单:200	单4
	20100	Φ20	30 ⌐208	234	1	1	上排(支座7左)	
	10000	Φ20	452	452	1	1	上排(支座2니,支座3左)	
	10000	Φ20	398	398	2	1	上排(支座4)	
	20001	Φ20	203 30	229	1	1	上排(支座5左)	
	30202	Φ22	22 605 22	640	1	1	下排(1跨)	
	10000	Φ20	761	761	4	1	下排(2跨)	
	10000	Φ20	689	689	3	1	下排(3跨)	
	20002	Φ18	624 18	638	3	1	下排(4跨)	
	74201	Φ8	25 55	172	38	1	Φ8@100/200(2)跨10+18+10	G
	74201	Φ8	25 45	152	109	1	Φ8@100/200(2)跨9-23-8,3跨8-19+8,4跨8-19+8	G

图 12-3-6

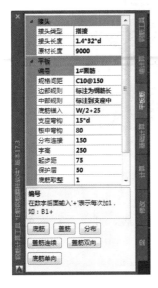

图 12-3-7

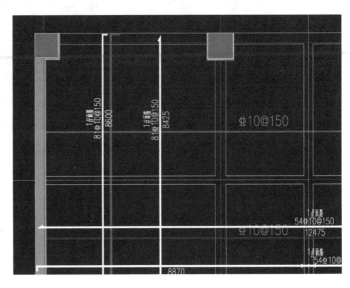

图 12-3-8

图 12-3-9

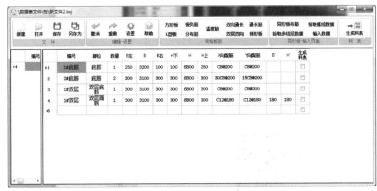

图 12-3-10

② 在弹出的窗口中核对已识别的钢筋是否正确，如有问题可直接在表中修改，确认无误后，勾选表中"生成料表"列，然后点击"➡️🖼️"按钮，回到 E 筋-专业版，可以看到钢筋料单已经生成（图 12-3-11）。

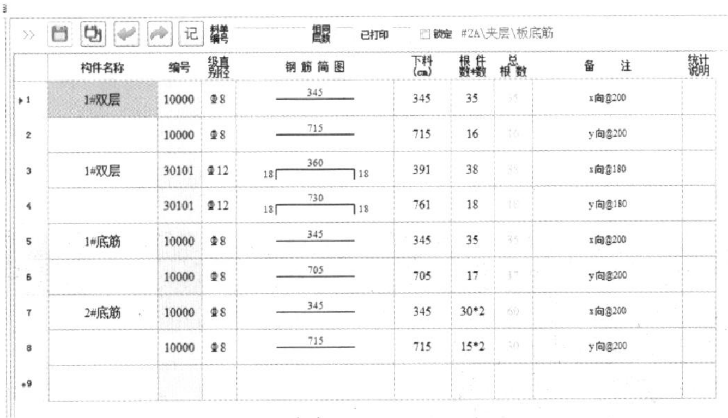

图 12-3-11

12.3.3　柱钢筋计算

（1）识别楼层表

① 打开 E 筋-专业版，点击左侧"柱"按钮，选择"楼层板"（图 12-3-12），弹出窗口"数据表文件/板"（图 12-3-13）；

图 12-3-12

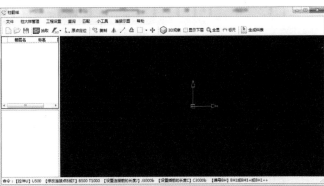

图 12-3-13

② 在弹出窗口左侧空白处右击，选择"拾取楼层表"（图 12-3-14），弹出"拾取楼层表"窗口（图 12-3-15）；

图 12-3-14   图 12-3-15

③ 在窗口点击"CAD拾取"，CAD界面会弹出，框选图纸中的楼层表，楼层信息便会到"拾取楼层表"窗口中（图 12-3-16），点击确定完成楼层表拾取。

图 12-3-16

（2）创建柱大样

① 楼层表识别完成后，回到"柱翻样"窗口，点击上方"柱大样管理"，弹出窗口"柱大样管理器"（图 12-3-17）；

② 点击"▦柱表"，CAD界面会弹出框选柱对应的信息，右击柱大样进入到"柱大样管理器"窗口中（如图 12-3-18 所示，此处通过柱表识别柱大样，只能单构件识别；还可通过柱的截面大样图进行识别），然后在左下角修改"箍筋"、"起标高"、"止标高"等信息，重复以上操作，完成所有柱大样的创建；

（3）图形传输、连接示图

① 打开 CAD 图纸，点击"E 计算"选择图形传输，框选柱平面布置图，右击确认，CAD 图纸便会识别到"柱翻样"窗口中（图 12-3-19）；

图 12-3-17

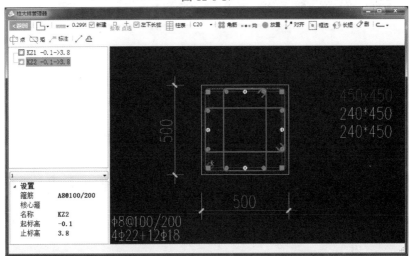

图 12-3-18

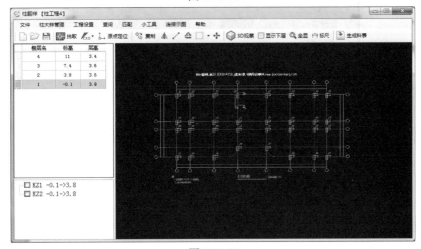

图 12-3-19

② 在"柱翻样"窗口，点击上方"连接示图"，弹出"连接示图"窗口，根据工程信息，点击上方"钢筋"，将不同型号的钢筋布置到图中（图12-3-20），对于布置钢筋形式与设计不符的，也可直接在图中修改，完成后关闭窗口即可。

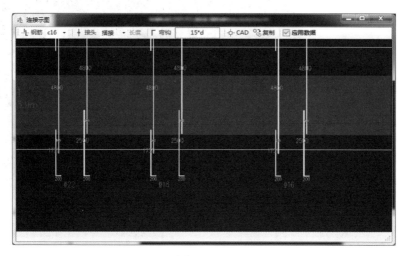

图 12-3-20

（4）布置柱模型

① 在"柱翻样"窗口，右击需要放置柱的楼层，点击"设置"，弹出楼层设置窗口（图12-3-21），在窗口内可以编辑钢筋的相关信息，编辑完成后点击确定即可；

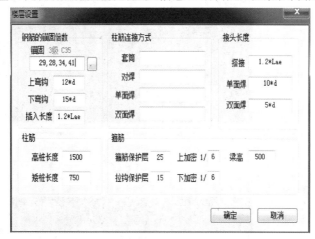

图 12-3-21

② 回到"柱翻样"窗口，点击左下角柱大样，将其布置到对应的图中（图12-3-22），重复以上操作完成所有楼层柱子的布置；

（5）生成料表

① 所有楼层的钢筋编辑完成后，可以双击布置完成的柱构件，检查柱钢筋布置情况，双击柱大样后弹出"柱编辑"窗口（图12-3-23），对于生成钢筋不符或者有误的，也可直接在该窗口中修改，确认无误后关闭即可；

② 回到"柱翻样"窗口，点击"生成料表"，弹出"料表输出"窗口（图12-3-24），根

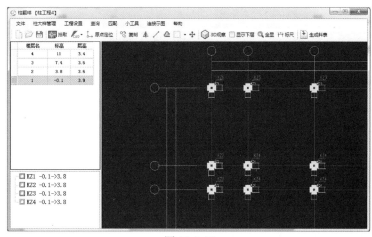

图 12-3-22

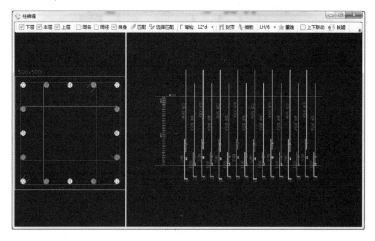

图 12-3-23

据工程实际情况完成相关内容设置，完成后点击"确认"；

③ 完成后转到 E 筋-专业版界面，可看到钢筋料单已经生成（图 12-3-25）。

图 12-3-24

>> 💾 🔁 ↩ ➡ 记 | 料单编号 | 提图图型 | 已打印 | ☑锁定 #2A\夹层\板底筋

	构件名称	编号	级别 直径	钢筋简图	下料(cm)	根件数*数	总根数	备注	统计说明
▶1	KZ1	10000	Φ18	——450——	450	12	12	搭:600mm,	搭1
2		10000	Φ22	——464——	464	4	4	搭:740mm,	搭1
3		74203	Φ8	24⌐⌐45	150	78	78	层高3.9m,梁500mm,@100	G
4		74203	Φ8	45⌐⌐45	192	39	39	同上	G
5	KZ2<2>	10000	Φ18	——450——	450	12*2	23	搭:600mm,	搭1
6		10000	Φ22	——464——	464	4*2	8	搭:740mm,	搭1
7		74203	Φ8	24⌐⌐45	150	58*2	116	层高3.9m,梁500mm,下7+中7+梁5,@100/200	G
8		74203	Φ8	45⌐⌐45	192	29*2	58	同上	G
9	KZ3<3>	10000	Φ18	——450——	450	12*3	36	搭:600mm,	搭1
10		10000	Φ25	——474——	474	4*3	12	搭:840mm,	搭1
11		74203	Φ8	24⌐⌐45	150	58*3	174	层高3.9m,梁500mm,下7+中10+上7+梁5,@100/200	G
12		74203	Φ8	45⌐⌐45	192	29*3	87	同上	G
13	KZ4<4>	10000	Φ20	——457——	457	12*4	48	搭:670mm,	搭1
14		10000	Φ25	——474——	474	4*4	16	搭:840mm,	搭1
15		74203	Φ8	25⌐⌐45	152	58*4	232	层高3.9m,梁500mm,下7+中10+上7+梁5,@100/200	G
16		74203	Φ8	45⌐⌐45	192	29*4	116	同上	G
▪17									

图 12-3-25

参 考 答 案

第 1 章　习题参考答案：

1. B；2. C；3. D；4. C；5. A；6. C；7. B；8. D；9. D；10. D

第 2 章　习题参考答案：

1. B；2. D；3. C；4. C；5. D；6. D；7. A；8. C；9. D；10. C

第 3 章　习题参考答案：

1. A；2. A；3. D；4. C；5. D；6. A；7. C；8. A；9. C；10. B

第 4 章　习题参考答案：

1. B；2. C；3. A；4. A；5. C；6. C；7. D；8. D；9. D；10. B

第 5 章　习题参考答案：

1. D；2. A；3. D；4. A；5. A；6. B；7. D；8. D；9. B；10. D

第 6 章　习题参考答案：

1. A；2. B；3. D；4. A；5. C；6. B；7. A；8. D；9. D；10. D

第 7 章　习题参考答案：

1. D；2. A；3. B；4. D；5. D；6. D；7. D；8. D；9. D；10. D

第 8 章～第 11 章　习题参考答案：

略

参 考 文 献

[1] 中华人民共和国国家标准. 房屋建筑制图统一标准 GB/T 50001—2017 [S]. 北京：中国建筑工业出版社，2018.

[2] 中华人民共和国国家标准. 总图制图标准 GB/T 50103—2010 [S]. 北京：中国计划出版社，2011.

[3] 中华人民共和国国家标准. 建筑制图标准 GB/T 50104—2010 [S]. 北京：中国计划出版社，2011.

[4] 中华人民共和国国家标准. 混凝土结构设计规范 GB 50010—2010 [S]. 北京：中国建筑工业出版社，2010.

[5] 中华人民共和国国家标准. 建筑抗震设计规范 GB 50011—2010 [S]. 北京：中国建筑工业出版社，2010.

[6] 中华人民共和国行业标准. 高层建筑混凝土结构技术规程 JGJ 3—2010 [S]. 北京：中国建筑工业出版社，2010.

[7] 中华人民共和国国家标准. 建筑结构荷载规范 GB 50009—2012 [S]. 北京：中国建筑工业出版社，2012.

[8] 中华人民共和国国家标准. 建筑工程抗震设防分类标准 GB 50223—2008 [S]. 北京：中国建筑工业出版社，2008.

[9] 国家建筑标准设计图集. 混凝土结构施工图平面整体表示方法制图规则和构造详图（现浇混凝土框架、剪力墙、梁、板）16G101-1 [M]. 北京：中国建筑标准设计研究院，2010.

[10] 国家建筑标准设计图集. 混凝土结构施工图平面整体表示方法制图规则和构造详图（独立基础、条形基础、筏形基础、桩基础）16G101-3 [M]. 北京：中国建筑标准设计研究院，2010.

[11] 陈青来. 平法国家建筑标准设计 11G101-1 原创解读 [M]. 南京：江苏科学技术出版社，2014.

[12] 东南大学，天津大学，同济大学. 混凝土结构设计原理（第五版）上册 [M]. 北京：中国建筑工业出版社，2011.

[13] 李国强，李杰，苏小卒. 建筑结构抗震设计（第三版）[M]. 北京：中国建筑工业出版社，2009.

[14] 钱稼茹，赵作周，叶列平. 高层建筑结构设计（第二版）[M]. 北京：中国建筑工业出版社，2012.

[15] 夏广政，吕小彪，黄艳雁. 建筑构造与识图 [M]. 武汉：武汉出版社，2011.

[16] 何铭新，郎宝敏，陈星铭. 建筑工程制图 [M]. 北京：高等教育出版社，2004.

[17] 宋安平. 建筑制图 [M]. 北京：中国建筑出版社 1997.

[18] 茅洪斌. 钢筋翻样方法及实例 [M]. 北京：中国建筑工业出版社，2008.